BELIN sup

Géographie

La montagne

Une approche géographique

Isabelle **SACAREAU**

BELIN 8, rue Férou 75278 Paris cedex 06
www.editions-belin.com

LA GÉOGRAPHIE AUX ÉDITIONS BELIN

COLLECTION « MAPPEMONDE »

Isabelle SACAREAU, *Porteurs de l'Himalaya. Le trekking au Népal.*

Florence DEPREST, *Enquête sur le tourisme de masse. L'écologie face au territoire.*

Roger BRUNET, *Territoires de France & d'Europe. Raisons de géographe.*

Roger BRUNET, *Champs & Contrechamps. Raisons de géographe.*

Rémy KNAFOU (sous la direction de), *L'État de la géographie. Autoscopie d'une science.*

Rémy KNAFOU (sous la direction de), *L'institut de Saint-Gervais. Recherche-action dans la montagne touristique.*

Georgette ZRINSCAK, *Mutations des campagnes tchèques. Une décollectivisation pragmatique.*

Béatrice von HIRSCHHAUSEN, *Les nouvelles campagnes roumaines. Paradoxes d'un « retour » paysan.*

Jacques LÉVY, *Le tournant géographique. Penser l'espace pour lire le monde.*

Emmanuel LÉZY, *Guyane, Guyanes.*

Les guides imprimés du XVIe au XXe siècle. Villes, paysages, voyages. Textes réunis et publiés par Gilles CHABAUD, Évelyne COHEN, Natacha COQUEERY et Jérôme PENEZ.

Logique de l'espace, esprit des lieux. Géographies à Cérisy. Textes réunis et publiés par Jacques LÉVY et Michel LUSSAULT.

Augustin BERQUE, *Écoumène, Introduction à l'étude des milieux humains.*

Roger BRUNET, *Le déchiffrement du monde. Théorie et pratique de la géographie.*

Géographies anglo-saxonnes. Tendances contemporaines. Ouvrage collectif. Textes rassemblés et présentés par J.-F. STASZAK, B. COLLIGNON, C. CHIVALLON, B. DEBARBIEUX, I. GÉNEAU de LAMARLIERE et C. HANCOCK

Boris GRÉSILLON, *Berlin. Métropole culturelle.*

Rémy KNAFOU (sous la direction de), *Tourismes 1. Lieux communs.*

COLLECTION « FRONTIÈRES »

Michel FOUCHER, *La République européenne.*

Dominique DARBON et Michel FOUCHER (Observatoire de géopolitique de Lyon), *L'Afrique du Sud, puissance utile ?*

Rémy KNAFOU, *La planète «nomade».*

Michel FOUCHER (sous la direction de), *Asies nouvelles. Atlas géopolitique.*

En couverture : *Tyang poche Monastery* par Thub Ten Yeshe Sherpa.

Photographies : Isabelle Sacareau ; Laurent Bianchi (Amérique du Sud)

ISSN 1158-3762 ISBN 2-7011-3201-0

Introduction

Les montagnes sont depuis le XVIIIe siècle un des objets d'étude favoris des naturalistes et des géographes et un terrain privilégié de la connaissance scientifique, dont les progrès sont allés de pair avec l'exploration des montagnes. Mais celle-ci n'aurait pas été possible sans leur découverte artistique et littéraire par la société urbaine occidentale à un moment où s'opérait un renversement des valeurs et des représentations de la nature. La montagne, jusque-là objet de crainte ou de répulsion, devenait un objet séparé de l'observateur, que l'on pouvait contempler, admirer, gravir, étudier, maîtriser, développer et protéger. Cela n'est pas sans conséquences sur les représentations implicites que les scientifiques ont pu avoir de la montagne et des montagnards, sur les discours qu'ils ont pu construire sur leur objet d'étude et sur l'influence que ces derniers peuvent exercer sur les pratiques de la société et sur l'action des pouvoirs publics et réciproquement.

L'invention de la montagne

Lorsque s'amorce l'exploration scientifique des Alpes, l'Europe est marquée par le courant rousseauiste qui fait émerger la représentation d'une montagne douce, paisible, cultivée, et fait surgir le mythe du bon montagnard. Jean-Jacques Rousseau herborise et chante les vertus des paysages des bords de lac, des sources et des cascades, des forêts, de la vie rurale authentique et de ses montagnards cultivant courageusement une terre ingrate, mais aussi développant les valeurs morales de l'homme proche de l'état de nature : courage, endurance, frugalité. Les naturalistes et les géographes contribuent de leur côté à cette invention de la montagne en réhabilitant son intérêt comme laboratoire des sciences de la nature et en insistant sur les bienfaits qu'elle apporte aux hommes. « D'abord les montagnes sont belles (ce qui est loin d'être admis par tous), inspirant les artistes [...]. Elles consolident la terre, dont elles forment à la fois la charpente, les piliers et les bases. Elles agrandissent la surface du globe (ce qui n'est pas faux) multipliant les productions par la variété des terrains et des sols... ce qui explique l'incroyable peuplement de certains cantons suisses. Les montagnes séparent les peuples et leur servent de remparts naturels ; elles sont aussi plus saines pour les hommes que les plaines, plus riches en plantes aussi, offrant dans un petit intervalle « les productions des pays les plus froids et les plus chauds ». Les plaines monotones entraînent l'uniformité des productions, les montagnes sont toute diversité » (Broc, 1969). Les grands thèmes de la géographie des montagnes sont ainsi posés pour longtemps (valeur esthétique des montagnes, rôle du relief, variété des milieux, spécificité de la montagne par rapport aux plaines, influence sur l'homme) et on ne peut être que frappé par les similitudes avec certains discours contemporains sur l'importance écologique de la montagne et de ses bienfaits pour nos sociétés industrielles et urbaines (espace de loisirs, lieu de ressourcement des individus).

Mais, en parallèle, le scientifique se fait aussi ascensionniste. L'ascension du Mont-Blanc en 1787 par le naturaliste genevois Horace Bénédict de Saussure fait découvrir les Alpes à un public cultivé, tout comme les ascensions de sommets plus modestes réalisées par le géologue Ramond de Carbonnières dans les Pyrénées. L'exploration scientifique des montagnes représente une véritable aventure physique qui préfigure et qui accompagne le développement de l'alpinisme en tant que pratique sportive autonome, indissolublement liée à l'invention et à l'essor du tourisme. La connaissance scientifique s'accompagne de la conquête des sommets, conquête difficile, qui tend à renforcer l'image d'une montagne hostile, que les hommes cherchent à dominer, image que Jean-Paul Bozonnet (1992) qualifie de « prométhéenne ». Dans leur sillage, viennent alors, surtout à partir de la seconde moitié du XIXe siècle, des alpinistes et des touristes anglais gagnés progressivement par la vague du romantisme. Celui-ci cultive le goût du sublime et de la sauvagerie de la nature, d'une montagne recherchée pour ses pics et ses glaciers. Or les scientifiques qui étudient les montagnes ne sont pas imperméables à ces représentations. Beaucoup d'entre eux sont membres des clubs alpins qui participent à cette exploration à la fois sportive et scientifique, à l'aménagement des massifs (réalisation de cartes, construction de refuges, aménagement de sentiers et de belvédères) et à la diffusion d'une certaine image de la montagne dans le public. Aujourd'hui encore, il arrive que le chercheur et l'alpiniste se confondent. Beaucoup de ceux qui ont choisi d'étudier les montagnes l'ont fait par « amour » de la montagne ou parce qu'ils pratiquaient les sports de montagne et partageaient certaines des valeurs qui leur sont associées. Tous ne sont pas toujours conscients que leurs représentations et leurs propres pratiques de la montagne peuvent influencer leurs raisonnements et discours scientifiques.

Quoiqu'il en soit, la montagne, inventée par les artistes, les écrivains, les savants et les touristes, est devenue dès la fin du XVIIIe siècle un véritable laboratoire des sciences naturelles. Elle symbolisait pour les savants un paysage particulier et un musée de formes, de faune et de flore qui semblait à peine modifié par l'action des hommes. Or, dans le même temps s'affirmaient les théories déterministes de la relation homme/nature qui trouvèrent leur pleine expression à la fin du XIXe siècle et au début du XXe siècle. Les Alpes devinrent le terrain d'étude privilégié des géographes et pendant longtemps l'unique modèle de référence.

La difficulté des géographes à définir la montagne

Si la montagne n'a cessé depuis deux siècles d'être l'objet de travaux abondants en phase avec l'évolution des sensibilités et des questionnements de nos sociétés, la question de sa définition reste pourtant toujours posée et par là même celle de sa pertinence en tant qu'objet géographique spécifique. Malgré l'élargissement thématique et spatial des études sur la montagne, il n'existe pas encore de véritable consensus dans la communauté géographique sur sa définition. Cela est sans doute lié à l'évolution même de la géographie et à sa difficulté à passer d'une science de la nature à une science sociale, tant il est vrai que la montagne représente une évidence physique difficilement contestable. Mais du coup, elle demeure encore un domaine de la relation déterministe, alors même que l'héritage vidalien a été dépassé dans bien d'autres domaines de la géographie. C'est ce que montraient déjà, en 1984, Catherine Bras, Maryvonne Leberre et Anne Sgard dans un numéro spécial de la *Revue de Géographie Alpine*. Le passage d'une géographie essentiellement physique, jusque dans les années 1950, à une géographie humaine, d'abord à dominante économique puis ouverte à la problématique des représentations, ne s'est pas accompagné d'une définition géographique globale et d'un vocabulaire unifié.

Pour le sens commun, la montagne est une réalité visuelle évidente, correspondant à une élévation brutale du relief terrestre. Elle offre un type de paysage qui tranche avec les paysages environnants, que l'observateur en ait une connaissance empirique ou non. Cela induirait donc une spécificité du paysage de montagne par rapport à un paysage de plaine, liée à la hauteur, à la forme, au volume et à la couverture végétale. Par ailleurs, le paysage est une construction culturelle qui varie selon l'observateur. De fait, le mot même de montagne ne revêt pas les mêmes significations selon les pays, les langues et les civilisations. En Amérique latine, on dit *sierra* pour montagne ou *cerros* pour chaîne et on réserve *montana* et *monte* aux lieux très broussailleux avec une végétation impénétrable, qu'il s'agisse de montagnes ou de plaines. Au Japon, le mot *yama* désigne à la fois la montagne et la forêt. Au Népal, *himal* désigne la haute montagne englacée, demeure des dieux, et *pahar*, la moyenne montagne domaine des hommes, qui peut culminer jusqu'à 3 000 m, alors que la terminologie anglo-saxonne la qualifie quant à elle de « colline » (*hills*).

La difficulté vient du fait que le mot montagne peut recouvrir des ordres de grandeur fort différents où se combinent altitude et dimension au sol. Il désigne en effet tantôt un sommet isolé ou mont, tantôt un massif ou une chaîne de montagnes, qualifiée aussi de guirlande montagneuse ou de cordillère. Le sommet isolé peut être d'altitude très variable, de quelques dizaines de mètres (Montagne Sainte-Geneviève à Paris, Monts d'Arrée) jusqu'à 8 887 m, altitude du point le plus élevé du globe, l'Everest. Le massif renvoie à un ensemble de montagnes plus ramassées, c'est-à-dire à des formes et des dimensions plus qu'à des altitudes : un massif est un ensemble bien individualisé de sommets et de vallées offrant une surface au sol variable de l'ordre de la centaine de kilomètres, mais dont l'altitude peut varier elle aussi de quelques centaines de mètres (Massif Armoricain, Massif central), à plus de 8 000 m (Massif de l'Everest). Lorsque plusieurs massifs s'articulent selon une disposition linéaire, on parle plutôt de chaîne voire de cordillère lorsque cette dernière s'étire sur de grandes distances. La Cordillère des Andes, par exemple, s'allonge sur près de 7 500 km de longueur du Venezuela à la Terre de Feu chiléno-argentine et culmine à 6 959 m à l'Aconcagua.

Pour le géographe, se pose le problème de la définition de seuils pertinents, universels et invariants que peu d'ouvrages se risquent d'ailleurs à fixer. P. Flatrès milite pour que les Monts d'Arrée (384 m) soient élevés à la dignité de montagne, « *montagnes, donc, malgré les faibles altitudes et les dénivellations minimes, montagne de justesse peut-être par la bande altitudinale comprise entre 380 et 385 m, montagnes tout de même au point de vue humain parce qu'elle s'élève au-dessus des cultures, au-dessus des habitats...* » alors que pour Germaine Veyret, (1962), l'usage du mot montagne doit être restreint à la seule montagne qui vaille, la haute montagne, identifiée aux Alpes ! « *Le langage de tous les jours nous avertit de fâcheuses incertitudes en disant la Montagne Sainte Geneviève, la Montagne de Reims aussi bien que les Montagnes Rocheuses et le Mont des Cats comme le Mont-Blanc. Sans doute s'agit-il toujours de reliefs saillants, mais quoi de commun entre une taupinière et un grand sommet ? [...] Ces mots (mont, montagne) sont venus trop tôt dans la langue quand le berceau français ignorait les vraies montagnes et que personne n'éprouvait le besoin de mettre un ordre de grandeur parmi les aspérités de la surface terrestre.* »

De leur côté, les États ont besoin d'une définition et d'une délimitation précise des zones de montagnes afin de pouvoir y mener des politiques particulières nées de la reconnaissance officielle de certaines difficultés économiques qui leur seraient spécifiques. C'est ainsi que la montagne possède une définition légale qui sert de cadre législatif aux interventions publiques et surtout aux politiques de subventions. En France, le décret de juin 1961 définit la montagne suivant deux critères : altitude et pente : « *est considérée comme commune de montagne toute commune ayant plus de 80 % de son territoire à une altitude supérieure à 600 m, ou une dénivellation entre le point le plus bas et le point le plus haut de 400 m au minimum* ». Cette définition forcément arbitraire a été modifiée en 1985 par la Loi montagne : *« Une commune de montagne connaît une limitation des possibilités d'utilisation de la terre en fonction des conditions climatiques »*. Cette définition administrative est variable selon les pays : en Allemagne, est classée en zone de montagne toute portion du territoire dont l'altitude est supérieure à 500 m, tandis qu'en Suisse le critère de définition est fondé sur la durée de la saison végétative. Mais c'est toujours par son milieu physique que se définit la montagne, sous-entendant que le climat et le relief montagnard constituent par nature un handicap qui justifie, au nom de l'équité territoriale, des mesures d'aide.

Quant aux géographes, ils peinent également à trouver une définition générique. Raoul Blanchard, dans sa préface à l'ouvrage de Jules Blache, *L'Homme et la montagne* de 1933, première tentative de synthèse sur la géographie humaine des montagnes, avouait son impuissance à définir la montagne : *« Une définition même de la montagne qui soit claire et compréhensible, est à elle seule à peu près impossible à fournir »*. Pourquoi une telle difficulté à définir la montagne ? Une première réponse, classique, serait d'invoquer, comme le fait Raoul Blanchard, l'extrême variété des milieux de montagnes et des formes d'occupation humaine qui rendent difficile voire impossible la recherche d'invariants. Si le modèle alpin est longtemps resté et demeure encore de façon plus ou moins implicite, le modèle de référence, l'exploration du monde a permis la découverte d'autres types de montagnes (montagnes de la zone tropicale en particulier), dont les différences avec la montagne alpine sont beaucoup plus facilement perceptibles que les points communs.

À cette constatation de l'extrême diversité des montagnes du monde s'ajoute un autre problème qui est lié à l'histoire de la discipline géographique et au poids qu'a pris la géographie physique dans l'étude des montagnes. La montagne a d'abord été, et demeure encore, définie essentiellement par ses caractéristiques physiques. Dans le *Dictionnaire de la Géographie* de Pierre George, elle est décrite comme *« une partie saillante de l'écorce terrestre qui se caractérise par son élévation de plusieurs centaines de mètres au-dessus de son soubassement, ses pentes raides et son volume »*. Cette définition s'appuie sur des critères topographiques purement descriptifs : altitude, pente, volume, auxquels s'ajoutent une distinction entre la moyenne et la haute montagne fondée sur le critère de l'importance du modelé glaciaire. Dans cette perspective, le Massif du Mont-Blanc, les Pyrénées centrales, les volcans andins, le massif de l'Everest sont des hautes montagnes. Les collines du Pays basque littoral sont des basses montagnes, de même que les collines de piémonts des grandes chaînes. Les Préalpes, les Cévennes, les Appalaches, sont des moyennes montagnes, de même que le Mahabharat, contrefort de la chaîne himalayenne. Les auteurs des *Mots de la géographie* proposent de fixer des seuils tout en précisant qu'ils ne sont valables que pour la zone tempérée, suggérant ainsi une différenciation latitudinale : plus de 1 800 m pour la haute montagne, de 900 à 1 800 m pour la moyenne montagne.

Les typologies proposées par les géomorphologues ne font souvent qu'accroître la confusion lorsqu'elles sont transférées sans grande précaution dans le domaine des sciences sociales et de l'enseignement général. Le temps est encore proche, où l'on apprenait à l'école la distinction entre « montagnes jeunes » et « massifs anciens ». Fondée sur le double critère de la tectogénèse (plissement, tectonique faillée, charriage) et de l'âge (plissement hercynien, plissement alpin), l'opposition « massifs anciens » *versus* « montagnes jeunes » a souvent été confondue à tort avec l'opposition entre moyenne montagne et haute montagne, même si les matériaux qui constituent ces montagnes sont d'âge identique et leur altitude équivalente. C'est le cas lorsque des morceaux du socle ou de fosses sédimentaires sont repris dans un plissement récent ou dans des mouvements verticaux. Par exemple, les derniers mouvements verticaux de la surrection alpine au Pontien ont porté en altitude des morceaux du socle ancien qui forment l'ossature granitique des massifs centraux cristallins des Alpes (Mont-Blanc, Belledonne, Écrins, Mercantour), tout comme les Préalpes sont le produit du plissement des couches sédimentaires accumulées dans l'immense fosse géosynclinale qui occupait l'emplacement actuel des Alpes jusqu'au Tertiaire. Or, le Vercors, la Chartreuse ou le Jura, prototypes du relief plissé, ne sont pas toujours considérés comme de « vraies montagnes » mais plutôt comme des moyennes montagnes, du fait de leurs altitudes modestes et de l'absence de glaciers. La présence de ces derniers n'est pas non plus un critère de définition de la montagne, car cela exclurait non seulement de vigoureux massifs de faible altitude, mais aussi de hautes montagnes situées en milieu aride (Hoggar, Himalaya occidental par exemple).

Par ailleurs, pour bon nombre d'auteurs, cette distinction repose moins sur des critères altitudinaux qui demeurent flous que, plus ou moins explicitement sur des critères paysagers voire socio-économiques. La moyenne montagne est décrite comme une montagne peu élevée, non englacée et aux formes lourdes et, le plus souvent, boisée à l'image des Préalpes du nord, des Vosges ou du Jura. Mais ce critère paysager ne tient pas face aux paysages d'autres « moyennes montagnes », comme les Préalpes du sud, les Grands Causses plus sèches. Quant aux critères économiques, ils permettraient de définir la moyenne montagne comme le domaine privilégié de la polyculture, de l'élevage et des activités artisanales (exploitation du bois en particulier et parfois des mines). Pour d'autres auteurs, elle se caractériserait aujourd'hui, du moins en Europe, par toute une série de handicaps climatiques (froid et enneigement), physiques (enclavement, pentes insuffisantes pour la pratique du ski de piste) et économiques (exode rural, crise des industries anciennes). Bref, la moyenne montagne est identifiée à une montagne à problèmes, ce qui transparaît bien dans la définition qu'en donnent les pouvoirs publics en France. Elle ne retrouve un intérêt économique et environnemental qu'à travers l'engouement marqué dans les discours pour un tourisme qualifié de « doux » ou de « vert », autrement dit un tourisme diffus opposé aux concentrations touristiques des stations de sport d'hiver. Évidemment, ce type de définition et de représentation n'est guère valable en dehors du contexte européen. Il ne concerne guère les massifs peu élevés de la zone tropicale ni même d'autres moyennes montagnes de la zone tempérée situées hors d'Europe. Si, par exemple, la partie sud des Appalaches subit une crise assez comparable à celle de la moyenne montagne française, sa partie nord en revanche possède un fonctionnement assez proche de celui des Alpes du nord : industrialisée et très urbanisée sur ses bordures, elle est le principal espace de loisirs des habitants de la mégalopole américaine et des Grands lacs (résidences secondaires, stations de ski, ainsi que le premier parc national américain pour sa fréquentation, le *Great Smoky National Park* avec ses 8 millions de visiteurs par an).

L'altitude n'étant pas un critère suffisant, les auteurs la combinent avec la dénivellation (ou son dénivelé), c'est-à-dire, la différence d'altitude entre les points les plus hauts en amont et les points les plus bas en aval, et le système de pentes de la montagne qui permet de la distinguer des plateaux (Tibet, altiplano andin). Toutefois, il semble là aussi difficile d'exclure de l'étude des montagnes ces hauts plateaux d'altitude qui s'intercalent entre les chaînes et les massifs, de même que certains reliefs élevés à la topographie sommitale relativement plane comme le Fouta Djalon. Celui-ci s'élève de façon abrupte au-dessus des plaines de Guinée avec une altitude maximale de 1 538 m et couvre une superficie de 60 000 km^2 soit un quart du territoire guinéen. Les températures moyennes annuelles, qui varient entre 18° et 25°, contrastent suffisamment avec les plaines pour faire dire aux populations locales que le Fouta Djalon est une région où « il fait froid » (André, 2002).

Si les géographes peinent à définir la montagne, l'évolution de la géographie physique vers une analyse globale des milieux naturels avec la notion de géosystème (Bertrand, 1978) a toutefois permis de progresser quelque peu dans la définition scientifique de la montagne, en particulier sous l'impulsion des biogéographes. Ce ne serait pas tant la hauteur, la taille ou un type de paysage morphostructural homogène, qui permettrait de définir la montagne, mais plutôt les effets que produit sur les êtres vivants la présence d'une masse de relief. Ces effets tiennent en trois points qui découlent les uns des autres : la dégradation climatique qu'introduit le fait altitudinal, l'étagement des paysages, des milieux et des activités humaines qui en résulte, l'amplification des phénomènes et risques naturels par l'effet de pente. On peut parler de montagne dès que l'altitude est suffisante pour modifier les conditions de vie par rapport aux régions avoisinantes. La montagne se définit donc par des gradients qui déterminent la notion d'étagement et par une extrême variabilité du fait de sa transversalité par rapport aux grandes zones climatiques du globe (azonalité). S'y ajoute à toutes les échelles la multiplication des conditions d'exposition liée à son système de pentes. Le fait montagnard est présenté comme une perturbation au sein du milieu où la montagne est implantée, perturbation à laquelle les hommes se sont adaptés en arrivant non seulement à en vaincre les contraintes, mais aussi en tirant parti des potentialités qu'elle offre. Un certain nombre de géographes physiciens tendent à prendre de plus en plus en compte l'action de l'homme sur les milieux en considérant les transformations de la montagne par les activités humaines. Elle est analysée tantôt comme une dégradation et une cause accrue de risques naturels, tantôt comme une construction paysagère qu'il est nécessaire d'analyser dans le temps long.

L'analyse du géosystème montagnard suggère une originalité et une spécificité de l'objet montagne qui sont très présentes dans les recherches à logique naturaliste. Cette question reste au cœur d'un vaste débat épistémologique, comme en témoigne la réalisation de numéros spéciaux dans la *Revue de Géographie Alpine* et de colloques (1984, 1986). Il a été réactualisé récemment par les recherches conduites par des biogéographes de l'équipe de Michel Lecompte, qui tendent à remettre en cause les distinctions classiques entre la montagne et la plaine, en constatant l'absence fréquente de limites nettes au profit de gradients en partie altitudinaux (Alexandre, Lecompte 1996, Alexandre, Cohen, Génin, Lecompte, 2002). Jean-François Dobremez, dans le numéro 2 de 2001 de *la Revue de Géographie Alpine*, « La montagne : un objet de recherche ? », hésite à donner une définition de la montagne qui la figerait dans une spécificité qui semble tomber sous le coup de l'évidence : « *Je n'ai pas défini la montagne, ni les montagnes. Je n'ai pas donné de limites d'altitude. En effet, tous les caractères des montagnes existent aussi en plaine, à l'exclusion de la raréfaction de l'air et des particularités du rayonnement. La seule différence, mais l'essentielle différence, est qu'en montagne, les variations sont plus rapides, presque exacerbées. Ce qui prend en plaine des kilomètres se rencontre, en montagne sur quelques mètres* [...]. *Ce prodigieux raccourcissement, cette extrême compression, cette étonnante promiscuité des facteurs, des milieux, des populations, et même cette accélération de l'histoire géologique, font des montagnes un objet d'étude incomparable pour les biologistes et pour les écologistes, même si d'autres milieux comme les sols, les lacs, les océans présentent d'aussi forts gradients* » (Dobremez, 2001). Nous ajouterions volontiers qu'il s'agit aussi d'un sujet d'étude privilégié pour une géographie, science de l'espace et des territoires, dans la mesure où ce qui est dit là des milieux renvoie à des concepts familiers aux géographes : distance, échelle, continuité et discontinuités. Jean-François Dobremez ajoute d'ailleurs : « *Lorsque les populations sont voisines, on discerne mieux leurs relations ou leurs différences. Lorsqu'un éventail de ressources s'offre aux animaux et aux hommes, il est plus facile de choisir tout au long de l'année, il est plus facile de compenser, d'équilibrer* » (*ibid.*). En ce sens, la montagne n'est pas seulement « la montagne du biologiste »... comme l'auteur intitule son article.

De la montagne, comme évidence physique à la montagne comme représentation

Ceci nous conduit à souligner combien l'objet montagne reste encore l'expression de la coupure épistémologique entre géographie physique et géographie humaine. La géographie physique s'est très largement appropriée le terrain de la montagne et l'a façonné selon son propre vocabulaire et ses propres problématiques. Il suffit d'analyser les bibliographies pour constater l'abondance de travaux (et de manuels) concernant les milieux montagnards et la faiblesse des synthèses en géographie humaine. En effet, l'héritage vidalien a longtemps pesé sur les problématiques en s'attachant à décrire, dans les Alpes essentiellement, l'adaptation au milieu montagnard et le fonctionnement d'un monde agro-pastoral qui était déjà en déclin. En invoquant de façon première et quasi exclusive altitude, pente, structure du relief et étagement, on ne pouvait guère analyser autrement qu'en termes déterministes un milieu présenté le plus souvent comme hostile et difficile. Dans leur essai de définition de la montagne, Paul et Germaine Veyret ne déclarent-ils pas que *« malgré les incertitudes que nous avons évoquées, la montagne est un milieu naturel rude, où l'activité humaine rencontre normalement plus de difficultés qu'en plaine et obtient de moins bons résultats. Elle ne devrait donc pas attirer le peuplement, et pourtant elle abrite depuis très longtemps des populations nombreuses, qui ont su mettre au point des genres de vie adaptés au milieu. L'analyse de ces adaptations apportera une contribution indispensable à notre recherche »* ? Les notions de contraintes, de ressources et d'adaptation sont les maîtres mots de cette géographie.

Quant aux montagnes des autres continents, encore peu étudiées, elles sont la plupart du temps analysées dans une perspective très alpinocentriste pour ne pas dire ethnocentriste. Paul et Germaine Veyret règlent ainsi le sort de ces montagnes en constatant leur inégal niveau de développement : *« elles appartiennent à des civilisations qui ont évolué plus lentement que l'Europe et l'Amérique du Nord, ou qui n'ont évolué que localement, dans les principales villes et leurs environs. À ce retard général, les montagnes en ajoutent d'autres. Les Indiens des Andes, descendants de brillantes civilisations montagnardes – Aymaras de Bolivie, Quechuas du Pérou, Chibchas de Colombie – font figure de population très attardée, pauvre, ignorante, passive, prisonnière de la montagne où elle vit de façon traditionnelle [...]. Les hommes ont donc ajouté à la variété naturelle des montagnes une aptitude inégale à les exploiter, puis tous les degrés d'évolution entre une civilisation archaïque et les conditions modernes de la vie. Ils restent pourtant soumis de façon étroite aux deux phénomènes essentiels de la discrimination montagnarde, l'altitude et la latitude, qui créent réellement des montagnes différentes »* (Veyret & Veyret, 1962). Non seulement, la dimension politique et historique n'est pas prise en compte dans l'explication des situations de pauvreté, mais les travaux des anthropologues, qui mettent en évidence d'autres logiques économiques et d'autres rationalités des sociétés non occidentales, semblent également ignorés. Le modèle alpin n'est pas d'un très grand secours pour analyser la façon dont les sociétés africaines, asiatiques ou andines occupent la montagne, se la représentent et la vivent. La diversité des situations saute une fois de plus aux yeux et l'on serait tenté comme d'autres avant soi de renoncer à définir la montagne et à rechercher, sinon leur spécificité, du moins quelques points communs.

Il faut attendre la fin des années 1960 pour que des géographes s'intéressent aux processus qui ont bouleversé les montagnes avec l'industrialisation, l'urbanisation, l'essor du tourisme, les transports, la crise des systèmes agropastoraux traditionnels et le déclin démographique. Mais, cette géographie humaine s'est émiettée en de très nombreuses analyses sectorielles ou régionales (majoritairement dans les Alpes), rendant difficiles les comparaisons et les tentatives de synthèse.

À la fin des années 1970, le transfert aux sciences sociales de l'analyse systémique, testée d'abord par les biogéographes, a cependant permis d'enrichir la réflexion de la géographie humaine sur l'objet montagne. Celui-ci est pensé comme un système spatial complexe faisant intervenir non seulement les données du milieu, mais aussi les données économiques et politiques, ainsi que le jeu des différents acteurs (société locale, collectivités territoriales, États, entreprises, usagers de la montagne tels les touristes).

Cette perspective se combine parfois avec les avancées théoriques de l'analyse spatiale. Les chercheurs travaillant sur l'Amérique latine (Deler, 1981, Dollfus, 1991), par exemple, analysent les structures et les dynamiques territoriales des pays andins en s'appuyant sur la chorématique. La Cordillère des Andes y apparaît comme un élément plus ou moins structurant des territoires, tantôt comme centre, tantôt comme périphérie.

D'autres avancées sont réalisées grâce à la géographie des représentations. Cette dernière opère un renversement dans la façon d'appréhender l'objet montagne. En effet, la prise en compte de l'importance des images construites et de la variabilité des représentations dans le temps et dans l'espace a ouvert un champ de recherche fécond dans lequel se sont illustrés, entre autres, l'école de géographie de Grenoble ou Michel Chadefaud pour les Pyrénées (1988). Jusque-là, l'idée d'une spécificité montagnarde reposait sur la détermination de caractéristiques intrinsèques, absentes d'autres espaces, ou sur des critères absolus (domaine exclusif des glaciers par exemple). Puis des critères relatifs ont été peu à peu pris en compte (gradients bioclimatiques liés à l'altitude, pente, étagement de la végétation voire des sociétés, modes spécifiques de mise en valeur des milieux). Mais ces critères relatifs ne se conçoivent qu'en référence à des espaces qui ne sont pas considérés comme des montagnes. La géographie des représentations a permis de renouveler les approches classiques de la montagne, en montrant d'abord que la représentation de ce qu'est ou non une montagne passe d'abord par le filtre de la culture et des images qu'elle construit. Elle renvoie donc la définition de la montagne à une dimension subjective, à une question de perceptions et de représentations qui varient selon l'observateur. On en arrive à une extrême variété des représentations, et de fortes différences d'acception dans la définition de ce qui est montagne ou pas. Où commence et où finit la montagne dans ces conditions ? Quel est le plus petit dénominateur commun ? Sur un fond anthropologique commun, dont Jean-Paul Bozonnet a décortiqué les structures (Bozonnet, 1992), se greffent des différenciations de représentation selon le contexte culturel, selon l'éducation et le rapport proche ou lointain que chaque individu entretient avec l'objet montagne : « *la montagne telle qu'on la perçoit est une fabrication de l'esprit, un mythe [...], à ce titre, elle entre donc, dès les origines, comme un élément essentiel de la structuration sociale de l'espace* ».

La multiplicité des regards portés sur la montagne et surtout les enjeux qui en découlent en termes d'aménagement et de conflits d'usage ont été analysés de façon pionnière par Rémy Knafou dans sa thèse sur les stations intégrées de sports d'hiver (Knafou, 1978). Celle-ci offrait une nouveauté par rapport aux travaux précédents, celle d'analyser, non pas une portion de l'arc alpin, mais un système original de production de l'espace constitué de lieux dispersés. D'autres travaux ont suivi, portant sur les représentations et les pratiques liées à la neige dans les Alpes françaises (Gumuchian, 1983), ou sur les discours des acteurs et les politiques d'aménagement dans la production des espaces alpins (Guérin, 1984, Debarbieux, 1988). Ils invitent à analyser les espaces de montagne en tenant compte des représentations sociales de tous les acteurs, car elles influencent fortement et parfois durablement la construction des discours tenus sur la montagne et par là même les politiques qui y sont menées.

Mais les représentations de la montagne ne sont pas seulement le fait des populations qui y vivent ou qui agissent sur elle. Elles concernent aussi les scientifiques eux-mêmes. L'étude des montagnes a en effet encore bien du mal à se dégager des évidences physiques et de son statut d'objet spécifique. De même, le contexte idéologique de chaque époque et que les pratiques individuelles des chercheurs concernant une montagne qu'ils habitent ou qu'ils fréquentent pour leurs loisirs, ainsi que leurs représentations inconscientes, peuvent aussi influencer leur façon de considérer la montagne et donc de l'étudier. Cette posture soulève des enjeux à la fois scientifiques et politiques. La montagne est devenue un objet de représentations, de mythes et d'actions multiples souvent contradictoires, auxquels les scientifiques participent consciemment ou inconsciemment. La recherche-action menée dans le cadre de l'Institut de Saint-Gervais (Knafou et *alii*, 1997) par des chercheurs travaillant sur la montagne touristique s'est d'ailleurs explicitement appuyée sur cette idée que les hypothèses et les résultats d'une recherche ne sont pas indépendants des présupposés des chercheurs (Knafou et *alii*, 1997, p. 33).

C'est ainsi que la montagne est présentée fréquemment aujourd'hui comme un conservatoire de la biodiversité, un espace marginal, délaissé, ou encore un espace convoité par l'industrie et surtout par le tourisme, subissant les agressions de la société urbaine. De fait, insister sur la fragilité de la montagne et de ses habitants, tout en ignorant la perméabilité des espaces et la mobilité des hommes, en évacuant l'historicité des sociétés ou ne concevoir la société montagnarde que dans ses composantes les plus traditionnelles (l'agriculteur-éleveur) n'est jamais neutre et peut conduire à des impasses. La concevoir comme un « monde à part » risque de même de couper la montagne des espaces auxquels elle s'articule et d'enfermer ses habitants dans un espace clos et un rôle figé. C'est ce qui transparaît trop souvent à travers l'idée de montagne-refuge, conservatoire des peuples et des traditions. Or il n'y a aucune raison pour que la montagne soit par définition un milieu propre à perpétuer les traditions, pour ne pas dire les archaïsmes. De même, le maintien d'archaïsmes n'est pas le seul apanage des montagnes en général, et des montagnes tropicales en particulier, que l'on songe aux Amish de Pennsylvanie ou aux rebouteux et sorciers du Berry ! Si des cas de montagnes refuges existent bien de par le monde, il faut se garder de généraliser des cas d'espèces (Messerli et Ives, 1999). Le maintien de fortes identités en montagne en maintes parties du monde est incontestable. Mais il est bien plus souvent le résultat de la volonté de certains peuples de se distinguer des autres et de préserver leur autonomie, que l'effet de l'isolement et de la nature montagnarde, quand il n'est pas entretenu à des fins touristiques à travers les efforts de préservation d'un « folklore » supposé authentique, bien que d'invention récente (XIXe siècle).

Pour une approche géographique de l'objet montagne

Une approche géographique de l'objet montagne reste donc à construire en partant des sociétés et des lieux qu'elles produisent. Cet ouvrage est une tentative de « remise à plat » de la montagne, afin de la considérer de la même manière que n'importe quel autre espace territorialisé, espace qui possède une dimension physique évidente mais qu'il s'agit de remettre à sa juste place. Les études concernant l'ensemble des montagnes du monde commencent à être désormais suffisamment nombreuses pour qu'il soit possible d'opérer des mises en regard fructueuses, capables de favoriser de nouvelles lectures de l'objet montagne, d'autant que les géographes ont maintenant un outillage conceptuel suffisant à leur disposition. Mais, pour ce faire, encore faut-il accepter dans un premier temps de déconstruire les représentations plus ou moins implicites que nous nous faisons de notre objet d'étude, avant de le reconstruire comme objet géographique.

La montagne est d'abord pour nous un territoire particulier des sociétés, produit par le jeu des différents acteurs, en fonction de leurs représentations et de leurs stratégies. Il s'agit d'en étudier les différenciations et les dynamiques, au regard des concepts et outils de la géographie, considérée comme une science sociale.

C'est pourquoi nous proposons la définition suivante : nous appellerons montagne un ensemble spatial porteur de territorialités multiples dont l'altitude et les systèmes de pentes qui le composent opèrent une discontinuité topographique et/ou climatique suffisamment franche avec les espaces voisins pour être perçu comme différent de ces derniers, à la fois par les populations qui y vivent et par celles qui n'y vivent pas. Le terme générique de montagne englobe des ordres de grandeur très différents qui articulent des cordillères, des chaînes, des massifs, des montagnes singulières. La montagne est caractérisée par une certaine hauteur, un système de pentes, et une dimension suffisante pour être appropriée, habitée et/ou mise en valeur, ou simplement fréquentée par les sociétés humaines. S'y manifestent un certain nombre de gradients et, à tous les niveaux d'échelle, l'association sur de courtes distances de milieux variés dont les sociétés peuvent exploiter les complémentarités selon des modalités diverses qui relèvent de l'histoire, des structures socio-économiques et politiques, des techniques, des valeurs et des représentations propres à chacune d'entre elles. Leur territoire est marqué par des discontinuités internes de toutes natures (à la fois spatiales et temporelles), et par des interdépendances fortes entre le haut et le bas des versants, entre l'amont et l'aval des vallées, entre la montagne et la plaine, qui favorisent la mobilité des hommes et leur pluriactivité.

Dans cette perspective, la montagne ne peut être étudiée indépendamment de ses relations à d'autres catégories d'espaces, ni des éléments qui structurent et qui maillent les territoires selon différentes échelles spatiales (rôle des villes et des réseaux, configuration des montagnes par rapport aux découpages territoriaux des États). De même, une approche géographique de la montagne ne peut faire l'économie de la dimension temporelle dans la construction des territoires. Différentes échelles de temps se croisent : aux temps de la nature se combinent les temps des hommes. L'histoire des sociétés nous apprend que les territoires ne sont jamais figés, même si l'adage veut que « seules les montagnes ne se déplacent jamais ». C'est pourquoi nous avons cherché à jouer, autant qu'il est possible dans le cadre d'un manuel, avec les échelles spatiales et temporelles et à multiplier les exemples comparatifs en allant sur tous les continents, et dans la plupart des montagnes du monde où des travaux récents ont été réalisés, et dont on trouvera les sources en bibliographie.

Le format et la démarche adoptée supposent des choix et des renoncements. Renoncement à vouloir tout traiter – de nombreux manuels et ouvrages spécialisés existent concernant les milieux montagnards – au profit de chapitres problématisés, d'une réflexion critique et d'une analyse qui se veut systémique et dynamique, de sorte que les chapitres se répondent les uns les autres.

Considérant la montagne dans sa dimension territoriale, nous avons fait le choix de partir des hommes, de leur présence ou de leur absence dans les différentes montagnes du monde. Les deux premiers chapitres abordent ainsi la montagne comme un espace habité par les hommes. Du constat des discontinuités du peuplement à toutes les échelles, découlent classiquement des explications relevant de la problématique des atouts et des contraintes du milieu naturel qui pèsent sur la répartition de la population. Nous avons voulu en montrer toute la relativité dans le temps et dans l'espace en examinant successivement les différents éléments qui composent la définition classique du milieu montagnard : altitude, climat, système de pentes (chapitre 1).

Les caractéristiques du milieu pèsent moins en effet que les facteurs historiques, techniques et culturels du peuplement. C'est sur le temps long qu'il faut appréhender la question du peuplement dans ses flux et ses reflux. Une situation démographique n'est jamais figée et si la géographie étudie la structuration des espaces présents, elle ne peut à notre sens ignorer la profondeur historique des phénomènes qu'elle observe. Des montagnes vides se sont peuplées, des montagnes pleines se sont vidées, à l'échelle de l'histoire comme à l'échelle des saisons. Les montagnes du monde sont ainsi examinées au regard des grands mouvements qui ont déplacé les sociétés au cours de l'histoire (chapitre 2).

Le cadre général dressé, opposant montagnes vides et montagnes peuplées, il convient de se rapprocher du territoire montagnard et d'en examiner la structuration interne. Le chapitre 3 aborde la montagne dans sa dimension physique à travers son analyse en tant que milieu plus ou moins anthropisé. La notion d'étagement des milieux est bien souvent le seul critère de découpage des espaces montagnards. Il a longtemps été présenté comme une spécificité du géosystème montagnard. Pourtant les seuils et limites climatiques communément admis pour le définir sont actuellement remis en question par des chercheurs, qui constatent l'existence de continuum et de gradients plutôt que de limites franches. Nous examinerons donc la validité de la notion d'étagement au regard de la question des limites entre étages et de la distinction biogéographique entre plaines et montagnes. Nous verrons également dans ce chapitre comment l'étagement bioclimatique joue ou ne joue pas sur la répartition altitudinale des ressources disponibles pour les sociétés rurales.

De même, le rôle de l'étagement, comme facteur déterminant de l'occupation de l'espace par les hommes, mérite d'être interrogé. La notion d'étagement renvoie à la dimension verticale indéniable de l'espace montagnard. Pour autant, chaque société, selon son histoire et ses structures socio-religieuses a ses propres logiques d'occupation de l'espace qui respectent ou non le principe de l'étagement (chapitre 4). L'opposition entre le haut et le bas qui définit la dimension verticale de la montagne s'inscrit très largement dans le champ des représentations symboliques de l'espace montagnard et de la société avec ses lieux de pouvoir et ses espaces sacrés. La façon dont les hommes se sont appropriés les vallées, les versants et les crêtes des montagnes, la façon dont ils se sont partagés le territoire sont également des éléments essentiels pour comprendre les orientations économiques choisies, ainsi que les différences de mise en valeur de la montagne et de développement des sociétés.

Ce dernier point est abordé dans le chapitre suivant à travers la question des logiques d'exploitation de la montagne, d'organisation de l'espace et de production des territoires (chapitre 5). L'exploitation verticale de la complémentarité des milieux et la pluriactivité sont souvent considérées comme une spécificité montagnarde. Or, elles se rencontrent dans d'autres types d'espaces et ne sont qu'une modalité parmi d'autres de l'organisation des activités économiques en montagne. S'il est nécessaire analyser les logiques qui sous-tendent le contrôle vertical de l'espace, il faut aussi admettre qu'il existe d'autres logiques d'organisation. Nous les avons qualifiées d'horizontales dans le sens où elles ne procèdent pas de la logique de l'étagement des milieux mais de spécialisations économiques qui dépendent de marchés extérieurs à la montagne. De même, les relations que nouent les populations montagnardes avec d'autres espaces, où elles vont vendre leurs productions ou leur force de travail, invitent également à ne pas considérer le territoire des sociétés montagnardes comme un espace fermé se limitant au versant cultivé, mais comme un réseau articulant à ce territoire des lieux discontinus habités temporairement qui peuvent se localiser parfois très loin de la montagne. La mobilité des populations montagnardes permet ainsi de penser leur territoire comme un archipel à la fois vertical et horizontal.

Enfin, le chapitre 6 replace les montagnes à une autre échelle qui est celle de leurs diverses articulations avec d'autres espaces (pôles urbains, territoires des États). Les termes de barrière ou de carrefour appliqués aux montagnes renvoient à deux types de problématiques. Celle de l'ouverture et de la fermeture des espaces de montagne à travers la question de la circulation et des échanges, et celle de la situation géopolitique des montagnes. Le chapitre 6 examine dans un premier temps la situation des grandes chaînes de montagne par rapport aux réseaux de villes et de transports qui les structurent, puis dans un deuxième temps, leur position par rapport au maillage territorial des États et les enjeux et conflits qui y sont liés. Dans cette perspective, ce n'est pas tant la montagne elle-même qui fait figure de barrière ou de carrefour, que sa situation par rapport aux jeux des centralités et des périphéries du système monde. Les configurations spatiales guident bien sûr les circulations et peuvent favoriser certains pôles internes. Mais ce qui compte avant tout, c'est la nature des espaces auxquels s'intègrent chaînes et massifs et la façon dont les centres gèrent le fait montagnard.

Chaque chapitre de cet ouvrage cherche donc à proposer une autre lecture de l'objet montagne, en questionnant un certain nombre de fausses évidences et en invitant à la comparaison. Mais derrière l'enjeu épistémologique qui est posé, se dessine également en conclusion, l'enjeu du devenir des territoires et des sociétés montagnardes, du fait des modalités inégales de leur insertion dans le système-monde. Les inquiétudes de la société occidentale sur le devenir de la planète pèsent désormais sur les politiques de développement qui sont menées partout dans le monde. La montagne est au cœur de la problématique du développement durable, ce qui soulève *in fine* la question du rapport entre le scientifique et le politique.

Pour aller plus loin

Collectif, « Spécial montagne », *Revue de Géographie Alpine*, tome 72, n° 2-3-4, 1984, 459 pages.

Collectif, « La montagne, un objet de recherches ? », *Revue de Géographie Alpine*, n° 2, tome 89, 2001.

Collectif, « La notion de montagne méditerranéenne », *Montagnes Méditerranéennes*, n° 2, 1995, 150 pages.

Collectif, « La montagne réinventée : géographes, naturalistes et sociétés (XVIIIe-XIXe siècles) », *Revue de Géographie Alpine*, n° 3, tome 82, 1994, 128 pages.

BERDOULAY V., *Les Pyrénées, lieux d'interaction des savoirs (XIXe-début XXe siècles)*, Paris, CTHT, 1995.

BERTRAND G., BEROUTCHACHVILI N., « Le géosystème ou "système territorial naturel" », *Revue géographique des Pyrénées et du Sud-Ouest*, tome 49, fasc. 2, 1978, p. 167-180.

BLACHE J., *L'homme et la montagne, Géographie Humaine*, librairie NRF, Gallimard, 1933, 181 pages.

BRIFFAUD, S., *Naissance d'un paysage. La montagne pyrénéenne à la croisée des regards (XVIe-XIXe siècle)*, Toulouse-Tarbes, Université de Toulouse II, 1994.

BROC Numa, *Les montagnes au siècle des lumières*, Paris CTHT, 1991.

BROC Numa, *Les montagnes vues par les géographes et les naturalistes de langue française au XVIIIe siècle*, Comité des Travaux Historiques et Scientifiques, Paris, Bibliothèque Nationale, 1969, 298 pages.

DEBARBIEUX B. (dir.), « Quelle spécificité montagnarde ? », *Revue de Géographie Alpine*, 1989.

DEBARBIEUX B., Gillet F. (dir.), « La montagne un objet de recherche ? », *Revue de Géographie Alpine*, n° 2, 2001.

DOBREMEZ J.F., (2001), « La montagne du biologiste », *Revue de Géographie Alpine, La montagne, un objet de recherche*, n° 2, tome 89, p. 91-100.

VEYRET P. et G. « Essai de définition de la montagne », *Revue de Géographie Alpine*, 1962, p. 5-35.

Chapitre 1

Vides et pleins

Si l'on considère la montagne comme un espace géographique comme un autre, il convient d'examiner d'abord la part que tiennent les montagnes au sein de la population mondiale et la façon dont les hommes occupent un milieu qui a souvent été qualifié un peu trop rapidement de contraignant. Il est vrai que les montagnes ne concentrent que 10 % de la population mondiale totale et que la lecture des cartes de population par points à petite échelle ne peut que confirmer cette apparente évidence : les hommes semblent préférer s'établir dans les plaines, plateaux et vallées ou encore sur les littoraux plutôt que dans les hautes montagnes, tout comme d'ailleurs, dans les déserts froids ou chauds, les grandes forêts tropicales ou les taïgas continentales. De là est née l'idée que la montagne était un « espace répulsif », d'autant que la plupart des travaux de la géographie classique sur la montagne avaient comme terrain d'observation les Alpes et que sautait aux yeux des observateurs le poids des contraintes naturelles que sont la pente, le froid ou l'enneigement. La montagne s'imposait en tant qu'entité physique et a été de ce fait analysée en termes de contraintes naturelles et de leurs conséquences sur le peuplement et les activités humaines, comme si les montagnes étaient le domaine exclusif de la contrainte.

Pourtant, les montagnes ont rarement été un obstacle au peuplement. Au contraire, de nombreux exemples montrent qu'elles ont été peuplées très tôt dans l'histoire. Certaines d'entre elles ont même été d'importants foyers de peuplement et de civilisation, alors qu'au même moment, les plaines et milieux forestiers qui les entouraient restaient vides d'hommes. Malgré leur altitude et leur relief imposant, l'Himalaya, les Andes et les Alpes, pour ne citer qu'elles, forment le cadre de vie de 70 millions de personnes, avec respectivement 33 millions, 26 millions et 11 millions d'habitants, ce qui est loin d'être négligeable, tandis que l'ensemble des montagnes africaines regroupe près de 100 millions d'individus. Toutefois, d'importantes discontinuités de population s'observent à toutes les échelles, qui traduisent l'inégale occupation humaine des massifs montagneux de par le monde. L'altitude, le froid, la neige, la raideur des pentes ou les risques naturels sont souvent invoqués pour expliquer ces discontinuités. Mais c'est oublier que ces données sont extrêmement relatives et varient considérablement selon les échelles d'observation, les époques et les types de société. Les contraintes du milieu physique ne sont jamais déterminantes, ni suffisantes et évoluent dans le temps comme dans l'espace. Une contrainte peut se transformer en atout et inversement. C'est pourquoi, après avoir constaté l'importance des discontinuités du peuplement en montagne, nous examinerons successivement chacun des éléments qui définissent la montagne en tant que milieu, à la lumière de la problématique des atouts et des contraintes qu'il s'agit de replacer dans ses interactions avec les autres composantes du système territorial que sont les facteurs économiques, politiques, techniques, et culturels. Ces derniers seront analysés plus précisément dans les chapitres suivants.

I. Les discontinuités du peuplement des montagnes

La question de la répartition de la population en liaison avec les conditions naturelles est un thème classique de la géographie. Les montagnes y sont vues comme des vides du peuplement de l'espace terrestre, à l'exception de quelques grands ensembles montagneux comme la Cordillère des Andes ou les montagnes d'Afrique.

1 L'infériorité démographique des montagnes à l'échelle mondiale

a. Le divorce entre les montagnes et les plaines

À l'échelle de la planète, on constate en effet une diminution d'abord brutale des densités de population, dès que l'on quitte les plaines et surtout les littoraux où se concentrent les grandes masses de population, puis progressive lorsque l'on s'élève en altitude au sein des grands ensembles montagneux. 80 % de la population mondiale vit en dessous de 500 m et 56 % se concentre entre le niveau de la mer et 200 m d'altitude. On considère que la densité moyenne sur les littoraux est de 170 hab./km^2 que l'on peut comparer aux faibles densités globales moyennes des montagnes des différents continents (*fig. 1*).

Ce contraste évident à petite échelle entre les plaines et les montagnes s'observe sur l'ensemble des continents, quelle que soit l'altitude considérée. C'est ainsi que la plus haute chaîne de montagnes du monde, l'Himalaya, apparaît comme un vide majeur face aux foules humaines du sillon indo-gangétique. En Amérique du Nord, les grands espaces montagneux qui vont des Rocheuses aux *Coast Ranges* ne portent que 5 % de la population totale du territoire nord-américain, villes comprises. Les

Alpes japonaises ou néo-zélandaises présentent le même cas de figure, de même que les Andes chiléno-argentines. À un moindre degré, les Alpes ou les Pyrénées forment une trame de peuplement plus lâche que le reste de l'Europe.

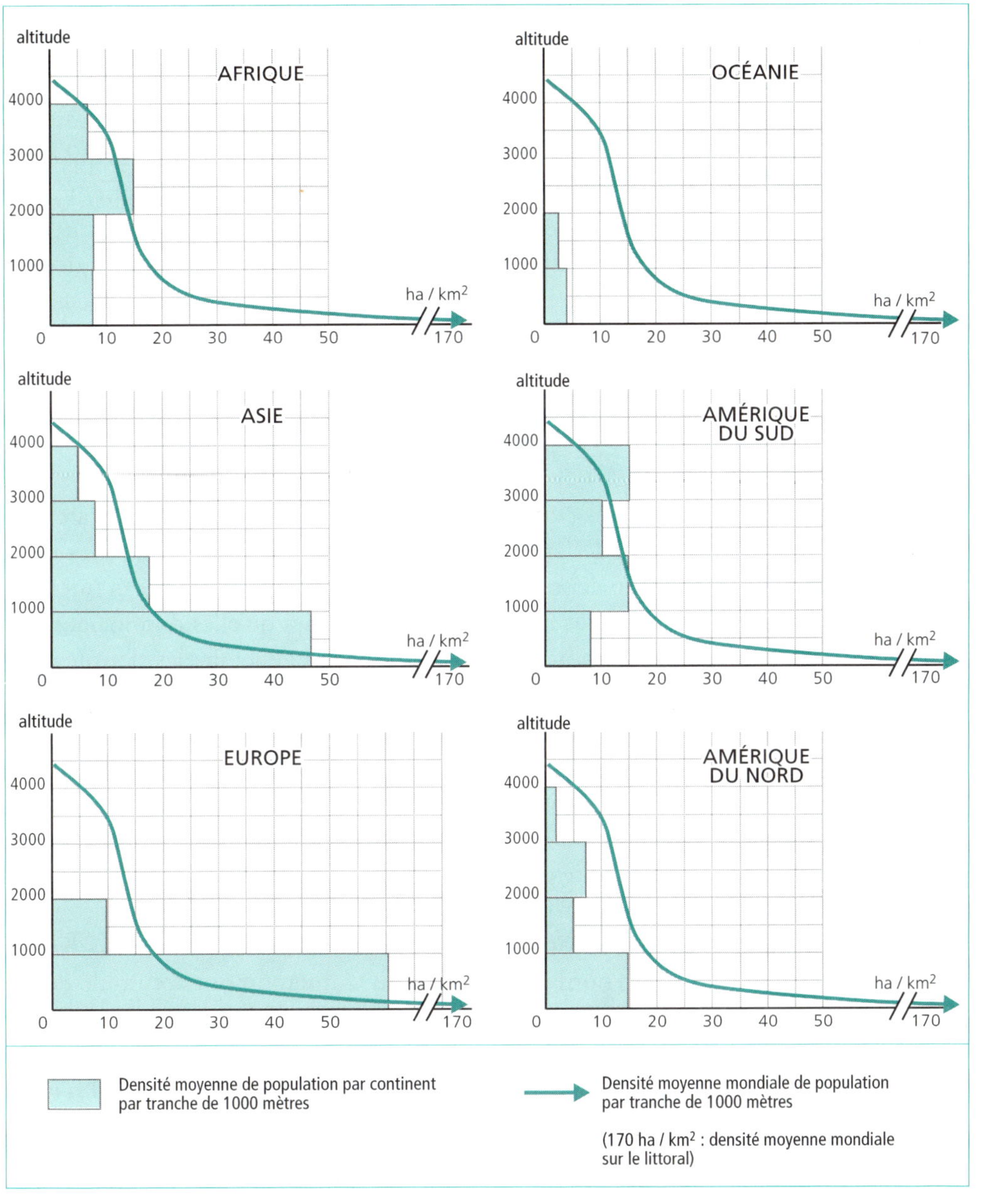

Figure 1 : Densités de population par tranches d'altitude et par continent comparées aux densités moyennes mondiales.
Source : D'après *Géographie seconde*, sous la direction d'Alain Mesplier, Bréal, 2001.

Les moyennes montagnes n'échappent guère à ce modèle. Dans la zone tempérée, l'Europe des faibles densités s'identifie assez largement à l'écharpe discontinue des reliefs peu élevés qui vont du Massif central à l'Oural, en passant par le Harz ou l'Erzgebirge. Quant aux montagnes de Scandinavie, du Spitzberg, de Sibérie ou d'Alaska, elles figurent parmi les régions les plus hostiles du monde pour l'établissement humain, aux marges de l'écoumène. Même les Appalaches, bien que beaucoup plus peuplées que les Rocheuses, constituent un creux dans les densités entre la mégalopole américaine de la côte est et les concentrations industrielles et urbaines de la région des Grands Lacs. Les moyennes montagnes de la zone tropicale semblent plus favorisées. Elles ne font cependant guère le poids face aux masses humaines qui occupent les plaines et les deltas. Seules les montagnes d'Afrique se détachent de ce schéma. Au-dessus des plaines faiblement peuplées, s'observe une remontée des densités de population entre 1 000 et 1 500 m d'altitude sur les puissants bastions de peuplement montagnard du Fouta Djalon, des hautes terres d'Afrique centrale (Cameroun, Tchad) ou de l'Afrique orientale (Éthiopie, Rwanda, Burundi, Ouganda, Kenya, Tanzanie, Madagascar).

b. Montagnes des hautes et moyennes latitudes contre montagnes des basses latitudes

En fait, l'opposition entre plaines peuplées et montagnes vides que l'on constate dans les montagnes des hautes latitudes et des latitudes moyennes, s'inverse dans les montagnes des latitudes méditerranéennes et surtout tropicales. Ces dernières furent en effet le plus souvent beaucoup plus peuplées que les plaines qu'elles dominaient et le sont encore dans un certain nombre de cas. D'une façon générale, les densités, très fortes en montagne, chutent brutalement en bordure des plaines et sur les plateaux. Les densités moyennes de l'île volcanique de Bali sont de 499 hab./km^2. Si ce sont globalement les plaines périphériques du sud qui sont les plus peuplées, certains secteurs montagneux du centre de l'île ont des densités plus élevées que les plaines (352 hab./km^2 dans le secteur de Bangli contre 237 hab./km^2 en bordure du détroit de Bali). À Java elles peuvent atteindre entre 800 et 1 000 hab./km^2 sur les flancs des volcans exploités en rizières dans la partie orientale de l'île.

Les hautes terres d'Afrique orientale (Éthiopie, Rwanda, Burundi, Kenya, Tanzanie, Madagascar) ou du nord et de l'ouest du Cameroun ont accumulé depuis des siècles de fortes concentrations de populations, entre 1 000 et 2 500 m d'altitude, qui s'opposent au vide relatif des plaines qui les entoure. La dorsale montagneuse camerounaise abrite 40 % de la population du pays sur 10 % de sa superficie. La montagne éthiopienne, qualifiée par Jean Gallais de « montagne la plus peuplée du monde », rassemble à elle seule plus de 60 millions d'habitants, soit l'équivalent de la population française et presque autant que la population des Andes et de l'Himalaya réunis sur 29 % de la superficie du pays. La capitale, Addis Abeba (plus de 2,5 millions d'habitants) s'étage entre 2 300 et 2 500 m et aucune ville importante n'est située à moins de 1 500 m d'altitude. Au Rwanda, pays de collines et de hauts plateaux dominés par des volcans à plus de 4 000 m d'altitude, la densité moyenne est de 271 hab./km^2, ce qui en fait le pays le plus densément peuplé d'Afrique et le situe à un rang intermédiaire entre le Sri Lanka et la Belgique. Les densités sont cependant très inégales. Si les 500 hab./km^2 ne sont pas rares au nord-ouest et au centre du pays avec localement des records jusqu'à 1 200 hab./km^2, elles n'excèdent pas 100 hab./km^2, dans l'est, ce qui correspond toutefois à la densité moyenne de l'Ouganda voisin. Le contraste entre plaines et montagnes est également une constante dans tout le nord du Maghreb. C'est le cas en particulier de l'Algérie, où le massif de la Grande Kabylie avec plus de 100 hab./km^2 domine des plaines beaucoup moins peuplées.

Dans certaines parties du monde, ces contrastes sont anciens. Dès avant l'arrivée des conquistadores espagnols, la portion de la Cordillère des Andes située entre les deux Tropiques, portait entre 12 et 15 millions d'habitants sur 15 % de la superficie du continent avec des densités de l'ordre de 20 à 50 hab./km^2, contrastant avec le reste du territoire amérindien, où les densités moyennes étaient inférieures à 1 hab./km^2. Les hauts plateaux du Mexique conservent aujourd'hui des densités rurales qui varient de 40 à 100 hab./km^2 contrastant avec le vide relatif de la péninsule du Yucatan. Le Mexique comme le Guatemala ont d'ailleurs gardé sur les hautes terres leur capitale. Mexico à elle seule concentre ses 15 millions d'habitants à 2 224 m dans une cuvette montagneuse entourée de volcans culminant entre 4 000 et 5 000 m. En Bolivie, La Paz et ses 713 000 habitants perchés à 3 631 m d'altitude, est la plus haute des villes andines. Ce record d'altitude n'est dépassé ailleurs dans le monde que par Lhassa, située à 3 684 m sur le plateau tibétain, mais qui ne compte guère plus de 100 000 habitants. Les villes d'altitude de la Cordillère des Andes sont la plupart du temps localisées sur l'altiplano ou dans des bassins ou des vallées intramontagnardes, comme « l'allée des volcans » en Équateur. D'une façon générale, c'est l'étage tempéré entre 2 500 et 3 500 m qui a été surtout privilégié par les hommes, notamment les bassins et hautes vallées du centre et du nord de la cordillère, où les densités dépassent souvent 50 hab./km^2, parfois 100 près du lac Titicaca à 4 000 m.

En Asie du Sud-Est, les cordillères centrales de Luçon, de Sumatra, de Java et de Bali portent des populations nombreuses qui se dressent au-dessus de plaines sous-peuplées (centre-sud de Kalimantan, sud et nord de l'Irian Jaya). En Indonésie, on sait, grâce à des inscriptions anciennes, que la riziculture est née à Java, non pas en plaine, mais sur les flancs des volcans au IXe siècle, pour se diffuser ensuite dans le reste de l'île. Les plaines n'ont été aménagées que très tardivement (à la fin du XIXe siècle pour les plaines côtières du nord de Java). De même, les montagnes volcaniques de Sumatra sont restées plus peuplées que la plaine jusqu'à la Seconde Guerre mondiale.

En changeant d'échelle, on s'aperçoit donc que des zones montagneuses qui apparaissaient jusque-là comme des vides sur la carte peuvent regrouper un nombre conséquent d'habitants. Mais ce peuplement se caractérise par sa discontinuité et par de fortes disparités entre des secteurs très densément peuplés et d'autres quasiment dépourvus d'hommes, que ce soit dans la zone tropicale ou dans la zone tempérée, ou bien à l'échelle d'une chaîne, d'un massif ou d'un versant.

2 D'une montagne à l'autre, de fortes discontinuités à toutes les échelles

a. Les discontinuités à l'échelle des grands ensembles montagneux et bioclimatiques

Par son extension en latitude à travers tout un continent, les Andes présentent un bon exemple des paradoxes du peuplement des montagnes, lequel est marqué par de fortes discontinuités à toutes les échelles.

À l'échelle du continent sud-américain, les Andes portent des noyaux denses de peuplement qui semblent pourtant à peine plus importants que ceux que portent les plaines et littoraux de l'Argentine ou de l'Uruguay (*fig. 2a*). Néanmoins, avec 26 millions d'habitants, elles sont, à l'échelle du globe, le deuxième ensemble montagnard d'importance en terme de population. Toutefois, le peuplement s'y concentre essentiellement aux latitudes tropicales entre le 11° de latitude nord et le 24 ° de latitude sud, (Mexique, Guatemala, Cordillère de Colombie, d'Équateur, du Pérou et de Bolivie), alors que les Andes chiliennes et argentines sont de véritables « déserts humains ».

Quant aux Andes vénézuéliennes, si elles sont peu peuplées, c'est du fait d'une forte migration des populations vers la ville de Caracas, la côte caraïbe et les plaines pétrolifères.

À l'échelle de la cordillère s'observent de nettes oppositions de versants. Le versant littoral des Andes est plus peuplé que le versant amazonien, sauf en Bolivie où les *yungas** (basses vallées périphériques tropicales du versant oriental des Andes) accueillent les migrants pauvres de l'altiplano bolivien.

Pays	**Population totale en millions d'habitants**	**Part de la population résidant à plus de 2 500 m d'altitude (en %)**
Venezuela	23,7	1
Colombie	38,6	26
Équateur	12,4	34
Pérou	26,6	42
Bolivie	8,1	79
Chili	15	1
Argentine	36,6	1
États andins	161	19

Source : ONU, 1999.

Figure 2 : Deux images du peuplement des Andes.
Source : V. Brustlein et P. Waniez, *Les divisions statistico-administratives d'Amérique du Sud*. (CREDAL-CNRS-ORSTOM).

Bogota, la capitale de la Colombie, est à 2 600 m d'altitude la plus grande métropole andine.

Au sein même des ensembles montagneux de chaque pays, les densités peuvent fortement varier comme en Colombie, où les densités rurales peuvent aller de 20 à 200 hab./km^2, les plus fortes s'observant dans la zone caféière qui couvre les versants de la région centrale entre 1 000 et 2 000 m.

En Équateur, le tiers de la population du pays se concentre aujourd'hui dans la *sierra* sur 5 % du territoire, avec des densités allant de 100 à 200 hab./km^2 voire à 500 dans certains secteurs.

Plus remarquable encore, la présence d'une riche vie urbaine au cœur de ces cordillères de l'Amérique centrale et andine : Potosi, ville minière de création coloniale de Bolivie, perchée à 4 050 m d'altitude, a été longtemps une des villes les plus peuplées du monde occidental avec 160 000 habitants au XVIIe siècle. En Colombie, le triangle Bogota, Medellin, Cali regroupe vers 2 600 m d'altitude une population urbaine équivalente à celle de la région parisienne. En Équateur, Quito perche ses 1 250 000 habitants à 2 890 m, tandis que si La Paz poursuit sa croissance, elle sera bientôt la plus haute ville millionnaire du monde à 3 631 m d'altitude.

La cordillère des Andes n'a donc pas opposé d'obstacle au peuplement. Bien au contraire, les hommes ont su s'approprier cet espace pourtant imposant du fait de sa taille et de son altitude, ce dont témoigne la carte du maillage administratif actuel de l'Amérique du Sud, réalisée par des chercheurs du CNRS en 1997 (Brustlein, Waniez, 1997). Cette carte des divisions administratives élémentaires du continent latino-américain, dont le commentaire d'ensemble a été fait par Pierre Gondard, Hervé Théry et Sébastien Velut dans les *Cahiers d'Amérique Latine*, (Gondard, Théry, Velut, 1997) est particulièrement parlante au regard de la problématique des rapports entre milieu et peuplement (*fig. 2b*, p. 27). La structuration territoriale de la Cordillère et des bassins des Andes tropicales y est clairement lisible. La plus grande finesse de la maille met en valeur les zones les plus densément occupées par les hommes et celles où le contrôle territorial des États est le plus fort. Les plus lâches correspondent aux zones les moins peuplées et les moins bien encadrées. Ces cellules de base sont le résultat de l'appropriation inégale des territoires par les groupes humains depuis l'époque préincaïque jusqu'aux indépendances. C'est ainsi qu'au Pérou, le maillage hérité de l'époque coloniale est particulièrement fin au sud, du fait des densités de population héritées du passé incaïque et de la volonté du pouvoir colonial de bien contrôler les régions situées autour des mines du Potosi. Après l'indépendance, la croissance démographique et économique s'est déplacée vers le centre du pays, où ont été créés de nouveaux districts, en particulier dans les régions indiennes d'altitude, refuge de la guérilla du Sentier Lumineux, où le pouvoir cherche à exercer son contrôle (région d'Ayacucho).

En revanche, sur le piémont amazonien des Andes, les relais territoriaux du pouvoir sont plus distendus, ce qui s'exprime par une maille plus large, elle-même favorable aux activités clandestines des cartels de la drogue et des guérillas. Cette différenciation est moins nette dans le cas de l'Équateur, où, si d'un côté les régions andines conservent tout leur poids, la découverte de pétrole sur le piémont amazonien a favorisé une mise en valeur et un contrôle administratif plus précoce, dont témoigne un maillage plus dense qu'au Pérou. À l'inverse, les larges mailles des Andes chiliennes et argentines peu peuplées s'opposent au maillage serré du Chili central (Santiago) et littoral (Valparaiso) et aux mailles moyennes de la pampa argentine.

Toutefois, ces découpages sont des héritages de périodes anciennes et ne correspondent pas toujours aux dynamiques démographiques en cours. C'est ainsi qu'au Pérou, la croissance de la population sur le littoral et en Amazonie a réduit les Andes au quart de la population du pays (*fig.3*). Sur 6 millions d'habitants au Pérou en 1940, les 4 millions d'Andins représentaient plus de 60 % de la population. En 1999, ils ne représentent plus que 42 %, mais sur un total d'un peu plus de 26 millions, ce qui fait tout de même environ 11 millions de personnes qui vivent entre 2 000 et 5 000 m d'altitude (ONU, 1999).

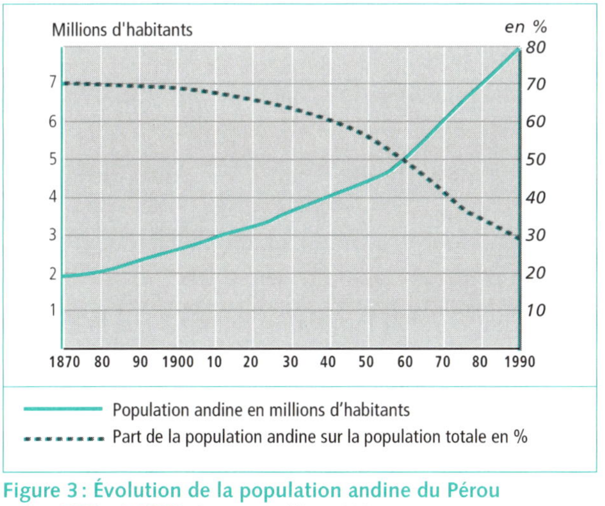

Figure 3 : Évolution de la population andine du Pérou entre 1870 et 1990. Source : Dollfus, 1992.

On constate une tendance similaire, bien que moins accentuée, en Équateur et en Bolivie. Si la majorité de la population y demeure andine, la croissance se porte désormais dans les vallées tempérées et les plaines du piémont (Chapare bolivien) ainsi que sur le littoral équatorien (Guayaquil). En revanche, la majorité de la population colombienne est demeurée andine et citadine de surcroît. Il est possible ainsi que ce maillage évolue dans le sens d'une densification des unités administratives dans les nouvelles zones de croissance.

L'existence de discontinuités de peuplement s'observe dans les autres massifs du monde, quelle que soit la zone climatique.

L'Himalaya, en position subtropicale, est à la fois la plus haute et la plus imposante des grandes chaînes de montagnes du monde, mais aussi la plus peuplée d'entre elles. Ses 33 millions d'habitants se distribuent en noyaux discontinus, entre 800 et 3 000 m, dont les plus denses se situent dans sa partie centrale sur les moyens versants de son flanc sud (Sikkim, Népal, Cachemire) et dans les bassins intramontagnards (Katmandou à 1 400 m d'altitude). À l'inverse, les contreforts forestiers et humides des confins birmans de l'Himalaya oriental ne portent que des populations éparses, tout comme dans les montagnes sèches de l'Himalaya occidental, du Karakoram à l'Hindou Kouch, où elles se blottissent au creux des maigres oasis des hautes vallées. À cette opposition entre le centre et les extrémités orientales et occidentales de la chaîne, se rajoute une opposition Nord-Sud entre le versant de mousson de l'Himalaya népalais qui porte la moitié des 27 millions d'habitants du pays entre 1 000 et 3 000 m et les étendues désertiques du haut plateau tibétain au nord de la chaîne, ou encore du Tian Shan et des Kouen Loun qui encerclent le désert de Gobi et du Takla Makan. La seule ville notable sur des milliers de kilomètres carrés est Lhassa (3 684 m) avec ses 107 000 habitants au milieu de grands espaces arides portant moins de 2 hab./km^2 (*cf. fig. 12*, p. 47).

Si en Asie du Sud-Est, l'opposition entre montagnes vides et plaines intensément humanisées se vérifie dans la péninsule indochinoise, il faut bien constater, en Indonésie ou aux Philippines, l'existence de montagnes densément occupées dans les archipels. Les montagnes de Java, de Sumatra (200 hab./km^2 en moyenne en pays Minangkabau dans la région du volcan Merapi, 70 hab./km^2 dans la région du lac Toba) et des Philippines (île de Luçon) sont fortement peuplées. Au contraire, au Viêt Nam, comme en Thaïlande, en Birmanie ou en Chine du Sud, les montagnes ne portent guère que des densités inférieures à 20 hab./km^2, alors que les zones basses peuvent concentrer jusqu'à 1 000 hab./km^2 dans le delta du Fleuve Rouge.

Dans le monde méditerranéen, les montagnes du Haut Atlas, du Rif ou de la Kabylie sont densément peuplées (de 150 hab./km^2 à 300 hab./km^2 en Kabylie) et ont formé les grands réservoirs démographiques du Maghreb. À l'inverse, les montagnes du Moyen-Orient, à l'exception de la montagne libanaise, de la montagne kurde et du Yémen, sont quasi vides ou peuplées seulement par de petits groupes nomades ou semi-nomades (chaîne du Taurus en Turquie). Il en est de même des massifs des milieux désertiques :

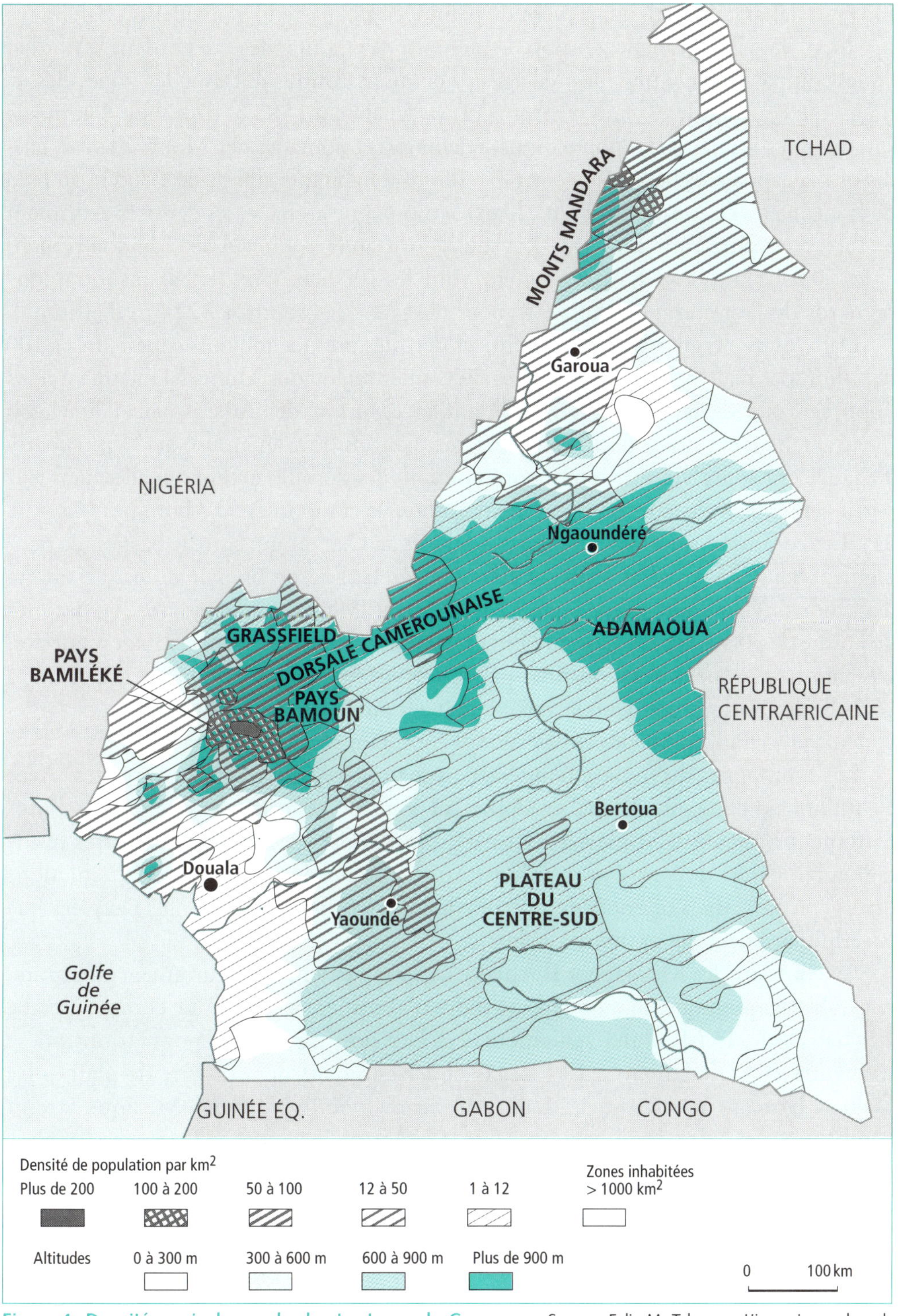

Figure 4 : Densités agricoles sur les hautes terres du Cameroun. Source : Felix M. Tchoua, « L'importance du volcanisme. L'exemple du Cameroun », *in L'homme et la montagne tropicale*, SEPANRIT, Bordeaux, 1988.

Hoggar, Sahara, Tibesti, qui servent de pâturages aux pasteurs nomades du Sahara (*cf. fig. 10*, p. 45). En revanche, en Iran, le piémont des montagnes qui bordent le nord et l'ouest du pays concentre villes, villages et cultures, contrastant avec les zones désertiques qui couvrent les 3/4 du territoire à l'est. Ispâhan à 1583 m d'altitude domine de son million d'habitants les populations sédentaires et nomades des Monts Zagros, tandis que la capitale Téhéran concentre 7 millions d'habitants autour de 1700 m au pied de la chaîne de l'Elbourz (5604 m). Dans la montagne afghane, les densités expriment de forts contrastes entre les 5 hab./km^2 du Nouristan (versant sud de l'Hindou Kouch) et les 50 hab./km^2 des Monts Soleyman, voire les 100 hab./km^2 des bassins intramontagnards de l'est comme celui de Kaboul (1,4 M d'habitants à 2224 m d'altitude).

Dans les montagnes africaines enfin, les densités presque toujours supérieures à 100 hab./km^2 des hautes terres occidentales du Cameroun ou des Monts Mandara au nord s'opposent au vide des montagnes de l'Alantika, et surtout de l'Adamaoua, et du Massif Central tchadien (moins de 10 hab./km^2) aux confins du Cameroun, du Nigeria et du Tchad. Les Monts Mandara eux-mêmes portent des densités exceptionnelles dans leur partie septentrionale alors que la partie méridionale comporte peu d'hommes (*fig. 4*, p. 31). Les contrastes sont tout aussi forts, toujours au Cameroun, entre le bastion de peuplement dense du pays Bamiléké à 1400 m et le relatif désert humain du pays Bamoun d'altitude similaire, situé un peu plus à l'est (Morin, 1996). En comparaison, les densités de l'ordre de 50 à 100 hab./km^2 du Fouta Djalon en Guinée peuvent sembler modestes. Ce haut bastion peul n'en constitue pas moins un foyer démographique important à l'échelle de l'Afrique occidentale, qui connaît elle aussi des disparités notables, de larges secteurs entourant son haut plateau central comptant moins de 25 hab./km^2.

Les montagnes du monde tempéré ne sont pas à l'écart de tels contrastes. Avec 11 millions d'habitants, la chaîne alpine, au cœur de l'Europe est depuis longtemps fortement humanisée et même relativement urbanisée, comparée à d'autres montagnes tempérées des pays industrialisés. Au sein même de cet ensemble, les situations divergent. Les Alpes orientales et septentrionales sont globalement plus peuplées que les Alpes occidentales et méridionales.

Au contraire, les Montagnes Rocheuses, qui appartiennent pourtant au plus grand ensemble économique du monde, sont vides d'hommes : le Wyoming compte à peine 1,9 hab./km^2, le Montana seulement 2,3 hab./km^2, avec une population qui se concentre essentiellement à Las Vegas et à Reno dans des secteurs de plaine. Le Dakota Nord ne porte que 3,5 hab./km^2 tandis que le Nouveau-Mexique atteint péniblement la barre des 5 hab./km^2 (*fig. 5*). Hormis quelques villes liées à l'exploitation minière ou au tourisme, les Rocheuses n'ont guère fixé le peuplement. Il en est de même des montagnes des pays neufs du Pacifique (Alpes australiennes et néo-zélandaises) ou de l'Amérique du Sud (Andes du Chili et de l'Argentine). Dans une situation géographique inverse, (exiguïté de l'espace et forte population) la montagne japonaise est restée répulsive pour les hommes qui ont préféré occuper les plaines littorales étroites de l'archipel.

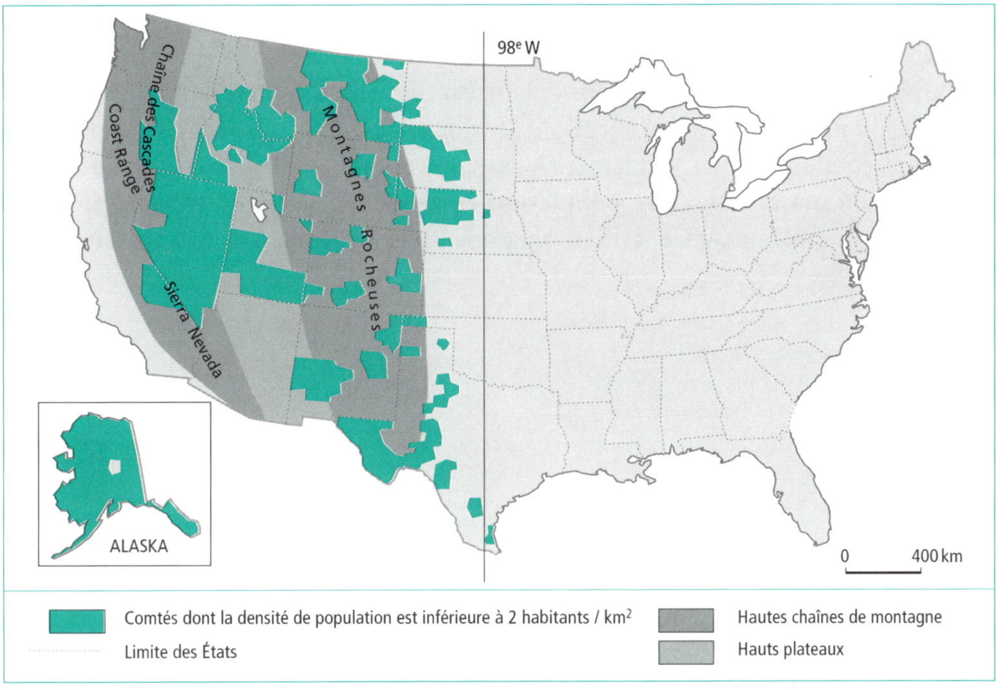

Figure 5 : Les espaces de vide dans l'Ouest américain.
Sources : C. Ghorra-Gobin, *Les États-Unis*, Nathan-Université.

b. L'inégale signification des densités : la question du « surpeuplement » de certaines montagnes tropicales

La présence en montagne de vastes portions de territoires non habités et non cultivés rend problématique la notion de densité de population au sens arithmétique du terme. Certaines hautes vallées en particulier, qui semblent très peu peuplées au regard des densités brutes, le sont en réalité beaucoup plus si l'on rapporte le nombre d'habitants à la surface agricole utile. Cet indicateur est beaucoup plus pertinent pour faire apparaître la réalité du peuplement, en particulier dans le cas de systèmes économiques montagnards très dépendants de l'agriculture. Une densité arithmétique qui serait de l'ordre de quelques habitants par kilomètre carré peut s'élever, si on la rapporte à la surface agricole utile, à plus de 100 hab./km^2, voire localement jusqu'à 1 000 hab./km^2 comme dans certaines hautes vallées du Népal (*fig. 6*). Il en est de même au Rwanda, où la densité rurale moyenne rapportée à la surface agricole utile dépasse 600 hab./km^2 voire par endroits 1 000 hab./km^2.

La croissance démographique en cours dans la plupart des pays en développement a tendance à densifier les zones de montagne déjà fortement peuplées et entraîner une fragmentation accrue des exploitations agricoles. À terme, si aucune innovation n'est réalisée, la réduction de la taille des exploitations menace leur rentabilité.

Dans les années 1960-1970, la croissance démographique dans les pays en développement, en particulier dans les zones de montagne déjà densément peuplées, a réactivé un peu partout les inquiétudes malthusiennes. Les grandes concentrations humaines dans des milieux où l'écrasante majorité de la population vit de l'agriculture semblent conduire au surpeuplement. Cette notion renvoie à l'idée qu'au-delà d'un seuil plus ou moins fixe entre population et ressources disponibles, apparaîtraient misère, famines, chômage, et crise écologique (déforestation, érosion, glissements de

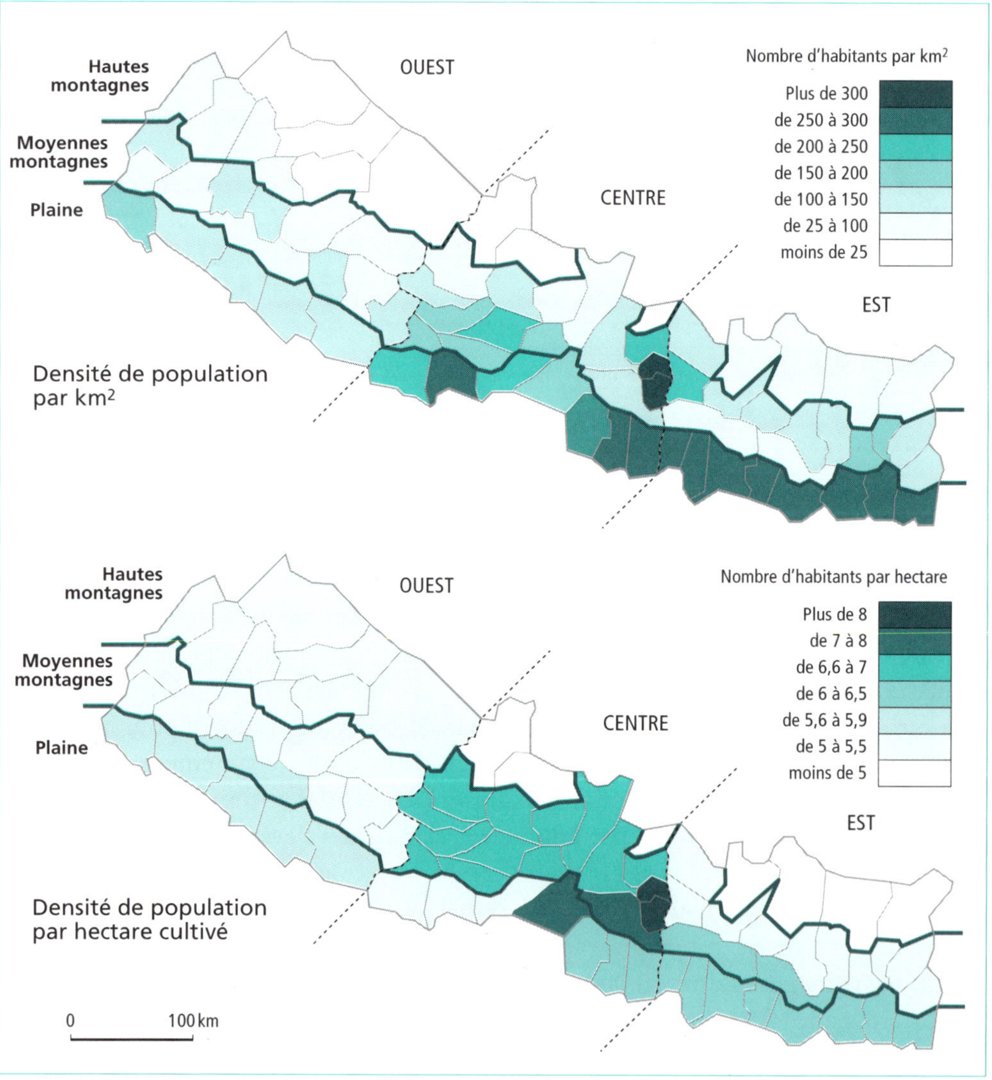

Figure 6 : L'inégale signification des densités au Népal.
Sources : CBS, *Population Census*, 1991 ; LRMP, *Land Utilization Report*, Katmandou, 1986.

terrains, inondations ou sécheresse). Des théories catastrophistes concernant de nombreuses zones de montagne (Himalaya, Fouta-Djalon, Rwanda, Burundi) sont élaborées par les experts internationaux, qui lient la croissance démographique et la déforestation au changement climatique. Certaines réactualisent des théories plus anciennes, comme celles qui, au Fouta Djalon dans les années 1940, décrivaient le cercle vicieux de la dégradation des milieux sous l'effet des pratiques agropastorales peules (Richard-Mollard, 1944).

De façon quasi systématique, les montagnards des pays en développement sont accusés d'avoir des pratiques responsables de la destruction de l'environnement : trop nombreux, ils défricheraient des terres marginales qui seraient de ce fait de plus en plus sensibles à l'érosion. Celle-ci réduirait les rendements agricoles, entraînant la misère des paysans et une pression encore plus accrue sur les ressources disponibles jusqu'à leur destruction. Dans certains cas, la déforestation et l'aggravation de l'érosion seraient responsables des inondations dans les plaines situées sous la dépendance des massifs montagneux, comme dans la théorie de la dégradation des milieux himalayens (Ives et Messerli, 1989). Dans d'autres cas comme au Fouta Djalon, la montagne privée de sa couverture forestière ne pourrait plus conserver son rôle de château d'eau pour les régions voisines et serait responsable de l'aggravation des sécheresses dans le Sahel.

Or, l'interprétation des densités est délicate car elle ne peut se suffire de l'analyse purement mécaniste d'un rapport entre une population donnée et une surface donnée. Se pose d'abord une question d'échelle. Les fortes densités moyennes observables à l'échelle d'un massif cachent souvent de fortes variations régionales. La pression démographique ne s'exerce pas également sur l'ensemble des territoires, ce que montrent par exemple Jean-Étienne Bidou à propos du Burundi (Bidou, 1994) Xavier Amelot à propos du Rwanda (Amelot, 1998), Véronique André, Gilles Pestana et Georges Rossi à propos du Fouta Djalon (André, Pestana, Rossi, 2001), pour ne citer que les montagnes d'Afrique où la question des fortes densités est récurrente dans la littérature sur le développement.

Ensuite, les experts ont bien du mal à fixer un seuil de superficie minimale rendant compte de la capacité d'une terre agricole à nourrir une famille. Au Burundi, Jean-Étienne Bidou fait observer que le minimum vital concernant la superficie moyenne des exploitations agricoles est très élastique : « *Il était estimé en 1952 à 3,5 ha, mais en 1960, le planificateur l'a réduit à 2,2 ha dans les régions humides, puis à 1,7 ha en 1965. Or en 1982, le Ministère du Plan juge que les exploitations agricoles au Burundi couvrent seulement 0,88 ha, que la pratique de la double saison agricole permet d'élever à 1,29 ha cultivés par an. En 1986, le paysan burundais vivait sur une exploitation agricole de 0,71 ares, cinq fois plus petite que le minimum vital de 1950. À l'inverse, la superficie cultivable paraît extensible. Depuis la colonisation belge, on insiste surtout sur la dégradation des sols, l'épuisement des réserves de fertilité, mais beaucoup de terres ont été converties à la culture. Elles étaient souvent considérées de médiocre qualité, mais de toute évidence, elles ont quand même été intégrées à l'espace agricole et pourraient même s'améliorer sous le travail. Dans ces conditions, alors que la population a triplé depuis la Seconde Guerre mondiale, il n'est pas sûr que la pression démographique ait réellement augmenté»* (Bidou, 1994, p. 4-5). Cet exemple doit inciter à la prudence quant à l'interprétation des fortes concentrations humaines en montagne. De fortes densités ne sont pas forcément synonymes de surpopulation, lorsque les sociétés ont les moyens techniques d'augmenter leur production agricole. Elles seraient même un stimulant à l'innovation, poussant les populations à imaginer des méthodes d'intensification des cultures.

Les travaux des ethnobotanistes ainsi que de géographes de plus en plus nombreux constatent que les paysans des montagnes des « pays du sud » ont généralement une très bonne connaissance des milieux qu'ils exploitent et que leurs systèmes agraires font preuve d'une remarquable flexibilité. C'est ce que montrent les travaux récents sur l'Afrique des Grands Lacs. Au Rwanda par exemple, Xavier Amelot a démontré que si la pression démographique constitue le principal ressort de la dynamique des systèmes ruraux, ce ne sont pas, contrairement aux idées reçues, les zones les plus densément peuplées qui connaissent la situation la plus critique. En effet, une plus forte cohésion sociale y a permis de mieux adapter les systèmes agraires à la croissance de la population. L'érosion des sols, l'insécurité alimentaire et les tensions sociales sont beaucoup moins manifestes dans certains secteurs de fortes densités que dans les zones les moins densément peuplées du pays (Amelot, 1998). Mais les préjugés coloniaux ethnocentristes qui ont fondé les politiques administratives et les modalités de l'exploitation des milieux des Européens (cultures obligatoires, lutte anti-érosive, drainage des marais) ont ignoré les réalités socio-politiques et les modes de gestion des milieux des populations indigènes. Ils ont eu tendance à déresponsabiliser les paysanneries tout en les rendant méfiantes vis-à-vis de l'innovation et surtout à fixer ces dernières dans un cadre « ethnique » et territorial strict, les Hutu d'un côté, les Tutsi de l'autre, ce qui a contribué à alimenter la crise sociale après l'indépendance (Amelot, 1998).

De même, au Burundi, les paysanneries n'ont pas hésité à faire évoluer leurs systèmes de culture au fur et à mesure que la pression sur les terres se faisait plus forte. L'intensité de la mise en valeur est réglée sur la quantité de terres disponibles, permettant de maintenir un niveau de production donné quelle que soit la densité de population et il reste encore de vastes possibilités d'intensification. La croissance démographique a cependant grignoté l'autosuffisance alimentaire des classes les plus pauvres, tandis que la diminution de la taille des exploitations a précipité un nombre de plus en plus grand d'entre elles en dessous du minimum viable. Des pénuries alimentaires sont apparues. Elles ont toutefois pu être compensées par l'apport des régions excédentaires (Bidou, 1994). Malgré la guerre civile, ses massacres et ses déplacements de population, la production alimentaire du Burundi ne s'est pas effondrée autant qu'on aurait pu le craindre, grâce à une grande capacité d'adaptation des systèmes agraires (Cochet, 2001).

Or, c'est cette dernière qui est souvent remise en cause par des interventions extérieures et en particulier par les politiques de développement ignorantes des réalités locales. Au Fouta Djalon par exemple, Véronique André a démontré dans sa thèse que le système agraire peul qui associe pratiques extensives et pratiques intensives était également efficace pour maintenir de fortes densités de population sans risques érosifs excessifs. Pour les Peuls, l'arbre isolé ou en peuplement dense fait partie des systèmes agraires, alors que la société technicienne occidentale dissocie l'agriculture et la sylviculture et considère l'arbre isolé comme un élément relictuel d'une forêt qui aurait disparu, détruite par les pratiques agricoles ou pastorales. *« Les avancées scientifiques dans les domaines de la géomorphologie, de la paléoclimatologie ou de l'ethnobotanique permettent de s'affranchir de discours hérités sur la destruction d'une forêt dense foutanienne par les Peuls, de l'aridification programmée du massif du Fouta Djalon, liée à la déforestation, ou encore de la soi-disant origine anthropique des* bowé. *À la lumière de la combinaison de tous ces éléments, les fondements du discours catastrophiste sur l'environnement se révèlent caducs. Issu du prisme colonial, renforcé dans les années 1940 par des travaux idéologiquement orientés, il apparaît comme un discours « réactualisé » par des approches néo-malthusiennes, fortement ethnocentré et sociocentré, ce que traduisent sur le terrain les modes d'intervention »* (André, 2002, p. 420).

« Les gouvernements des pays pauvres ont tout intérêt à alimenter ce type de discours qui relèvent plus du récit mythologique que de l'analyse scientifique fondée. En effet, ils y voient l'occasion d'attirer les subsides internationaux pour entreprendre des programmes de développement, de lutte anti-érosive ou de reboisement, à la mesure de l'importance des enjeux soulevés. Pourtant, ces programmes d'aide s'avèrent aussi inefficaces que coûteux. C'est ainsi qu'au Fouta Djalon ont été mis en place des systèmes anti-érosifs en demi-lunes pour retenir l'eau de ruissellement sur les plateaux appelés bowé, dont on pensait qu'ils avaient été déboisés par les pratiques agropastorales. Mais cette mesure s'avère totalement inutile car les bowés sont des plateaux cuirassés qui n'ont jamais porté de forêts, mais de maigres prairies de graminées qui poussent sur des sols squelettiques uniquement en saison des pluies. Cela n'empêche pas les paysans de se prêter de bonne grâce à la construction de ces demi-lunes pour laquelle ils sont grassement payés par les experts… Et à réutiliser les pierres pour d'autres usages, une fois les experts partis… (ibid.) »

Dans l'évaluation de la pression démographique, il faut non seulement prendre en compte les ressources agricoles du territoire, mais aussi les revenus tirés d'autres activités, qu'ils soient d'origine locale (tourisme, industrie, artisanat, commerce) ou extérieure (revenus tirés des migrations). La mobilité est d'ailleurs l'une des solutions les plus fréquentes auxquelles les sociétés montagnardes ont recours pour assurer leur reproduction. Elle fait partie des stratégies qui servent de soupape de sécurité en cas de déséquilibre momentané entre population et ressources, et permet de vivre en montagne dans des espaces où les ressources agricoles sont insuffisantes (*cf.* ch. 5). En effet, les montagnards ne sont pas assignés à un territoire fermé. Ils ont presque toujours trouvé des solutions ou développé des stratégies pour éviter les déséquilibres, parfois il est vrai au prix d'un rigoureux contrôle social. Dans la vallée d'Ossau, par exemple, il était socialement admis jusqu'à ces dernières années que seuls les deux premiers enfants d'un exploitant puissent se marier. Les autres enfants étaient voués au célibat ou contraints à l'émigration. C'est de cette manière que le nombre de maisonnées a pu se maintenir quasi à l'identique depuis le Moyen Âge. La polyandrie pratiquée par les populations tibétaines joue le même rôle de régulation démographique.

Enfin, de faibles densités ne sont pas forcément plus enviables. Si elles peuvent être le fait d'un milieu naturel hostile aux hommes (montagnes des hautes latitudes ou montagnes arides), elles sont aussi très souvent le résultat d'un dépeuplement aboutissant à une désertification des montagnes (*cf.* ch. 2). Le sous-peuplement n'est pas moins problématique que le surpeuplement, compte tenu de l'abandon du contrôle de l'érosion par les pratiques agricoles et du surcoût qu'entraînent la desserte et l'accès aux services et aux équipements de base d'une population peu nombreuse et dispersée.

II. De la relativité des contraintes naturelles dans le temps et dans l'espace

Les catégories habituelles que sont l'altitude et le climat sont, comme nous venons de le voir, insuffisantes à rendre compte des inégalités de peuplement à moyenne échelle et même entre les grands ensembles montagneux du monde. Si la montagne est souvent perçue comme un milieu hostile qui offre moins de facilité à l'implantation humaine, la constatation de différences sensibles de peuplement à milieu physique comparable fait voler en éclats les explications allant dans le sens d'un déterminisme naturel. Fortes et faibles densités se rencontrent à toutes les échelles, quel que soit le milieu climatique (à l'exception de la zone froide) et quelle que soit l'altitude des massifs ou la raideur de leurs pentes. La contrainte climatique ou topographique ne joue pas partout et tout le temps de la même façon. Elle est surtout pertinente dans le contexte d'un peuplement fondé sur une occupation agricole de la montagne. En effet, il existe une forte corrélation entre la répartition de la population et les possibilités culturales, elles-mêmes tributaires des conditions naturelles (altitude, pente, climat). Dans les économies traditionnelles fondées sur l'agriculture, la capacité de production alimentaire des territoires a longtemps décidé du nombre de ses habitants. Là où le froid empêche ou limite les cultures, dès que le nombre de jours de gel réduit trop la saison végétative, l'habitat sera inexistant ou très lâche.

Mais, selon l'époque, le type de société, ses techniques et ses choix dans les modalités de mise en valeur de la montagne, la contrainte joue de façon très variable. Elle ne prend véritablement son sens géographique que parce qu'elle est perçue et vécue comme telle par une société donnée à un moment précis de son histoire.

1 Le fait climatique en montagne : gradients et limites de peuplement

Les contraintes climatiques des géosystèmes montagnards sont d'abord liées au fait altitudinal qui règle, avec la position en latitude, l'organisation verticale des milieux bioclimatiques en montagne et qui donne aux reliefs montagneux leur spécificité au sein des climats zonaux. Toutefois, le rôle de l'altitude sur le peuplement des montagnes apparaît extrêmement inégal *(fig. 7)*.

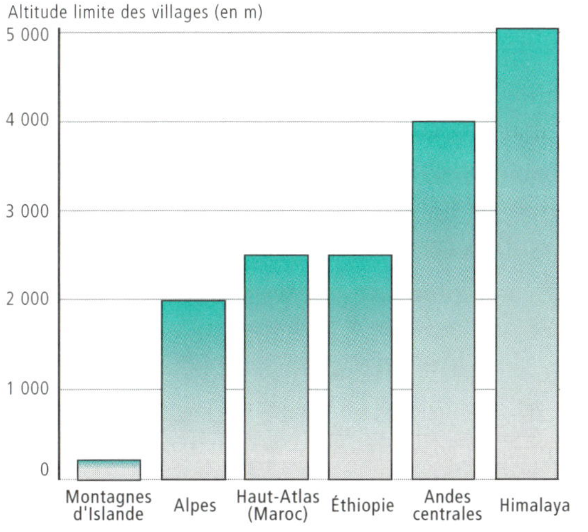

Figure 7 : Limites altitudinales du peuplement.
Source : *Mondes nouveaux, Géographie universelle*, Belin-Reclus, 1991.

a. Gradient altitudinal et gradient thermique

En règle générale, plus on monte en altitude, plus il fait froid et moins il y a d'hommes. L'élévation en altitude conduit les hommes jusqu'aux limites de l'écoumène. Elle entraîne en effet une baisse de la pression atmosphérique provoquant une raréfaction de l'oxygène dans l'air qui perturbe le métabolisme des êtres vivants et impose de fortes contraintes à l'organisme humain (difficultés respiratoires, maux de tête, risque d'œdème pulmonaire ou cérébral). De 1013 mb en moyenne au niveau de la mer, la pression atmosphérique baisse ainsi de façon irrégulière avec l'altitude, pour se réduire de moitié aux environs de 5 000 m. Or, cette règle générale doit être relativisée.

Tout d'abord, cette baisse n'est pas identique à toutes les latitudes. Elle est moins rapide aux latitudes tropicales qu'aux latitudes tempérées, ce qui explique que la vie puisse se percher très haut aux latitudes tropicales. Toutefois, au-delà de 5 500 m, la vie permanente n'est plus possible sans l'apport artificiel d'oxygène. Les populations qui vivent dans la tranche altitudinale comprise entre 3 000 et 5 500 m développent des processus d'adaptation physiologique pour maintenir l'alimentation des tissus en oxygène (augmentation de la concentration des globules rouges dans le sang pour oxygéner plus rapidement les organes vitaux, développement du muscle cardiaque et des capacités pulmonaires) qui semblent avoir fini par se transmettre génétiquement à certaines d'entre elles, comme les Indiens aymara de l'altiplano bolivien qui vivent au-dessus de 3 500 m, ou les populations des hauts plateaux tibétains. Au Népal, les Sherpa de la région de l'Everest sont célèbres pour leur capacité à porter de lourdes charges à haute altitude dans le cadre des expéditions de haute montagne. Cependant, ces hommes qui vivent généralement dans des villages d'altitude inférieure à 4 000 m doivent s'acclimater comme n'importe quel habitant des plaines dès lors qu'ils évoluent à très haute altitude dans la tranche qui va de 6 000 à plus de 8 000 m.

Ensuite, la limite supérieure du peuplement varie fortement selon la latitude et les conditions climatiques. Elle ne correspond que rarement aux limites physiologiques imposées par l'altitude. La limite de l'habitat permanent s'élève à 5 200 m dans les Andes péruviennes, à 4 800 m au Tibet mais chute déjà à 2 400 m dans le Haut Atlas marocain. Dans les Alpes, il dépasse exceptionnellement les 2 000 m (Saint-Véran, dans le Queyras, Val-Thorens en Savoie), mais atteint 2 400 m dans le Caucase (Daghestan, Azerbaïdjan). Il s'abaisse brutalement à 300 m dans les Highlands d'Écosse pour disparaître totalement en Islande ou dans les Alpes norvégiennes dès 200 m d'altitude. La sécheresse peut repousser très haut ces limites altitudinales, mais elle introduit généralement du vide au sein des montagnes. Les terres sèches et froides d'altitude situées en position d'abri au nord et à l'est de l'Himalaya sont de vrais déserts humains, même si on y trouve là encore des hommes aux limites extrêmes du possible (1,5 hab./km^2 en moyenne en Mongolie, 1,8 au Tibet, 5 hab./km^2 au Qinghai, où les hommes se réfugient dans quelques oasis irriguées séparées par les immensités désolées du désert de Gobi et de Takla-Makan). Cependant, ces montagnards de l'extrême sont très minoritaires et ne représentent que de très faibles effectifs. S'ils vivent à de telles altitudes, c'est par nécessité, parce qu'ils y ont été repoussés par la concurrence d'autres peuples colonisateurs.

Enfin, la relation qui semble évidente entre montée en altitude et diminution des densités n'est ni directe, ni progressive. Il existe, comme certains exemples l'ont suggéré au chapitre précédent, des discontinuités altitudinales dans le peuplement. Si les montagnes tempérées correspondent à peu près au modèle, dans la zone tropicale, le cas le plus fréquent oppose des espaces vides au bas et en haut des versants encadrant une tranche intermédiaire où se concentre la population. En Afrique par exemple, les populations montagnardes occupent de préférence la tranche altitudinale comprise entre 1 000 et 2 000 m. Sur les flancs du Ruwenzori ou au Cameroun, les villages ne dépassent pas 1 000 m. En Équateur, dans la province de Bolivar (Pouille, 2000), la moitié de la population de la province se concentre dans la tranche comprise entre 2 000 et 3 000 m (*fig. 8*).

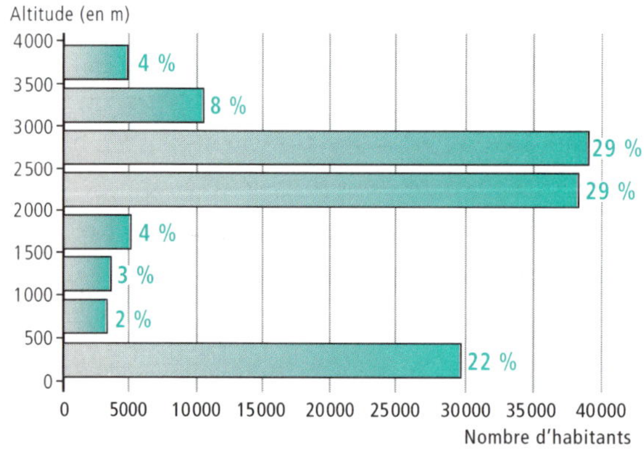

Figure 8 : Répartition altitudinale de la population dans la province de Bolivar (Équateur).
Source : Fabien Pouille, *Systèmes agraires, stratégies individuelles et collectives des populations rurales des andes équatoriennes. L'exemple de la province de Bolivar*, thèse Bordeaux III, 2000.

En effet, la tendance des êtres humains n'est pas de battre des records. La limite supérieure de l'habitat est bien plus une limite humaine, économique, qu'une limite naturelle. Elle est en tout cas presque toujours inférieure

Vide du haut plateau tibétain central (région du lac Nam tso) vers 4 500 m d'altitude

aux possibilités agricoles. Dans l'Himalaya du Népal où le peuplement peut monter très haut dans l'absolu, 80 % de la population népalaise vit en dessous de 1 800 m, dont 52 % entre 300 et 1 800 m d'altitude. Seulement 5 % de la population vit à plus de 3 500 m. La population est la plus nombreuse là où l'on peut cultiver le riz, une des céréales les plus peuplantes qui soient. Il pousse en général jusqu'à 1 800 m, mais certaines variétés de riz rouge dites riz de montagne peuvent encore pousser jusqu'à 2 300 m. Le blé peut atteindre 3 600 m. Le maïs, plante d'origine amérindienne, se développe jusqu'à 2 700 m ainsi que le millet. Les altitudes supérieures sont le domaine de la pomme de terre qui va jusqu'à 4 200 m, ainsi que de l'avoine et du sarrasin. L'orge, céréale la mieux adaptée au froid et à la sécheresse, est celle qui grimpe le plus haut : 4 400 m (*cf.* fig. 24, ch. 3, p. 121).

Mais ces cultures aussi vitales soient-elles pour les montagnards ne suffisent pas à assurer leur subsistance sans le complément de l'élevage ou du commerce. La limite supérieure de l'habitat permanent se situe vers 4 500 m. Au-delà, les pâturages d'altitude fréquentés temporairement par les bergers peuvent s'étendre jusqu'à 5 200-5 500 m. Dans les Andes tropicales, c'est l'étage tempéré entre 2 500 et 3 500 m qui a été privilégié, notamment les bassins et hautes vallées du centre et du nord, où les densités dépassent souvent 50 hab./km^2, parfois 100 hab./km^2 près du lac Titicaca à 4 000 m.

L'occupation originelle des montagnes est donc en grande partie liée aux possibilités de mise en valeur agricole du milieu, elles-mêmes tributaires des données morpho-climatiques, topographiques et édaphiques. Par leur élévation en altitude, les montagnes perturbent les données zonales en entraînant une dégradation régulière des conditions climatiques qui prévalent en plaine. Elle se manifeste par un ensemble de gradients dont l'importance joue de façon inégale sur l'occupation humaine selon la position des montagnes en latitude.

Le gradient thermique, tout d'abord, fait chuter les températures de −0,6° tous les 100 mètres dans la zone tropicale et de −0,5° tous les 100 mètres dans la zone tempérée. Il varie selon le climat de base, la saison, l'exposition, la pente, le jour ou la nuit et selon le degré d'humidité de l'air. L'isotherme zéro est un seuil important pour la vie : à partir de cette limite, les précipitations tombent sous forme de neige et le gel devient prépondérant. Sa limite altitudinale est elle aussi variable selon la latitude, l'exposition et la saison : il est situé vers 2200-2400 m d'altitude dans les Alpes, mais à plus de 4000 m sous les Tropiques. À partir de l'isotherme −1°, −2°, le gel du sol fait son apparition de façon d'abord sporadique et discontinue, puis de façon continue (permafrost) dès que la température moyenne de l'air avoisine les −8 à −10°.

Dans la zone froide et tempérée le froid limite rapidement les possibilités culturales en raccourcissant la durée de la période végétative et en imposant le froid et le gel aux cultures. Dans la zone chaude, au contraire, la dégradation climatique montagnarde apporte un climat plus frais et plus humide qui font des montagnes des oasis de fraîcheur par rapport aux plaines. L'étagement biogéographique favorise une plus grande biodiversité et des possibilités culturales plus variées qu'en plaine en ajoutant à la flore tropicale les flores du domaine tempéré. L'existence de cultures variées est un atout certain pour les sociétés montagnardes qui peuvent ainsi échanger leur production avec celle des gens des plaines. Certaines céréales comme l'orge, ainsi que les tubercules comme la pomme de terre qui supportent le gel ont permis de fixer des populations à des altitudes très élevées comme en témoignent les sociétés andines, qui ont su domestiquer plus d'une centaine de variétés de tubercules.

Dans la zone tropicale, la montagne présente un autre avantage climatique par rapport aux plaines, celui de la salubrité. Les maladies endémiques ne peuvent s'y développer grâce à l'altitude et au froid : la fièvre jaune et la mouche tsé-tsé disparaissent à partir de 1000 m, tandis que le froid tue les larves des anophèles, vecteurs du paludisme, au-dessus de 2000 m. De même un certain nombre d'épizooties disparaissent avec l'altitude, favorisant l'élevage, comme c'est le cas sur les hautes terres africaines (*fig. 9*). C'est l'un des facteurs qu'invoquent les géographes pour expliquer la présence des hommes dans les montagnes tropicales ou méditerranéennes. Au Népal, la plaine du Téraï qui borde la chaîne himalayenne au sud dans le prolongement de la vallée du Gange, a longtemps été peu peuplée à cause de son insalubrité. Il a fallu attendre les années 1950 pour que l'éradication de la malaria permette l'occupation et le défrichement de la jungle. Grâce à un solde migratoire positif en provenance des moyennes et hautes montagnes du pays, cette région porte aujourd'hui la majeure partie de la population népalaise.

Toutefois, dans de nombreuses parties du monde tropical, et en particulier en Asie du Sud-Est, on rencontre aux environs de 1000 à 1500 m, à conditions d'insalubrité équivalente, des montagnes vides d'hommes comme au Viêt Nam et d'autres où les fièvres n'ont pourtant pas découragé le peuplement comme à Java ou Bali. Il semblerait que ces différences soient liées à des raisons culturelles et que l'insalubrité ait été perçue différemment selon les sociétés. C'est ce que suggère Jules Blache, dans *L'Homme et la montagne*, lorsqu'il met l'opposition plaines/montagnes dans la péninsule indochinoise sur le compte d'une « répulsion réciproque des civilisations » : « *Le Chinois, l'Annamite, le Malais se trouvent aussi mal à l'aise, une fois entrés dans la montagne souvent toute proche, que si un long voyage l'avait amené à milles lieues de son pays natal [...] Il faut craindre le climat malsain [...] Le paludisme, la dysenterie ne ménageront pas l'exilé. [...] Réciproquement, les peuples des montagnes redoutent le séjour dans les*

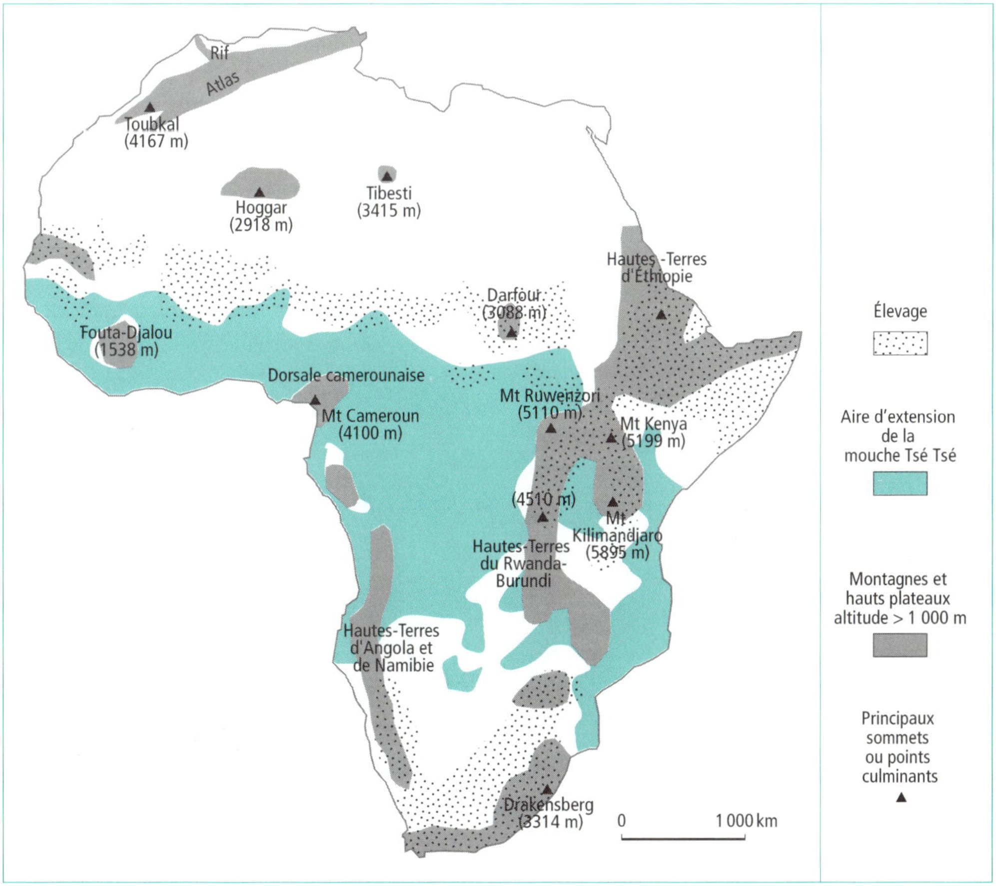

Figure 9 : Montagnes et insalubrité en Afrique.
Source : d'après *Géographie seconde*, sous la direction d'Alain Mesplier, Bréal, 2001.

plaines, où, méprisés, les attendraient les plus humbles tâches [...] À quoi bon s'installer dans les plaines, où le paludisme est endémique ? [...] Il va sans dire que les Chinois, les Annamites, les Malais souffrent du paludisme dans leurs rizières tout autant que d'autres, à l'accoutumance près » (Blache, 1935).

Enfin, à l'échelle d'un versant, les différences thermiques liées à l'exposition permettent de comprendre l'implantation de l'habitat. Dans les montagnes de la zone tempérée, l'opposition classique entre l'adret ensoleillé et l'ubac plus froid rend compte de l'installation de l'habitat sur le versant le plus chaud dans le cadre de l'économie agricole. Toutefois, certains villages pouvaient également s'implanter sur l'ubac, comme le village de Macôt en Tarentaise. Avec l'essor du ski, les versants bien enneigés

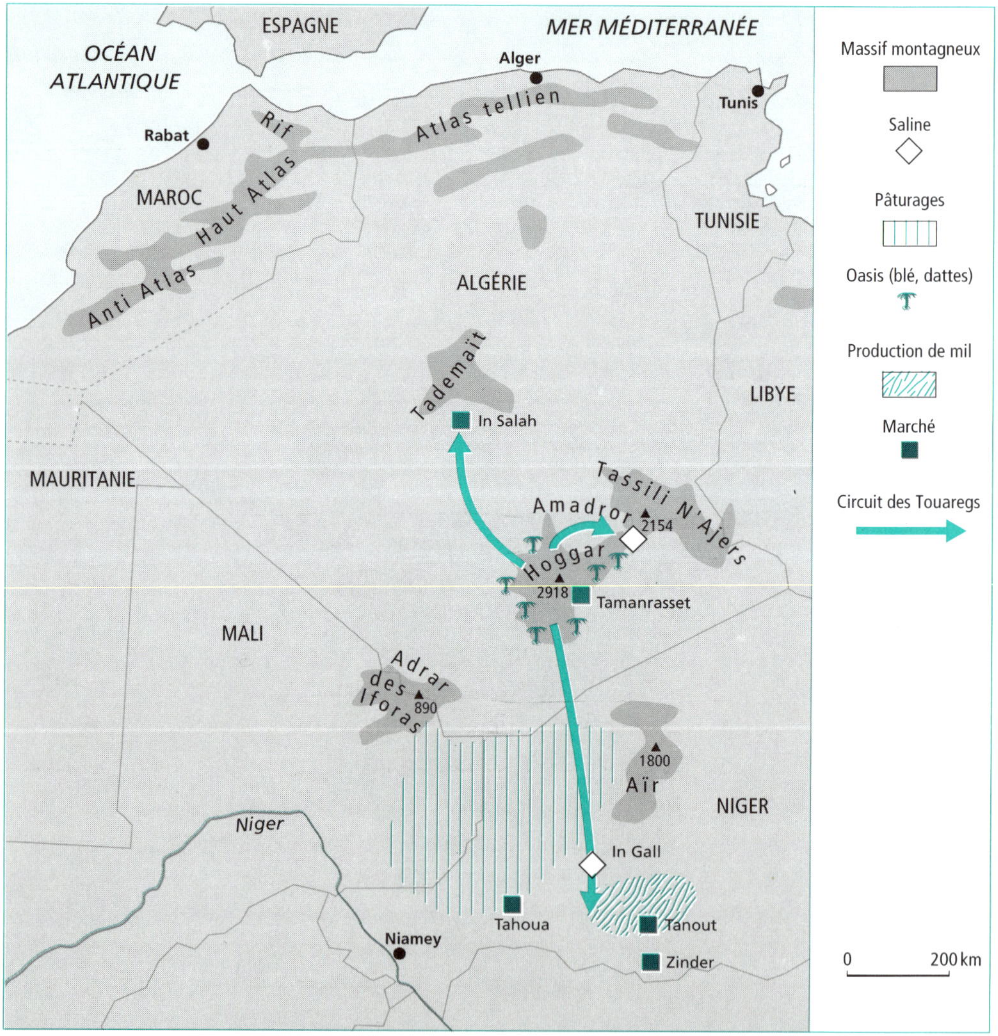

Figure 10 : L'importance des massifs sahariens dans les déplacements des pasteurs touareg.
Source : *Géographie seconde*, sous la direction d'A. Ciattoni et G. Rigaud, Hatier, 2001.

de l'ubac se sont mis à porter plus fréquemment de petits îlots de peuplement à travers la construction à une époque récente (années 1960) de stations de sports d'hiver. Dans les très hautes montagnes comme les Andes ou l'Himalaya, les contrastes d'exposition à l'ensoleillement sont moindres dans la mesure où les rayons du soleil frappent le sol quasi à la verticale dans la zone tropicale.

b. L'inégale disponibilité en eau sous toutes ses formes

Si les températures baissent avec l'altitude, en revanche, les précipitations augmentent. Les montagnes jouent un rôle d'écran condensateur sur le trajet des masses d'air humides dont elles provoquent l'ascendance.

Dans les régions les plus sèches, les pluies orographiques ont l'avantage de faire des montagnes de véritables châteaux d'eau pour les régions voisines. Elles favorisent une végétation et des pâturages inconnus en plaine et convoités par les éleveurs nomades. C'est le cas de l'Atlas marocain, où les altitudes élevées (4 167 m au Mont Toubkal) autorisent des précipitations dépassant 1 000 à 1 500 mm au-dessus des étendues semi-arides de la bordure du Sahara. Elles alimentent par des sources et des rivières la zone de piémont du versant nord (le Dir), où l'eau est captée dans des canalisations pour irriguer la plaine. Il en est de même sur le versant sud saharien, où se localisent des oasis irriguées au débouché des vallées (vallées du Draa, du Dadès et de la Todra). Même les montagnes du Sahara comme l'Aïr (2 020 m), le Hoggar (3 040 m) ou le Tibesti (3 410 m) au Tchad reçoivent quelques maigres précipitations dont ne bénéficient pas les grands espaces dunaires qui les entourent. Malgré leur faible volume et leur irrégularité, elles suffisent cependant à faire pousser l'acheb et à alimenter les gueltas et les sources indispensables aux troupeaux. C'est pourquoi les pâturages de montagnes ont toujours été considérés par les tribus nomades du Sahara central comme des espaces qu'il fallait contrôler (bastions touaregs du Hoggar, de l'Aïr et des Ifoghas ou bastion toubou du Tibesti) (*fig. 10*).

En revanche, l'hyper-humidité n'est pas un facteur très favorable à l'implantation des hommes. Dans les régions de la zone tropicale, les montagnes correspondent à des vides démographiques. C'est le cas par exemple des Monts Carstenz en Papouasie-Nouvelle-Guinée, du front oriental de la chaîne himalayenne qui bat des records de précipitations avec jusqu'à 10 m d'eau dans les collines de l'Assam, ou du Chapare bolivien (versant amazonien des Andes) qui reçoit 5 m d'eau.

Par ailleurs, le gradient nivo-pluviométrique est très variable selon les montagnes et surtout, il ne s'élève pas de façon régulière selon l'altitude. Il introduit donc, à l'échelle des versants des grandes chaînes de montagne, des différences climatiques sensibles qui se traduisent dans l'occupation humaine des différents étages bioclimatiques. C'est ainsi qu'il existe une altitude maximale à partir de laquelle les précipitations diminuent et l'atmosphère redevient plus sèche. Cet optimum pluviométrique, variable selon la latitude et la saison, est surtout sensible dans les montagnes tropicales entre 1 800 et 2 500 m selon les cas. Il est associé à la présence d'une forêt hyper humide et nuageuse, la *nebelwald*, qui correspond à une limite de peuplement ou du moins à une discontinuité majeure dans la répartition altitudinale de l'habitat, dans la mesure où la nébulosité permanente réduit considérablement l'ensoleillement et ne favorise pas la maturation des cultures.

Au-dessus de cet optimum pluviométrique, l'humidité décroît, à tel point qu'on a pu parler dans les Andes d'une « montée vers l'aridité » : au Pérou, Iquitos (106 m d'altitude) dans la plaine amazonienne, connaît des précipitations de l'ordre de 2 800 mm. En montant, elles s'accroissent pour atteindre 4 900 mm à Méra (1 160 m), tandis qu'à Riobamba (2 750 m), elles fléchissent brutalement avec 420 mm seulement. On retrouve cette sécheresse en altitude dans bon nombre de montagnes équatoriales comme au Mont Kenya où le maximum des précipitations se situe vers 2 000-2 500 m avec plus de 2 m de précipitations, alors que le sommet, situé à 5 200 m ne reçoit que 750 mm. Du coup l'alimentation neigeuse est moins bien assurée, ce qui explique que les glaciers n'aient pas en général une très grande extension sous les Tropiques.

À ce gradient pluviométrique irrégulier s'ajoutent de fortes dissymétries climatiques liées à la disposition des montagnes par rapport aux grandes masses d'air. Ces dernières, après avoir déversé leurs précipitations sur le versant le long duquel elles s'élèvent, redescendent le long de l'autre versant en se réchauffant et en s'asséchant. C'est l'effet de fœhn* que l'on observe dans les Alpes et que l'on nomme Chinook sur le versant oriental des montagnes Rocheuses ou Zonda sur le versant argentin des Andes. La Cordillère colombienne et le versant chilien de la Patagonie, par exemple, frôlent des records de pluviométrie (7 à 9 m) en bloquant les vents humides venus du Pacifique alors que le fœhn sur les versants sous le vent introduit brutalement une ambiance de sécheresse. Dans les Andes du Pérou, la façade orientale de la Cordillère qui domine le bassin de l'Amazone et qui reçoit le flux de l'alizé de l'hémisphère sud, est la plus humide et porte les grands glaciers de la Cordillère Blanche, alors que la Cordillère occidentale subit les conditions arides provoquées par la présence le long de la côte du Pacifique du courant de Humboldt et porte peu de neige (Cordillère Noire) (*fig. 11*). Au Cameroun, les reliefs ouest et sud reçoivent entre 2 500 et 4 000 mm de pluies, alors que les bassins déprimés situés sur le versant oriental n'enregistrent que 1 250 à 1 700 mm.

S'y ajoute le phénomène de continentalité ou position d'abri qui détermine des zones peu arrosées : le haut plateau tibétain, les hauts plateaux de l'intérieur des Andes du Pérou et de la Bolivie ou du Mexique, la cuvette du lac Victoria dans l'Est africain reçoivent de très faibles précipitations. Gradients ombro-thermiques et dissymétries climatiques ont des effets contrastés sur le peuplement. En général, aux versants très arrosés correspondent des limites de végétation peu élevées et un habitat de basse altitude. Aux versants secs, correspondent des limites de végétation et un habitat plus élevés. Dans les îles montagneuses de la zone tropicale, les versants au vent, très humides, sont plus faiblement peuplés que les versants sous le vent plus secs (Réunion, Antilles, Hawaï).

À une autre échelle, le versant sud de mousson de l'Himalaya très arrosé (4000 mm/an) porte de fortes densités de population dans le prolongement de la vallée du Gange, alors que les vallées et hauts plateaux et reliefs situés à l'arrière de la chaîne, en position d'abri étendent leur vide humain jusqu'à l'océan glacial arctique (*fig. 12*). Dans les Andes, cependant, la dissymétrie des versants joue en sens contraire. Au Pérou, le versant pacifique, pourtant marqué par l'aridité liée au courant de Humboldt, est globalement plus peuplé que le versant amazonien et cette opposition se rencontre pratiquement tout au long des cordillères américaines des Andes aux Rocheuses : les hommes regardent vers le Pacifique et tournent le dos aux grandes plaines orientales. Dans le même ordre d'idées, à conditions climatiques égales (aridité, continentalité) les hauts plateaux du Pérou et surtout de la Bolivie concentrent de fortes densités de population, alors que le nord du Chili, la Sierra Madre au Mexique, le Ladakh ou le Tibet dans l'Himalaya sont des déserts humains comparables au Sahara.

L'explication réside – entre autres facteurs liés à l'histoire (*cf.* ch. 2) – dans les configurations spatiales des chaînes de montagnes et des espaces avec lesquels elles s'articulent, selon que le versant montagneux regarde vers des espaces peuplés et ouverts sur le plan économique, comme les plaines littorales du Pacifique où sont installés villes et ports, ou selon que le versant regarde vers des espaces continentaux faiblement occupés comme la forêt amazonienne. Dans les Rocheuses canadiennes, par exemple, la Colombie britannique a été la dernière province à être rattachée à la Couronne britannique au début du XXe s. C'est par le littoral pacifique que sa colonisation a pu être effectuée et même s'il s'agit d'un État aux montagnes quasi vides hormis certaines implantations touristiques, il regarde largement vers l'ouest et son développement demeure sous l'influence de la ville de Vancouver. Et si le Tibet n'a pas fixé les hommes comme l'altiplano, c'est qu'il fonctionne surtout comme un des confins continentaux des grands ensembles territoriaux de l'Asie, verrouillé qu'il est par le désert de Gobi et son encadrement de chaînes arides. L'altiplano, en revanche, après avoir été le cœur des civilisations andines précolombiennes, est demeuré le cadre de la construction d'États que l'histoire coloniale tournait vers le Pacifique et non vers l'Amazonie. La descente des hommes vers ce dernier versant (*yungas* de Bolivie) pour y trouver des terres à défricher est d'ailleurs un phénomène récent (*cf.* ch. 2 et ch. 5).

Enfin, parmi les contraintes fréquemment invoquées à propos des montagnes, il y a la neige et la glace, dont la présence souligne, mieux que tout autre élément naturel, l'image archétypique de la montagne. Les chutes de neige tiennent une part croissante dans les précipitations (coefficient de nivosité) avec l'élévation en altitude, où leur accumulation favorise la formation des neiges persistantes et des glaciers. Toutefois, la neige n'est pas présente dans toutes les montagnes, ni à toutes les altitudes ou en toute saison. Les quantités de neige tombées varient avec l'altitude et le régime des précipitations qui reste lié à la zonalité du climat. Il en est de même de l'englacement des sommets. Si aux hautes latitudes, le manteau neigeux est quasi permanent, même à basse

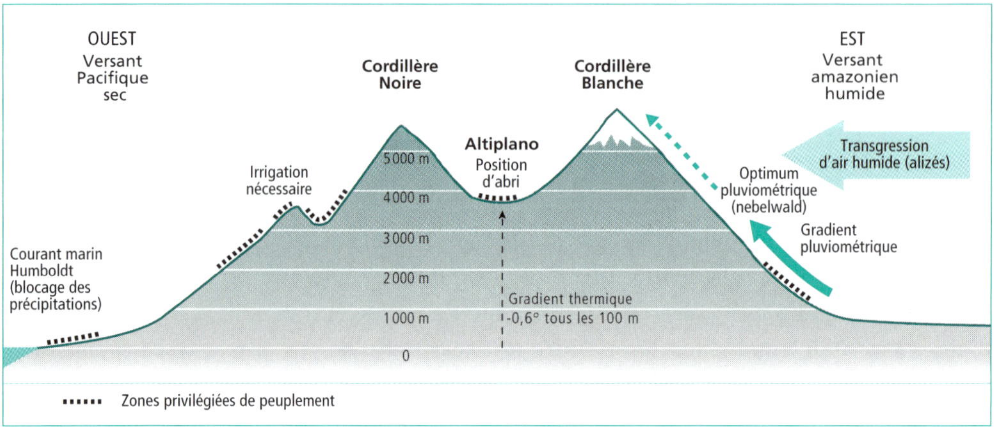

Figure 11 : Les oppositions de versants et le peuplement (partie centrale de la Cordillère des Andes).
Conception : Isabelle Sacareau.

altitude, interdisant ou limitant fortement la présence humaine (montagnes de Scandinavie), la plupart des montagnes tropicales ne connaissent pas ou peu la neige.

C'est surtout dans la zone tempérée que les précipitations neigeuses prennent toute leur importance pour l'homme. Leur rythme y est saisonnier, sauf à très haute altitude où il peut neiger au cœur de l'été. Dans les Alpes françaises, la moitié des précipitations tombe sous forme de neige à partir de 2000 m et la totalité au-dessus de 3600 à 3800 m. La durée de l'enneigement est de 8 à 10 semaines vers 600 m d'altitude, 20 à 28 semaines vers 1400 m et de 30 à 35 semaines vers 2500 m. Son épaisseur est très variable d'une année sur l'autre et d'un versant à l'autre. Les contrastes d'exposition au rayonnement solaire dans la zone tempérée opposent les versants de l'ubac, froids et humides, où la neige épaisse persiste tard en saison, aux versants de l'adret, plus chauds car plus ensoleillés, où la neige fond plus rapidement. L'habitat permanent et les stations de ski s'installent de préférence sur les versants à l'adret, tandis que les pistes de ski sont tracées de préférence sur l'ubac.

La neige dans la zone tempérée est une contrainte très relative. Si elle empêche en hiver les troupeaux d'aller en alpage, elle constitue un manteau thermique qui protège les plantes cultivées en dormance. Si elle a longtemps immobilisé les hommes et le bétail dans les villages, la morte-saison agricole était cependant l'occasion pour les paysans d'effectuer des travaux de réparation ou d'artisanat, ou d'aller chercher du travail en plaine afin de compléter les revenus des exploitations agricoles. Aujourd'hui, l'hiver est devenu une saison aussi animée que l'été grâce à la pratique du ski. En effet, la neige associée aux pentes fortes est devenue un atout majeur dans le cadre de l'économie des sports d'hiver pour les Alpes, les Pyrénées, les Montagnes Rocheuses ou les Alpes japonaises et néo-zélandaises. Dans les montagnes faiblement peuplées des pays neufs, les stations touristiques sont d'ailleurs les principaux pôles d'habitat (Nagano, Sapporo au Japon, Salt Lake City, Squaw Valley, Vail, Aspen dans les Rocheuses américaines, Portillo au Chili, Bariloche en Argentine).

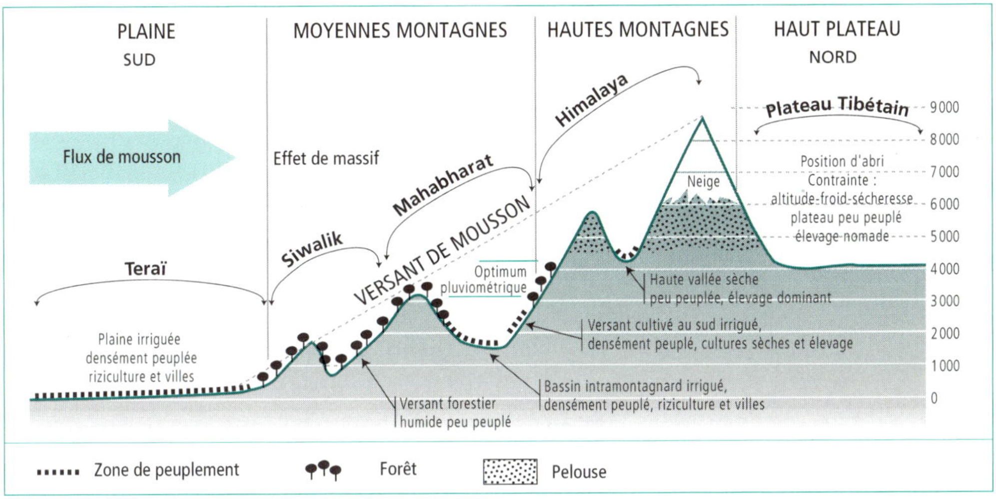

Figure 12 : Opposition de versant et peuplement dans l'Himalaya.
Conception : Isabelle Sacareau.

Aujourd'hui, ce sont au contraire les hivers sans neige qui posent problème aux stations de sport d'hiver. En 1988, 1989 et 1990, les stations de ski des Alpes françaises ont connu trois hivers consécutifs d'enneigement insuffisant ou plutôt qui s'est déroulé à contretemps de la saison touristique : le redoux à la veille des vacances de Noël avait fait fondre la première couche neigeuse tombée à l'automne. Les chutes du mois de janvier avaient été insuffisantes pour rendre l'ensemble des domaines skiables d'altitude praticables, alors que les abondantes chutes du printemps arrivaient en fin de saison touristique, au moment où les stations fermaient. Ce sont les stations de moyenne altitude, celles des Pyrénées et des moyennes montagnes, ainsi que celles qui ne vivent que de la saison d'hiver, qui souffrent le plus de l'irrégularité de l'enneigement.

On comprend alors les inquiétudes que suscitent dans le monde industrialisé les menaces d'un réchauffement climatique. Entre l'an 900 et 1300, l'Europe a connu une période chaude qui a permis par exemple aux Vikings de coloniser la côte sud du Groenland et à de nombreuses communautés montagnardes de s'installer durablement dans les Alpes. Une période de refroidissement lui a succédé qui a culminé entre 1550 et 1860 lors du « petit âge glaciaire ». De nombreux passages des Alpes fréquentés dès l'époque romaine, comme le col d'Hérens en Suisse (3 462 m) entre Zermatt et Evolène ou comme le Théodule Pass (3 317 m) entre Zermatt et le Valtournanche, ont perdu alors de leur importance économique à la fin du XVIe siècle, avant d'être abandonnés au XVIIe siècle. Les crues glaciaires menacèrent les champs et les hameaux. Le village des Bois situé à 1 100 m près des Praz de Chamonix a du être évacué en 1860 à cause de l'avancée de la Mer de Glace. Depuis, la tendance est au réchauffement et au recul des langues glaciaires. Les Alpes qui portent près de 4 000 km^2 de glaciers, témoins de la dernière grande glaciation du

Quaternaire, enregistrent ainsi des mouvements d'avancée et de recul de leurs glaciers à l'échelle historique en liaison avec les variations climatiques.

Selon certains experts de la météorologie nationale, si le réchauffement atteignait dans les Alpes 1,5° en hiver et 5° en été d'ici 2050 et jusqu'à 6° à la fin du XXIe siècle, cela signifierait qu'environ 50 % de la masse des glaciers alpins pourraient disparaître à la fin de ce siècle. «*Dans l'hypothèse d'une augmentation de la température de 1,8° à 1 500 m d'altitude, le Centre d'Étude de la Neige, un service spécialisé de Météo France prévoit que la durée d'enneigement passerait de 170 à 140 jours dans les Alpes du nord, et de 124 jours à 87 jours dans les Alpes du sud (CEN, 2000). Les stations de moyenne montagne ne disposant pas de domaines d'altitude seraient touchées de plein fouet et devraient diversifier leur offre d'hiver*» («Coup de chaud sur les Alpes», *Alpes Magazine* n° 68, 2000). S'il faut rester prudent face à ces estimations, il n'en reste pas moins que les enjeux sont énormes et nécessitent une véritable réflexion pour permettre aux sociétés de s'adapter au changement. En France, le tourisme hivernal représente 65 millions de nuitées et le tourisme d'été 125 millions de nuitées, pour un chiffre d'affaires équivalent à environ 3,5 milliards d'euros (23 milliards de francs). En 2000, 124 stations françaises étaient équipées de 7 700 canons à neige capables d'enneiger artificiellement 2 960 ha, soit seulement 4,2 % des domaines skiables (*ibid.*). Ces exemples montrent en tout cas que la neige qui a longtemps été considérée comme un élément contraignant est en train de devenir un bien d'autant plus précieux qu'il risque de devenir rare sous nos climats.

Dans les montagnes tropicales en revanche, la question se pose fort différemment. La limite des neiges permanentes n'a guère d'incidence sur la vie humaine puisqu'elle se situe en général bien au-dessus de la limite de l'habitat permanent. Elle varie de 4 830 m au Mont Kenya à plus de 6 000 m dans la Cordillère sèche du Lipez en Bolivie. Dans l'Himalaya du Népal, 80 % des précipitations de mousson tombent sous forme de neige au-dessus de 6 000 m. Les glaciers prennent leur plus grande extension sur le flanc sud frappé par la mousson, où ils se développent en longues langues glaciaires pouvant atteindre entre 7 et 11 km de long. Dans les Andes, l'absence de couverture neigeuse permanente en dessous de 5 000 m facilite la circulation même en saison des pluies.

La neige continue cependant d'isoler voir de bloquer certaines communautés montagnardes dans les massifs les plus élevés et les plus reculés. Dans l'Himalaya indien, les populations tibétaines du Zanskar et du Ladakh, qui vivent aux alentours de 4 000 m d'altitude, ne peuvent plus communiquer en hiver avec les vallées plus chaudes qu'en empruntant à pied le cours de la rivière Zanskar gelée. Les hommes et les animaux se terrent dans la partie inférieure des maisons afin de profiter de la chaleur du sol et ne sortent sur les toits en terrasses que quelques heures dans la journée au plus fort de l'ensoleillement. Ces hautes vallées d'altitude, situées en position d'abri à l'ouest de la chaîne himalayenne, sont très peu touchées par la mousson et ne reçoivent que 80 à 90 mm de précipitations par an. Elles constituent, avec les vallées du Karakoram et de l'Hindou Kouch, de véritables déserts d'altitude. L'irrigation indispensable aux cultures est fournie par le cours de grands fleuves pérennes comme l'Indus et ses affluents, et par de nombreux petits torrents nivaux ou glaciaires. L'installation humaine se traduit par des oasis discontinues, réparties le long de la haute vallée de l'Indus et dans les vallées latérales drainées par un torrent. Celles qui sont établies dans la vallée de l'Indus disposent d'eau en abondance en toute saison. En revanche, les autres connaissent une période de relative pénurie au printemps. C'est pourquoi l'eau de fonte des glaciers est également mise à contribution pour alimenter de maigres champs d'orge, de sarrasin et de pommes de terre.

Montagnes, glacier, moraines et lacs de Gokyo, (massif de l'Everest). Langue glaciaire à 4 500 m d'altitude dans le massif de l'Everest et lacs morainiques de Gokyo. Les sommets sont supérieurs à 6 000 m.

Dans la zone équatoriale enfin, l'étage de la montagne englacée et enneigée n'est guère étendu : le sommet du Mont Carstenz en Nouvelle-Guinée ne porte de la neige permanente que vers 5 000 m d'altitude environ, il en est de même des sommets des volcans équatoriens, de la calotte du Kilimandjaro, ou des glaciers de cirque en position d'abri du Mont Kenya vers 5 500 m. Dans les Andes tropicales humides, au-delà de 5500-6000 m, la haute montagne est toujours englacée. Dans la Cordillère colombienne, la ligne des névés se situe autour de 5 200 m.

Cependant, aussi faible soit-elle, la couverture neigeuse et glaciaire joue, quelle que soit la localisation des montagnes, un rôle capital au moment de la fonte en favorisant l'explosion de la flore des pâturages d'altitude et, surtout, l'alimentation de grands cours d'eau pérennes qui irriguent non seulement les vallées montagnardes mais aussi les plaines adjacentes. Les Alpes donnent ainsi naissance à plusieurs fleuves majeurs du continent européen : le Rhône, le Rhin, le Pô, l'Adige et le Danube. Pendant des siècles, les hommes se sont éloignés de ces cours d'eau montagnards au régime torrentiel irrégulier. De plus, la hauteur des chutes d'eau, les passages en gorge et les crues violentes et dévastatrices ont tenu les hommes à distance des vallées où coulaient ces fleuves, auxquelles ils préféraient les pentes parfois raides mais mieux abritées des versants montagneux.

Il faut attendre le XIXe siècle pour que la force motrice de l'eau soit domestiquée et favorise l'industrialisation et l'urbanisation du fond des vallées alpines (Maurienne, Isère, Romanche en France, Val d'Aoste, Adige moyen en Italie, Valais

Oasis irriguée de la haute vallée de l'Indus (Himalaya occidental).

et vallée du Rhin en Suisse, vallée de l'Inn en Autriche) ou l'alimentation électrique des plaines voisines (vallées pyrénéennes). Initié dans les Alpes françaises par l'ingénieur grenoblois Aristide Bergès en 1869, l'équipement hydroélectrique des Alpes s'étend rapidement (*cf.* ch. 2).

Les Alpes du nord offrent des conditions très favorables à la production de cette nouvelle source d'énergie. Le climat humide et neigeux favorise lors de la fonte des neiges et des glaces de printemps la suralimentation des cours d'eau. La raideur des pentes et l'encaissement des vallées alpines multiplient les chutes d'eau que l'on peut équiper facilement de turbines et de conduites forcées. L'érosion glaciaire, en creusant des ombilics dans les vallées, ménage à intervalle régulier des secteurs plans, où peuvent s'établir des centrales au pied des verrous, que l'eau des torrents dévale avec force (centrales au fil de l'eau). Dans la première moitié du XXe siècle, on édifie de vastes lacs-réservoirs en arrière des barrages, afin de mieux pallier les irrégularités de débit. Dans certains cas, des lacs naturels ont été agrandis (la Girotte en France). Dans d'autres cas, des réservoirs artificiels ont été construits en haute montagne par la fermeture d'un ombilic glaciaire (barrage de Barberine au-dessus du Châtelard près de la frontière franco-suisse, construit entre 1919 et 1923, barrage de la Dixence près de Sion dans le Valais en 1934, barrage du Chambon sur un ombilic de la haute Romanche en 1935) ou encore par le captage de l'eau de fonte des glaciers (centrales hydroélectriques des glaciers de l'Aar).

Aujourd'hui, avec l'urbanisation croissante des vallées montagnardes, les lotissements récents occupent les rives des torrents, dans des zones inondables qu'il faut protéger par des endiguements et la régularisation des cours d'eau (vallée de l'Isère en amont de Grenoble par exemple).

Ailleurs dans le monde, les cours d'eau issus des montagnes prennent parfois un caractère vital pour les populations montagnardes mais surtout pour celles des plaines qui en dépendent. C'est ainsi que les grands fleuves et rivières issus de l'Himalaya ont permis grâce à l'aménagement de barrages la production d'électricité pour les foules de la vallée du Gange. Mais surtout les barrages et le creusement de grands canaux ont permis de créer le plus grand périmètre irrigué du monde, au Pakistan, dans la vallée de l'Indus et au Pendjab. Tout comme l'Égypte est un don du Nil, le Pakistan est un don de l'Indus et de ses affluents himalayens, dont les sources se situent en territoire indien. Cette dépendance des plaines agricoles à l'égard des châteaux d'eau montagnards n'est pas sans risques et enjeux géopolitiques, comme le montrent les conflits fréquents entre l'Inde et le Pakistan ou entre l'Égypte, le Soudan et l'Éthiopie. La maîtrise de l'eau en amont est une arme redoutable qui pèse sur les pays situés en aval (*cf.* ch. 6).

La variété des conditions climatiques en montagne, liée à la multiplication des systèmes de pentes et d'exposition à toutes les échelles, peut expliquer certains contrastes de peuplement. Mais l'idée que le climat montagnard, dont il existe toute une série de variantes selon la latitude, serait contraignant en soi, n'a guère de sens. Au contraire, en multipliant les conditions écologiques sur un espace réduit, il permet aux hommes d'exploiter une grande variété de ressources et la complémentarité des milieux et cela malgré les contraintes de la topographie.

2 Les particularités de la topographie montagnarde : effet de pente et risques naturels

La montagne est souvent définie comme un système de pentes plus ou moins raides et de plus ou moins grande dénivellation qui est généralement perçu comme une contrainte majeure pour l'occupation et la mise en valeur des montagnes. Les grands ensembles montagneux disposent toutefois de surfaces planes, mais en faible superficie par rapport aux zones de pente.

a. Vaincre la pente

Les bassins intérieurs et les hauts plateaux intramontagnards offrent les conditions topographiques les plus favorables aux établissements humains, ainsi que les Grands lacs intérieurs dont les rives portent souvent de fortes densités : lac Titicaca, régions des Grands lacs en Afrique de l'Est, rivages urbanisés des lacs alpestres ou de ceux des Rocheuses (Salt Lake City). Les plus étendus sont l'altiplano péruvien et bolivien et les bassins intramontagnards de la Cordillère équatorienne et colombienne qui ont été les berceaux d'épanouissement des civilisations andines. Ils se présentent au Pérou et en Bolivie sous la forme d'une succession de hauts plateaux sommitaux entre 4000 et 5000 m, creusés de bassins centraux pouvant former de hautes plaines entre 3500 et 4000 m d'altitude. Leur étendue est telle qu'on peut ainsi circuler sur plus de 1500 km du nord du Chili à la latitude de Lima sans descendre à moins de 3500 m. C'est là une différence majeure avec les Andes du nord (Colombie, Venezuela) aux chaînes plus étroites aux versants raides et disséqués, séparés de profondes vallées. Les Andes équatoriennes, quant elles, alignent dans la partie centrale une succession de hauts bassins évasés, creusés de canyons dominés par des volcans. De même, les hautes surfaces d'Afrique orientale (régions des Grands Lacs), plateau éthiopien, plateau Bamiléké ou plateaux étagés du Fouta Djalon n'offrent guère d'obstacles topographiques à l'installation des hommes, dès lors que sont franchis les contreforts qui les isolent de la plaine. Ils sont toutefois moins étendus et moins élevés que dans les Andes centrales.

À plus grande échelle, la localisation de l'habitat dépend en partie des conditions topographiques : la limite supérieure de l'habitat a tendance à s'abaisser dans les zones de relief raide et encaissé, et à s'élever dans les zones au relief plus ample, comme les hautes vallées glaciaires. Les fonds de vallées trop encaissés sont faiblement occupés, parce qu'ils ne bénéficient pas d'un ensoleillement suffisant, qu'ils peuvent être soumis aux crues, et ne disposent que de faibles surfaces utilisables pour l'agriculture. Dans les hautes montagnes, le modelé glaciaire dégage des replats et des épaulements sur les versants qui adoucissent la pente et retiennent les sols. Les terrasses glaciaires des vallées en auge aux larges ombilics sont plates, perméables et faciles à cultiver même si elles ne sont pas très riches, et les cônes de déjection des torrents offrent des terrains variés bien égouttés et souvent bien exposés qui accueillent l'habitat. C'est aussi dans les fonds des hautes vallées et sur les replats glaciaires que se sont implantées de nombreuses stations de sport d'hiver au XXe siècle.

Les fortes pentes n'ont cependant jamais empêché l'installation de l'habitat. Bien plus, les reliefs les plus escarpés ont eu l'avantage de fournir des sites défensifs comme les villages perchés de la montagne méditerranéenne (ksars de l'Atlas marocain, villages de crête de Kabylie) ou les villes fortifiées et les châteaux installés sur les verrous glaciaires défendant l'entrée des vallées (Montdauphin, Château-Queyras, Briançon, Pamiers, Foix, villes du Val d'Aoste). L'exemple le plus spectaculaire est sans doute la falaise de Bandiagara au Mali, où les Dogons se sont réfugiés au XVIIIe siècle et où maisons, greniers et sépultures, disposés en bandes parallèles superposées et reliées par des escaliers, s'accrochent à la falaise, en exploitant au mieux sa configuration.

La pente est cependant considérée comme une contrainte dans la mesure où elle impose un travail pénible, une plus grande lenteur des déplacements, une plus grande difficulté de circulation et d'utilisation des machines qui désavantage l'agriculture de montagne par rapport à celle de la plaine. La nécessité de consacrer une partie de son

Route en construction au Cachemire.

Route éboulée au Cachemire.

énergie à vaincre la pente, entraîne une faible productivité du travail et use prématurément les hommes, les animaux et les machines. Dès qu'il y a des travaux d'équipement à réaliser (routes, voies ferrées, barrages, mines), les coûts s'accroissent : il faut allonger les tracés pour atténuer la dénivellation, il faut entretenir les voies et les protéger. C'est surtout le cas pour les sociétés modernes et mécanisées, où le rendement et la productivité régissent l'économie. L'agriculture de montagne en Europe et particulièrement en Suisse est largement subventionnée par l'État pour compenser ses handicaps par rapport à l'agriculture de plaine. En revanche, dans les sociétés rurales traditionnelles, où l'on utilise des outils élémentaires et l'énergie musculaire, le rendement du travail non mécanisé sur une pente de 15° n'est guère plus faible que sur une surface horizontale. C'est pourquoi les hommes n'ont pas hésité à s'implanter sur les grands versants montagneux afin de les mettre en culture.

De même, dans une société où tout le monde se déplace à pied et où les routes et les véhicules motorisés sont inexistants, les transports s'effectuent à dos d'hommes ou d'animaux sur des sentiers muletiers sans difficultés ou aménagés en escalier de façon à escalader rapidement de longs versants comme aujourd'hui encore au Népal. Les Incas, pour citer le cas le plus célèbre, ont poussé très loin la maîtrise de l'espace montagnard, en créant un réseau de sentiers de près de 16 000 km. Il a provoqué l'étonnement des conquérants espagnols qui ne disposaient même pas à l'époque d'un tel réseau dans leur propre pays. Avant l'arrivée de l'essieu et du moteur à explosion, on pouvait voyager sans difficulté à travers les Andes, que ce soit sur les pentes ou sur les hauts plateaux.

Mais, même à l'époque contemporaine, la pente et les difficultés de circulation peuvent être vaincues dès lors que se profilent des profits fructueux ou que l'on peut tout du moins rentabiliser les investissements. C'est le cas si la montagne se situe à proximité de grands foyers économiques. Routes en lacets, trains à crémaillère ou téléphériques sont autant de moyens techniques capables de surmonter les contraintes de la pente. Ces équipements ont été réalisés dans les Alpes, avant les Pyrénées ou le Massif central, parce qu'elles étaient au cœur de l'Europe. L'Amérique andine s'est dotée des premières voies ferrées de montagne du monde (*Peruvian Corporation*) capable d'escalader les montagnes jusqu'à très haute altitude parce que les grands foyers de peuplement et d'activité étaient là (grandes haciendas, plantations de café, mines). Les reliefs n'ont pas non plus empêché l'exploitation des mines de haute altitude comme les célèbres mines d'argent du Potosi en Bolivie, exploitées par les conquistadores espagnols, ou les mines de sel et de cuivre d'altitude du nord du Chili. De même, ils n'ont pas empêché les compagnies pétrolières internationales d'accéder aux périmètres de prospection et d'exploitation pétrolière du piémont amazonien des Andes.

Enfin la pente se révèle un atout dans deux domaines : d'abord dans celui de l'hydroélectricité, comme évoqué précédemment, avec l'aménagement de conduites forcées concentrant les eaux de ruissellement pour précipiter les eaux avec une force d'autant plus grande que la pente est raide, vers les turbines des centrales de fonds de vallée. Ensuite dans le domaine des sports d'hiver. Les grandes montagnes aux longs versants enneigés, dotés d'une grande variété de pentes, sont les plus favorables à la pratique du ski alpin qui est la pratique dominante des vacanciers des stations hivernales. C'est, entre autres facteurs (histoire, proximité des grands centres urbains), ce qui a assuré la supériorité des Alpes sur les autres massifs européens. Les Pyrénées au relief compartimenté, disposent de pentes raides, mais souvent trop courtes et ont des problèmes d'enneigement. Quant aux moyennes montagnes aux pentes douces, elles ne bénéficient le plus souvent de l'or blanc qu'à travers la pratique du ski de fond ou des promenades en raquettes.

Dans le domaine de l'occupation agricole des montagnes, l'un des moyens les plus efficaces de vaincre la pente, pour les sociétés rurales traditionnelles, a été de les aménager en terrasses. C'est surtout dans la zone méditerranéenne et tropicale (chaîne de l'Atlas, moyens versants de l'Himalaya, dans les Andes, à Java, aux Philippines) que les cultures en terrasses ont pris leur plus grande extension. Il s'agit d'un aménagement très élaboré qui implique de gigantesques travaux de creusement, de nivellement, de construction de murs avec les pierres arrachées à la pente. Au Népal, il faut 4 ans de préparation avant de pouvoir ensemencer une seule terrasse de culture sèche. Sur plusieurs centaines de mètres de dénivelée, les versants des montagnes sont découpés en une multitude de facettes horizontales, consolidés par des murettes de pierres ramassées dans les champs ou dans les éboulis, par des branchages entrelacés ou par de la terre. Elles sont bordées de chemins permettant d'accéder à chaque champ, le long desquels pousse de l'herbe qui peut être pâturée par le bétail, et parfois des arbres fourragers complantés. Cette technique permet de développer des cultures sur des pentes pouvant atteindre 35°.

À la maîtrise de la pente est souvent associée la maîtrise de l'eau. Le danger de sécheresse est en général moindre en montagne que dans les plaines, mis à part les

Cultures en terrasses dans le massif du Toubkal (Haut-Atlas occidental).

déserts d'altitude. Mais, dans les régions méditerranéennes et tropicales, le problème réside dans l'existence d'une saison sèche. Les sociétés montagnardes sont alors contraintes par une indisponibilité saisonnière en eau. De plus, il arrive localement que, selon l'exposition, un versant sous le vent puisse être soumis à des conditions de sécheresse de façon quasi permanente. Il est alors nécessaire d'irriguer. L'eau peut être amenée à partir des cours d'eau de versant par des canaux de dérivation qui se confondent souvent avec les chemins. Les Alpes du sud portent encore la trace de canaux d'irrigation comme dans le Queyras ou dans le Champsaur, où il était impossible de cultiver sans irriguer. Dans les hautes montagnes sèches, comme au Ladakh ou dans le Karakoram au Pakistan, les paysans captent l'eau de fonte des glaciers. À Java, c'est l'eau descendue des volcans, chargée de cendres fertiles, qui est captée par les paysans au moyen de canalisations de bambous. Il n'y a parfois pas besoin de canal de dérivation quand les terrasses sont situées à l'aval d'une source. L'eau est évacuée par une brèche dans le rebord de la terrasse, par exemple, et tombe dans la terrasse située immédiatement en dessous. Les *andenes* aménagés par les Incas, par exemple, laissaient habilement circuler l'eau entre les murets de pierre sèche, sur un sous-sol damé recouvert de gravier. Privée de l'énergie du ruissellement, l'eau, s'écoulant par des gouttières, imprégnait les *andenes* en contrebas, sans pour autant s'accumuler et provoquer des sous-écoulements saturants. Ce système impose que toutes les terrasses dépendant d'une même dérivation ou d'une même source portent les mêmes cultures et soient travaillées en même temps. Seules des sociétés soudées, solidaires, ou capables d'accepter d'importantes contraintes collectives sont capables de tels aménagements. Les travaux d'enterrassement et d'irrigation exigent des sociétés organisées avec un pouvoir fort, comme le montrent les grandes civilisations hydrauliques qui existent depuis l'Antiquité aussi bien en Méditerranée et au Moyen-Orient qu'en Asie ou dans l'Amérique précolombienne. L'agriculture en terrasses irriguées est un

Terrasses anciennes (andenes) et ruines inca au Pérou (région du Macchu Picchu).

des aménagements agricoles les plus ingénieux du monde. Il permet non seulement de retoucher la topographie et de mettre en culture de fortes pentes ou de faciliter l'accès des animaux de labour, mais aussi protège les versants montagneux contre l'érosion.

b. Les risques liés aux phénomènes gravitaires

Qui dit pente, dit gravité, c'est-à-dire descente de la terre des champs vers le bas, que les paysans doivent constamment remonter ou maintenir par des murettes. En montagne, les phénomènes d'érosion sont plus puissants qu'en plaine et s'accroissent avec l'altitude, la raideur des pentes, l'importance des dénivellations, la nature des roches et le climat. Il en résulte une forte instabilité des versants. Celle-ci est d'autant plus intense que bon nombre de montagnes appartiennent à des chaînes de soulèvement récent affectées par des mouvements sismiques de plus ou moins grande ampleur. Des failles actives qui rejouent peuvent provoquer de grands mouvements de masse sur les versants. La cryoclastie en altitude et le ruissellement torrentiel, qui peut être particulièrement brutal et intense en saison des pluies dans la zone tropicale, attaquent la couche superficielle du sol. Ils provoquent des éboulements mais aussi des glissements de terrain et des coulées de solifluxion qui sont d'autant plus spectaculaires que le versant est raide et la roche en place très diaclasée ou peu cohérente. Les grands versants schisteux à la structure feuilletée, par exemple, sont particulièrement sensibles à l'érosion et peuvent glisser par pans entiers, détruisant champs et maisons sur plusieurs centaines de mètres.

Glissement de terrain, sous forêt, sur un versant de l'Himalaya du Népal en période de mousson.

Associées à la pente, la neige et la glace sont également des facteurs de risques pour les implantations humaines par les catastrophes naturelles qu'elles sont susceptibles de provoquer. Les plus spectaculaires, mais aussi les plus rares sont liées à la chute de l'extrémité de glaciers suspendus (glacier du Tour dans le Massif du Mont Blanc en 1949, chute d'une partie de la calotte glaciaire de l'Huascaran au Pérou qui a englouti en 1970 le village de Yungay et ses 18 000 habitants), ou à la vidange d'un lac glaciaire ou de poches d'eau contenues dans les glaces comme à St-Gervais en juillet 1892. À cela, peut s'ajouter le risque volcanique présent dans les montagnes de la Ceinture de feu du Pacifique et dans la Cordillère des Andes. La catastrophe d'Arméro en Colombie en 1985, par exemple, a été provoquée par une éruption volcanique qui a fait fondre la calotte glaciaire du volcan, engloutissant sous des tonnes de boue un village entier (25 000 morts).

Ces risques naturels n'ont cependant pas empêché les hommes de coloniser ces milieux. Au contraire, les montagnes volcaniques actives du Mexique, de Colombie, d'Équateur, d'Indonésie ou des Philippines sont densément peuplées depuis fort longtemps, car elles offrent des sols parmi les plus fertiles du monde. C'est ainsi que les flancs sud du volcan Cotopaxi dans les Andes équatoriennes portent des densités de plus de 1 000 hab./km^2, malgré le risque majeur d'être touché en cas d'éruption par des coulées de laves, et surtout des coulées de boue (lahar) ou des retombées pyroclastiques. Ce sont d'ailleurs les populations les plus proches du volcan qui ont la plus grande conscience du risque qu'elles encourent et qui sont du coup plus à même de s'en protéger et de fuir, lorsque les premiers signes d'une éruption apparaissent.

Dans les montagnes fortement équipées de la zone tempérée, les risques naturels les plus fréquents sont les coulées de boue et les crues torrentielles. Au printemps 1981, celle du torrent de la Ravoire, un affluent de l'Isère situé sur le versant de la station de ski des Arcs 1600 a arraché 300 000 m^2 de terres, repoussant le cours de l'Isère et provoquant de gros dégâts matériels dans le fond de la vallée (route d'accès à la station coupée, habitations endommagées, pont et voie ferrée emportés, zone industrielle endommagée).

Quant aux avalanches, si elles sont également très fréquentes, elles touchent le plus souvent des skieurs en groupes ou isolés qui pratiquent le ski hors-piste, plus rarement des habitations, comme lors de la catastrophe du village du Tour dans le haut de la vallée de Chamonix en février 1999. Une avalanche y avait détruit une douzaine de chalets construits dans une zone à risque. L'urbanisation des fonds de vallée et la compétition pour l'espace qui en résulte, du fait de l'exiguïté des terrains constructibles, ne peut qu'accroître les risques de catastrophes, risques que les sociétés industrialisées cherchent à réduire au maximum par de coûteux aménagements.

c. Actions anthropiques et contrôle de l'érosion

L'érosion est parfois aggravée localement par les déboisements sans précautions des versants les plus raides ou par le surpâturage. Toutefois, les conditions géologiques et climatiques suffisent dans la plupart des cas à expliquer les glissements de terrain (*cf.* photo p. 57). Quant au schéma classique qui lie la déforestation d'un versant à l'accroissement de l'érosion, il doit être relativisé. Tout dépend des aménagements que les hommes ont effectués sur le versant. Il a été prouvé qu'un champ cultivé, une pelouse entretenue, ou le semis de plantes couvrantes sur un champ mis en jachère après une récolte protègent tout aussi efficacement les sols qu'un couvert forestier (Gerrard et Gardner, 2002).

La plupart du temps, les sociétés paysannes ont trouvé des solutions pour limiter ces processus érosifs ou pour s'en protéger. Ainsi, les canaux d'écoulement en bordure des terrasses irriguées permettent de ralentir et de diriger le ruissellement. L'efficacité des terrasses de culture sèche est par contre beaucoup moins grande surtout lorsque le versant montagneux a une très forte pente. Les plates-formes ne sont pas aussi horizontales que dans une rizière par exemple, et la circulation des eaux de ruissellement est moins bien canalisée.

L'enterrassement n'est pas le seul mode de mise en valeur agricole des pentes et de contrôle de l'érosion. À milieu comparable et à pente égale, certaines paysanneries de l'ouest du Népal comme les Kham Magar ont préféré établir leurs champs en pente sans construire de terrasses. Ils sont entourés de haies vives ou d'arbres qui semblent jouer un rôle important dans le maintien des sols et la lutte contre l'érosion. Ce type de technique s'observe également dans certaines vallées andines, dans les montagnes africaines du Cameroun et au Fouta Djalon, où, comme au Népal, la haie a aussi l'avantage de fournir du bois et du fourrage pour les animaux maintenus à l'étable. Il en était de même dans les Hautes-Alpes, où subsiste un bocage relictuel, celui du Champsaur situé en amont de la vallée du Drac. Il s'étend une centaine de km^2 dans l'étage montagnard entre 900 et 1 300 m (sud du Parc National des Écrins). Ce bocage irrigué semble correspondre à une période de fort peuplement dans la région (15 000 à 20 000 habitants), ainsi qu'à la nécessité d'irriguer et de trouver des ressources en bois et fourrage, en l'absence de forêts.

Les facteurs physiques, dont nous avons pu constater la relativité et la variabilité, ne peuvent donc être l'unique clef de lecture de l'humanisation des montagnes. Des contraintes peuvent se transformer en atouts et inversement. Elles n'ont de sens qu'interprétées au regard des héritages historiques et des faits de culture et de civilisation. Les facteurs explicatifs du peuplement relèvent donc principalement de l'histoire des sociétés et en particulier des processus de colonisation des espaces montagnards, de leur maîtrise des techniques de mise en valeur des milieux, mais aussi de leur perception de la montagne, et des valeurs qu'elles y attachent. C'est dans des contextes socio-économiques, politiques et culturels qui ont varié dans le temps, et selon les configurations des massifs et leurs relations avec les espaces environnants, que les sociétés ont été conduites à composer avec les données naturelles et avec les héritages des générations précédentes pour s'approprier les espaces montagnards et en faire leur territoire.

III. Les raisons du peuplement montagnard

Les fortes densités observables aujourd'hui sont le plus souvent le fait de l'émergence précoce de sociétés structurées qui ont su créer les outils techniques d'exploitation des milieux et dans un petit nombre de cas exemplaires, les outils politiques de gestion centralisée de vastes espaces.

1 Maîtrise technique des milieux et représentations culturelles

a. La précocité du peuplement et de la maîtrise des milieux montagnards

Les montagnes ont été peuplées dès l'aube de l'humanité car elles offraient aux premiers groupes humains des abris et des grottes, de l'eau, du gibier, des pâturages, du bois, et aussi des minerais facilement exploitables. Dans la plupart des massifs montagneux d'Afrique, du Moyen-Orient ou d'Europe occidentale ont été retrouvés de nombreux vestiges préhistoriques (outillage, gravures et peintures rupestres, ossements) qui témoignent d'une occupation humaine dès le Paléolithique et le Néolithique. Les gravures rupestres découvertes dans le Hoggar prouvent ainsi que les montagnes du Sahara offraient un milieu plus frais et plus humide aux hommes à l'époque néolithique. La découverte en 1991 à 3 200 m du corps gelé de l'homme de l'Ötztal, vieux de 5 000 ans, montre que les chasseurs du néolithique s'aventuraient à haute altitude. Les mines du Salzkammergut témoignent aussi de la capacité des hommes à trouver en montagne les moyens de leur subsistance. Quand les légions romaines firent la conquête de la Gaule, elles découvrirent dans les Alpes des sociétés déjà bien organisées qui avaient commencé à transformer le milieu montagnard pour produire ce qui fait aujourd'hui l'archétype du paysage alpin : champs cultivés en terrasses ou entourés d'arbres, forêts de montagne fournissant bois, produits de la chasse et de la cueillette, et alpages parcourus par les troupeaux.

La domestication de certaines plantes cultivées (maïs, pomme de terre, tomate amérindiens) puis leur diffusion et l'invention de techniques d'élevage (vaches, moutons, yacks, alpagas) ont favorisé la maîtrise des milieux montagnards. À cet égard, les Andes ont été un foyer majeur d'innovations. C'est entre le VIIIe et le Ve millénaire avant notre ère, qu'est apparu progressivement sur les hauts plateaux des Andes, le premier élevage spécifique de la Cordillère, celui des camélidés. Vers le IIIe millénaire sont domestiqués les tubercules (pommes de terre, quinoa), ainsi que des maïs primitifs dans l'étage tempéré. La tomate, les haricots et la coca sont récoltés sur les terres chaudes. Les techniques, comme l'édification des terrasses de culture et les aménagements hydrauliques se développent par étapes. Il est probable que dès le premier millénaire avant notre ère, les principaux éléments constitutifs de l'agriculture andine, l'étagement des productions et les complémentarités qu'il induit, étaient déjà en place.

Dans une partie de l'Asie, la maîtrise de certaines techniques a joué dans un sens inverse. Lorsque les sociétés connaissaient les techniques hydrauliques permettant de maîtriser les milieux de plaine humide comme les deltas, par la riziculture notamment, elles n'ont pas jugé bon, sauf obligation, de coloniser les montagnes. C'est l'explication invoquée par Pierre Gourou à propos de l'opposition plaine/montagne en Asie péninsulaire. Elle serait le résultat de l'action humaine et de la capacité technique inégale des groupes humains à maîtriser différents types de milieux. Les populations de riziculteurs indiens, chinois ou indochinois, étaient capables de cultiver les plantes tropicales et de maîtriser les milieux insalubres et difficiles qu'étaient les plaines et les deltas. Leur aménagement par l'irrigation a favorisé leur assainissement. En revanche, contrairement aux sociétés africaines et amérindiennes, elles ignoraient la culture du maïs et de la pomme de terre, bien adaptée aux milieux tempérés et froids, ainsi que les pratiques d'élevage associées aux cultures, qui permettent de valoriser les vastes espaces disponibles en montagne. À partir du moment où la riziculture permettait de nourrir des effectifs importants de population, il n'était pas utile d'exploiter les montagnes qui ont été abandonnées aux ethnies minoritaires. C'est pourquoi, malgré le morcellement des terres et la surpopulation des terres basses, les populations rizicoles du sud-est asiatique n'ont pas colonisé les montagnes de la Thaïlande, de la Birmanie, du Viêt Nam, du Laos et de la Chine du Sud, mais les ont abandonnées aux ethnies minoritaires pratiquant l'essartage (*ladang, ray*).

b. Des représentations inégales de la montagne. L'exemple des sociétés asiatiques

Certaines disparités de peuplement enfin sont le fruit de facteurs culturels qui relèveraient d'explications religieuses et cosmogoniques. C'est ce que suggère Olivier Sevin (2001) pour expliquer les inversions constatées en Asie du Sud-Est entre les montagnes de la péninsule indochinoise et les montagnes de l'archipel indonésien ou philippin (île de Luçon). S'opposeraient deux perceptions différentes de la montagne et deux géomancies, celle du monde sinisé où la montagne est crainte car elle est le séjour des ancêtres, donc des morts, et celle du monde indianisé, où la montagne est valorisée comme pilier cosmique de l'univers et séjour des dieux (Sevin, 2001).

Dans l'Himalaya, traversé par les influences culturelles de l'hindouisme et du bouddhisme tibétain, la montagne est aussi valorisée par rapport au monde des plaines. Entre les hauts sommets considérés comme la demeure des grandes divinités du panthéon et les plaines tropicales impaludées, où sont censés régner les démons et les mauvais esprits, s'intercale aux altitudes tempérées de la moyenne montagne himalayenne, le monde des hommes (*cf.* ch. 4).

Augustin Berque explique également par des raisons culturelles l'opposition entre le vide de la montagne japonaise et la concentration du peuplement sur les plaines littorales (Berque, 1982). Le Japon se caractérise en effet par un haut degré d'artificialisation de l'écoumène et parallèlement par l'exclusion de cet écoumène d'une grande partie de l'espace nippon, celui qui est occupé par les forêts et les montagnes. Bien que ne dépassant guère les 3 000 m sauf au Fuji Yama (3 776 m), elles sont le plus souvent très abruptes (sur 61 % du territoire, les pentes excèdent 15° d'inclinaison), et recouvertes de forêts. C'est pour cela qu'on peut les considérer comme quasi-inhabitées. La limite supérieure de l'habitat excède rarement 1 300 m. Il existe très peu de villes montagnardes au centre du pays.

La quasi-absence des hommes dans les montagnes est à mettre en relation, non pas tant avec les contraintes naturelles, ni avec les techniques dont disposaient les paysanneries, ni avec une histoire qui les aurait dépeuplé, mais avec l'attitude globale de la société japonaise à l'égard de la montagne. Celle-ci (*sanchi*) est généralement associée à la forêt (*shinrin*) dans le vocable «*yama*». C'est d'abord la religion shinto qui a peuplé les forêts les plus sombres des montagnes de l'archipel de démons et de génies effrayants. Si les montagnes ne semblent pas avoir été divinisées, beaucoup d'entre elles sont néanmoins sacrées (Mont Fuji) et protégées par des esprits, des fantômes et des animaux monstrueux, qui interdisent l'installation des hommes. Le bouddhisme a lui aussi joué un rôle dans la mise à l'écart de la montagne par le peuplement. Pour les grandes sectes bouddhistes du Japon, la montagne était soit réservée à la solitude de l'ermite ou du moine, soit le domaine des ascètes qui en ritualisaient la fréquentation en en faisant un lieu interdit qui ne s'ouvrait que pour des rites initiatiques. À cela s'ajoute le fait que la société japonaise a préféré les méthodes intensives d'occupation des rares plaines du pays par la rizière, symbole de la japonéité, aux méthodes plus extensives qu'elle connaissait pourtant et qui lui auraient permis de coloniser beaucoup plus largement la montagne.

Cela ne signifie pas pour autant que les montagnes n'aient aucun rôle au Japon et qu'elles soient totalement inoccupées par les hommes. Leurs lignes de crêtes qui délimitent des bassins versants susceptibles d'irriguer les plaines littorales servent d'appui aux découpages administratifs. Jusque dans les années 1950, les montagnes ont été fréquentées pour leurs ressources par des populations au mode de vie le plus souvent itinérant (chasseurs, bûcherons, charbonniers professionnels). L'agriculture itinérante sur brûlis a été une pratique fréquente jusqu'au début du XXe siècle, en particulier dans les montagnes de Kyushu et Shikoku. L'agriculture en terrasse est toujours présente et bénéficie aujourd'hui de la mécanisation (motoculteurs miniatures). L'élevage y est connu et y a été pratiqué dans le passé avec des formes très proches de la transhumance alpine. Au lendemain de la guerre, pour faire face à la pénurie alimentaire et à l'afflux des réfugiés, le gouvernement a même entrepris des plans de défrichement de certaines zones de montagne pour y créer des villages et y développer une agriculture spécialisée dans la production laitière et légumière. Cependant, l'essor économique du Japon dans les années 1960 et la croissance des villes industrielles littorales a entraîné une diminution rapide de la population dans la plupart des villages de montagne, en particulier dans le Japon du sud-ouest et la péninsule de Kinki où beaucoup sont abandonnés et, dans une moindre mesure, dans le Japon du nord-est. Les seuls villages à rester stables ou à voir leur population augmenter sont les villages récents d'agriculture spécialisée, ainsi que ceux du Japon central où se sont implantées, à partir des années 1960, des stations de ski facilement accessibles depuis Tokyo et Osaka. Les habitants des villages proches de ces stations y ont ouvert de petits hôtels de tourisme.

2 L'émergence et la pérennisation de vieilles civilisations montagnardes

a. *Montagnes-refuges, montagnes-bastions ?*

Si l'on connaît mal les processus qui ont permis le peuplement ancien de la plupart des montagnes, il est probable que bon nombre d'entre elles ont abrité des populations refoulées des plaines et des meilleurs sites d'implantation par des peuples conquérants plus puissants et mieux organisés, ou qui fuyaient les persécutions religieuses ou ethniques. Les difficultés de circulation liées au relief et au climat et l'isolement avaient en effet une contrepartie positive en période d'insécurité, en faisant des montagnes un refuge efficace à ceux qui osaient s'y fixer. En s'adaptant aux conditions du milieu, certains groupes humains ont su y édifier des sociétés agraires souvent remarquables. C'est le cas par exemple de la célèbre falaise de Bandiagara au Mali, où les Dogons se sont installés au début du XVIIIe siècle parce qu'ils y étaient à l'abri des raids des pasteurs nomades qui contrôlaient la plaine. De refuge, la falaise est devenu un véritable espace de vie qui est aujourd'hui encore densément occupé. Les montagnes du Kurdistan ont joué également ce rôle de montagne-refuge pour les Kurdes des confins de la Turquie, de l'Irak et de l'Iran, tandis que le Caucase devenait quant à lui le refuge de peuples appartenant à des familles linguistiques, ethniques et religieuses différentes (azéris, tchétchènes, ossètes, géorgiens, arméniens) (*cf. fig. 44*, p. 254). Rien que la montagne libanaise, pourtant de faible étendue, a servi de refuge au cours de son histoire à de nombreuses communautés confessionnelles, chrétiennes, maronites, grecques orthodoxes, grecques catholiques, arméniennes, auxquelles s'ajoutent de petites communautés de Syriens orthodoxes ou catholiques, de chaldéens, de nestoriens, de syriaques, de druzes et de musulmans chi'ites !

Cette fonction de refuge a pu être extrêmement efficace en permettant à certaines populations, au demeurant très rares, d'évoluer en autarcie presque complète, isolées du reste du monde : dans les montagnes de Nouvelle-Guinée, à 1 600 m d'altitude, les Papous Kérélou n'ont été découverts qu'en 1954, protégés qu'ils étaient par la nebelwald. Ils s'organisent en petites communautés réunies dans des villages nichés dans des alvéoles à flanc de versant : leur activité majeure est l'agriculture (patate douce) et l'élevage de porcs, fondement de leur vie sociale, où les razzias de porcs et de femmes sont fréquentes entre groupes. Leurs outils sont en bambous ou en pierre. Ils défrichent par le feu, mais les techniques d'irrigation et de drainage sont utilisées, alors que la poterie reste inconnue. Au Népal, qui est pourtant un pays aux montagnes très humanisées, il existe dans l'ouest, où les routes sont inexistantes, un peuple de chasseurs-cueilleurs, les Raute, que de très rares chercheurs ont pu approcher. Cette tribu est extrêmement mal connue, car elle se déplace constamment et ne revient dans un même lieu que tous les 12 ans. Les Raute chassent le singe, vivent des produits de la forêt et coupent les arbres pour confectionner des bols en bois qu'ils échangent aux paysans contre la même mesure en grains. Ce sont les seuls contacts qu'ils nouent avec les autres populations du Népal.

Toutefois, il ne faudrait pas croire que la fonction refuge soit propre au milieu montagnard. Des déserts, des forêts ont pu aussi jouer ce rôle. Des minorités ethniques se sont réfugiées dans d'autres milieux et y ont développé des particularismes aussi forts que ceux qui sont communément soulignés pour les montagnes (Indiens de la forêt amazonienne, Pygmées de la forêt d'Afrique équatoriale). La montagne peut même servir de base d'expansion aux envahisseurs et c'est alors la plaine qui fait figure de refuge. C'est le cas de l'empire théocratique musulman des Peuls du Fouta Djalon, qui, à partir de leur bastion de hautes terres, ont refoulé les ethnies qui refusaient la conversion à l'Islam vers les plaines insalubres, où ils n'hésitaient pas à mener des razzias, d'où la persistance dans ces montagnes africaines de populations descendantes de captifs.

Ensuite, certaines montagnes ont pu fonctionner alternativement dans le temps comme refuge ou comme bastion à partir desquels certains groupes ethniques pouvaient assurer leur domination. Les exemples sont nombreux à cet égard.

Les Monts Mandara, évoqués précédemment, n'ont eu une fonction de refuge qu'à certaines périodes et à une époque plutôt récente, car ses habitants ont aussi joué un rôle d'intermédiaires dans les flux commerciaux entre le littoral du golfe de Guinée et le Sahel, traitant avec de nombreuses populations, dont les Arabes.

L'Himalaya a servi d'abri à une mosaïque de peuples qui se sont étagés sur les contreforts et les hautes vallées de la chaîne par grandes vagues migratoires successives. Celles des Hindous des plaines du nord-ouest de l'Inde fuyant les invasions musulmanes, celle des populations bouddhistes du Tibet, chassées par les conflits religieux entre écoles bouddhiques rivales, celle enfin des populations d'essarteurs de langue tibéto-birmanes venues des confins de l'Himalaya orientale et de la Birmanie. Mais au-delà de cette fonction de montagne-refuge, l'Himalaya a aussi été aussi le siège de royaumes plus ou moins durables. La dynastie newar des Malla a ainsi su faire éclore dans le bassin de Katmandou à 1 400 m d'altitude, une véritable civilisation urbaine, qui a connu son apogée entre le XVIe et le XVIIIe siècle. Sa conquête par un roitelet de la région de Gorkha à la fin du XVIIIe siècle inaugura une phase d'expansion territoriale qui fit du Népal un royaume capable de menacer non seulement le Tibet voisin, mais aussi les intérêts de la puissance coloniale britannique qui cherchait à prendre pied dans l'Himalaya. Elle dut y renoncer devant la détermination des soldats gurkhas qui défendaient l'indépendance du Népal et parvinrent ainsi à le soustraire à la colonisation.

De même, la montagne éthiopienne a fonctionné périodiquement comme refuge, mais a aussi servi de base d'expansion territoriale à l'antique royaume d'Aksoum qui domina pendant plusieurs siècles les hautes terres du nord. Les royaumes chrétiens éthiopiens s'étendirent ensuite vers les terres du sud peuplées d'Amhara, jusqu'à ce qu'ils soient arrêtés au XVIe siècle par les incursions des populations musulmanes des plaines. Après trois siècles de repli dans le refuge montagnard du nord, le roi Ménélik entreprit la reconquête du sud à la tête d'une armée de 100 000 hommes, au moment même où les Européens débarquaient dans la Corne de l'Afrique. Ce mouvement d'expansion sauva – provisoirement – l'Éthiopie de la colonisation italienne en 1896.

Le Sri Lanka est un bel exemple de renversement historique de situation entre la plaine et la montagne. La population cinghalaise, la plus ancienne de l'île, occupait originellement les plateaux et plaines sèches du nord de Ceylan qu'elle avait su mettre en valeur par l'irrigation. La conquête de ces terres, à partir du Xe siècle par les envahisseurs tamouls venus de l'Inde, l'a obligée à se replier dans les montagnes du sud de l'île, où elle a développé à partir du XIIIe siècle une riche civilisation dans le bassin de Kandy jusqu'à la conquête britannique en 1815. Pendant ce temps, les réseaux d'irrigation qu'elle avait construits dans la plaine ont été détruits par ces guerres d'invasion et abandonnés. Envasés, ils sont devenus des foyers de malaria qui ont découragé le peuplement tamoul. Celui-ci s'est alors concentré au nord de l'île dans une zone moins impaludée. Il a fallu attendre la colonisation britannique et la période contemporaine, pour que les populations redescendent vers les plaines littorales (port de Colombo) et remettent progressivement en état les systèmes d'irrigation de la plaine et du plateau central.

On cite aussi fréquemment le cas des montagnes du Maghreb, devenues le refuge des populations berbères au moment de la conquête musulmane. Toutefois, les historiens insistent tous aujourd'hui pour dire qu'il n'y a pas eu d'« invasion arabe » entraînant une confrontation irréductible entre Berbères et Arabes. L'arabisation et l'islamisation des Berbères se sont au contraire effectuées progressivement et certaines tribus berbères ont parfois participé activement à ce mouvement : l'empire Almohade des XIIe et XIIIe siècles au Maroc a pour origine une tribu berbère du Haut Atlas, les Masmouda, qui appartenaient à un mouvement réformateur fanatique de l'Islam. Ils ont su rassembler, pour la première fois depuis la conquête romaine, l'Afrique du Nord sous une même domination, dont l'origine était issue de la montagne atlasique (*fig. 13*). En revanche, il est vrai que les migrations pastorales des nomades arabes accompagnées souvent de pillages, ont poussé les habitants des plaines à se réfugier dans les montagnes où ils ont rejoint les quelques îlots berbérophones qui avaient résisté à l'arabisation. C'est le cas par exemple des habitants de la Petite Kabylie en Algérie, du Rif oriental ou de l'Atlas tellien, ces derniers ignorant par exemple l'agriculture en terrasses qui est pourtant la signature depuis l'Antiquité des tribus berbères

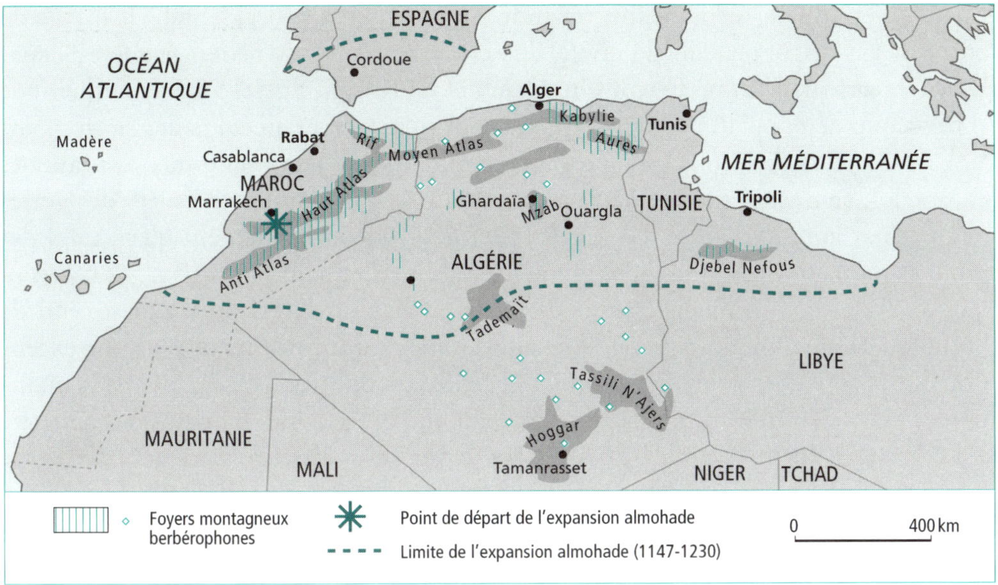

Figure 13 : Les bastions montagneux berbères au Maghreb.
Source : C. et Y. Lacoste, « Maghreb, peuples et civilisations », *Les dossiers de l'État du Monde,* La Découverte.

sédentaires, comme les Chleuh. La conquête coloniale a à son tour renforcé la fonction de refuge de l'Atlas pour les tribus qui n'acceptaient pas la domination des Français. Toutefois, là aussi, l'opposition entre une montagne-refuge dissidente, peuplée d'agriculteurs berbères, et des plaines soumises, faiblement peuplées de bédouins arabes doit être nuancée : d'abord, le *bled* siba pouvait s'étendre depuis les montagnes difficiles à contrôler jusqu'aux plaines et aux villes dès que le pouvoir central s'affaiblissait. Ensuite, certains secteurs comme le Haut Atlas oriental ou le Moyen Atlas n'étaient pas le domaine exclusif des agriculteurs sédentaires, qui peuplent surtout le Haut Atlas central et occidental (Chleuh). Connaissant la transhumance, ils étaient le domaine de tribus semi-nomades qui tout en vivant sous tente et en élevant des troupeaux, cultivaient aussi des céréales. Le territoire de la confédération des Aït Atta, une de ces grandes tribus berbères nomades, s'étend toujours des plaines sahariennes entourant le Djebel Sagho et le Djebel Siroua jusqu'aux pâturages du Djebel M'Goun à 4000 m dans le Haut Atlas Central. Il n'empêche qu'au XIXᵉ siècle, l'Afrique du Nord présentait une véritable inversion de peuplement : les montagnes et collines aux sols pauvres étant occupées par des agriculteurs-éleveurs portaient de fortes densités tandis que les plaines étaient abandonnées aux nomades et semi-nomades.

Enfin, il ne faudrait pas, à partir de quelques cas d'espèces, généraliser une fonction refuge des montagnes, trop souvent expliquée par le compartimentage du relief et le poids des contraintes naturelles du milieu qui auraient forgé le caractère des populations montagnardes (endurance, courage, rudesse et simplicité des mœurs, volonté farouche d'indépendance, vie en accord avec la Nature, etc.). Ce jugement de valeur déterministe, bien que fort répandu dans l'imaginaire occidental – le mythe du bon sauvage faisant pendant au mythe du « crétin des Alpes » – ne résiste guère à l'analyse. Des auteurs comme Erwin Grötzbach et Christoph Stadel font remarquer que si beaucoup de populations montagnardes ont su préserver au cours des siècles leurs langues ou leurs dialectes, leurs croyances religieuses et leurs coutumes et pratiques culturelles, ce n'est pas forcément parce qu'elles se sont retrouvées isolées des autres peuples par la topographie. La ségrégation physique et l'isolement quasi total des groupes humains liés à une topographie très accidentée sont rares. Ils ne s'observent que dans des conditions extrêmes de relief et de climat (est du Caucase, sud de l'Hindou-Kouch, montagnes de Nouvelle-Guinée), qui constituent plus une exception que la règle. On peut au contraire renverser la proposition en disant que le maintien de traits culturels forts procède d'une volonté des groupes humains de se mettre à l'écart des autres peuples afin de préserver leur identité et leur autonomie (Grötzbach et Stadel, *in* Messerli et Ives, 1999).

Il n'est d'ailleurs pas toujours besoin de se réfugier derrière le rempart de hauts reliefs ou de gorges infranchissables pour affirmer sa différence. La topographie douce de la région des Grands Lacs en Afrique orientale porte sur un même espace, des peuples fort divers, qui n'ont pas pour autant perdu leur identité culturelle et ethnique. Inversement, bon nombre de sociétés montagnardes ont abandonné leur langue et leurs traditions au profit de la culture dominante ou ne se considèrent plus comme montagnards dès lors que leur culture est dénigrée ou qu'ils migrent vers les plaines. En Équateur les Indiens de l'altiplano qui migrent vers les basses vallées ou les plaines littorales abandonnent sans état d'âme leur identité d'*Indios*, dévalorisée aux yeux des créoles, au profit du statut de métis (Pouille, 2000). Au Cameroun, les populations de pasteurs originaires des plaines ont assimilé la langue et la culture des ethnies des hautes terres où ils se sont installés (Morin, 1996). En revanche, les Chagga, agriculteurs installés sur les pentes du Kilimandjaro depuis environ trois siècles, *« ne se reconnaissent pourtant pas comme un peuple montagnard et considèrent parfois que la montagne commence au-delà de l'agro-forêt (1 800 m) »* (Blot, *in* Bart et *alii.*, 2001, p. 288).

De même, au Cameroun, les différents groupes de pasteurs peuls qui occupent les hautes terres de pâturages ne développent pas tous une identité montagnarde. Les M'Bororo affirment avec force cette identité et leur attachement aux *cabbal*, qu'ils n'occupent pourtant avec leurs troupeaux que depuis un peu plus d'un siècle, alors que les Foulbé n'expriment pas la même « idéologie montagnarde » que les groupes M'Bororo précédents. S'ils habitent en altitude, c'est par contrainte, pour que leurs troupeaux prospèrent. Les Foulbé les plus attachés au bétail se disent volontiers « des gens des vaches » mais pas des « gens de *cabbal* ». « Ce sont des montagnards malgré eux » (Boutrais, *in* Bart et *alii.* 2001, p. 366). L'identité ethnique ou culturelle est donc bien une construction sociale.

Quoi qu'il en soit, la pérennisation des siècles durant de noyaux d'agriculteurs sédentaires a permis, dans bon nombre de massifs, l'émergence de véritables civilisations agraires bien adaptées au milieu montagnard qui correspondent en grande partie aux fortes densités actuelles. Dans certains cas, ces civilisations agraires ont même servi de fondements à la constitution de véritables constructions politiques capables de faire naître des villes, des échanges et un aménagement extraordinairement poussé de l'espace montagnard. C'est ce dont témoignent les grandes civilisations amérindiennes, qui ont su imposer leur rayonnement territorial sur la majeure partie des Andes et le haut plateau central mexicain, grâce à leurs fortes structures d'encadrement et leur maîtrise des milieux andins.

b. Lorsque la montagne devient un foyer de grandes civilisations : le cas des cordillères méso-américaines et andines

Pour les historiens, il est probable que l'occupation agropastorale des Andes a été réalisée par des chasseurs-cueilleurs venus il y a plus de 50000 ans avant notre ère de Sibérie et d'Alaska. Ils progressèrent lentement jusqu'au golfe du Mexique pour se fixer le long de la Cordillère andine il y a environ 20000 ans en petits isolats très cloisonnés à l'échelle du continent. Au Mexique, la présence de ces populations est attestée depuis au moins deux millénaires avant notre ère. Établies sur le haut plateau central mexicain et au Guatemala, les paysanneries toltèques, mayas puis aztèques étaient capables d'exploiter la complémentarité des milieux de la Cordillère méso-américaine (forêts, marécages, pâtures, labours sur sols légers fertilisés par les cendres volcaniques). Elles ont donné naissance à une série de cités-États, dont la plus récente a été la cité aztèque de Tenochtitlan (actuelle Mexico) qui, à la veille de la conquête espagnole, était à la tête d'un empire qui s'étendait jusqu'au Nicaragua actuel. D'autres groupes ont poursuivi leur chemin en direction des Andes centrales, en utilisant la diagonale aride pour circuler d'un versant à l'autre, évitant les parcours dans la forêt amazonienne, plus difficile à pénétrer. Il est probable qu'ils puisaient déjà une partie de leurs ressources dans le piémont littoral désertique du Pacifique (coquillage, escargots et mammifères marins) ainsi que sur le versant forestier de l'Amazonie tout comme dans la montagne. C'est ainsi qu'à la veille de la conquête inca, la Cordillère des Andes était déjà le territoire de plus d'une centaine de groupes ethniques de tailles très diverses, possédant chacun sa langue et sa culture. L'évolution historique a alors consacré la prééminence de ces peuples montagnards de la Cordillère centrale sur les peuples des plaines, du moins jusqu'au XVIe siècle, grâce à leurs structures socio-économiques et leur système d'encadrement des territoires.

La vie humaine avait pour cadre unique le village dont les plus grands pouvaient abriter plus de 200 à 300 personnes. Les terres, aménagées en terrasses, irriguées ou non, dont disposait chaque village, s'étageaient depuis le fond des vallées jusqu'aux cimes et se distribuaient sur plusieurs paliers écologiques depuis l'étage tropical jusqu'à celui de la *Puna*. Les communautés paysannes en exploitaient la complémentarité, afin d'accéder à la plus large gamme de ressources possibles, au besoin en démultipliant leur habitat (habitat temporaire en forêt ou sur les hauts plateaux froids de la *puna*) lorsque ces étages étaient très éloignés les uns des autres.

Chaque village était habité par un ensemble de familles, unies par des liens de parenté et d'alliance, *l'ayllu*, ainsi que par un système d'échanges et d'obligations réciproques. Les *ayllu* s'organisaient en chefferies d'inégale importance. Un système similaire d'échanges de services et d'obligation reliait les *ayllu* d'une même chefferie à un *ayllu* dominant ou *kuraka* : les populations des *ayllu* dominés devaient cultiver les terres que le *kuraka* détenait sur leur territoire et lui fournir en permanence un contingent de travailleurs mis à sa disposition selon un système rotatif, connu sous le nom de *mita*. Ces prestations de travail avaient une contrepartie sous forme de don de nourriture. La même organisation se répétait au niveau supérieur selon un système pyramidal emboîté pour constituer des chefferies aux territoires plus ou moins vastes.

De cette structure a émergé vers le milieu du XVe siècle la petite chefferie Inca, dont le centre était à Cuzco, et qui allait asseoir sa domination sur l'ensemble des chefferies des Andes (*fig. 14*). En reproduisant le système de la chefferie dans sa structure comme dans son fonctionnement, l'empire inca est parvenu à contrôler la totalité des paliers écologiques des Andes dont il redistribuait les ressources au niveau pan-andin. Il s'assurait ainsi d'une grande variété de productions agricoles. L'administration d'un aussi vaste territoire dépendant de la force de travail de paysanneries assujetties à la *mita*, nécessitait un fort contrôle bureaucratique : les corvées effectuées pour le compte des caciques et de l'Inca ont permis la construction de cités administratives qui sont à l'origine des villes andines, regroupant quelques familles de fonctionnaires, des temples, des casernes et des entrepôts. Elles servaient aussi à l'entretien des routes qui reliaient ces centres administratifs et qui étaient destinées à transporter les productions agricoles. À sa chute, cet empire inca couvrait près de 700 000 km^2. Il s'étirait du sud du Pérou vers le nord de l'Équateur sur 4 000 km selon l'axe des cordillères et rassemblait une population que l'on estime à 12 millions au XVe siècle. Au nord de l'équateur, 2 millions d'hommes vivaient dans des clairières ouvertes dans les forêts d'altitude et dans les bassins plus secs ; les paysanneries andines avaient probablement des conditions de vie meilleures que celles des populations alpines à la même époque. On voit donc par cet exemple comment la conjonction entre la maîtrise de techniques adaptées et l'exploitation des complémentarités du milieu, associées à des structures d'encadrement issues d'une organisation sociale élaborée, ont permis l'accumulation des hommes dans une des plus hautes montagnes du monde.

Il ne faut évidemment pas considérer le peuplement des montagnes comme un phénomène linéaire ou figé. Si l'on regarde le temps long, les montagnes ont subi de fortes fluctuations dans leur peuplement. Des montagnes peuplées se sont vidées et des montagnes vides ou désertées ont été repeuplées. Il s'agit donc maintenant de se pencher sur les fluctuations des populations montagnardes dans le temps et dans l'espace. L'histoire démographique nous montrant qu'aucune situation n'est définitivement acquise, que ce soit dans le sens d'une « surpopulation » ou dans celui d'un abandon des montagnes.

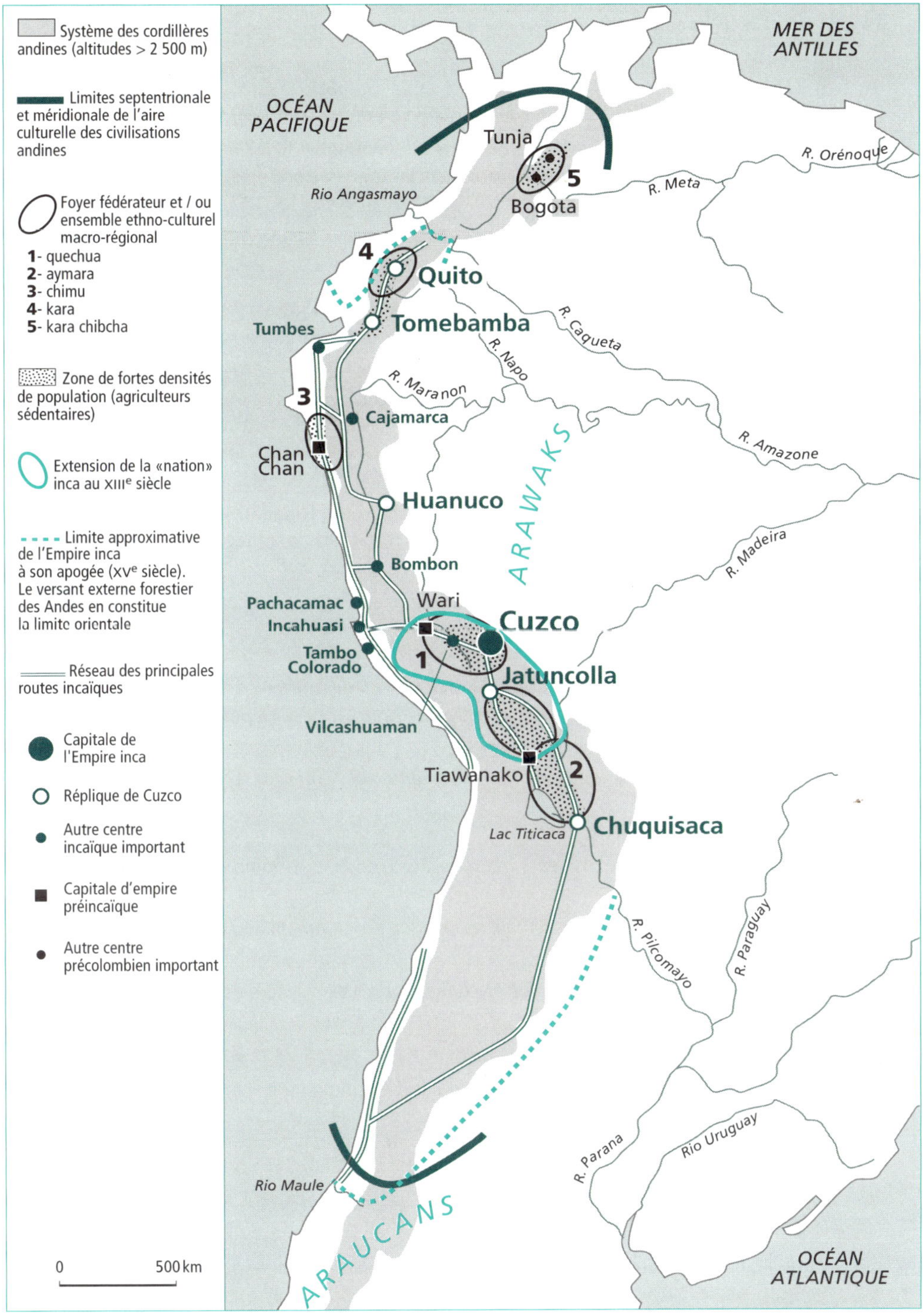

Figure 14 : Organisation politique des Andes incaïques au XVe siècle.

Source : J.P. Deler, « Genèse de l'espace équatorien, essai sur le territoire et la formation de l'État national », *Recherches sur les grandes civilisations*, synthèse n° 4, Institut français d'Études andines, Éditions ADPF, Paris, 1981.

Pour aller plus loin

AMELOT X., *La dynamique des systèmes ruraux rwandais, approche cartographique d'une crise*, thèse de doctorat, Université Michel de Montaigne, Bordeaux III, 1998, 2 tomes, 347 pages.

ANDRÉ V., PESTANA G., ROSSI G., « Agropastoralisme et dynamique du milieu dans le Fouta Djalon (Guinée), des mythes aux réalités », *in* « Les montagnes tropicales, identités, mutations, développement », *Espaces Tropicaux*, n° 16, 2001, p. 205-218.

ANDRÉ V., *Environnement menacé ou territoire géré ? Le Fouta Djalon (République de Guinée)*, thèse de doctorat, Bordeaux III, 2002, 2 tomes, 500 pages.

BERQUE, A., *Vivre l'espace au Japon*, Paris, PUF, 1982, 222 pages.

BIDOU J.E., *Croissance de la population et mutations agraires au Burundi*, thèse, 2 tomes, Bordeaux III, 1994, 240 pages.

BLOT J., « Le rôle de la montagne dans les stratégies d'exploitation des ressources naturelles renouvelables par des populations du Rift est-africain », *in* « Les montagnes tropicales, identités, mutations, développement », BART F., MORIN S., SALOMON J.N. (dir.), DYMSET-CRET, *Espaces Tropicaux*, n° 16, p. 283-300.

BOUTRAIS J., « Tchabbal, montagne pastorale peule (Cameroun, Nigeria, Centrafrique) », *in* BART F., MORIN S., SALOMON J.N. (dir.), Les montagnes tropicales, identités, mutations, développement, DYMSET-CRET, *Espaces Tropicaux*, n° 16, p. 355-368.

GONDARD P., THÉRY H., VELUT S., « Mailles fines pour un grand espace. La carte des divisions statistico-administratives des pays d'Amérique du Sud », *Cahiers des Amériques Latines*, n° 24, 1997.

GRÖTZBACH E., STADEL C., « Les habitants des montagnes et leurs cultures », *in* MESSERLI B., IVES J.D. (dir.), *Les montagnes dans le monde, une priorité pour un développement durable*, Glénat, Grenoble, 1997, p. 25-41.

GUMUCHIAN H., *La neige dans les Alpes françaises du nord*, Grenoble, Éditions des Cahiers de l'Alpe, 1983, 620 pages.

IVES J.D., « The theory of himalayan environnemental degradation : its validity ans application challenged by recent research », *Mountain Research and Development*, vol. 7, n° 3, p. 189-199.

IVES J.D., MESSERLI B., *The himalayan dilemna, reconciling development and conservation*, London, Routledge, 1989.

LACOSTE C. et Y. (dir.), *Maghreb, peuples et civilisations*, Les dossiers de l'État du Monde, La Découverte.

MALENGREAU J., *Sociétés des Andes, des empires aux voisinages*, Paris, Karthala, 1995.

SEVIN O., « De l'Asie du Sud-Est sinisée à l'Asie du Sud-Est indianisée : perceptions et modalités contrastées de la mise en valeur des montagnes tropicales », *in* BART F., MORIN S., SALOMON J.N. (dir.), Les montagnes tropicales, identités, mutations, développement, DYMSET-CRET, *Espaces Tropicaux*, n° 16, 2001, p. 439-450.

THOMPSON M., « The new world disorder : is environmental security the cure ? », *Mountain Research and Development*, vol. 18, n° 2, 1998, p. 117-122.

Chapitre 2

Flux et reflux du peuplement montagnard : dynamiques démographiques et urbanisation

C'est dans l'histoire et les modes de structuration des sociétés, dans l'inégale maîtrise des techniques et modes de gestion des milieux montagnards, dans les valeurs attribuées aux différentes catégories d'espaces, mais aussi dans les mouvements migratoires sur la longue durée que peut s'expliquer l'inégale appropriation des montagnes par les hommes. Les répartitions que nous observons aujourd'hui sont le fruit d'une longue évolution dans le temps, qui n'a cependant pas été uniforme. Comme tout autre type de territoire, le peuplement des montagnes a connu de fortes fluctuations dans le temps, vidant des espaces, en recomposant d'autres. Ce qui signifie qu'aucune situation n'est figée et que la montagne n'a jamais fonctionné en vase clos, mais au contraire en interaction permanente avec le reste du monde. Des montagnes désertes sont devenues des fronts de colonisation, pour être ensuite abandonnées par les hommes. Telles qui semblaient dépasser le seuil limite de la « surpopulation » ont trouvé les moyens de leur survie par le recours aux migrations temporaires ou définitives, tandis que d'autres qui semblaient vouées à une désertification inexorable se sont repeuplées grâce à l'arrivée de nouvelles activités (industries, tourisme) et de nouvelles populations. Les configurations spatiales du peuplement peuvent entre temps avoir changé du tout au tout : descente ou remontée des populations, concentration succédant à la dispersion.

Le peuplement des montagnes est donc fait de flux et de reflux au cours du temps. Les dynamiques démographiques à l'œuvre et les mouvements de population des montagnes vers les plaines, comme des plaines vers les montagnes, ont été, et sont toujours, capables d'inverser des situations établies ou de favoriser des recompositions spatiales à l'échelle intramontagnarde. La tendance générale est cependant depuis environ un siècle, à une urbanisation progressive des montagnes, avec des décalages dans le temps et dans l'espace. Il est sans doute impossible en l'état actuel des connaissances et dans le cadre de cet ouvrage, de retracer, pour l'ensemble des montagnes du monde, tous ces mouvements de population sur la longue durée. Toutefois, on peut tenter d'éclairer quelques-unes de ces grandes variations dans une certain nombre de massifs, à la lumière de deux événements majeurs à l'échelle mondiale, mais peu étudiés dans ce contexte précis : la colonisation européenne et la révolution industrielle, avec ses corollaires, le tourisme et l'urbanisation, qui ont affecté inégalement les montagnes du monde.

I. Flux et reflux des populations montagnardes dans le monde colonisé

La colonisation européenne a affecté certaines grandes chaînes de montagnes comme les Andes dès le XVIe siècle, puis de nombreux autres massifs en Amérique du Nord, en Afrique et en Asie, à partir du XVIIe siècle et surtout du XIXe siècle. Elle a eu un impact durable sur les montagnes en réorganisant leurs activités économiques et leur peuplement. Mais cet impact a été inégal selon les montagnes du monde colonisé. Dans certains cas, il a abouti à la quasi-disparition de la population indigène, ou du moins à sa marginalisation ou à son métissage avec les nouveaux arrivants. Le plus souvent, la montagne n'a joué le rôle que d'une périphérie, plus ou moins exploitée et intégrée à l'empire colonial, dont le rôle consistait surtout à fournir du minerai aux ports d'exportation ou des matières premières agricoles issues de l'économie de plantation. Cependant, en Amérique andine et en Afrique de l'Est, où existaient déjà de fortes densités de population et des conditions climatiques tempérées, le colonisateur s'est établi en altitude, et la montagne a pu alors jouer un rôle central dans le dispositif colonial. La situation périphérique et la faiblesse des ressources exploitables de certaines montagnes ont permis au contraire à certaines populations d'échapper plus ou moins durablement à la domination coloniale. Elles sont devenues un refuge pour les populations insoumises. Enfin, lorsque l'économie coloniale s'implantait massivement dans les plaines vides d'hommes, les besoins en main-d'œuvre ont entraîné de vastes mouvements migratoires entre la montagne et la plaine (Guatemala, Argentine) qui ont eu tendance à vider les zones d'altitude. De même, il existe des montagnes comme l'Himalaya central, où la mobilité de la population a été modifiée par la proximité d'un marché colonial, sans cependant subir directement la domination européenne.

À ces mutations liées à la période coloniale se sont ajoutées les mutations de la période qui a suivi les indépendances. Les montagnes ont été confrontées comme les autres espaces à la croissance de leur population et à l'appel de main-d'œuvre que constituaient les villes et certains secteurs économiques de plaine. Il s'en est suivi de fortes migrations de population qui ont entraîné des recompositions sensibles dans le peuplement.

1 L'élimination ou la marginalisation des populations autochtones

a. Les effets de la colonisation espagnole sur le peuplement andin

Les sociétés des cordillères américaines ont été les premières à être confrontées à une conquête brutale et à une colonisation qui a abouti à faire disparaître leur civilisation. Aztèques et Incas n'ont en effet pas survécu au choc de la conquête espagnole qui a été suivie de vagues d'épidémies importées d'Europe et de l'instauration du travail forcé dans les mines d'argent de Potosi ou dans le cadre de l'*encomienda*, ancêtre des *haciendas*. Cela eut pour effet une diminution brutale de la population indigène et la fuite des survivants vers les communautés d'altitude. Au XVIIe siècle, la population indienne des Andes intertropicales est tombée à 3 millions. Toutefois, les métissages et l'établissement des Espagnols dans l'étage montagnard expliquent que la population andine s'est maintenue jusqu'à aujourd'hui, avec cependant des recompositions spatiales et des bouleversements sociaux de grande ampleur.

En s'appropriant les terres des bassins et vallées andines situées entre 1 500 et 3 000 m pour y établir de grands domaines d'élevage (bovins) ou de culture (blé, pommes de terre) avec des espèces importées d'Europe, les Espagnols ont en effet brisé l'organisation spatiale verticale des Incas fondée sur la complémentarité des milieux (*cf.* Ch. 5). Celle-ci a été remplacée par un système agraire profondément inégalitaire, opposant les *latifundia* des conquérants installées dans l'étage tempéré, aux *minifundia* des descendants des Indiens et aux métis qui se voyaient interdire de fait l'accès à l'ensemble des étages et se retrouvaient confinés sur les terres d'altitude les moins productives (*cf.* Ch. 4). Les populations indigènes se retrouvèrent réduites à l'état de main-d'œuvre servile dans les grandes haciendas et n'eurent le droit que de cultiver que de maigres lopins de terres sur les pentes les plus raides. Cela n'a pas empêché les populations andines de tenter de retrouver l'accès aux autres étages au moyen de la migration saisonnière et de chercher à échapper aux assignations à résidence du colonisateur. C'est le cas en particulier des populations des hautes terres soumises à la *mita* dans les mines de Potosi qui ont réagi en désertant massivement le territoire où ils étaient confinés, comme le montrent des recensements effectués entre la fin du XVIe et le milieu et la fin du XVIIe siècle (Saignes, 1987, Deler, 1993). Au cours du XVIIIe siècle, ces migrations ont concerné plus de la moitié de la population indigène du sud des Andes (*fig. 15*).

Dans le cône sud de l'Amérique, le renversement spatial lié à la colonisation entre les montagnes et les plaines a été particulièrement spectaculaire. La colonisation de l'Argentine par les Espagnols puis leur peuplement par les immigrants européens au cours du XIXe siècle ont favorisé le peuplement des plaines relativement vides de l'est et du centre, en particulier autour du Rio de la Plata et de la Pampa humide, marginalisant de ce fait les espaces périphériques de la Cordillère des Andes. Celle-ci était pourtant peuplée, avant l'arrivée des Espagnols, par des agriculteurs capables de mettre en valeur les sols riches des vallées tempérées et par des agriculteurs et éleveurs qui

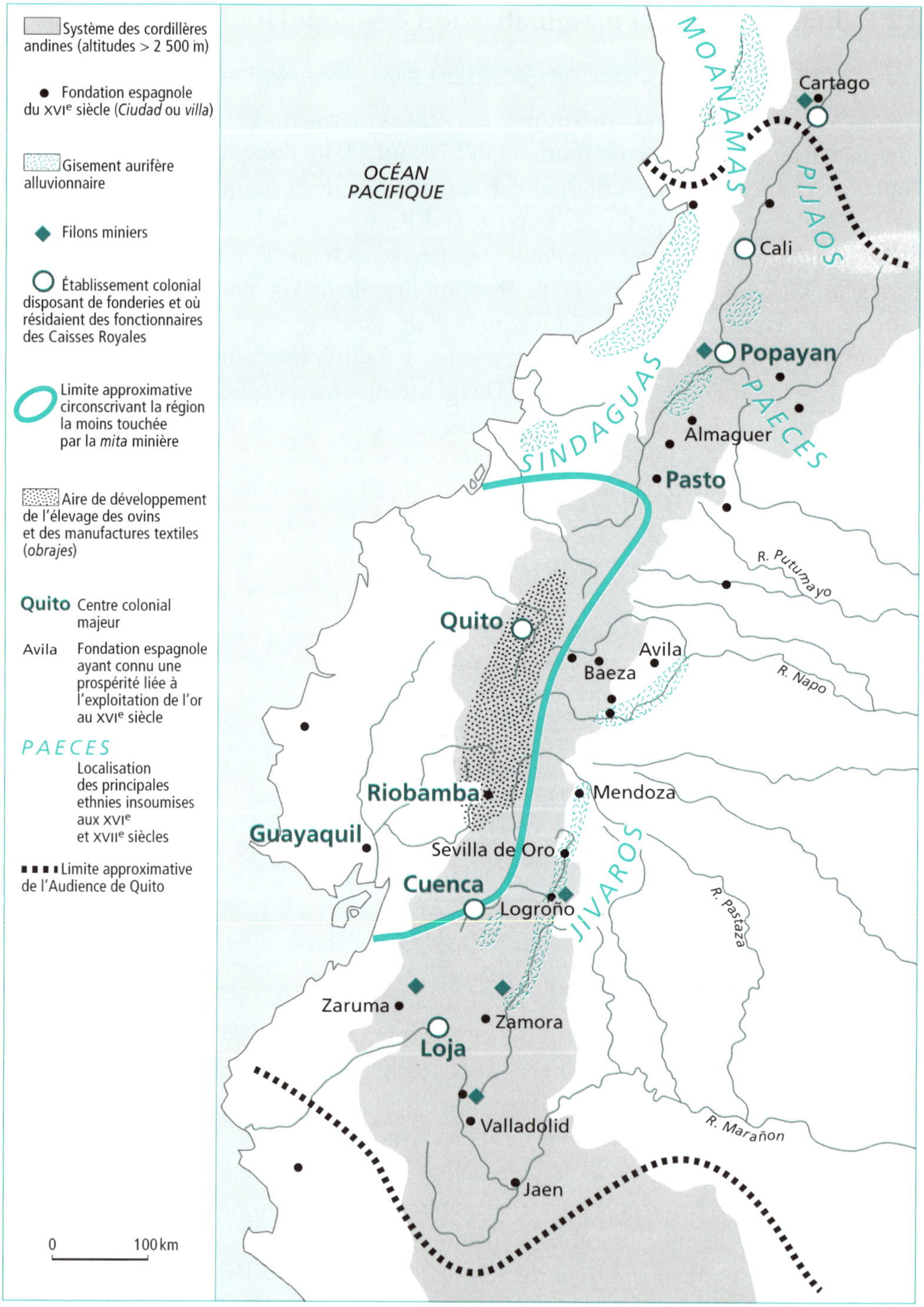

Figure 15 : Les Andes équatoriennes sous la domination coloniale espagnole : exploitation des ressources, fondations urbaines et contrôle territorial dans l'Audience de Quito.
Source : J.P. Deler, *Genèse de l'espace équatorien*, 1981.

L'Audience de Quito au XVIe et XVIIe siècles : de la périphérie minière au centre manufacturier		
Caractères dominants	**Aire périphérique**	**Aire centrale**
Ethniques	Stade tribal ; peu ou pas d'influence incaïques (sauf Cuenca)	Importante empreinte de l'appareil d'état incaïque (sauf Pasto)
Densités	plutôt faibles	relativement fortes (bassins andins)
Cycle économique dominant	Activité minière (*siglo de oro*) XVIe siècle	Activité pastorale et artisanale (*vellocino de oro*) XVIIe siècle
Conséquences sur la démographie indigène	Dépopulation accentuée	Moindre dépopulation ; fonction refuge ?
Implantation espagnole	Fondations multiples au XVIe siècle mais éphémères	Les quatre plus grandes villes de l'audience au XVIIe siècle (> 400 *vecinos*)
Maîtrise de l'espace	Difficile et fragile	Solide
Articulation interrégionale	Connexions avec les basses terres forestières	Connexion déterminante avec le reste de l'empire par Guayaquil ; accès à l'Oriente amazonien
Circonscriptions coloniales	*Corregimientos* de Loja et Cuenca ; gobernaciones de Popayan et de l'Oriente amazonien	*Gobernación* de Quito sauf le *corregimiento* de Loja et une partie de celui de Cuenca

occupaient de façon extensive la *Puna* aride perchée à 3 300 m d'altitude dans le prolongement de l'altiplano bolivien. Ce peuplement opposait alors les Andes aux plaines semi-arides du Chaco, arpentées de façon encore plus extensive par des chasseurs-cueilleurs. Les traces de cultures en terrasses aujourd'hui abandonnées, qui supposent d'assez fortes densités de population, attestent du dépeuplement massif de la *Puna* argentine au cours de l'histoire. Celui-ci s'est effectué en plusieurs phases. Tout d'abord, comme dans les autres pays andins, la conquête espagnole puis le travail forcé dans les mines provoqua la mort de milliers d'Amérindiens. Puis l'arrivée des Espagnols a entraîné la mise en place de grandes haciendas centrées sur les vallées mais débordant largement sur la *Puna*. Ces énormes *latifundia* qui pouvaient dépasser 100 000 ha étaient peuplées de petits métayers réduits à cultiver de maigres lopins, compte tenu du fait que la *Puna* était désormais vouée à l'élevage extensif d'un bétail destiné à satisfaire les besoins des mines du Pérou.

b. Conquête de l'Ouest et conquête de l'Est

En Amérique du Nord, la colonisation a eu un effet encore plus radical sur les sociétés autochtones, il est vrai moins nombreuses. La chaîne des Appalaches, qui ne dépasse guère les 2 000 m, a longtemps retenu les colons dans leur avancée vers les grandes plaines de l'Ouest. Elle a cependant été colonisée, relativement tôt, par des agriculteurs venus d'Europe qui se sont installés dans la vallée intérieure de Shenandoah car, tout en ouvrant une voie facile vers le sud-ouest, elle offrait climat tempéré et terres fertiles, déjà exploitées par essartage par les tribus indiennes. Une agriculture de subsistance, fondée sur la culture du maïs et l'élevage porcin, s'y est mise en place entre les mains de petits agriculteurs aux exploitations modestes. Elle s'est substituée à l'agriculture itinérante sur brûlis pratiquée dans les clairières des forêts mixtes et de feuillus par les tribus indiennes, qui pratiquaient également la chasse et la pêche. C'est d'ailleurs grâce aux contacts avec les Delaware que les Anglais de Virginie ont adopté la culture du maïs. Comme dans les Andes, les Indiens du nord-est de l'Amérique furent rapidement décimés par les maladies infectieuses apportées par les Européens (variole, scarlatine, oreillons). On pense qu'environ neuf-dixièmes des effectifs indigènes ont disparu en moins de trois siècles à la suite de ces contagions (Claval, 1989).

Avant la conquête de l'Ouest américain, les Montagnes Rocheuses étaient quant à elles parcourues par les tribus indiennes nomades ou semi-nomades, comme les Apaches ou les Navajo. Seules les hautes terres de l'Arizona et du Colorado étaient occupées de façon ponctuelle par de petites communautés d'agriculteurs sédentaires regroupées sous le nom de Pueblos, comme les Zuni et les Hopis du Rio Grande. Ces Indiens cultivaient le maïs, les melons, les citrouilles, les fèves et même le coton. Ils pratiquaient les cultures sèches sur les plateaux les mieux arrosés et les cultures irriguées, au débouché des canyons. Leur habitat en terre avait des allures de forteresse fort comparables aux *ksour* des tribus Berbères de l'Atlas occidental (*ibid.*). La conquête s'est accompagnée d'un véritable génocide des Indiens dont les survivants ont été refoulés, au fur et à mesure de l'avancée des colons, dans des réserves où étaient également déportées les tribus indiennes des plaines (*fig. 16*). La plus grande de ces réserves est actuellement celle des Navajo aux confins de l'Utah, de l'Arizona et du Nouveau-Mexique, où ces anciens nomades sont devenus éleveurs de moutons.

L'appropriation des terres indiennes par les colons ne s'est cependant pas accompagnée d'un peuplement important des Rocheuses. Dans un premier temps, les pionniers américains furent peu nombreux à s'installer dans les montagnes, s'établissant surtout sur le piémont des Rocheuses et des chaînes intérieures. La plupart des convois préféraient poursuivre leur chemin vers l'Ouest (Californie) ou le sud (Texas). Les Rocheuses sont en effet constituées de chaînons discontinus entrecoupés de bassins, de passages de direction méridienne ou de hautes surfaces. Il est donc facile de les contourner ou de les longer. Les premiers modes de mise en valeur des montagnes ne se sont donc pas fait pour l'essentiel par l'agriculture mais par l'élevage extensif, découvert auprès des *rancheros* mexicains du Texas, et par l'exploitation minière, activités qui n'ont guère de vertus peuplantes. La ruée vers l'or a bien fait fleurir des villes-champignons autour de puits de mines (Colorado, Nevada), mais beaucoup ont été abandonnées dès que les gisements ont été épuisés. La lutte menée entre éleveurs et agriculteurs pour l'appropriation du sol, s'est soldée par la victoire des propriétaires de bétail. Seules les zones de piémont (Denver), ou la bordure des grands lacs intérieurs comme Salt Lake City où se sont réfugiés les Mormons, ont donné lieu à des noyaux de peuplement notables. De plus, à la fin XIXe siècle, afin de préserver du pillage les ressources des montagnes et de créer une identité à la Nation américaine en cours de constitution, le gouvernement de l'Union décide de protéger les grands espaces de l'Ouest en les transformant en parcs nationaux, interdits à toute implantation humaine permanente (création du parc de Yellowstone en 1872) (*fig. 16*). Désormais, les Rocheuses demeurent vides de par la volonté du gouvernement américain, hormis les réserves indiennes, les villes de piémont comme Denver et quelques espaces urbanisés autour de centres miniers ou de stations touristiques de sport d'hiver (les stations du Colorado par exemple enregistrent des gains démographiques significatifs, dans le cadre de la dynamique migratoire de la *sun belt*).

L'avancée de l'Empire russe vers l'est au cours du XIXe siècle a de son côté abouti à l'intégration progressive des régions montagnardes du Caucase (début du XIXe siècle) qui portaient déjà de fortes densités de population et de l'Asie centrale (fin du XIXe siècle). La colonisation tsariste a commencé d'une façon assez bienveillante, notamment en Azerbaïdjan, lequel a été cédé à la Russie par traités (1813 et 1828), de même que l'Arménie, cédée à la Russie par l'Iran par le traité de 1928. Quant à la Géorgie, elle s'était déjà ralliée à l'Empire russe au XIXe siècle. Sur le plan religieux, le régime tsariste s'est abstenu de faire du prosélytisme chrétien orthodoxe, ou de russifier ces régions par un peuplement systématique. En revanche, au Nord Caucase, les Russes ont mené des guerres de conquête au XIXe siècle, qui ont été suivies de soulèvements

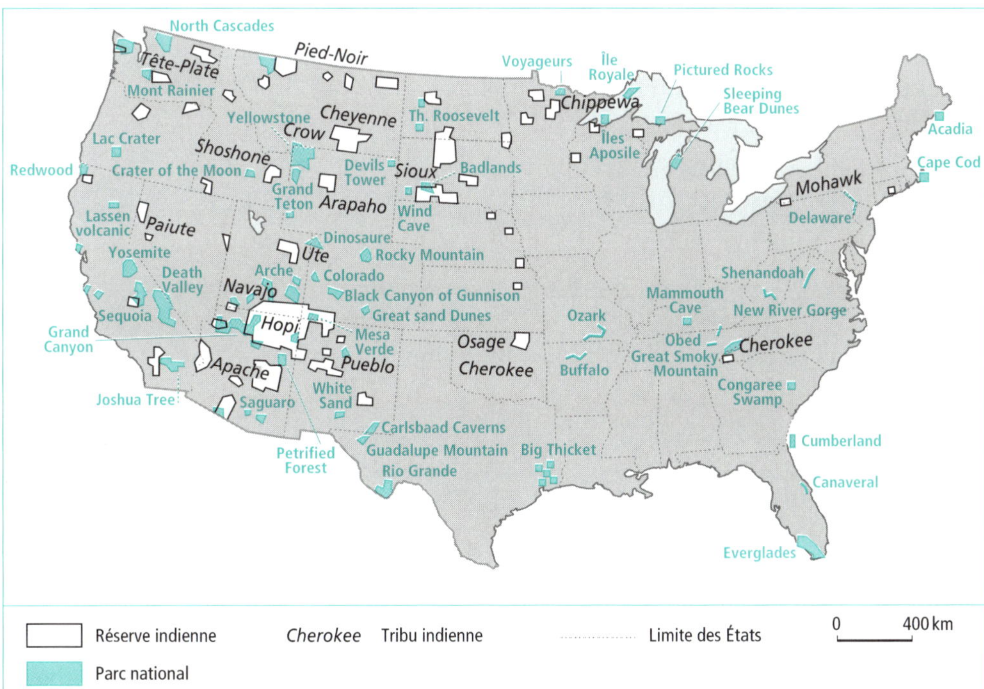

Figure 16 : La mise en réserve de l'Ouest américain : parcs nationaux et réserves indiennes.
Source : *Atlas 2000*, Nathan.

violents en 1918-1919, en 1944-1945. Les combats ont entraîné l'exode massif des populations en particulier dans le Caucase occidental (Tcherkesses), mais il n'y a pas eu là aussi de politique de peuplement russe, simplement l'implantation de points de surveillance des tribus. Si la conquête, puis la soviétisation, favorisèrent le développement agricole et l'urbanisation du piémont, l'agriculture de montagne fut délaissée au profit de l'élevage (bovin ou ovin) coexistant avec une polyculture vivrière et l'arboriculture comme au Daghestan par exemple (Radvany, 2000).

2 Les bouleversements économiques et les recompositions du peuplement liés à l'économie coloniale

a. L'installation de colons et l'introduction de nouvelles activités au cœur des montagnes

Les montagnes ont été plus ou moins affectées par l'économie coloniale selon leur situation par rapport aux ports d'exportation et aux centres urbains où s'était établi le colonisateur. Les grandes montagnes d'Amérique du Sud offraient à l'étage tempéré des conditions favorables à l'installation des colons espagnols qui y ont, dans la plupart des cas, fondé ou maintenu leur capitale (Mexico, Bogota, Quito) d'autant qu'y existaient déjà des populations et des formes de mise en valeur du sol. Un semis de villes apparaît pour permettre à la société créole d'encadrer le territoire. L'appropriation du territoire par les Espagnols reposait en effet sur l'établissement de lieux centraux capables de servir de siège ou de relais au nouveau pouvoir. Elles se localisaient dans les régions densément peuplées, au plus près des ressources naturelles exploitables (mines d'argent et d'étain près de Potosi, La Paz et Oruro, zone caféière de Colombie qui a fondé la croissance de Medellin et la création de villes nouvelles comme Manizales et Armenia) ainsi qu'aux points stratégiques permettant l'acheminement des matières premières vers la métropole. Arequipa, par exemple, a fait sa fortune sur les exportations de laine des troupeaux d'ovins et de camélidés. Les centres urbains ont servi aussi de points d'appui au maillage administratif du territoire et se sont développés comme villes-marchés. Les ports et villes du littoral (Cartagena, Guayaquil, Callao, Valparaiso), bien qu'essentiels pour le trafic colonial et comme relais de la métropole, n'avaient encore guère d'importance, hormis Lima au Pérou, car l'essentiel de la vie économique se jouait dans la montagne, en particulier autour des mines d'argent (celle du Potosi fait naître la première ville du continent avec 160 000 habitants au XVIIe siècle), des grands domaines d'élevage extensif et des plantations. En Colombie, la grande zone caféière localisée entre 800 et 1 800 m dans les bassins intra-andins de Bogota, Cali et Medellin se confond largement avec les fortes densités du pays (plus de 100 hab./km^2) et a contribué à maintenir là le peuplement urbain. Sur 4,35 millions de Colombiens recensés en 1905, plus de 3 millions vivaient dans les Andes. À la même époque, les 2/3 de la population péruvienne et les 4/5e de la

Cuzco, ancienne capitale inca devenu petit centre colonial, puis haut-lieu touristique du Pérou.

Bogota, la plus grande métropole des Andes.

population équatorienne et bolivienne vivaient dans la Cordillère. C'est cette urbanisation montagnarde qui fait toute l'originalité de la montagne andine.

Dans les montagnes d'Afrique de l'Est, Kenya, Tanzanie, Rwanda, Burundi, les Britanniques et les Belges ont également occupé de préférence les terres situées autour de 1000 à 1500 m d'altitude (Nairobi), établissant de grandes plantations de café ou de thé, plus ou moins reliées aux ports littoraux d'exportation (Mombasa, Dar es Salam). La culture du thé, du café ou de l'hévéa a ainsi permis de valoriser sur le plan économique les piémonts et l'étage tempéré autour de 1 000 m d'altitude dans la zone tropicale et cela même dans des montagnes où le colonisateur ne s'est pas établi lui-même comme en Asie.

En Inde par exemple, les Ghâts occidentaux, faiblement peuplés de petits groupes tribaux, sont devenus le jardin d'épices et de thé de l'Empire colonial britannique. Dans les Nilgiri, les plantations de thé, introduites en 1890, ont provoqué de fortes migrations de population, qui se sont poursuivies et intensifiées après l'Indépendance. Entre 1941 et 1991, la population est passée de 200 000 à 700 000 habitants. Au croît naturel s'est ajouté un solde migratoire positif. L'arrivée de migrants venus des plaines du Tamil Nadu et du Karnataka a entraîné une densification de la population dans les montagnes. Celle-ci sont ailleurs des espaces peu occupés et marginalisés comme les Monts Vindhya et Satpura, qui marquent la bordure septentrionale du plateau du Deccan, ou les montagnes de l'Orissa, en dehors des secteurs miniers, exploités depuis les années 1920 (vallée de la Damodar). La densité de population dans les Nilgiri est passée de 44 hab./km^2 en 1901 à 277 hab./km^2 en 1991. De même dans les montagnes du centre de Ceylan, le colonisateur a du importer une main-d'œuvre tamoule du sud de l'Inde pour travailler dans les plantations, ou encore les collines de l'Assam et les flancs sud de l'Himalaya autour de Darjeeling. Les versants des montagnes de la péninsule malaise se sont recouverts de plantations d'hévéas.

Enfin, la montagne a offert à partir de la deuxième moitié du XIXe siècle des sites d'implantation à quelques petites stations climatiques, où les colons pouvaient échapper à l'insalubrité et aux chaleurs des plaines, (Simla, Dharamsalah, Manali, Dalhousie, Moossorie ou Darjeeling dans l'Himalaya indien, Ooty dans les Ghâts occidentales, Dalat au Viêt Nam, Dalabé au Fouta Djalon en Guinée). Dans l'Himalaya indien, Simla, ancienne résidence du vice-roi des Indes, avait dès 1921 une population de 44 000 hab. en été, deux fois supérieure à la population permanente. Elle en compte aujourd'hui 110 000.

b. Des montagnes en situation périphérique par rapport au processus de colonisation : foyers de rébellion ou foyer d'émigration

D'autres montagnes sont restées en position périphérique au regard de la conquête coloniale avec des situations diverses. Certaines ont servi un temps de refuges pour les populations en rébellion contre le colonisateur ou ses représentants locaux et n'avaient guère qu'un intérêt stratégique pour le colonisateur : celui d'être une frontière instable, donc à surveiller et à soumettre, de leur empire. C'est le cas de l'Atlas marocain, où les populations berbères ont été les dernières à résister à la colonisation française depuis leur bastion montagnard qualifié de *bled Siba* ou « pays de la dissidence ». Les plaines, de leur côté formaient le pays *Maghzen*, celui des zones soumises à l'autorité du sultan puis au colonisateur. L'Atlas marocain ne fut « pacifié » qu'en 1912 et mis à part la création de la première station de ski d'Afrique à Oukkaimedden, l'Atlas n'a guère été exploité sous le Protectorat français.

Les confins montagneux de la Turquie, de l'Arménie, et de l'Irak ont eu le même rôle de refuge pour les populations minoritaires kurdes et arméniennes, sans cesse réprimées par le pouvoir central, que ce soit celui des colonisateurs russe et ottoman ou celui des États turc ou irakien de l'époque contemporaine. La création de la république turque par Atatürk, comme l'avènement de la dynastie Pahlavi en Iran, se sont accompagnés du démantèlement des réseaux d'irrigation et de la confiscation des pâturages des populations montagnardes rebelles de la chaîne du Pont, de l'Elbourz et des Monts Zagros, au profit des populations nomades.

L'Afghanistan a connu le même phénomène. Les montagnes ont servi de base armée à des mouvements de résistance à l'avancée britannique, comme elles ont continué à jouer ce rôle au moment de l'occupation soviétique en 1980. Après la délimitation, en 1880, du nouvel État afghan, le pouvoir en place dispersa les ethnies rebelles aux quatre coins du pays tandis que leurs pâturages d'altitude étaient confisqués au profit des nomades pathans, qui paraissaient moins dangereux que les tribus montagnardes retranchées dans leurs bastions de hautes terres.

Enfin certaines montagnes, sans subir directement la colonisation, ont été affectées par la proximité d'un marché colonial. C'est le cas de l'Himalaya du Népal qui jouait le rôle de marché-frontière de l'Empire colonial britannique. La présence d'un marché du travail ouvert, à partir du début du XIXe siècle, par les Anglais dans l'Assam et au Sikkim (plantations de thé de Darjeeling) ou dans les grandes villes indiennes (Calcutta, Dacca, Puna, Delhi), a suscité des migrations saisonnières, temporaires, voire définitives, des montagnards népalais, qui pouvaient prendre un caractère massif à certaines périodes du cycle agricole. S'y est ajoutée une tradition de mercenariat dans l'armée coloniale britannique qui a perduré jusqu'à nos jours, à travers l'enrôlement de montagnards népalais dans les régiments gurkhas. Ils se sont illustrés dans les deux Guerres mondiales et ont été mobilisés plus récemment lors de la guerre des Malouines, de la guerre du Golfe et de l'intervention de l'OTAN en Bosnie. L'armée anglaise cessant de recruter depuis quelques années, le relais a été pris par l'armée indienne. Enfin, à la fin du XIXe siècle et au début du XXe siècle, les campagnes d'exploration de l'Himalaya, puis les tentatives d'ascension de l'Everest, dans la première moitié du XXe siècle, ont favorisé l'émigration à Darjeeling de populations sherpa vivant sur les contreforts de l'Everest. Elles formaient une petite colonie de migrants temporaires, qui s'engageaient au début comme porteurs (coolies), puis comme auxiliaires des alpinistes, donnant naissance à une nouvelle activité, le portage

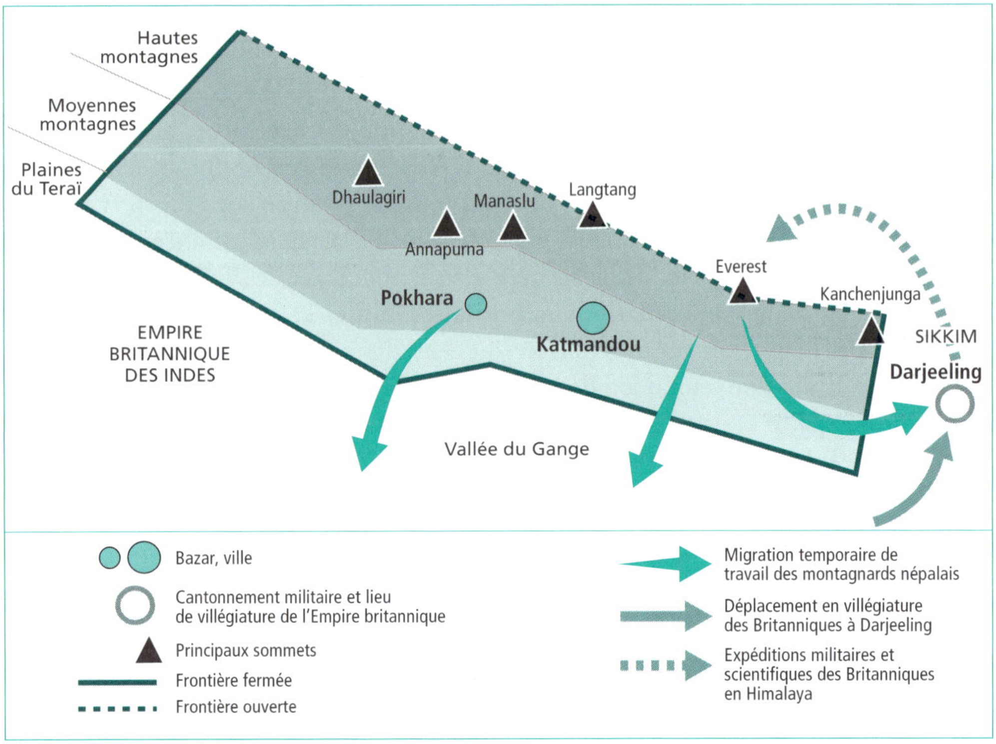

Figure 17 : Migration des populations népalaises vers l'Empire britannique des Indes au début du xxe siècle. Source : I. Sacareau.

pour le compte des expéditions et des groupes de trekking. Celle-ci se replia sur le Népal à partir de 1950, lorsque ce pays ouvrit ses frontières, en même temps que l'Inde se décolonisait. Toutefois, certains Sherpas, comme Tenzing, le vainqueur de l'Everest en 1953, se sont fixés définitivement à Darjeeling (*fig.17*).

II. Flux et reflux du peuplement des montagnes durant l'ère industrielle

Pendant des siècles, l'histoire démographique des montagnes européennes a été rythmée par une alternance de périodes de crises liées aux guerres, invasions, catastrophes naturelles et épidémies et de périodes d'accroissement de la population lorsque la paix revenait et avec elle la prospérité économique, l'amélioration de la situation sanitaire et le progrès technique favorisant l'augmentation de la production agricole. Les populations montagnardes répondaient à ces crises et au risque de surpopulation ainsi qu'aux difficultés et aux irrégularités saisonnières de la vie en montagne par le recours à la pluriactivité et aux migrations temporaires de travail (*cf.* ch. 5).

Les choses changent à partir du XIXe siècle avec l'entrée des montagnes dans l'ère industrielle. L'irruption de l'industrie et du tourisme provoque de profondes mutations dans les économies et les sociétés montagnardes européennes qui se traduisent par le flux et le reflux des populations : effondrement du monde agricole et exode rural d'un côté, industrialisation de certains massifs favorisant l'attraction de la main-d'œuvre locale mais aussi étrangère de l'autre, tandis qu'émergent des lieux nouveaux, les stations, créés par les pratiques touristiques de l'aristocratie et de la bourgeoisie. Le monde rural cède peu à peu la place à un monde urbain recomposant le peuplement montagnard tout au long des XIXe et XXe siècles.

1 L'entrée des montagnes européennes dans l'ère industrielle au cours du XIXe siècle

a. De la mine à la houille blanche : les bouleversements de l'économie montagnarde

Les montagnes ont toujours connu des activités artisanales, voire industrielles grâce à l'exploitation de nombreux gisements de fer (gisements d'Allevard dans le Dauphiné, de Cognes dans le Piémont italien ou de Styrie dans l'est de l'Autriche), l'abondance du charbon de bois fourni par les forêts de montagne et l'utilisation de la force mécanique de l'eau dans les moulins. Ces ressources en matières premières et en énergie ont permis le développement d'une petite métallurgie et d'une industrie textile qui trouvait également sa matière première dans les montagnes (chanvre du Grésivaudan, lin, laine fournie par l'élevage des moutons). Au début du XIXe siècle, le travail du coton s'implanta en Suisse dans le canton de Glaris et celui de la soie dans les Alpes italiennes. De cette proto-industrie, il subsiste des traces grâce à certaines spécialisations qui ont su franchir le temps, comme la fabrication des loden dans la vallée de l'Inn ou la broderie de Saint-Gall. Ces activités étaient complétées par le travail du bois (bois de marine, meubles du Queyras ou des Dolomites) et du cuir (ganterie de Grenoble), ainsi que par la papeterie (Dauphiné) et l'horlogerie qui fait ses débuts à Cluses dans le Faucigny aux alentours de 1720. La production de ces industries rurales donnait lieu à un négoce important au moyen du colportage.

Les moyennes montagnes d'Europe sont les premières à se trouver prises dans la dynamique économique de la révolution industrielle. Elle se traduit pour les montagnes les plus minéralisées (Massif central, Vosges, Ardennes, Harz, Erzgebirge appelé aussi Monts Métallifères) par la mise en exploitation de leurs gisements de matières premières (charbon, fer, potasse, cuivre), le développement de la sidérurgie (Ardennes, Massif central), du textile (vallées vosgiennes, Erzgebirge) ou de l'industrie de transformation (cristallerie de Bohème, horlogerie du Jura). Des villes industrielles se développent autour des mines et des centres de production qui attirent la main-d'œuvre paysanne. Leurs emplois permettent de ralentir dans un premier temps l'exode rural, sans toutefois l'en empêcher, car la crise de l'agriculture est trop profonde.

En effet, les progrès agricoles, qui ont permis la spécialisation et la croissance de la production dans les plaines, ne touchent guère la montagne. Les contraintes de la nature montagnarde éclatent alors, dans la mesure où les premières machines agricoles ne peuvent escalader les pentes. Il faut attendre le milieu du XXe siècle pour que ne soient introduites des motofaucheuses, mais il est alors trop tard pour sauver une agriculture moribonde, concurrencée jusque sur son propre terrain par les progrès de l'élevage ainsi que par l'agriculture de plaine. À cela s'ajoute la concurrence des produits agricoles importés en masse du Nouveau Monde (Amérique du Nord, Argentine, Australie) grâce aux progrès des transports (bateaux à vapeur, frigorifiques). Le retard pris par la montagne sur la plaine ne cesse alors de s'accroître.

De leur côté, les Alpes n'ont dans un premier temps que peu bénéficié de la première Révolution industrielle par manque de ressources en énergie et en minerai suffisantes, à l'exception du bassin houiller de La Mure, près de Grenoble et des grands gisements de sel du Salzkammergut et de la vallée de l'Inn, dans les Alpes orientales. En effet, la petite métallurgie montagnarde ne peut rivaliser avec l'industrie sidérurgique qui se développe dans les plaines et les moyennes montagnes et que stimule l'essor du chemin de fer. Seuls les gisements de taille et de qualité notables se maintiennent en montagne, essentiellement dans les pays qui ne disposent alors guère d'autres ressources (minerai de fer de Styrie, et de Carinthie en Autriche, du Val de Cognes en Italie, d'Allevard en France). Quant à la petite industrie textile montagnarde, elle s'effondre devant la concurrence des tissus industriels et des fibres importées et ne se maintient que là où elle parvient à se spécialiser.

Dans la deuxième moitié du XIXe siècle, une autre révolution affecte cependant les Alpes, puis les Pyrénées. Il s'agit de l'exploitation de la force motrice de l'eau pour produire de l'électricité. En 1827, est inventée la première turbine hydraulique, qui équipe une chute d'eau de 114 m en Forêt Noire. En 1860, c'est une filature du canton de Saint-Gall en Suisse qui se dote d'une turbine installée au pied d'une chute d'eau de 150 m. Mais c'est surtout les Alpes du nord françaises qui développent l'utilisation de la force motrice de l'eau. En 1869, l'ingénieur Aristide Bergès équipe une chute de 200 mètres à Lancey au nord de Grenoble, puis une autre de 500 m en 1889. Inventeur de l'expression « houille blanche », il est le premier à entreprendre la régularisation saisonnière de la fourniture d'eau par des barrages et l'appoint de lac naturel comme celui du Crozet dans le massif de Belledonne (Veyret & Veyret, 1967).

L'équipement hydro-électrique des Alpes connaît une croissance spectaculaire en Suisse, sensible en France, mais plus modeste et plus tardive en Italie où il débute à partir de 1900, ainsi qu'en Autriche où l'existence de ressources charbonnières dans l'Empire austro-hongrois (charbon de Bohême et de Silésie) n'a pas incité à un développement hydroélectrique avant l'entre-deux-guerres.

À partir des années 1870, une série de découvertes (dynamo, moteur électrique, four électrique et cuve à électrolyse) favorise la naissance des industries électro-métallurgiques et électro-chimiques qui se développent entre 1885 et 1910. Tant que l'on ne sait pas transporter l'électricité, l'énergie issue des conduites forcées, puis des barrages, commande la localisation de ces nouvelles industries, dont les Alpes deviennent le berceau. Alors que les industries mécaniques s'installaient dans les villes alpines ou périalpines, l'électrochimie et l'électrométallurgie s'implantent à proximité des centrales hydroélectriques, dans le fond des vallées (Grésivaudan, Maurienne, Basse-Tarentaise, Drac en France, Val d'Aoste, Adige moyen en Italie, Valais et vallée du Rhin en Suisse, vallée de l'Inn en Autriche) ou à leur débouché dans la plaine. Elles utilisent de ce fait la main-d'œuvre locale. Les capitaux quant à eux proviennent le plus souvent de centres de décision situés à l'extérieur des Alpes car les ressources financières locales manquent pour développer de telles industries.

b. L'invention des premiers lieux touristiques à la périphérie du monde industriel

L'ère industrielle n'a pas seulement été marquée par la sidérurgie et l'industrie de l'électricité. Elle est aussi la période où s'invente une nouvelle pratique sociale, le tourisme, portée par les aristocrates exclus de la Révolution industrielle, que rejoint ensuite la bourgeoisie.

Le tourisme fait son apparition simultanément à la périphérie des grands massifs montagneux européens et sur les littoraux. Il procède d'un changement de regard de la société occidentale sur des éléments naturels, montagnes, glaciers, torrents, forêts, lacs, qui sont là de toute éternité, mais qui prennent un sens nouveau à partir du siècle des Lumières, avec le regain d'intérêt pour les sciences naturelles et la nouvelle sensibilité qu'exprime le romantisme. Les montagnes, qui jusque-là ne nourrissaient que crainte, répulsion ou indifférence, deviennent des objets d'étude et de curiosité scientifique, mais aussi des paysages, dont la grandeur est propre à exalter les émotions contemplatives, ainsi qu'un terrain de jeu offrant l'occasion de se mesurer aux éléments naturels. Naturalistes, peintres et écrivains sont les premiers à s'intéresser aux montagnes. Ils sont suivis par des citadins oisifs qui inventent dans les Alpes une succession de pratiques nouvelles : la contemplation à partir de belvédères, des « sublimes horreurs » de la haute montagne dès le XVIIIe siècle ; les soins du corps avec l'essor du thermalisme au cours des XVIIIe et XIXe siècles, puis celui du climatisme entre 1867 et 1930 ; la pratique de l'alpinisme sportif, également dans la deuxième moitié du XIXe siècle, puis des sports d'hiver (luge, bobsleigh, patinage et ski) à partir de 1860.

Genève, située sur la boucle du Grand Tour des aristocrates anglais en Europe, a été le point de départ de cette conquête touristique de la montagne alpine dès la fin du XVIIIe siècle : d'abord par le regard porté sur le Mont-Blanc depuis les rives du lac Léman, puis par la venue, dans la vallée de Chamonix, d'étrangers attirés par les glaciers et la présence d'un haut sommet dont les scientifiques espèrent faire un site d'observation et de mesures (Bryrouf et alii, 1998). C'est ainsi que le Mont-Blanc est gravi pour la première fois en 1786 par le docteur Paccard et son guide chamoniard Balmat. Ce dernier réitère l'exploit l'année suivante en compagnie du naturaliste genevois, Horace-Bénédict de Saussure. Cette deuxième ascension est restée dans la mémoire collective comme l'acte de naissance de l'alpinisme, dont Chamonix devient vite la capitale. Le nombre des visiteurs passe de 5 000 en 1850 à 12 000 en 1865 (Bruston, Deprest, Duhamel, *in* Knafou, 1997). Des pratiques similaires apparaissent en Suisse à Grindenwald. Cette commune suisse située dans le canton de Berne au pied de l'Eiger, du Mönsch et de la Jungfrau, attire également les touristes et les alpinistes, par la proximité de glaciers spectaculaires, représentés dès le XVIIe siècle par des dessins et gravures. Zermatt au pied du Cervin connaît une dynamique similaire.

Le déplacement de ces populations nouvelles, issues des élites urbaines de la société du XIXe siècle, entraîne la création de nouveaux lieux de séjour en bordure du « vide » que constitue la haute montagne. Ils ont également la particularité d'être localisés en marge des centres de l'Europe de la Révolution industrielle, et en situation périphérique par rapport aux nations en voie de construction au cours du XIXe siècle (France, Italie, Suisse, Autriche-Hongrie). Ces lieux touristiques, appelés stations, par référence aux étapes du Grand Tour où l'on « stationnait », procèdent soit d'une création ex-nihilo, soit de la subversion d'un lieu existant (village, ville). Chamonix et St-Gervais-les-Bains dans le massif du Mont-Blanc, Saint-Moritz et Davos, Zermatt et Interlaken en Suisse, ou encore Garmisch-Partenkirchen, Ortisei et Cortina d'Ampezzo en Italie, qui n'étaient que de modestes villages ou de simples bourgades, deviennent les premières stations touristiques des Alpes. Elles sont fréquentées d'abord l'été par les alpinistes et les curistes, puis l'hiver (à partir de 1864 à Saint-Moritz) par les adeptes des sports d'hiver (ski, patinage, luge, bobsleigh, curling). De même, des stations climatiques et des villes thermales s'établissent tout au long du XIXe siècle en altitude (plateau d'Assy) ou au bord des lacs français (Aix-les-Bains), suisses (Interlaken) et italiens (Lugano). Parallèlement, les Pyrénées mais aussi les moyennes montagnes profitent au cours du XIXe siècle de l'essor du thermalisme. Luchon, Cauterets, Bagnères, où le thermalisme a été créateur des lieux, s'ouvrent progressivement aux autres formes de tourisme. Cette diversification est moins évidente pour les moyennes montagnes qui appuient l'essentiel de leur développement touristique sur les eaux thermales (stations thermales d'Auvergne comme la Bourboule ou Vichy, Contrexéville dans les Vosges ou Baden-Baden en Forêt-Noire).

L'afflux saisonnier de populations citadines aisées entraîne des besoins que la population locale, comprenant le parti économique qu'elle peut tirer des pratiques de ces étrangers, cherche à satisfaire au mieux. De fait, les emplois dans l'hôtellerie, la restauration, le thermalisme et l'alpinisme permettent aux populations montagnardes de ces lieux nouvellement investis de renoncer à l'émigration et d'enrichir par de nouvelles activités, plus rémunératrices, la traditionnelle pluriactivité montagnarde. Elles entraînent aussi le retour de ceux qui avaient migré. Grâce au capital accumulé hors des Alpes, ils sont capables d'investir dans des achats immobiliers et dans les nouvelles activités touristiques. Connaissant bien les besoins des citadins, pour les avoir côtoyés dans leurs migrations de travail, ils sont les mieux à même de profiter de cette nouvelle activité. C'est ainsi qu'à Saint-Gervais, les premiers émigrés à construire des hôtels ont bénéficié de fonds parisiens, suisses et allemands. Le village d'altitude du Val-Montjoie se vide, non pas pour alimenter l'exode rural général en France, mais pour se porter vers le nouveau bourg de St-Gervais, qui s'apparente désormais à une petite ville avec ses villas touristiques, mais aussi son habitat permanent et ses services. À tel point que la station est équipée de l'électricité, de l'eau courante et du téléphone entre 1894 et 1900, soit bien avant bon nombre de préfectures françaises. La société locale, familles d'émigrés comprises, détient 69 % du parc immobilier de la station dès le début du XXe siècle, ce qui montre bien que la société locale a été un acteur fondamental, en interaction avec les touristes, de la construction des lieux touristiques (Bruston, Deprest, Duhamel, *in* Knafou, 1997).

Le développement du tourisme s'accompagne d'une croissance de la population permanente dans les stations. Par exemple, Grindenwald, qui comptait déjà 1985 habitants en 1799, en dénombre 2924 en 1850 et 3696 en 1910, pour atteindre 3800 en 1998. Cette croissance quasi continue de la population des stations touristiques alpines contraste avec l'exode qui frappe une grande partie des communes rurales.

Enfin, la saisonnalité du tourisme se superpose aux saisonnalités traditionnelles. Dans les économies agropastorales traditionnelles, la morte-saison hivernale est une période où les montagnards quittent leurs vallées pour chercher du travail dans les plaines. Il ne subsiste alors sur les exploitations qu'une partie de la population (femmes, enfants, personnes âgées pour l'essentiel). L'été, les migrants retournent au pays. Dans les secteurs d'élevage, une partie de la population s'installe en altitude dans des chalets d'alpage en fonction du mouvement des troupeaux (*cf.* ch. 5 et ch. 6). Parallèlement, dans les lieux touristiques, l'été voit arriver curistes, alpinistes et touristes qui emplissent les hôtels, les villas et les chalets ainsi que les refuges d'altitude créés progressivement par des associations telles que les Clubs alpins.

L'apparition du ski à la fin du XIXe siècle introduit une double saisonnalité dans un certain nombre de stations déjà anciennes (Saint-Moritz, Chamonix, Saint-Gervais). Mais il est aussi responsable de la création de nouveaux lieux entièrement dédiés aux pratiques touristiques hivernales, du moins dans un premier temps (Megève, La Clusaz). Les sports d'hiver réveillent alors des villages et des sites d'alpages et de forêts jusque-là endormis sous la neige. Dans les stations, la population gonfle brutalement pendant la saison du ski. Il en est de même dans un grand nombre de stations touristiques en été. Au chiffre de la population résidente, le plus souvent modeste, s'ajoute celui de la population temporaire des touristes et des travailleurs saisonniers qui ne sont pas originaires du lieu. Cet apport peut multiplier par trois ou quatre fois la population présente sur quelques mois de l'année. Les touristes, population mobile et temporaire sont donc à l'origine de la construction de lieux nouveaux qui, du fait de leur saisonnalité, apparaissent surdimensionnés par rapport à l'habitat de la population permanente. Mais beaucoup de ces stations offrent en contrepartie des hébergements de qualité en quantité suffisante pour accueillir des festivals prestigieux (Avoriaz), des congrès ou de grandes manifestations internationales (Davos).

Aujourd'hui, les stations de ski d'altitude qui s'emplissent quelques mois de l'année pour se vider ensuite, s'efforcent d'allonger la saison touristique et d'introduire une saison d'été grâce à la diversification de l'offre de loisirs (ski sur glacier, tennis, golf).

2 L'effondrement de l'agriculture montagnarde et l'exode rural

La nouvelle économie issue de la Révolution industrielle a créé de nouvelles opportunités d'emplois dans les vallées, mais surtout hors des montagnes, pour des paysanneries accoutumées aux migrations de travail, mais qui vivent de plus en plus mal de l'agriculture. En effet, celle-ci connaît une série de crises au cours du XIXe siècle, liées aux concurrences que lui fait subir l'agriculture de plaine. Elles interviennent en Europe à un moment où les montagnes ont fait le plein de leur population. Cette crise se traduit par une rupture des équilibres démographiques anciens et une recomposition spatiale du peuplement.

a. De l'émigration temporaire à l'émigration définitive : la crise démographique des montagnes européennes

Au cours de la seconde moitié du XIXe siècle, les montagnes européennes, comme l'ensemble des pays d'Europe, bénéficient progressivement d'une amélioration des conditions de vie (expansion de la pomme de terre qui supprime les famines, premiers progrès médicaux) qui s'accompagne d'un fort accroissement naturel (baisse de la mortalité et maintien d'une forte natalité). On évalue à environ 7,5 millions d'habitants la population des Alpes dans les années 1880, dont 2,5 millions dans les Alpes occidentales, près de 2 millions dans les Alpes centrales (suisses et lombardes), et 3 millions dans les Alpes orientales (bavaroises, autrichiennes et slovènes). Elle atteint 10,8 millions dans la première moitié du XXe siècle, avec une croissance nettement plus forte dans la partie centrale de l'arc alpin, de Genève à Salzbourg et de Novare à Vérone. Partout, bien qu'à des rythmes différents, les montagnes atteignent leur maximum démographique au cours du XIXe siècle ou au début du XXe siècle. En France, sauf dans les Vosges, plus de la moitié des communes de montagne connaissent leur maximum de population entre 1801 et 1856 (plus de la moitié dans le Massif central, les 2/3 dans le Jura, les 4/5e dans les Alpes du sud, les Pyrénées et les Cévennes). Les densités de population dépassent au milieu du XIXe siècle 50 hab./km^{2} dans 1874 communes sur 4932 (Estienne, 1988) (*fig 18*). En Autriche, ce sont les régions alpines de forte densité qui connaissent la croissance la plus forte dans la deuxième moitié du XIXe siècle (région alpine occidentale, vallée du Rhin dans le

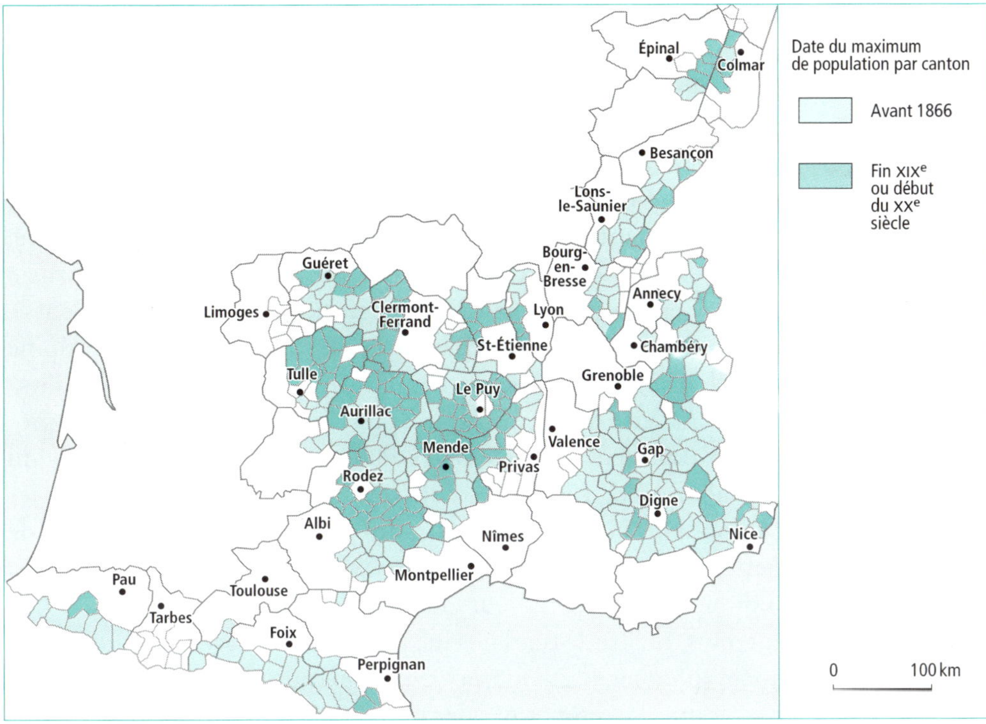

Figure 18 : Le maximum démographique dans la montagne française.
Source : Pierre Estienne, *Terres d'abandon ? La population des montagnes françaises : hier, aujourd'hui, demain,* 1988.

Vorarlberg, vallée de l'Inn et de la Sallazach) avec une croissance moyenne annuelle supérieure à 1 %, plus élevée que la moyenne nationale (Husa, Wohlschlägl, *in Les Alpes,* 1984), moyenne portée par la croissance de Vienne et le développement industriel de la Haute Styrie (métallurgie du fer et industrie du papier). Dans les autres régions des Alpes autrichiennes, la croissance est plus contrastée : si les massifs situés au nord et au sud-est maintiennent une croissance modérée, les massifs centraux et méridionaux voient leur population stagner.

Car dans le même temps, cet accroissement démographique se conjugue avec l'intensification des phénomènes migratoires dans une période marquée par une succession de crises agricoles. La pression démographique s'accroît sur les terres, alors même que les progrès agricoles stagnent, que les systèmes agropastoraux ne suffisent plus à nourrir les hommes et que l'économie montagnarde se trouve concurrencée par la nouvelle économie des plaines et des villes qui se met en place avec la Révolution industrielle. La solution classique est le recours aux migrations temporaires de travail. Celles-ci s'intensifient au cours du XIXe siècle, en particulier au départ des Alpes occidentales, françaises et italiennes. Mais surtout, ces migrations temporaires prennent de plus en plus un caractère définitif. Elles s'exercent en direction des villes périalpines, mais aussi en direction de villes plus lointaines et des régions d'emplois qu'a fait naître la Révolution industrielle. Elles se dirigent aussi beaucoup plus loin, lorsque s'ouvrent les fronts de colonisation des Nouveaux Mondes (Amérique du Nord, Argentine).

Le développement démographique des Alpes à partir de cette période montre alors une opposition nette entre les Alpes orientales, en croissance à peu près continue, et les Alpes occidentales et méridionales, en déclin démographique (Bätzing, 1996). En France, le mouvement d'exode est général et le déclenchement précoce. Commencé dans les Alpes du sud dès 1840, il s'étend ensuite aux autres massifs à partir de 1880. De même en Italie, dès 1870, les migrations temporaires cèdent le pas aux migrations définitives au profit des villes de la périphérie méridionale alpine (Côte d'Azur, Riviera ligure) mais aussi de l'émigration transatlantique (États-Unis, Argentine et Brésil). Cette dernière absorbe près de la moitié des émigrés piémontais (en moyenne 30 000 par an) auxquels s'ajoutent 35 000 montagnards du Frioul, 20 000 de Lombardie et 15 000 de Vénétie par an. Ils retrouvent sur les bateaux en partance pour le Nouveau Monde des Français du Queyras ou de l'Ubaye (Barcelonnette) qui se rendent eux aussi en Argentine ou au Mexique, ainsi que des Suisses qui ont choisi de tenter leur chance en Amérique du Nord.

Dans un premier temps, cet exode rural ne vide pas les Alpes. Il se contente d'écrémer les surplus démographiques. Les niveaux de population de départ sont élevés ainsi que le taux de fécondité, ce qui permet de compenser en partie un solde migratoire négatif. Les Alpes autrichiennes, par exemple, maintiennent une forte fécondité et un solde naturel positif. De même, les Alpes lombardes connaissent également pour les mêmes raisons une croissance démographique régulière qui leur permettent de doubler leur population en un siècle. En revanche, les extrémités occidentales et orientales des Alpes italiennes ne parviennent pas à compenser par leur vitalité démographique le courant continu de migrants qui quittent définitivement la montagne.

Si les anciens métiers artisanaux disparaissent peu à peu, les emplois créés par les industries électro-métallurgiques et chimiques favorisent en revanche dans bon nombre de vallées alpines le maintien sur place, au plus fort de l'exode rural, d'une population pluri-active d'ouvriers-paysans, et la fixation progressive de la population dans les bourgs industriels de fond de vallées. L'électrification sauve parfois l'industrie de certaines d'entre elles, comme dans la vallée de l'Arve. L'ancienne industrie horlogère s'est reconvertie dans le décolletage*, qui en est un prolongement avantageux, en s'appuyant sur les nouvelles techniques électriques, et l'existence d'une main-d'œuvre qualifiée.

Les entreprises cherchent à fixer durablement la main-d'œuvre saisonnière des ouvriers-paysans à l'usine. Il en résulte une première phase de descente des populations des villages d'altitude vers les fonds de vallées et les piémonts montagnards. En même temps, cette main-d'œuvre relativement qualifiée se révèle vite insuffisante. Les entreprises ont alors recours à une main-d'œuvre étrangère qui donne lieu à des mouvements migratoires en provenance d'Italie, puis d'Espagne, d'Europe centrale et du Maghreb. Il en résulte un brassage de populations dans les villes et les basses vallées. S'y ajoute la venue, avec leurs familles, d'ingénieurs et de techniciens nécessaires à la mise en œuvre des nouvelles techniques industrielles. Les pouvoirs publics encouragent en effet la création d'écoles spécialisées et d'universités dans les grandes villes alpines ou périalpines, comme Grenoble, Lausanne, Zurich, Milan ou Turin. Les structures sociales des Alpes changent lentement, portant en germe les changements socio-économiques de la période actuelle.

b. L'effondrement démographique des paysanneries montagnardes (1930-1970)…

Ni l'industrie, ni le tourisme ne parviennent toutefois à enrayer la dynamique des départs qui se met en place au début du XXe siècle. La période qui s'étend de 1930 à 1970 semble consacrer le déclin démographique des Alpes, comme de la plupart des autres massifs d'Europe centrale et méridionale. Si, dans la première moitié du XXe siècle, la population alpine est évaluée dans son ensemble à près de 11 millions, c'est surtout grâce à la plus forte croissance qui s'observe dans les Alpes centrales entre Genève, Salzbourg, Novare et Vérone. Car l'hémorragie humaine se poursuit sur les bordures occidentales (Alpes françaises) et méridionales (Piémont et Vénétie) des Alpes. En France, la montagne bascule véritablement dans la crise démographique au début du XXe siècle. La natalité baisse, alors que la mortalité ne suit pas au même rythme et que les soldes migratoires sont négatifs. La structure par âge est dégradée par l'émigration des plus jeunes ; le taux de célibat est de plus en plus élevé aussi bien chez les femmes que chez les hommes ; la période de fécondité se réduit encore dans des régions qui pratiquaient déjà traditionnellement les mariages tardifs. Les Pyrénées, les Alpes du sud et le Massif central sont les plus touchés par ce premier recul démographique qui est général partout, sauf dans les Vosges et en Savoie, où les industries traditionnelles maintiennent encore des emplois en se spécialisant dans des productions de haute qualité (horlogerie, décolletage).

Mais surtout, l'exode rural s'accentue après la guerre de 1914-1918, et ce, pour plusieurs raisons. Le conflit a favorisé la mobilité de la population féminine, employée dans les usines et les bureaux en remplacement des hommes envoyés sur le front. Conjugué à la dureté des conditions de vie en montagne et aux nombreux veuvages provoqués par la Grande Guerre, l'apprentissage du travail salarié par les femmes favorise une émigration féminine qui entraîne les hommes jeunes dans son sillage, ne laissant sur place que des célibataires vieillissants. L'engrenage entre un solde migratoire négatif et un solde naturel qui ne cesse de s'éroder du fait du déficit des mariages et des naissances est enclenché pour plusieurs décennies.

Par ailleurs, avec l'invention des lignes à haute tension, le courant électrique peut se transporter hors des montagnes pour alimenter villes et industries de plaine. La montagne perd alors son avantage comparatif et ses entreprises souffrent de la concurrence d'autres régions. La fermeture de certaines unités ou leur relocalisation dans les plaines plongent les habitants de nombreuses vallées industrielles dans le chômage, d'autant que la production électrique ne suscite plus désormais d'emplois nombreux sur place et qu'elle est concurrencée progressivement par l'électricité d'origine thermique. Dans les Pyrénées où elle s'est implantée plus tardivement que dans les Alpes, l'hydroélectricité n'a pas donné naissance à des usines métallurgiques ou chimiques dans les vallées. En revanche, les compagnies de chemins de fer (Compagnie du Midi, puis SNCF) profitent des ressources hydrauliques des Pyrénées pour électrifier dans les années 1920-1930 les voies ferrées qui desservent les stations thermales comme Cauterets, Barèges, Bagnères-de-bigorre ou Luz-Saint-Sauveur.

La dépopulation s'accélère entre 1945 et 1970. Plus de 90 % des communes rurales de montagne connaissent leur minimum démographique entre 1962 et 1982, achevant de vider la montagne de sa population agricole, et consacrant l'effondrement de tout un système économique et social fondé sur l'agropastoralisme. Cet effondrement se traduit par l'abandon des hameaux d'altitude, les friches et l'extension de la forêt sur les zones pâturées (Hautes terres de l'est de la Durance, Préalpes du sud, Oisans, Haute-Maurienne). De 4 millions d'habitants au milieu du XIXe siècle, la population de la montagne française stricto sensu est passée à 2,3 millions habitants en 1975, sa part dans la population française totale passant de 11,3 % à 4,4 % (Estienne, 1988).

Quant aux moyennes montagnes du reste de l'Europe, elles ne conservent qu'un temps leur avantage industriel né du fer et du charbon, jusqu'à la crise des industries lourdes dans la seconde moitié du XXe siècle. Celle-ci s'ajoute à la crise agricole,

Village abandonné dans le Queyras.

commune à la plupart des régions de montagne du monde tempéré, qui se traduit par une forte déprise agricole et l'exode rural au cours des années 1960-1970, sans que le tourisme ne vienne prendre le relais comme dans les Alpes. La moyenne montagne est restée en grande partie à l'écart de la révolution des sports d'hiver. Le ski de fond et l'essor du « tourisme vert » ne suffisent guère à maintenir la population sur place, sauf de façon très ponctuelle. La crise démographique et sociale est particulièrement sensible dans les moyennes montagnes méditerranéennes : elles n'ont guère connu l'industrialisation qui a permis aux autres moyennes montagnes de maintenir, au moins pour un temps, des effectifs de population importants.

Dans la moyenne montagne espagnole comme dans la chaîne des Apennins (Abruzzes), en l'absence de ressources importantes exploitables, l'industrie des plaines et des villes voisines a précipité le déclin d'une population rurale aux structures sociales et économiques archaïques. Alors que le maximum démographique est atteint en 1911 dans les Abruzzes, le délestage démographique commence vraiment à partir des années 1950-1960. Dans les montagnes espagnoles, qui maintenaient encore bien leur population en 1950, la désertification s'est faite de façon particulièrement rapide. En trente ans, les massifs ont perdu entre la moitié et les 3/4 parfois de leur population. Partant d'un niveau de densité souvent peu élevé, la saignée démographique a été fatale (moins de 10 hab./km^2 dans les Monts de Tolède). Solde migratoire négatif, vieillissement de la population, crise agricole et industrielle sont le lot de la plupart des moyennes montagnes européennes, dont l'évolution de la population dépend aujourd'hui largement de leur situation par rapport aux grands centres urbains (périurbanisation, résidences secondaires).

III. Recompositions spatiales du peuplement et urbanisation des montagnes

1 Vers une reconquête des Alpes et des Pyrénées par la société urbaine (1980-2000)

a. L'arrêt du déclin démographique

Cependant, le dépeuplement parfois spectaculaire de certaines vallées ne doit pas faire croire à une diminution globale de la population alpine. Bien au contraire, tout comme pour les Andes, évoquées au chapitre précédent, les Alpes n'ont jamais été aussi peuplées qu'aujourd'hui. Leur population a augmenté, non seulement grâce aux soldes naturels positifs des Alpes orientales (Autriche en particulier, Savoie) mais aussi grâce à un renversement récent de tendance. Celui-ci se caractérise depuis une vingtaine d'années par l'arrêt de l'hémorragie démographique, voire par un mouvement de

Un village d'altitude redynamisé par le tourisme (Molines-en-Queyras sous la neige).

reconquête démographique de bon nombre de communes de montagne jusque-là affectées par des bilans négatifs.

C'est ainsi qu'en l'espace d'un siècle, la population alpine est passée de 7 à 11 millions d'habitants, soit une augmentation de 57 %, ce qui reste cependant inférieur au reste de l'Europe. Au sein de l'ensemble alpin, 43 % des communes ont perdu de leur population tandis que 47 % enregistraient une croissance significative. Les zones en régression démographique demeurent concentrées dans les Alpes méridionales et occidentales. Le déclin est particulièrement sensible pour les communes du sud-ouest et de l'extrême nord des Alpes françaises : 600 communes ont perdu plus des 2/3 de leur population de 1870. 28 communes ont même moins de 58 habitants. Il en est de même pour le sud-ouest, le nord, l'est des Alpes italiennes. La Slovénie et la partie orientale de l'Autriche sont aussi globalement en déclin avec toutefois une situation complexe et contrastée entre des communes en déclin et d'autres en croissance, de même qu'en Suisse. Les régions les plus dynamiques sur le plan démographique se situent dans la moitié orientale des Alpes, principalement en Bavière, Vorarlberg, Tyrol, région de Salzbourg, Liechtenstein, Trentin et Haut-Adige.

Les travaux de Bätzing (1993) ont permis de montrer une certaine corrélation entre l'altitude des communes et leur dynamique démographique depuis 1870. Les communes situées en dessous de 500 m sont celles qui ont connu la plus forte croissance (taux de croissance de 89 % de 1870 à 1990), suivies des communes situées dans la tranche de 500 à 1 000 m (40 %). À partir de 1 000 m, la situation se complexifie : de 1000 à 1500 m stagnation et décroissance dominent, alors qu'au-dessus de 1 500 m, le poids des stations touristiques permet à l'ensemble des communes d'altitude de connaître un taux de croissance global de 27 %. Enfin, on constate que les communes situées en bordure de la chaîne alpine s'en sortent globalement mieux que celles qui se situent à l'intérieur, à l'exception des vallées touristiques de l'ouest de l'Autriche et du Tyrol, de la Bavière et de la Suisse.

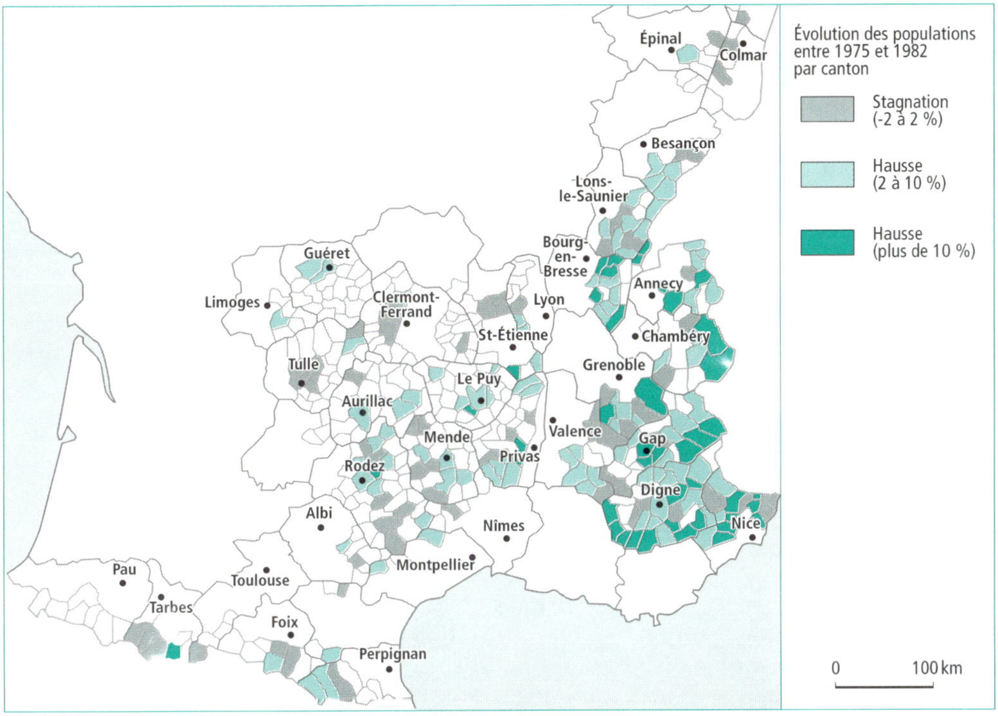

Figure 19 : Le basculement démographique de la montagne française au début des années 1980.
Source : Pierre Estienne, *Terres d'abandon ? La population des montagnes françaises : hier, aujourd'hui, demain*, 1988.

Ce retournement de tendance s'explique en grande partie par l'apparition de soldes migratoires positifs qui s'observent non seulement dans les villes intramontagnardes ou de piémont, mais aussi dans les communes touristiques de montagnes et les communes périurbaines (*fig. 19*).

Les lieux touristiques attirent en effet des populations nouvelles à la recherche d'un travail dans ce secteur ou qui souhaitent s'implanter à proximité des stations pour profiter d'un environnement de loisirs dans leur vie quotidienne. Ce sont les stations les plus anciennes localisées à basse et moyenne altitude qui bénéficient le plus de cette évolution, car les stations intégrées d'altitude créées dans les années 1960 ferment le plus souvent en dehors de la saison hivernale, ce qui ne favorise guère l'établissement permanent de populations nombreuses.

Mais se sont surtout les communes périurbaines qui portent actuellement la croissance générale de la population alpine. Dans les Alpes françaises du nord, la croissance de la population depuis 1975 a été deux fois plus rapide que la moyenne nationale : + 0,97 % par an de 1975 à 1999. Elle a touché toutes les catégories de communes que distingue l'INSEE. Depuis 1990 aucune commune n'a connu de solde naturel ou migratoire négatif. La croissance de ces dix dernières années (1990-1999) a surtout touché un vaste croissant du nord d'Annecy jusqu'à la frontière suisse, zone qui comporte aussi bien des communes rurales que des communes périurbaines et qui s'étend de façon plus ponctuelle à présent au sud d'Annecy et au nord de Chambéry. Les grands massifs alpins ont connu une évolution plus contrastée. Rapide pour les pays du Mont-Blanc, plus moyenne pour le Chablais et l'ensemble Tarentaise-Vanoise, modérée pour le bassin d'Albertville et modeste pour la Maurienne, qui cependant sortait d'une longue période de déclin (*fig. 20*) Le sud du sillon alpin connaît aussi une forte crois-

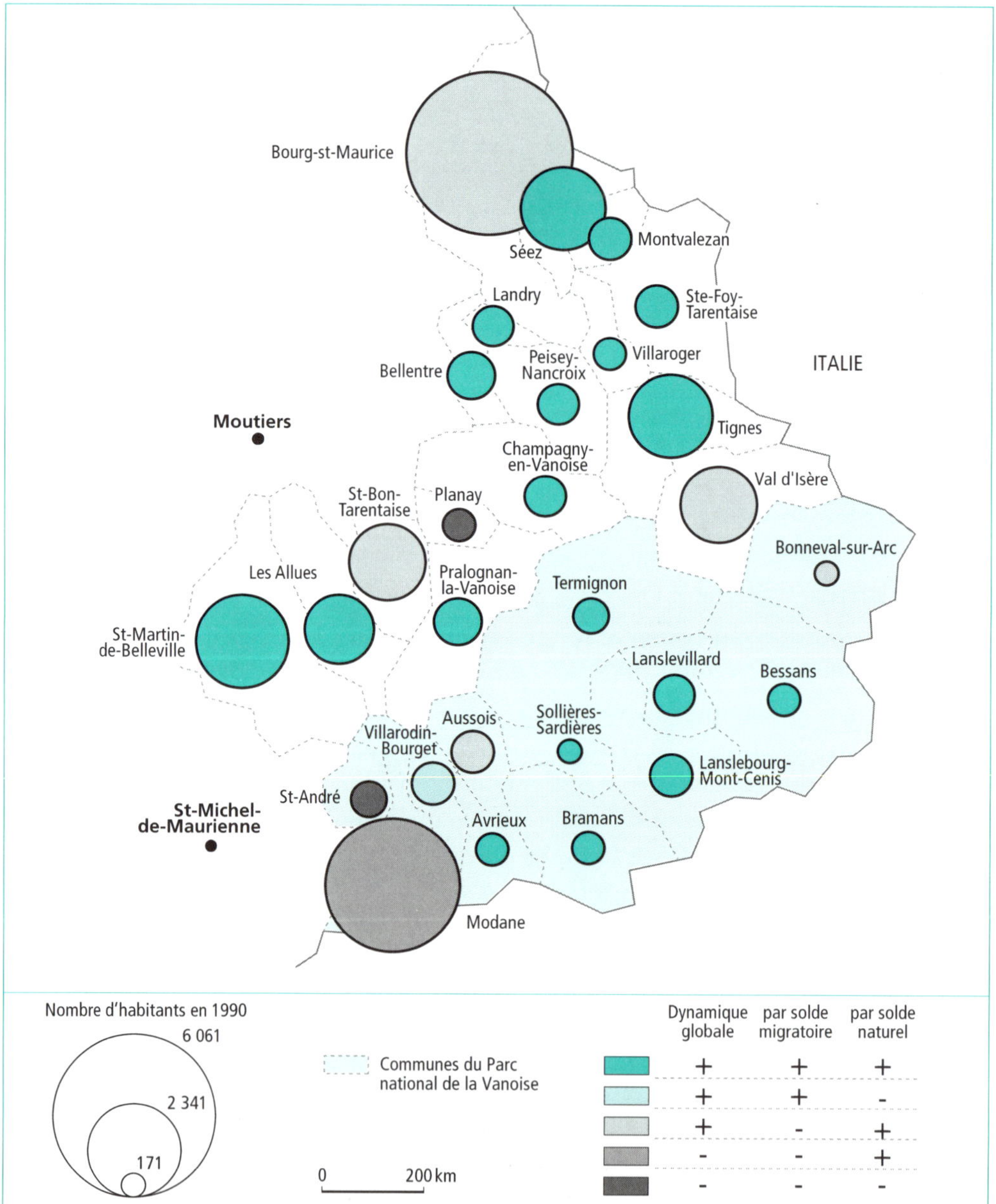

Figure 20 : Profil démographique des communes de la Vanoise et de la Tarentaise à partir de leur solde migratoire et de leur solde naturel entre 1982 et 1990. Source : d'après l'*Atlas de la Vanoise*.

sance démographique dans le sillage de l'agglomération grenobloise, ainsi que le rebord interne de la Chartreuse, le nord du Vercors et même l'Oisans, quoique de façon plus modérée (Briquel, 2001).

Dans les Pyrénées, l'hémorragie démographique a été arrêtée à partir de 1982, avec toutefois des disparités importantes d'un bout à l'autre de la chaîne. Les petites villes du piémont voient leur population reculer du fait d'une crise des emplois (Quillan, Mauléon, Amélie-les-Bains, Tarascon-sur-Ariège, St.-Girons, Lannemezan, Lavelanet). Le recul touche de même l'Aude et une partie des Hautes-Pyrénées. En revanche les communes des Pyrénées orientales et occidentales affichent des chiffres records, près des côtes méditerranéennes et atlantiques où elles bénéficient des retombées de l'attrait des équipements balnéaires et des migrations de retraite (côte basque et languedocienne). De même, les hautes vallées touristiques, de la Cerdagne à la vallée d'Ossau, enregistrent un net renouveau démographique : soit la stabilité est retrouvée après des années de déclin (Laruns), soit il s'agit d'une véritable reprise depuis 1982 (vallée d'Aspe) ou de la poursuite d'un renouveau amorcé dès 1975 (vallée de la Garonne et de la Pique, vallée d'Aure et haute vallée du Louron, vallée de Luz-Saint-Sauveur).

Ces exemples nous montrent donc un net revirement de tendance. Désormais, seules les hautes vallées isolées, la moyenne montagne non touristique faiblement urbanisée ou touchée par la désindustrialisation, continuent de voir leur population reculer. On assiste donc à une renaissance démographique de la montagne qui s'accompagne d'une recomposition spatiale de son peuplement liée à l'urbanisation croissante des populations. À la dispersion de l'habitat qui prédominait jusqu'au XIXe siècle, s'est substitué un modèle de concentration de la population dans les basses vallées et dans les villes qui touche inégalement l'arc alpin. Très net dans les Alpes occidentales (Rhône-Alpes, Piémont, Lombardie), ce mouvement n'est pas encore achevé dans les Alpes septentrionales et orientales où la population rurale montagnarde s'est mieux maintenue, grâce à un fort accroissement naturel et où cette croissance tend maintenant à progresser d'est en ouest comme c'est le cas en Autriche (Knafou, 1994).

b. Une montagne de plus en plus urbanisée

En même temps que les Alpes perdaient leur population rurale, s'opérait donc un mouvement d'urbanisation, qui a été relativement précoce dans certains secteurs comme dans les Alpes suisses (*fig. 20*). Cette évolution consacre la prise en compte de la tertiarisation des économies et de la généralisation des modes de vie urbains qui gagnent désormais les montagnes. Les villes en croissance sont celles qui offrent des emplois industriels dans le secteur des nouvelles technologies, des emplois dans les secteurs tertiaires et touristiques et celles qui bénéficient de la proximité d'équipements de loisirs. Elles gagnent de la population surtout grâce à un solde migratoire positif.

En 1990, sur 189 zones urbaines recensées dans l'Arc alpin, les emplois industriels jouent encore un rôle dominant dans 54 zones urbaines spécialisées dans le secteur

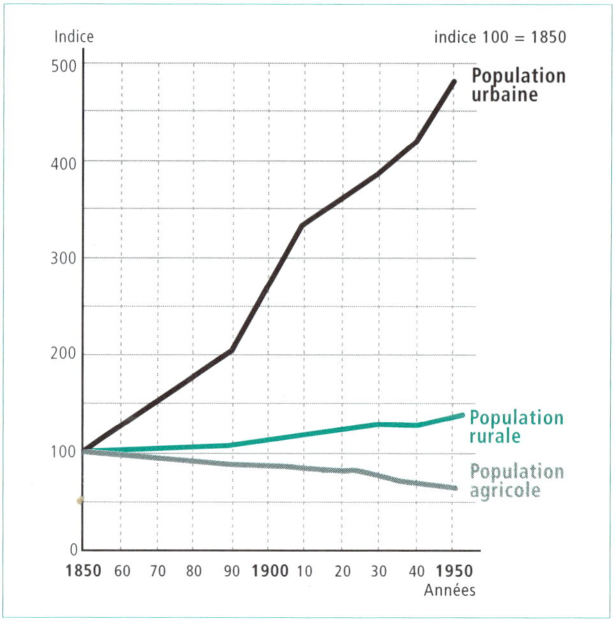

Figure 21 : Évolution des populations urbaines, rurales et agricoles dans les communes alpestres de la Suisse de 1850 à 1950.
Source : P. et G. Veyret, *Au cœur de l'Europe, les Alpes.* Flammarion, 1967, indice 100 : 1850.

secondaire, tandis que les emplois tertiaires caractérisent désormais l'économie de 56 zones urbaines. Il s'agit surtout des services liés aux fonctions territoriales des villes, tels que les services d'administration, de santé et d'éducation. Leur importance est croissante non seulement dans les capitales nationales ou régionales telles que Vienne, Graz, Salzbourg, Innsbruck, Ljubljana ou Berne, mais aussi dans les villes petites et moyennes. S'y ajoutent 36 aires urbaines spécialisées dans les services d'accueil de touristes, de résidents secondaires ou permanents, et dans les services liés aux loisirs et à la culture (Perlik, 2002).

Les villes industrielles qui connaissent une forte croissance sont celles où les industries liées aux nouvelles technologies (électronique, robotique, informatique, biotechnologie) sont venues s'installer dans la foulée des industries électriques. Elles profitent de la présence d'une main-d'œuvre qualifiée, de centres de recherches et d'écoles et d'Institut techniques nombreux, comme à Grenoble, ainsi que d'un environnement de loisirs propre à attirer les cadres. Ce type de spécialisation pourrait ainsi à l'avenir se développer dans la région des lacs italiens, ou dans celles de Lucerne et de Salzbourg. En revanche, les villes d'industries lourdes comme les vallées de Mür et de Mürz en Autriche, Domodossola (chimie, sidérurgie) dans le Piémont italien, sont en déclin.

Aujourd'hui, 59 % des 11 millions d'habitants que constitue la population alpine vit dans des villes ou des communes périurbaines où se concentrent 66 % des emplois. Cela concerne 36 % des communes alpines. À l'inverse, 41 % de la population continue de demeurer dans des communes rurales qui représentent 64 % des communes (Bätzing, Perlik, Dekleva, 1996, Perlik, 1999, 2002). Il s'agit d'un renversement de tendance majeur qui était inimaginable, il y a à peine 20 ans.

Toutefois, 90 % de ces citadins vivent dans des communes urbaines de moins de 50 000 habitants. Les villes alpines sont essentiellement des villes petites et moyennes. Rares sont celles qui dépassent 20 000. La seule ville intramontagnarde d'échelle européenne est Grenoble avec ses 500 000 h. Les autres villes notables, un peu moins d'une dizaine, dépassent à peine les 100 000 h : il s'agit de Lucerne, d'Innsbruck, de Salzburg, de Maribor, de Ljubljana, de Bolzano et de Lugano.

La période actuelle se caractérise par l'extension spatiale de la couronne périurbaine des villes. À l'exode rural, qui a tant marqué la période précédente, succèderait donc depuis les années 1980 un « exode urbain », qui reste cependant très relatif, dans la mesure où il se porte vers les communes proches des villes disposant de services suffisants ou de voies de communication rapides qui y conduisent. La périurbanisation traduit l'avancée des villes et de la société urbaine en montagne, à la fois par le report de la population des villes-centres vers les communes périphériques et par la croissance simultanée des centres comme de leurs périphéries. L'amélioration des moyens de transport et de communication, la mobilité accrue des populations ainsi que le développement des nouvelles technologies de l'information vont dans le sens d'une évolution déjà perceptible, où la montagne tendrait à devenir un espace résidentiel pour des citadins originaires ou non des zones de montagne, à la recherche d'un cadre de vie et de loisirs de qualité. C'est ainsi que de nombreuses communes rurales et industrielles se sont transformées en communes de navetteurs (Bätzing, Perlik, Dekleva, 1996, Perlik, 1996).

Autre tendance, les communes classées périurbaines sont de plus éloignées des villes. On constate par exemple qu'en Isère, le mouvement de périurbanisation s'effectue à des distances de plus en plus lointaines de l'agglomération grenobloise, et notamment dans les massifs montagneux caractérisés il y a encore peu par la désertification (Vercors, Chartreuse, plateau de La Mure et même Oisans), ou à côté des stations de sport d'hiver. On voit même des citadins s'implanter dans de très petits villages comme Ornon, Oulles ou Villard-Notre-Dame en Oisans. Ces nouveaux résidents appartiennent généralement aux classes moyennes et supérieures et certains font partie de la nouvelle catégorie des télétravailleurs, comme le suggère l'existence de centres de télétravail dans le Vercors (Briquel, 2001).

Ce processus qui fait des communes de montagne des communes essentiellement résidentielles est déjà bien avancé dans les Alpes suisses : alors que la concentration des activités et des revenus s'accélère dans les grands centres urbains périalpins (Zürich, Bâle, Genève, Lausanne, Berne) qui sont les principaux foyers d'emplois et de création d'entreprises, on assiste à une diffusion de plus en plus forte des populations en dehors des aires urbaines, en particulier dans l'Arc alpin et préalpin (Torricelli, 2001). La basse et moyenne montagne suisses bénéficient ainsi d'une dynamique démographique qui contraste avec sa déprise économique. Cela signifie donc de nouvelles mobilités pour les populations dont les échelles de vie se sont élargies.

2 Révolution industrielle, tourisme et urbanisation dans les montagnes extra-européennes

Après s'être déployée en Europe, la Révolution industrielle touche, à la fin du XIXe siècle, l'Amérique du Nord et la Russie, entraînant de profonds bouleversements dans les moyennes montagnes les plus proches des grands centres urbains, à savoir les Appalaches et l'Oural. Quant à l'Amérique andine, de nouvelles logiques viennent modifier la répartition du peuplement de la montagne à partir des Indépendances. L'entrée progressive des différents pays de la cordillère des Andes dans la transition démographique entraîne une forte croissance des populations montagnardes au moment où de nouvelles ressources économiques se développent dans les villes et les plaines. Il en résulte un processus d'urbanisation qu'accompagnent de vastes mouvements migratoires aux effets inégaux selon les pays.

a. Le cas des moyennes montagnes américaines et russes

L'agriculture des Appalaches a mal résisté à la spécialisation agricole du XIXe siècle (plantations de tabac) et à l'industrialisation et l'urbanisation du Nord-Est. Les petits paysans indépendants du sud des Appalaches, où les sols sont plus pauvres et les possibilités de commercialisation de leurs produits faibles, se sont enfermés dans un système d'autosubsistance qui les a conduits à une pauvreté qui perdure encore aujourd'hui.

En revanche, le nord des Appalaches a été pris dans la dynamique industrielle et urbaine qui s'est développée entre New York et les Grands Lacs à partir de la construction du canal Érié en 1826. Les Appalaches disposaient non seulement d'une situation stratégique entre la côte Est où arrivaient les migrants et où se développaient les grandes villes de la mégalopole et de la région industrielle des Grands Lacs, mais aussi d'eau en abondance et de riches gisements, facilement exploitables, de fer et de charbon. C'est ainsi que cette moyenne montagne s'est trouvée au cœur de la première révolution industrielle fondée sur l'industrie textile d'abord, puis sur une puissante sidérurgie implantée au cœur des vallées appalachiennes (Pittsburgh). La révolution de la houille blanche a ensuite pris le relais. C'est dans les Appalaches qu'ont été construits les grands barrages de la Tennessee Valley Authority lors de la Grande Dépression.

Enfin, l'abondant enneigement hivernal lié à sa position sur la façade orientale du continent nord-américain, baigné par un courant froid et humide, a fait de cette moyenne montagne le stade de neige des grands foyers urbains du nord-est des États-Unis (Jeux olympiques dans la station de sports d'hiver de Lake Placid en 1932 et en 1980) ainsi que son principal espace de loisir et de tourisme en été. La partie sud, elle, est moins active et a connu, comme bon nombre de secteurs des Alpes, une émigration vers les villes.

À ces différents égards, les Appalaches, malgré leur faible altitude et leur image de vieille et moyenne montagne forgée par la géologie, sont fort comparables aux Alpes, par leur situation au cœur d'une des zones les plus urbanisées et les plus industrialisées du monde et par leurs activités économiques (industrie, tourisme) avec même une intégration beaucoup plus poussée que les Alpes aux aires urbaines qui commandent leur devenir (*fig. 22*).

Quant à l'Oural, ses ressources abondantes et diversifiées en métaux rares (or, platine, cuivre, chrome, manganèse) ainsi qu'en fer, bauxite et secondairement charbon,

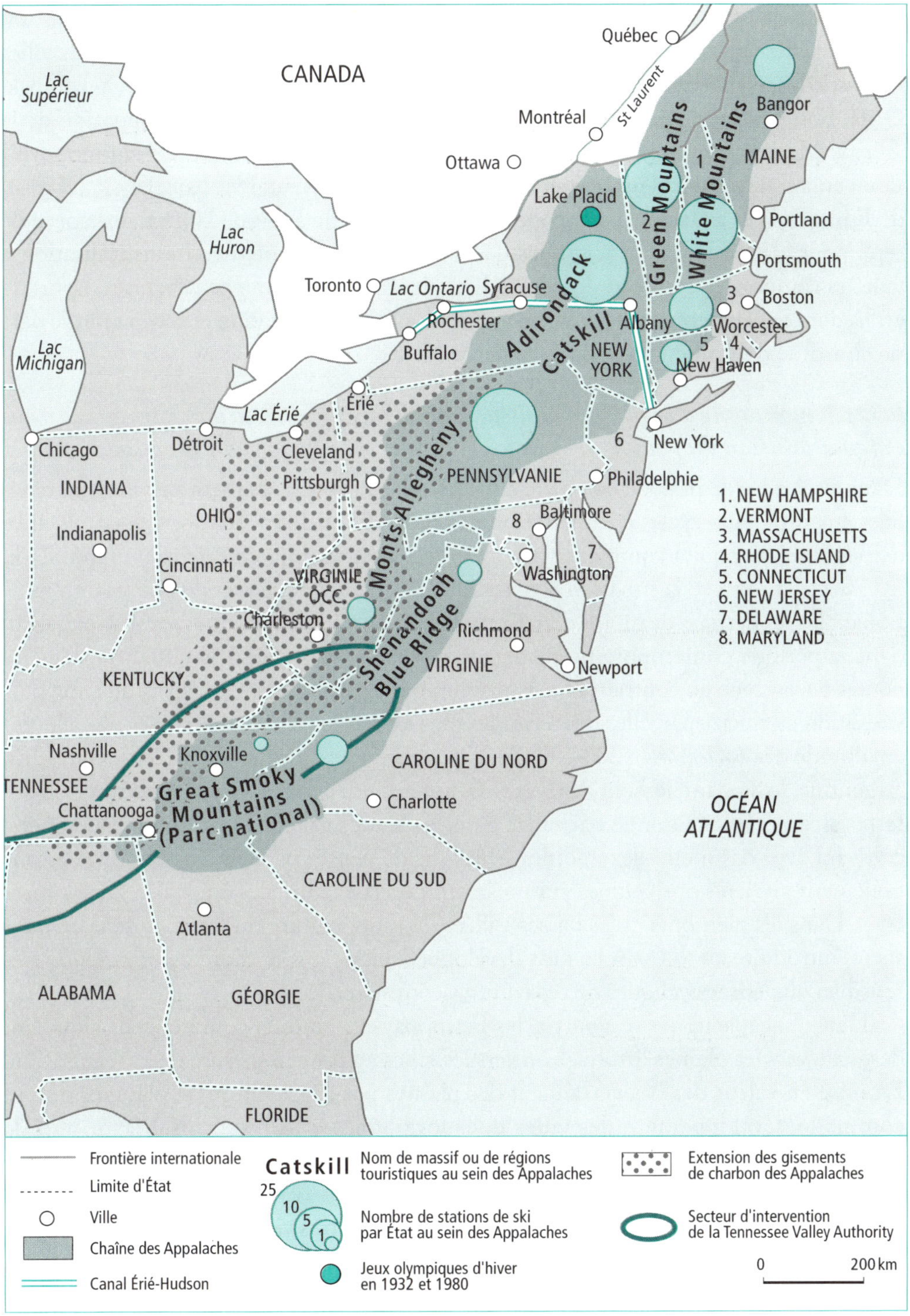

Figure 22 : Au cœur de l'Amérique industrielle et urbaine : les Appalaches.
Conception : I Sacareau d'après *Road Atlas*, National Geographic, édit. 2001, Ski Map. Com, Université du Maryland.

lignite, en ont fait un des grands foyers industriels de la Russie. Leur exploitation ancienne, dès le XVIIe et le XVIIIe siècle, a favorisé le développement d'une série de villes industrielles, en particulier sur son piémont, telles que Sverdlovsk, Perm, Tcheliabinsk, Oufa. Son développement s'est fait surtout à partir des années 1930 (fondation de la ville de Magnitogorsk en 1932) et ses premiers plans quinquennaux. Le régime soviétique en a fait le cœur d'un immense combinat reliant l'Oural au Kouzbass, au bassin de Karaganda et à Bakou. La Seconde Guerre mondiale a fait de l'Oural un espace de repli pour les industries stratégiques d'armement. La rapidité de l'industrialisation a vidé les campagnes au profit des villes. Il s'agit là d'une montagne urbanisée à plus de 70 %, dont le peuplement est profondément lié à l'industrialisation et est en grande partie constitué d'immigrants et de leurs descendants.

b. De la montagne à la plaine : croissance démographique, urbanisation et recomposition du peuplement dans les Andes dans la période post-coloniale

Dans les Andes, la période coloniale avait favorisé le développement de villes-marchés liées aux différents cycles d'exploitation des minerais et des plantations. La croissance démographique, qui a commencé à se manifester surtout dans la deuxième moitié du XIXe siècle, a aggravé la situation économique des hautes vallées et de la *Puna*, en multipliant les *minifundia* de moins d'un hectare. Les différentes réformes agraires engagées dans la période contemporaine n'ont guère permis d'améliorer la situation dans les hautes terres, bien au contraire. En Équateur, par exemple, elles ont provoqué une pulvérisation en micro-parcelles des terres les plus raides, les plus froides et les plus élevées en altitude des *haciendas* (3 200-3 800 m), qui avaient été jusque-là laissées incultes. En Argentine, le démantèlement des *haciendas* après l'indépendance et la redistribution des terres aux métayers a donné naissance dans les hautes vallées à une petite paysannerie cultivant avec des méthodes traditionnelles sur de petites parcelles, des cultures essentiellement vivrières et quelques cultures commerciales difficiles à écouler sur les marchés. Dans les piémonts et les basses vallées, la monoculture du tabac et de la canne à sucre, introduite au XIXe siècle, s'est développée aussi dans le cadre de *minifundia* très sensibles aux crises cycliques de ces cultures commerciales.

Dans l'incapacité de se nourrir, les petits paysans andins commencent alors leur descente vers les plaines littorales ou vers les villes au fur et à mesure de l'urbanisation. La mise en valeur des bas versants et des plaines par l'agriculture de plantation, tout comme le développement des villes dans les plaines et sur le littoral favorisent de grandes migrations de populations saisonnières, voire définitives, qui touchent aussi la Cordillère méso-américaine (Guatemala) ou encore les Andes argentines.

Ainsi, en Argentine, l'implantation, sur les basses terres vides d'hommes du piémont andin subtropical, de grandes plantations de canne à sucre, à partir des années 1920, entraîne des mouvements de plus en plus massifs de population de la montagne vers le piémont. Ces migrations saisonnières plus ou moins spontanées entre les hautes terres où les paysans vivaient difficilement et les plantations qui avaient besoin de main-d'œuvre aussi bien définitive que temporaire, finissent par se transformer en migrations définitives. En effet, les planteurs n'hésitent pas à recourir à des méthodes coercitives pour s'attacher cette main-d'œuvre. Le passage de l'économie de troc à l'économie monétaire du salariat, entraîne vite un endettement chronique des paysanneries andines, tandis que les travailleurs de la canne qui s'étaient organisés en syndicats dans les années 1950 sont remplacés par des saisonniers boliviens meilleur marché. Parallèlement tout le système agro-exportateur argentin est centré sur la Pampa humide, marginalisant de plus en plus les hautes terres de la *puna*. L'ensemble de ces facteurs entraîne un fort exode des populations andines, qui explique que les montagnes de l'Argentine soient devenues un véritable désert humain.

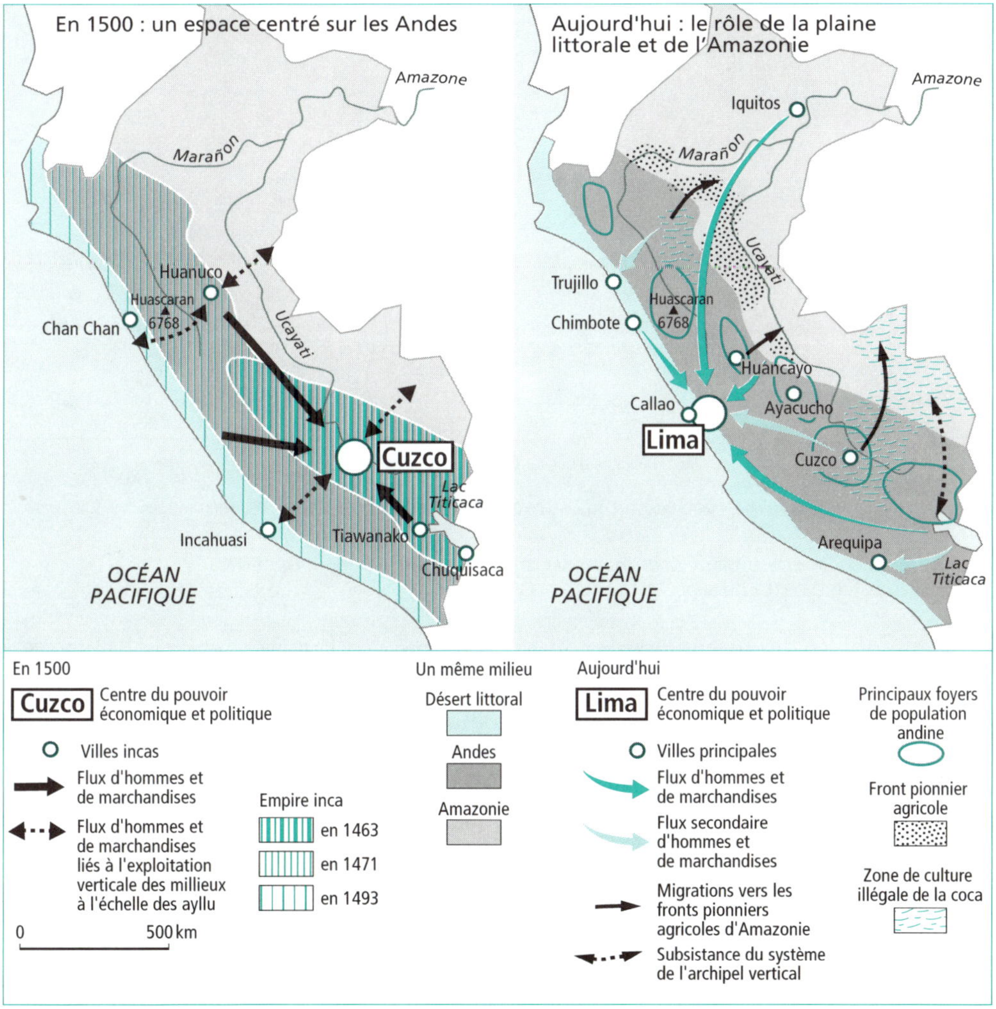

Figure 23 : Les mutations de l'organisation de l'espace au Pérou.
Source : d'après *Géographie seconde*, dir. A. Ciattoni et G. Rigou, Hatier, 2001.

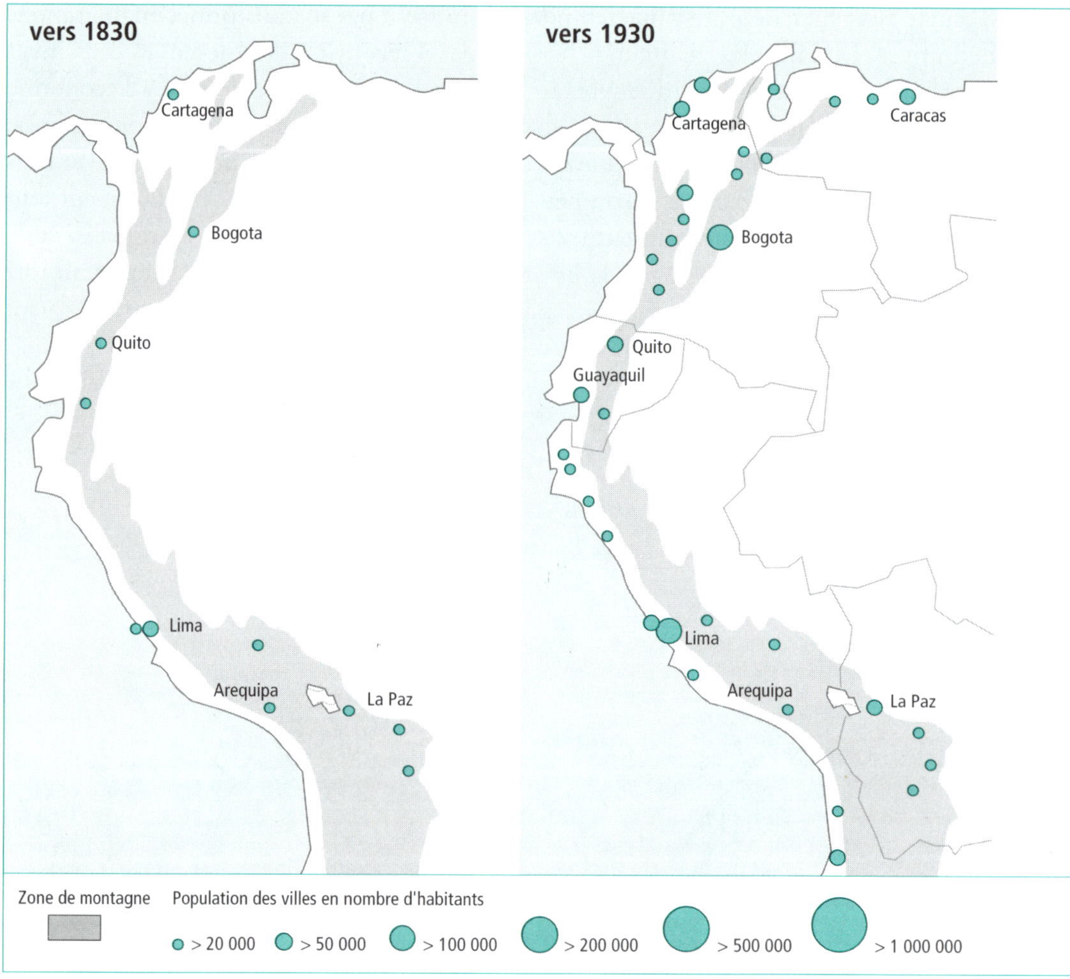

Figure 24 : La croissance urbaine dans les Andes au cours des deux derniers siècles.
Source : d'après J.-P. Deler, *Une urbanisation andine*, 1993.

L'émigration des montagnards andins du Pérou, de l'Équateur et de la Bolivie vers le piémont amazonien est plus récente. Elle accompagne la construction des routes pour l'exploitation du pétrole ou encore la politique de colonisation agricole impulsée par les grandes *haciendas* modernes, comme dans l'Oriente bolivien, où se sont ajoutées à partir des années 1980, des migrations en direction des zones de culture de la coca dans le Chapare bolivien.

L'ensemble de ces migrations entraîne une redistribution progressive de la population, voire le dépeuplement de certaines vallées andines au profit des plaines et en particulier du littoral. En Équateur, alors que la *sierra* était, en 1780, dix fois plus peuplée que la côte, sa part diminue progressivement pour être dépassée par la population du littoral à partir de 1974. Au Pérou, la comparaison des recensements de 1940 et de 1961 fait apparaître un solde migratoire négatif des départements du sud des

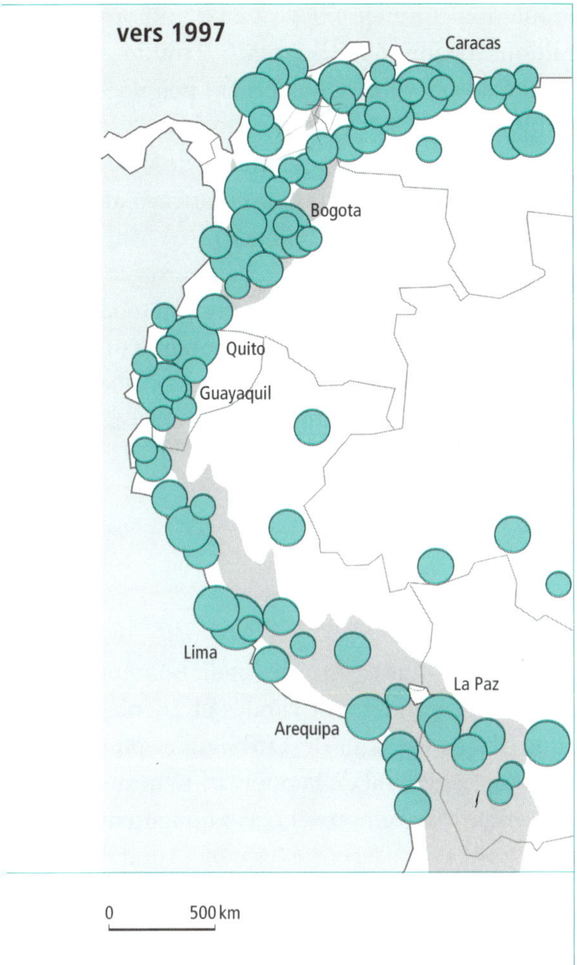

Andes (Dollfus, 1968). Sur une population qui dépasse actuellement les 26 millions d'habitants, 57 % de la population péruvienne vit désormais sur la côte, 40 % dans les Andes, 3 % dans la selva (forêt amazonienne) (*fig. 24*). De même, en Bolivie, depuis les années 1970, la population se redistribue au profit des zones basses pré-amazoniennes, où est menée une politique volontariste de conquête agricole qui attire des migrants en provenance des vallées interandines et de l'Altiplano. La Colombie, en revanche, maintient bien sa population dans les montagnes. Si des migrations rurales existent des Andes vers les plaines, elles sont inférieures aux migrations en direction des villes andines. Plus des deux-tiers des Colombiens sont des citadins dont la moitié réside à Bogota et ses environs entre 2 700 et 2 800 m d'altitude.

C'est à partir des années 1950 que les citadins sont devenus majoritaires dans les pays andins. En 1990, le taux d'urbanisation était de 70 % en Colombie et au Pérou, et de 50 % en Équateur et en Bolivie. Les migrations de populations se sont ajoutées à la croissance démographique de la deuxième moitié du XXe siècle pour provoquer un processus de métropolisation, phénomène que ne connaît guère le massif alpin, où Grenoble est la plus grande agglomération intra-alpine avec guère plus de 400 000 habitants. En comparaison, dans les années 1950, Bogota dépassait déjà le million d'habitants. Cette métropolisation, dont l'originalité est de s'appliquer à des villes dont la plupart se situent à haute altitude, s'explique par une tradition coloniale, puis républicaine, de forte centralisation administrative dans les capitales au détriment des centres urbains subordonnés. Leur poids a été renforcé par l'industrialisation au cours du XXe siècle et par l'exode des populations des campagnes andines en crise (Deler, 1993).

Aujourd'hui, la moitié des citadins de l'Amérique andine vit dans des villes de 500 000 h et plus (*fig. 24*). Au début des années 1990, on comptait, dans les régions andines, 8 métropoles millionnaires dont la population cumulée s'élève à 28,2 millions d'habitants (16,6 millions d'h à Mexico, 7,4 millions d'habitants à Bogota, 3,2 millions à Medellin, 1 million à Quito). On peut y ajouter 6 autres villes actuellement peuplées de plus de 500 000 h comme La Paz ou Arequipa, ce qui fait qu'environ 40 % de la population andine vit dans une grande ville. S'y ajoutent une cinquantaine de villes comprises entre 100 000 et 500 000 h (170 000 h à Cuzco et 120 000 à Huancayo au Pérou, 100 000 à Sucre et à Oruro, un centre minier de l'altiplano bolivien).

Les Andes dans leur ensemble n'ont ainsi jamais été aussi peuplées qu'aujourd'hui. Les régions de montagne continuent à porter de fortes densités. Et si la migration tend à s'accentuer et à se généraliser dans les campagnes, elle n'aboutit pas pour autant à un dépeuplement. Soit parce qu'elle part d'un stock élevé de population, soit parce qu'elle est plus temporaire que définitive et s'inscrit souvent dans des stratégies paysannes de dédoublement des lieux de production au sein d'une même famille (*cf.* ch. 5).

Conclusion

Les montagnes sont des territoires dynamiques plus ou moins appropriés et densément occupés par des populations. Certaines sont restées profondément rurales et ancrées dans leurs modes de vie traditionnels, tandis que d'autres se sont déjà urbanisées plus ou moins en profondeur, suivant en cela le mouvement général de la population mondiale. Les fluctuations du peuplement ont été incessantes et remettent périodiquement en question la répartition des populations entre le haut et le bas, entre les zones rurales et les aires urbaines ainsi que les relations entre la montagne et la plaine. Du coup, les oppositions traditionnelles, fondées sur la topographie et la géologie entre hautes montagnes et moyennes montagnes, perdent de leur pertinence au regard de la problématique du peuplement à l'échelle mondiale et sur le temps long de l'histoire des sociétés. Ni le milieu physique, ni le recours à la problématique des atouts et des contraintes, ne permettent à eux seuls de rendre compte des discontinuités du peuplement montagnard, des différences actuelles de densités et des dynamiques démographiques. L'histoire de chacune de ces montagnes et leur situation par rapport aux territoires qu'elles jouxtent ainsi qu'aux pôles et grands axes de l'économie mondiale offrent des éléments de réponse beaucoup plus pertinents.

Pour allez plus loin

BÄTZING W., PERLINK M., DEKLEVA M., « Urbanization and Depopulation in the Alps », *Mountain Research and Development*, vol. 16, n° 4, 1996, p. 334-350.

BÄTZING W.,et *alii.*, *La dynamique démographique dans l'espace alpin*, CIPRA, vol. 17, 1999, p. 16-21.

BRIQUEL V., « L'avancée de la périurbanisation dans les Alpes du nord françaises et ses liens avec la croissance récente de la population », *Revue de Géographie Alpine*, n° 1, 2001, p. 21-40.

Collectif, « Anthropologie historique des sociétés andines », *Annales ESC*, n° 5-6, 1978.

Collectif, « L'organisation de l'espace dans les Andes argentines », *Revue de Géographie Alpine*, tome 76, 1, 1988.

Collectif, « Les Alpes », *25e Congrès International de Géographie*, Paris-Alpes, 1984, 294 pages.

Collectif, « Les enjeux de l'appartenance alpine dans la dynamique des villes », *Revue de Géographie Alpine*, n° 1, tome 87, 1999.

Collectif, « L'avenir des villes des Alpes en Europe », *Revue de Géographie Alpine*, n° 2, tome 87, 1999.

CORTES G., *Partir pour rester, survie et mutation de sociétés paysannes andines (Bolivie)*, IRD, 2000, 413 pages.

DELER J.P., « Une urbanisation andine », *in L'Amérique du Sud aux XIXe et XXe siècles : héritages et territoires*, dir. Hélène RIVIERE D'ARC, A. Colin, 1993.

ESTIENNE P., *Terres d'abandon ? La population des montagnes françaises : hier, aujourd'hui, demain*, Publications de l'Institut d'Études du Massif central, Fascicule 34, Université de Clermond-Ferrand II, 1988, 288 pages.

ESTIENNE P., « Évolution de la population des montagnes françaises au XXe siècle », *Revue de Géographie Alpine* tome 77, 4, 1989, p. 395-406.

MALENGREAU J., *Sociétés des Andes, des empires aux voisinages*, Paris, Karthala, 1995.

PERLIK M., « Processus de périurbanisation dans les villes des Alpes » *in* « Les enjeux de l'appartenance alpine dans la dynamique des villes », *Revue de Géographie Alpine*, n° 1 tome 87, 1999a.

PERLINK M., « Les Alpes, les villes petites et moyennes et l'Europe, les villes des Alpes, partie intégrante d'un système de villes européen », *in* « L'avenir des villes des Alpes en Europe », *Revue de Géographie Alpine*, n° 2, tome 87, 1999b, p. 147-166.

PERLINK M., « Une typologie fonctionnelle des zones urbaines en vue d'une analyse des processus d'urbanisation et des processus économiques dans les Alpes », *in L'espace alpin et la modernité, bilans et perspectives au tournant du siècle,* Daniel J. GRANGE (dir.), Presses Universitaires de Grenoble, 2002, p. 167-183.

SAIGNES T., « Parcours forains : l'enjeu des migrations internes dans les Andes Coloniales », *Cahiers des Amériques latines*, n° 6, 1987, p. 33-58.

TORRICELLI GP., « Changement structurel et organisation des territoires montagnards : le cas de la Suisse », *L'Espace géographique,* n° 4, 2001, p. 333-347.

VEYRET P. et G., *Au cœur de l'Europe, les Alpes*, Flammarion, 1967, 546 pages.

L'étagement, un modèle pertinent de découpage des milieux et des espaces montagnards ?

Les définitions classiques font de la montagne un système d'altitude, de pente et d'exposition, caractérisé par un phénomène qui a frappé très tôt les naturalistes, celui de l'étagement bioclimatique, considéré par la plupart des auteurs comme un trait spécifique de la montagne. Il s'observe en effet dans toutes les montagnes du monde, même si les limites et la composition de ces étages varient beaucoup en fonction de la latitude et de l'exposition. Il s'observe également à différentes échelles : à l'échelle du pays ou d'une très grande chaîne de montagnes (Népal et Himalaya, pays andins), d'un massif (étagement alpin), à l'échelle d'un versant au sein d'un massif et même à l'échelle de l'étage cultivé, dans le cas des très grandes montagnes, avec là aussi, cependant, d'importantes variations dans les limites et la composition des étages.

Issue des travaux des naturalistes depuis Humboldt, la notion d'étagement sert pour les géographes de critère de reconnaissance et de découpage de l'espace montagnard aussi bien du point de vue bioclimatique que du point de vue des hommes et de leurs activités.

Or, malgré sa commodité et sa simplicité relative, la notion d'étagement soulève un certain nombre de problèmes, tant dans le cadre de l'analyse des milieux que dans celui de son application aux activités humaines. Si l'étagement bioclimatique est un des critères classiques d'organisation des espaces en montagne, il n'est pas le seul, dès que l'on considère la montagne comme un milieu dont toutes les composantes doivent être prises en compte, y compris les actions humaines.

Ensuite, l'inconvénient de la définition de l'étagement est de proposer un modèle statique pour qualifier des phénomènes qui sont dynamiques par nature. La définition de la nature des limites entre étages et surtout leur interprétation en est alors rendue délicate.

Bien plus, c'est la validité même de la notion d'étagement qui est remise en cause par des recherches récentes qui postulent une variation continue de la végétation en fonction de l'altitude plutôt que l'existence de limites franches isolant des espaces homogènes (Alexandre, Lecompte, 1996, Alexandre, Cohen, Génin, Lecompte, 2002).

Au-delà de l'évidence apparente de cette notion, il ne faut pas oublier que la définition des limites de l'étagement n'est pas seulement une affaire de scientifiques, elle est aussi une affaire de représentations, ce qui soulève d'autres enjeux, dès lors qu'elle est utilisée pour favoriser le développement ou la protection des espaces montagnards.

Nous présenterons donc d'abord l'étagement rapidement en renvoyant pour plus de détails le lecteur aux nombreux manuels spécialisés existants sur la question (en particulier, Rougerie, 1990), pour ensuite montrer les limites de ce modèle et en discuter la pertinence du point de vue du découpage des milieux, puis du point de vue des possibilités culturales offertes aux sociétés agraires. L'organisation de l'espace montagnard et des activités économiques en fonction de l'étagement et de la dimension verticale des montagnes sera pour sa part analysée et discutée dans les chapitres 4 et 5.

I. Le modèle de l'étagement

Les montagnes appartiennent à des milieux zonaux (milieu boréal, tempéré, méditerranéen ou tropical), dont les caractères climatiques se retrouvent quelle que soit l'altitude. Par exemple, en climat méditerranéen, les montagnes connaissent comme les plaines un été sec et relativement chaud, de même que dans les montagnes tropicales, le régime pluviométrique qui fait alterner une saison sèche et une saison humide, est le même que dans les régions basses. En revanche, si les régimes saisonniers sont similaires, les valeurs globales (températures, précipitations) varient considérablement avec l'altitude. Elles entraînent pour les plantes et les animaux des conditions de vie différentes auxquelles ils doivent s'adapter sous peine de disparaître au profit d'autres espèces. L'étagement est ainsi défini comme la superposition en altitude de ceintures végétales, d'aspect relativement homogène et de composition particulière, qui correspondent aux conditions écologiques dictées par l'élévation en altitude. Celle-ci détermine une baisse des températures, en fonction de la baisse de pression atmosphérique, ainsi qu'une augmentation des précipitations jusqu'à un certain seuil au-delà duquel elles décroissent.

1 Les conditions écologiques de la vie en montagne et les principes généraux de l'étagement

a. Le rôle des principaux gradients climatiques sur la végétation

Le gradient altitudinal est le fait majeur de l'étagement. Il joue directement sur les autres variables physico-chimiques : raréfaction de l'air, diminution de la chaleur de l'atmosphère (gradient thermique d'1° tous les 200 m environ), augmentation de l'intensité de la radiation solaire, accroissement des précipitations jusqu'à un maximum au-delà duquel elles diminuent sensiblement. S'y ajoutent d'autres facteurs du climat, comme le vent, qui peuvent profondément perturber la vie biologique à haute altitude. Chaque espèce vivante connaît des seuils critiques de survie qui sont souvent très rapidement franchis en montagne.

Le gradient pluviométrique, qui est *a priori* une donnée favorable pour la croissance des végétaux, est contrebalancé par la diminution des températures qui se traduit par des chutes de neige ou par le gel. Manteau neigeux et glace capitalisent l'eau qui n'est alors pas disponible pour les végétaux pendant toute la durée de l'hiver dans la zone froide et tempérée. La végétation rentre alors en dormance et ne profite de cette eau qu'au moment de la fonte des neiges. Parallèlement, la saison végétative se raccourcit à cause du froid, du vent et de la neige. De même les fortes pentes entraînent un ruissellement qui ne favorise pas une alimentation correcte des plantes en eau. L'eau pénètre moins dans le sol, les horizons superficiels sont moins bien imbibés à l'exception des dépressions ou des secteurs en pente faible, où les sols peuvent au contraire se trouver gorgés d'eau. C'est pourquoi on peut rencontrer en montagne à haute altitude des conditions de sécheresse physiologique, malgré l'accroissement des précipitations.

Le gradient thermique apparaît comme une contrainte forte dans la mesure où les basses températures ralentissent la croissance des végétaux. Toutefois, les températures au sol sont en général plus élevées dans l'après-midi et durant l'été ce qui permet à la végétation de subsister parfois très haut en altitude dans des conditions d'abri. Les vents fréquents et violents en altitude accroissent la sécheresse de l'air et la transpiration des êtres vivants. Il s'agit d'un grave facteur limitant lorsque l'eau n'est pas disponible dans le sol.

Quelques gradients et seuils en montagne tempérée (Alpes occidentales)

	Variation avec l'altitude	Évaluation ou estimation
Gradient altitudinal	+	0-4807 m
Gradient barométrique	–	5,6 mm Hg/100 m
Gradient thermique	–	0,5°/100 m
Gradient pluviométrique	+ puis –	De 20 à 100 mm/100 m jusqu'à 2500-3000 m 10 mm voir 0/100 m au-delà
Gradient nivométrique a. Accroissement de la hauteur annuelle totale de neige b. Durée du manteau neigeux	+	30 cm/100 m 9 à 13 jours/100 m
Durée de la période végétative (t° moyenne > 5 °C)	–	7 à 10 jours/100 m

L'ensemble de ces conditions écologiques entraîne globalement une diminution de la biomasse avec l'altitude et la modification corrélative de sa composition. L'élévation en altitude des reliefs produit aussi des associations de faune et de flore différentes de celle des plaines voisines aux mêmes latitudes, et qui s'appauvrissent avec l'aggravation des conditions écologiques (gel, vent, intensité du rayonnement, sécheresse, minceur des sols). Dans chaque zone climatique, l'étagement apparaît comme une réponse aux variations régulières des éléments du climat.

b. La superposition de ceintures végétales avec l'altitude

Dans toutes les montagnes se distinguent ainsi deux grandes zones de végétation superposées. Les étages inférieurs correspondent à l'étage forestier où l'humidité est suffisante pour que des arbres puissent croître. Des formations forestières couvrent les piémonts et tapissent les versants, montant plus ou moins haut selon la zone climatique, l'ampleur des dénivellations, la longueur de la saison végétative, l'apport en eau et la nature des sols. L'ensemble de ces facteurs entraîne aussi le développement d'espèces et d'associations végétales différentes. Là où l'étagement est le plus développé, on observe la succession de forêts caducifoliées (chênaies, hêtraies, châtaigneraies, espèces tropicales et subtropicales dans les montagnes des basses latitudes), de forêts mixtes (feuillus de plus en plus mêlés de conifères) puis de forêts de conifères en peuplement plus ou moins pur. Dans les montagnes de la zone tropicale où le maximum pluviométrique est très marqué, se développe la *nebelwald* ou *selva nublada* ou encore forêt nuageuse caractérisée par une grande richesse floristique. Baignée dans une brume et une humidité persistante, cette forêt basse et sombre, spécifique des montagnes tropicales est composée d'une strate arborescente de 10 à 15 m de hauteur, mêlant feuillus et conifères (chênes, aulnes, pins, *podocarpus*, fougères arborescentes, rhododendrons géants, lobélias), dont les troncs sont recouverts de lianes et d'épiphytes mousses, tandis que le sol est masqué par les mousses et les lichens. On peut

Forêt de conifères dans l'Himalaya.

englober dans cet étage la ceinture des bambous, très présente dans les montagnes asiatiques entre 2 300 et 3 400 m, en peuplement pur ou mêlés aux autres arbres.

Dans toutes les zones, sauf dans la zone arctique, un étage buissonnant ou herbacé succède vers le haut aux formations forestières. Dans la zone tempérée, cet étage est marqué par la présence de rhododendrons, d'azalées, de bruyères. Dans la zone intertropicale, cet étage comprend encore quelques arbres, chênes, sapins, tsugas qui se mêlent aux rhododendrons géants (Himalaya) et aux bruyères arborescentes. C'est donc au cœur de cet étage mixte (passage graduel de l'arbre aux buissons et à la pelouse) que se situe la limite de la forêt, chassée par la baisse des températures et la violence des vents. Au-dessus, les étages supraforestiers sont marqués par le froid, le vent, la neige parfois et des sols de plus en plus minces qui ne permettent plus la présence d'une couverture ligneuse. Ils se caractérisent par la présence d'un tapis herbacé plus ou moins dense et continu : pelouse alpine, *pàramo* et *puna*. Les *pàramos* d'Amérique du sud ou d'Afrique orientale correspondent à un climat constamment humide et froid (montagnes équatoriales). La saison sèche ne dépasse pas deux mois. La croissance des végétaux est très lente, et se présente sous la forme d'une prairie plus haute que la pelouse alpine avec de nombreuses plantes à coussinet, de petite taille, et dotées de longues hampes florales comme les lobéliacées ou les séneçons arborescents. Dans les montagnes plus sèches se développe la *puna*, paysage de désert froid d'altitude, au tapis végétal discontinu, composé de mousses, de graminées et d'épineux. Au-delà, la végétation disparaît et cède la place aux neiges permanentes, aux rochers et aux éboulis.

Deux cas font exception à cette règle générale. Dans la zone sèche méditerranéenne ou aride, la végétation discontinue et pauvre des régions basses, qu'elle soit herbacée ou buissonnante, cède la place en altitude à des formations de plus en plus riches,

Nebelwald.

Forêt subtropicale de montagne.

constituées de plantes plus serrées et plus hautes, voire à des arbres. On trouve ainsi des chênaies, des forêts de pins (comme le pin laricio en Corse), remplacés vers le haut par des cèdres (montagne libanaise), avant que l'aridité ne reprenne ses droits interdisant progressivement la pousse des genévriers, des buis et des plantes xérophytes épineuses. Dans les hautes latitudes, le domaine de la toundra couvre aussi bien les montagnes que les régions basses avec une pauvreté plus marquée de la vie végétale sur les reliefs.

L'étagement a pu parfois faire penser à la zonation latitudinale des milieux. Or, il s'agit d'une analogie trompeuse car il existe des différences fondamentales entre l'étagement et la zonalité. D'abord parce qu'on ne retrouve pas la même succession de zones bioclimatiques en montagne et de l'équateur vers les pôles à savoir un étage tropical humide, un étage tropical sec, aride, puis méditerranéen, tempéré et froid. Il n'y a pas l'équivalent des déserts tropicaux. Ensuite l'étage buissonnant que l'on rencontre au-dessus de l'étage forestier et qui fait la transition avec l'étage de la prairie, de la pelouse ou de la steppe d'altitude, n'a aucune correspondance zonale en latitude. Il comprend à la fois des buissons et des plantes herbacées. De même, dans beaucoup de grandes

Pàramo en Équateur.

montagnes tropicales humides (Afrique équatoriale, Himalaya) se dessine un étage du bambou, au couvert très dense et au sous-bois sombre qui préfigure la *nebelwald* et n'a pas de véritable équivalent hors des grandes montagnes tropicales.

2 L'étagement des sols et des modelés

À l'étagement de la végétation s'ajoute l'étagement des sols, des modelés et des processus d'érosion.

a. Des sols de plus en plus minces et pauvres avec l'altitude

Les sols en montagne échappent, eux aussi, en grande partie, aux données zonales. Ils ont tendance à être de plus en plus minces, caillouteux et pauvres en montant en altitude. En effet, le froid ralentit les échanges minéraux et inhibe l'activité des micro-organismes décomposeurs qui favorisent la pédogenèse. Du coup, la désagrégation mécanique l'emporte sur la décomposition chimique et les sols deviennent squelettiques à haute altitude. De plus, la pente facilite l'entraînement, vers le bas des versants, des éléments les plus fertiles des sols de montagne qui se caractérisent par un fort lessivage oblique. Les sols de bas de versants sont généralement plus épais et plus riches que les sols de haut de versant. On observe ainsi un étagement des sols : zonaux à la base, ils se différencient ensuite en fonction du type d'humus produit par la décomposition de la matière organique. À basse altitude se rencontrent essentiellement des sols à humus mull (c'est-à-dire à minéralisation rapide, faiblement lessivés et aux horizons peu différenciés), sous forêt de feuillus principalement. Les sols bruns forestiers sont les meilleurs sols de montagne et c'est la raison pour laquelle la forêt a été largement défrichée au profit des cultures dans les étages inférieurs, où le froid inhibiteur n'est pas encore trop sensible. Lorsqu'il fait plus froid, plus humide et que la forêt de feuillus cède progressivement la place à la forêt de conifères, on rencontre plutôt des sols podzoliques moins riches du fait de l'importance du lessivage et de leur relative acidité. À haute altitude, les sols présents sont de plus en plus acides, minces et pauvres. Ce sont des sols à humus mor ou moder (rendzine sur roches sédimentaires ou ranker sur roches cristallines, sols steppiques sous climat sec) ou encore des sols tourbeux dans les secteurs froids et humides. À très haute altitude, les lithosols présents n'ont pas suffisamment de matière organique pour porter un couvert végétal continu.

Les montagnes volcaniques portent des sols beaucoup plus riches, dès lors que les volcans sont actifs. Dans la zone tropicale, de fortes oppositions de versants se marquent dans la qualité des sols. Sur le versant au vent, neiges et cendres sont soufflées vers le haut et finissent par s'accumuler sur le haut du versant sous le vent. Le ruissellement des eaux de fusion mêlées de ces cendres favorise l'altération des roches et la constitution d'un sol particulièrement fertile (volcans indonésiens et philippins). À Java, les riziculteurs utilisent d'ailleurs ces eaux chargées de cendres à l'aide de canalisations en bambous pour irriguer leurs champs qui peuvent porter jusqu'à trois récoltes par an.

b. Phénomène de gravité et étagement des modelés

Enfin, tout comme les conditions climatiques varient avec l'altitude, il en est de même pour les processus d'érosion dont l'efficacité s'accroît avec l'altitude. Plus la montagne a un volume et une altitude importante ainsi que des pentes raides avec de longs versants et de fortes dénivelées, plus l'érosion est active, jusqu'à dix fois plus intense qu'en plaine. Mais l'étagement des formes résultant de ces processus d'érosion doit se lire selon une logique verticale qui part du haut pour aller vers le bas et non du bas vers le haut comme c'est le cas pour les gradients bioclimatiques. Ici, il faut faire intervenir l'effet de pente, ou, si l'on préfère, les phénomènes de gravité qui facilitent et accélèrent tous les mouvements de transport, d'érosion et d'accumulation (*cf.* ch. 1).

L'étage cryo-nival, quand il existe, est marqué par l'alimentation neigeuse qui s'accumule pour former les glaciers, lesquels fondent vers l'aval (phénomène d'ablation). Il est caractérisé parallèlement par l'érosion glaciaire. Par abrasion, elle façonne les cirques glaciaires, calibre les vallées en leur donnant un profil en auge, fait alterner verrous et ombilics selon la pente et la nature des roches encaissantes et accumule des moraines frontales et latérales sur des hauteurs qui peuvent parfois atteindre la centaine de mètres. L'étage de la haute montagne englacée et enneigée, s'il est très présent dans les montagnes tempérées, l'est beaucoup moins dans la zone tropicale et particulièrement en Afrique. Les calottes glaciaires du Kilimandjaro ou les glaciers de cirque du Kenya situés en position d'abri sont des héritages de glaciations anciennes. On a retrouvé au Kilimandjaro des moraines vers 3500-4000 m alors que la calotte glaciaire actuelle ne descend guère en dessous de 5 500 m. Dans l'Himalaya du Népal, les langues glaciaires sont très longues (entre 7 et 11 km). Elles ont la particularité d'être des glaciers noirs ou pierreux dans leur partie aval, car ils sont en partie recouverts par les produits de l'érosion périglaciaire. Cette couverture caillouteuse facilite la marche des hommes et des animaux sur la glace en offrant des cheminements sûrs entre les crevasses et les séracs. C'est ainsi que les caravanes de yacks ont pu traverser la chaîne himalayenne en remontant les glaciers pierreux, donnant accès à des cols d'altitude (région de l'Everest). Ils sont aujourd'hui fréquentés par les expéditions de haute montagne mais aussi par des groupes de randonneurs venus visiter les camps de base de ces expéditions (glacier du Khumbu au pied de l'Everest, glacier du Baltoro au pied du K2 au Pakistan).

L'étage alpin et subalpin est le domaine de l'érosion périglaciaire, dont les matériaux glissent et s'accumulent le long des pentes en grands cônes d'éboulis. La cryoclastie fragilise la couche superficielle du sol qui peut être affectée par des mouvements de masse de plus ou moins grande ampleur. Lorsque l'eau contenue dans le manteau neigeux ou les calottes de glace est déstockée par la fonte des neiges ou une éruption volcanique (cas de la catastrophe du volcan d'Armero en Colombie), ou bien lorsque de fortes pluies très concentrées s'abattent sur une pente raide constituée de matériaux meubles, mal protégée par la végétation ou les cultures, le ruissellement s'accélère et peut faire partir de grandes coulées de boue, capables d'emporter un versant entier avec arbres,

Moraine et glacier pierreux du Khumbu (Massif de l'Everest).

champs, routes et maisons. C'est le cas par exemple de grands versants schisteux, très sensibles à ces mouvements de masse, mais aussi des versants convexes des dômes volcaniques, à forte déclivité, où le déclenchement des glissements de terrain est facilité par le caractère meuble des matériaux volcaniques (cendres, pyroclastites) ou par leur fragilisation (diaclases produites par le refroidissement des coulées de lave).

Dans l'étage montagnard, l'érosion torrentielle l'emporte, donnant aux cours d'eau un profil en V avec des gorges de raccordement et des cascades. Ces torrents peuvent être affectés de crues catastrophiques en cas de pluies fortes et soudaines. Le ruissellement diffus en amont se concentre alors dans le lit du torrent, prend de la vitesse et provoque des inondations au débouché de la vallée. Les modelés des étages inférieurs enfin sont assimilables à ceux des plaines et des piémonts.

3 L'étagement comme facteur de répartition des ressources exploitables par les sociétés

L'étagement des biocénoses s'accompagne d'un étagement des plantes cultivables et des animaux d'élevage, et d'une façon générale, des ressources potentiellement utilisables par les communautés montagnardes qui composent la trilogie agro-sylvo-pastorale montagnarde. À chaque étage biogéographique correspondent ainsi des ressources naturelles ou des possibilités de culture et d'élevage variées (*fig. 25*).

Glissement de terrain près d'un village dans l'Himalaya.

a. L'étagement des plantes cultivées

Au fur et à mesure que l'on s'élève en altitude, les possibilités agricoles et les rendements se réduisent. Les étages inférieurs offrent des conditions proches des plaines. Dans la zone froide et tempérée, c'est le seul étage où il soit possible de pratiquer l'agriculture. On y cultive les céréales adaptées au froid, comme l'orge, le sarrasin, ou le blé, ainsi que les tubercules, avec toutefois des rendements le plus souvent inférieurs à ceux des plaines. Dans les montagnes méditerranéennes, le blé, la vigne et les arbres fruitiers escaladent les premières pentes. Dès qu'on atteint l'étage montagnard, la pauvreté des sols, le froid et l'allongement de la durée du manteau neigeux inhibent le développement des plantes cultivées. En revanche, la forêt, qu'elle soit mixte ou de

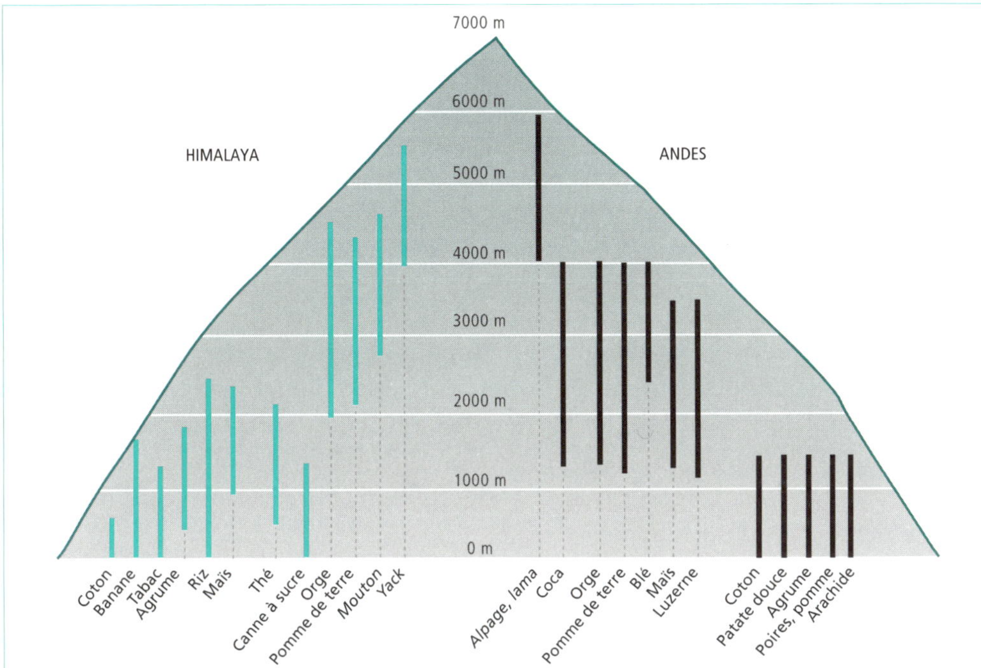

Figure 25 : Étagement comparé des ressources agro-pastorales dans les Andes et dans l'Himalaya.
Source : Ives J.D., Osmaton H., *Les Montagnes, encyclopédie de la terre,* Life Time, 1994.

conifères, offre ses ressources en bois, tandis que les pelouses d'altitude donnent, à la fonte des neiges, une herbe d'excellente qualité, d'où l'organisation précoce d'une économie montagnarde fondée sur l'utilisation de la forêt et l'agropastoralisme. C'est ainsi que dans les Alpes ou dans les Pyrénées, les versants s'organisent de la façon suivante : des champs cultivés en céréales et en légumes dans les fonds de vallée inférieurs à 1 400 m, des vignes et des arbres fruitiers en adret dans les grandes vallées internes (cluse de Chambéry, combe de Savoie, Moyenne-Durance, Valais suisse, Val d'Aoste, Valteline) ; des pâturages ou prés de fauche à mi-versant (« montagnette » en France, *voralp* dans les Alpes alémaniques) ; des forêts exploitées pour leur bois d'œuvre ; les alpages ou estives, enfin.

Dans la zone tropicale, les bas versants offrent la même diversité culturale que les plaines. Les étages forestiers tropicaux fournissent traditionnellement le bois, les fibres (jute, coton), les plantes tropicales médicinales ou consommables (canne à sucre) et les fruits tropicaux (bananiers, papayers ou goyaviers). Dans les Andes tropicales, les basses terres situées entre 500 et 1 800 m, appelées *yungas* par les sociétés indigènes, revêtaient une grande importance pour les sociétés précolombiennes. Les *yungas* humides du versant amazonien fournissaient les cultures arbustives (coca, piment, thé, café sous ombrage et agrumes), et des productions vivrières telles que le maïs, le manioc ou les patates douces. Les *yungas* sèches du flanc occidental des Andes, à la même altitude pouvaient également fournir presque toutes les cultures des domaines tempéré et tropical à condition d'irriguer. Aujourd'hui, ces vallées irriguées portent des arbres fruitiers et de la luzerne pour l'embouche des animaux nés dans les Andes et destinés aux marchés urbains de la côte. Dans les montagnes de l'Est africain, comme au Rwanda, les bananeraies marquent le paysage des plaines jusqu'aux environs de 2000 m d'altitude. Les espèces y sont très nombreuses et trouvent leur étage idéal entre 1500 et 1900 m. Certaines d'entre elles servent à confectionner une bière dont la fonction est surtout sociale et rituelle. Plus haut les rendements chutent à cause du déficit thermique. Plus bas, les précipitations sont insuffisantes. Toutefois, leur culture, antérieure à la colonisation a été étendue à l'époque coloniale vers le bas comme vers le haut. Dans les montagnes d'Asie, la rizière est quasi hégémonique, tapissant les fonds de vallée et escaladant les versants aménagés en terrasses irriguées jusqu'à 1600-1800 m (Himalaya, volcans de Bali et de Java, montagnes des Philippines).

Certaines plantes cultivées en plaine peuvent toutefois s'accommoder des conditions écologiques dictées par le gradient ombrothermique et se hisser à des altitudes plus ou moins élevées selon la latitude et l'exposition, tandis que l'étagement introduit la possibilité de cultiver des plantes ou d'élever des animaux que les plaines ignorent. Les altitudes moyennes de l'étage tempéré sont consacrées à la culture des céréales, des tubercules et des légumineuses selon des rotations plus ou moins complexes. De 1500 à 2500 m en moyenne, le maïs, plante d'origine amérindienne, trouve là son étage de prédilection car il a besoin d'une certaine chaleur en été au moment de sa maturation et d'humidité pendant l'hiver. Sa limite altitudinale varie selon l'exposition entre 2000 et 2 700 m dans l'Himalaya du Népal et 3 200 m dans les Andes. Il est le plus souvent cultivé en association avec d'autres céréales comme le blé, diverses sortes de millets, mais aussi des légumineuses (haricots, pois, lentilles) et des oléagineux de la zone tempérée comme la moutarde. En Asie du Sud (Himalaya indien et népalais), où la limite supérieure du riz ne dépasse pas 1 800 m, a été introduit récemment un riz rouge d'altitude, cultivé sous pluie, qui peut pousser à plus de 2000 m en offrant des rendements similaires voire supérieurs à ceux du millet. Il tend aujourd'hui à le remplacer dans les associations culturales.

C'est aussi dans cet étage tempéré, qui fait l'originalité des montagnes tropicales, qu'ont été introduites les cultures de plantation. Le café trouve en milieu tropical de montagne à saison alternée des conditions très favorables entre 800 et 2 000 m environ. Les températures entre 20 et 28°sont idéales, les trop fortes chaleurs de la plaine lui étant néfastes. Plus haut, le gel tuerait le caféier. C'est ainsi que le café a couvert la plupart des versants autour de 1 000 m dans les montagnes de Colombie, du Costa Rica, du Kenya et aujourd'hui du Viêt Nam. Il se localise entre 600 m et 1 600 m en Amérique Latine, entre 1 100 m et 2 100 m en Éthiopie, entre 1 300 m et 1 900 m au

Culture d'orge au Ladakh, vers 3 800 m.

Cultures sèches en terrasses (rotation maïs, blé, millet) dans l'Himalaya central, vers 2 300 m.

Rizière en terrasse dans l'Himalaya central, vers 1 500 m.

Rwanda et 2 000 m au Kenya. Il en est de même pour le thé que l'on trouve largement répandu en Asie (région de Darjeeling, Assam, montagnes des Nilgiri dans les Ghâts occidentales indiennes, centre du Sri Lanka, montagnes de Chine, de Malaisie), mais aussi au Kenya, ou pour l'hévéaculture, particulièrement développée en Indonésie et surtout en Malaisie.

Enfin, comme dans la zone tempérée, la présence de forêts d'altitude joue un rôle essentiel dans les activités agropastorales. La forêt est à la fois un réservoir de chasse et de cueillette. Elle fournit des plantes médicinales, des fibres que l'on peut tisser, du bambou pour la vannerie, des bardeaux et du chaume pour le toit des maisons. Elle fournit le bois pour la construction et l'artisanat. Dans les montagnes des pays faiblement industrialisés, le bois sert le plus souvent de combustible pour le chauffage comme pour la cuisson des aliments. Elle sert enfin de terrain de parcours pour les troupeaux d'élevage transhumant et de réserve de fourrage pour les animaux gardés à l'étable. Elle est ainsi le pivot des activités agropastorales dans de nombreuses montagnes du monde. Dans les montagnes africaines, moins élevées, ce sont souvent les pentes raides entre les fonds de vallée et le sommet des collines ou des hauts plateaux qui sont laissées à la forêt, comme c'est le cas au Rwanda et au Burundi.

Au-dessus, dans les hautes vallées et les hauts plateaux des étages supraforestiers, quand ils existent, on retrouve des cultures plus familières des moyennes et surtout des hautes latitudes, telles que l'orge, le sarrasin ou la pomme de terre (4 000 m dans les Andes, 4 500 m en Himalaya) qui s'accommodent de sols pauvres et de climats froids. Les hautes vallées himalayennes au-dessus de 3 500 m étaient traditionnellement la zone de production exclusive de l'orge, seule culture vivrière capable de se développer à cette altitude. L'introduction de la pomme de terre dans l'est du Népal à la fin du XIXe siècle, à partir du Bengale, a été une véritable révolution agricole qui a permis d'éliminer les famines. Elle s'est complètement substituée à l'orge dans l'alimentation des Sherpa de l'Everest, alors que la farine d'orge grillée demeure la base alimentaire des autres populations tibétaines de l'Himalaya.

b. l'étagement du bétail

L'étagement concerne aussi les animaux domestiques. L'élevage est apparu comme la forme d'utilisation du sol la mieux appropriée aux régions montagneuses, dans la mesure où les animaux peuvent utiliser comme terrain de pâture des pentes impropres aux cultures et valoriser les étages supraforestiers où s'étendent des prairies naturelles (pelouse alpine, *pàramo* andin), là où l'altitude ne permet plus de cultiver. De fait, l'élevage en montagne est pratiqué aussi bien par les sociétés montagnardes sédentaires (la quasi-totalité des montagnes du monde excepté en Asie du Sud-Est où ne se rencontre que du petit bétail à la ferme), que par des sociétés nomades ou semi-nomades (Drogpa du Tibet, Berbères du sud et de l'est de l'Atlas, Kirghizes du massif du Tian Chan), dont certaines ne sont pas forcément montagnardes à l'origine, mais utilisent la montagne comme zone de pâturage (Masaï des plaines du Kilimandjaro, Peuls de l'ouest du Cameroun, Targui des montagnes de l'Aïr et du Tibesti, Pathans ou Pachtounes d'Afghanistan et du Pakistan).

Différentes espèces animales sont élevées selon l'altitude. Les moyennes comme les hautes montagnes de la zone tempérée sont le domaine des bovins (des Monts du Cantal aux Montagnes Rocheuses en passant par les Alpes) qui profitent de la richesse en espèces herbacées des alpages. Les ovins l'emportent dans les régions plus pauvres ou les plus humides (Highlands d'Écosse, Alpes néo-zélandaises), mais aussi dans les montagnes sèches du pourtour méditerranéen et du Moyen-Orient (où l'on élève aussi des chèvres). On les retrouve à haute altitude sur les terrains les plus escarpés et les plus rocailleux.

Dans la zone tropicale, les basses vallées sont le domaine des buffles et des zébus. Ces derniers ne sont le plus souvent élevés qu'en complément de l'agriculture, comme animaux de labour et pour produire de la fumure, sauf en Afrique, où il s'agit d'un élevage de prestige qui n'est guère associé à l'agriculture de montagne. Il y est en effet pratiqué le plus souvent par des ethnies différentes vivant en plaine et utilisant la montagne comme terrain de parcours et de pâturages à l'abri de la mouche tsé-tsé et des tiques pendant la saison des pluies. C'est le cas des pasteurs masaï des plaines du Kilimandjaro. Les Peuls, grands éleveurs de bétail en Afrique, sont rarement des montagnards, sauf au Fouta Djalon, où l'agriculture prend de plus en plus le pas sur l'élevage de prestige, et sur les hautes terres de la dorsale camerounaise, où les nomades M'Bororo se sont transformés en peuple montagnard.

Les moyens versants de l'étage tempéré dans les grandes montagnes sont le domaine des bovins, des ovins et des caprins. Quant aux hautes vallées et aux plateaux d'altitude, ils sont parcourus dans l'Himalaya par les yacks et leurs hybrides (croisement avec des bovins) ou dans les Andes par des camélidés (lamas, vigognes, alpagas). Les Indiens des hautes terres du Mexique ignorent le lama, que ceux des Andes centrales utilisent surtout pour la fumure, la laine et le portage. Mieux adapté aux pentes andines que le cheval introduit par les conquistadors, il n'a été que tardivement concurrencé par l'âne et le mulet, qui furent en revanche rapidement adoptés en Équateur, en Colombie et en Amérique centrale. Ces animaux spécifiquement attachés aux étages altitudinaux les plus élevés sont rejoints dans les hauts pâturages par les chèvres et les moutons. Ces derniers tiennent une place importante dans l'économie agropastorale car leurs parcours transhumants permettent d'exploiter au mieux la dimension verticale de l'étagement, depuis les plaines où ils séjournent en hiver jusqu'aux estives de haute altitude. On peut les rencontrer jusqu'à près de 5 000 m dans les Andes et dans l'Himalaya, alors que le buffle reste attaché à l'étage tropical et subtropical, que les bovins ne montent guère au-dessus de 3 000 m et que les yacks de l'Himalaya comme les lamas, les alpagas et les vigognes des Andes ne descendent pas en dessous de cette limite.

II. Les facteurs de variation de l'étagement et les limites du modèle

L'étagement suppose un découpage « naturel » fondé sur des limites qu'il faut définir. Or, un certain nombre de variables physiques interviennent pour complexifier le modèle général de l'étagement. Il s'agit de la taille et de la hauteur de la montagne, de sa situation par rapport aux grandes zones climatiques et aux façades de continents, de son exposition générale aux grands flux atmosphériques et de la nature des terrains qui la composent. Tout dépend aussi de l'échelle à laquelle est analysé l'étagement. Les limites sont variables dans l'espace mais aussi dans le temps. Toutefois, certains biogéographes remettent en cause la notion d'étagement, en critiquant la rigidité des limites établies et en montrant la nécessité de faire intervenir d'autres facteurs que le climat (dynamiques floristiques, conditions édaphiques, oscillations climatiques, phénomènes de gravité, mais aussi actions anthropiques présentes et passées). D'autres vont encore plus loin en réfutant la notion d'étage et en opposant à la vision discontinuiste du milieu montagnard une conception continuiste, dont nous exposerons les principaux éléments.

1 Les facteurs physiques de variation des limites d'étages dans l'espace et dans le temps

a. Situation et exposition

Dans chaque domaine zonal, l'étagement est similaire, qu'il s'agisse de l'altitude des limites d'étages ou de leur physionomie. En revanche, lorsque les systèmes montagneux sont disposés suivant les méridiens (Cordillère des Andes, Montagnes Rocheuses, Oural), l'altitude des étages se modifie régulièrement. Prenons l'exemple de la chaîne de l'Oural qui s'étend du nord au sud sur près de 2000 km. Au nord du 50ᵉ parallèle, elle est entièrement recouverte par la toundra. Au fur et à mesure que l'on descend vers le sud, la limite inférieure de la toundra remonte en altitude passant de 500 – 600 m un peu au sud du cercle polaire à 900 m sur le 58° parallèle pour ne couvrir à la latitude de Magnitogorsk (53° parallèle) que les sommets au-dessus de 1300-1400 m. Parallèlement, la base de la montagne vers 300 m s'est couverte d'une forêt mixte (feuillus et conifères). En fait, à chaque zone climatique correspond un étagement particulier, même si grossièrement, on constate que les limites d'étages remontent en altitude depuis les hautes latitudes jusqu'à l'équateur. Par ailleurs, il n'existe pas de correspondance à zone climatique égale entre les formes d'étagement de l'hémisphère nord et celles de l'hémisphère sud. Au sud du désert du Chili-Pérou par exemple, l'étagement andin ne correspond pas à celui des Montagnes Rocheuses et la forêt pluviale froide que l'on y rencontre n'a pas grand-chose à voir avec la forêt qui se développe au niveau des montagnes californiennes.

Les limites entre les étages et leur composition floristique varient considérablement selon la hauteur et la masse de la montagne. Les grandes montagnes, qui se signalent par une vaste étendue au sol et de fortes altitudes d'ensemble, développent un étagement conséquent. C'est ainsi que l'Himalaya comporte, sur une tranche de 6 000 m, jusqu'à onze étages de végétation, alors que les Alpes n'en ont que cinq et que de nombreuses moyennes montagnes qui ne culminent guère au-delà de 2000 m n'en font apparaître que deux ou trois à peine, quelle que soit la zone climatique.

Le volume montagneux se conjugue avec la position de la montagne en latitude et longitude pour favoriser ou non un large déploiement de l'étagement. Les Andes, comme l'Himalaya, sont non seulement des chaînes de montagnes très élevées, mais appartiennent aussi aux basses latitudes (zone tropicale et subtropicale) où le gradient thermique altitudinal moyen (0,55° tous les 100 m) est plus faible qu'aux hautes latitudes. Les géosystèmes montagnards de la zone tempérée et surtout de la zone froide offrent à l'inverse une plus faible différenciation des étages. La position d'une grande chaîne de montagnes comme l'Himalaya, à l'intersection des grands domaines floristiques, renforce la variété des espèces rencontrées dans chaque étage. La chaîne a en effet servi de pont entre le domaine des flores paléotropicales, holarctiques, sino-japonaises, irano-touraniennes, centre-asiatiques et indo-malaises dont elle a favorisé la migration. En même temps, les montagnes sont souvent le refuge d'espèces endémiques. Dans l'Himalaya sur 500 000 km^2, on ne dénombre pas moins de 15 000 espèces différentes avec un taux d'endémicité proche de 50 %. Son étirement longitudinal définit une variation de la pluviométrie d'est en ouest. Le flux de mousson s'abat d'abord sur la bordure orientale de la chaîne où il donne un maximum de précipitations. Puis, au fur et à mesure que le flux de mousson se déplace vers l'ouest, les précipitations diminuent. Au modèle général de l'étagement bioclimatique se conjugue donc la position de la chaîne par rapport à la mousson, qui définit au moins trois grands types de milieux bioclimatiques, avec leurs étagements respectifs.

L'étagement varie aussi selon la proximité ou non d'une masse maritime ou continentale, selon l'exposition de la chaîne de montagne ou du versant aux vents dominants aux différentes échelles. C'est ainsi que l'étagement diffère entre les versants bien arrosés et les versants abrités, à la fois dans sa composition floristique (espèces xérophiles ou espèces hygrophiles) et dans ses limites altitudinales. Cette opposition de versants s'observe partout où se produit l'effet de fœhn, vent sec, chaud et descendant, qui favorise les espèces xérophiles et une légère remontée des étages. Inversement, les versants exposés aux vents pluvieux (versant occidental des Vosges), l'extrémité des chaînes allongées comme les Pyrénées ou le Caucase et le flanc externe des massifs ont des limites d'étages rabaissées. L'opposition entre les versants au vent et sous le vent est particulièrement sensible dans le cas des îles montagneuses tropicales. Dans l'île de la Réunion, par exemple, le versant occidental sous le vent présente une savane sèche jusqu'à 200 m, suivie d'une forêt à nuance sèche jusqu'à 700 m, surmontée d'une forêt hygrophile montant jusqu'à 1300, altitude à partir de laquelle elle

Opposition adret-ubac dans une vallée du Queyras.

est remplacée sur les Hauts, par une forêt claire de tamarins, espèce endémique de 2 m de haut environ. Au contraire le versant oriental au vent est recouvert depuis la côte jusqu'à environ 1 700 m par la forêt hygrophile.

De même, à plus grande échelle s'observe l'opposition classique entre les versants chauds et ensoleillés de l'adret où la végétation tend à monter plus haut et les versants froids et humides de l'ubac où la forêt est plus dense mais cantonne à des altitudes moins élevées. Par exemple, le pin sylvestre dont la limite altitudinale moyenne est de 1 850 m peut se hisser dans le Briançonnais jusqu'à 2 050 m sur des pentes rocheuses de plus de 35° en adret. Les oppositions de versants à grande échelle sont beaucoup plus marqués dans la zone tempérée du fait de la différence d'inclinaison des rayons solaires par rapport à la pente.

Les conditions topographiques locales (déclivité des pentes, modelé, etc.) interviennent par ailleurs en entraînant des phénomènes d'inversion thermiques entre les fonds de vallée et les versants. Dans la zone tempérée, au niveau de la limite supérieure de la forêt, les vallons, thalwegs ou couloirs d'avalanches où l'air froid tend à se tasser, sont délaissés par les arbres au profit des interfluves, alors que dans la zone tropicale, les amplitudes thermiques au sol sont beaucoup moins fortes et permettent aux arbres de coloniser les fonds de vallée. Dans le sud de l'Oural, la permanence de basses températures en hiver dans les parties inférieures et l'accroissement de l'humidité sur les pentes moyennes dues à la présence des nuages explique une véritable inversion dans la disposition des étages de végétation : des formations de feuillus (chênes et érables) surmontent un étage composé de pins sylvestre et de bouleaux, espèces adaptées au froid et à la sécheresse.

Les limites de l'étagement varient aussi à toutes les échelles de temps selon l'alternance jour/nuit, selon les saisons, les années et les grands cycles paléoclimatiques. Ainsi, dans les montagnes des moyennes latitudes, le gradient thermique est plus faible en hiver qu'en été ou au printemps, alors qu'il varie quotidiennement dans les montagnes des basses latitudes. À l'échelle même des temps historiques, les oscillations climatiques sont responsables de la variation des limites altitudinales des étages. Dans les Andes par exemple, elles sont remontées de 150 m à 200 m au XIe et XIIe siècle par rapport à aujourd'hui, suite à un léger réchauffement du climat, pour s'abaisser ensuite lors du petit âge glaciaire entre le XVe et le XVIIe siècle (*fig. 26*).

Depuis 150 ans, on assiste à un réchauffement climatique que traduisent bien les oscillations des glaciers. Dans les Alpes du sud, l'évolution du climat est assez bien connue depuis la fin du Petit Âge de glace (Assier, 1993). Dès les années 1850-1855, se dessine une remontée des températures et une baisse des précipitations hivernales, interrompue brutalement par le refroidissement de la décennie 1880-1890. Le tournant du XXe siècle s'accompagne à nouveau d'une hausse des températures et d'un enneigement déficient. En revanche, de 1910 à 1925 environ, le froid s'installe, particulièrement en été où les températures rejoignent celles enregistrées en 1760 lors du petit Âge glaciaire, tandis que les précipitations neigeuses augmentent en hiver. Les températures estivales se relèvent progressivement dans les années 1920 jusqu'en 1950, accompagnées d'un fort déficit pluviométrique. Puis, elles baissent à nouveau entre 1960 et 980. Ces oscillations ne sont pas sans conséquences sur les limites de la végétation.

Enfin, la nature des roches et leur agencement ainsi que le rôle des phénomènes gravitaires viennent perturber le schéma d'ensemble de l'étagement bioclimatique, qui n'est qu'un aspect parmi d'autres des lois écologiques qui différencient les écosystèmes en présence dans les montagnes. Par exemple, en fonction des différenciations lithologiques et des phénomènes de gravité, les sols et les associations végétales qui leur sont associés peuvent varier au sein d'un même étage. Dans les grandes chaînes de montagnes récentes de la zone tropicale à la tectonique complexe (Andes, Himalaya), les phénomènes de discordance ainsi que les descentes de sols liées au ruissellement et aux glissements de terrains sont nombreuses, favorisant une mosaïque pédologique dont les paysanneries ont su tirer profit. De même, sur les flancs des volcans actifs, les éruptions volcaniques entraînent des coulées de lave qui peuvent trouer les étages forestiers de clairières. Celles-ci sont alors recolonisées par des plantes pionnières qui aiment la lumière et poussent en général à des altitudes plus basses.

b. L'importance de l'action anthropique et des représentations

Le modèle de l'étagement bioclimatique ne doit pas faire oublier que bon nombre des limites d'étages observables aujourd'hui ont été largement modifiées par les actions anthropiques passées ou actuelles. Les défrichements agricoles, la dent des troupeaux, les reboisements, les incendies accidentels ou les feux volontaires destinés à faciliter le travail de défriche ou favoriser la repousse d'une herbe riche pour le bétail, sont susceptibles de faire varier les limites altitudinales de l'étagement dans le

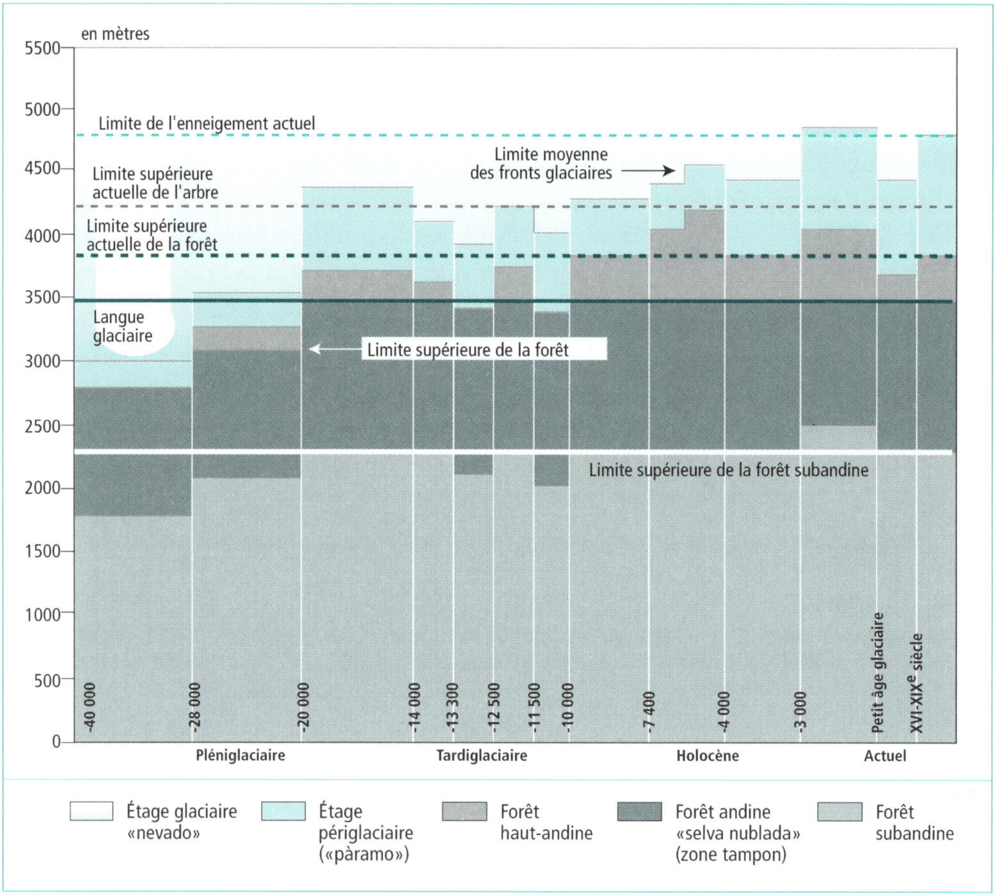

Figure 26: Évolution possible de l'étagement depuis – 40 000 ans (Cordillère centrale des Andes colombiennes). Source: d'après Thouret, 1988, thèse.

temps et aux différentes échelles d'observation. Les milieux montagnards ne peuvent être analysés sans faire intervenir au minimum les densités de population et les techniques agro-pastorales.

C'est le cas en particulier, lorsque l'on veut déterminer les limites de la forêt. On distingue généralement la *timberline* ou limite supérieure de la forêt, de la *treeline*, passage de la lande à la pelouse, ou limite extrême de la présence des arbres et arbustes. Il arrive que localement ces deux limites n'en fassent qu'une, comme dans les Alpes néo-zélandaises, mais la plupart du temps, entre la forêt et les derniers arbres s'interpose la pelouse alpine, dont il est difficile de dire s'il s'agit d'un étage climacique ou du résultat de défrichements répétés. La limite de la forêt est normalement fondée sur un certain nombre de paramètres climatiques, comme la présence au minimum d'un mois où la température est supérieure ou égale à +10°, moins de 5 à 6 mois de neige au sol. Mais on sait aussi que l'étage forestier a été largement défriché par les hommes dans ses parties basses pour y développer les cultures, tandis que sa limite supérieure a le plus souvent été abaissée pour étendre les zones de pâturage. Le passage des troupeaux par la forêt a contribué à modifier les biocénoses par la sélection des espèces.

De même lorsque la pelouse alpine n'est plus pâturée, elle a tendance à être reconquise à la base par une végétation d'aulnes verts qui l'assimile à une lande de type subalpin. Quoi qu'il en soit de la nature de l'étage de la prairie, il est clair que les limites inférieures et supérieures de la forêt sont rarement des limites naturelles, mais des limites anthropiques. C'est le cas par exemple pour les « chaumes », ces étendues de pelouses rases qui recouvrent les sommets des Vosges. En Oisans, de longs siècles de pâturage et d'exploitation minière ont également fait baisser la limite de la forêt à une altitude anormalement basse (1 500-1 800 m), avant que la déprise agricole n'entraîne une reconquête de la forêt, accentuée par la politique de reboisement de l'ONF, à partir du vote en 1882 de la *Loi relative à la restauration et à la conservation des terrains de montagne*.

Les facteurs anthropiques tiennent donc une part essentielle dans l'analyse des paysages montagnards. Ils tendent à gommer les limites rigides des modèles d'étagement ou à introduire de fortes discontinuités spatiales, mais leur interprétation est parfois délicate.

Le recul de la forêt, par exemple, peut s'analyser de différentes manières. Parmi les interprétations les plus répandues, il y a celle qui consiste à mettre sur le compte de la pression démographique le recul de la forêt, soumise aux défrichements de terres marginales et à la surexploitation des ressources forestières. Mais il peut y avoir bien d'autres explications. Le défrichement de terres marginales peut signifier l'utilisation temporaire de réserves d'espaces cultivables qui servent de complément et de soupape de sécurité alimentaire en cas de mauvaises récoltes. Le défrichement ou le reboisement des forêts peut être aussi le résultat d'une politique systématique de colonisation de terres nouvelles, de conversion des terres forestières en terres cultivées ou inversement de replantations. Enfin, le recul forestier peut être un signe d'appropriation territorial par des groupes opposés qui mènent une course à la défriche comme marquage de leur territoire, comme c'est le cas sur les bordures sud-est du Fouta Djalon entre les Peuls et les autres ethnies venues du Sierra Leone voisin (André, 2002). Au Népal au cours des XIXe et XXe siècle, les souverains édictèrent d'abord des lois consistant à convertir les forêts en rizières, puis cherchèrent à se réapproprier les forêts collectives des communautés montagnardes pour exploiter le bois. La nationalisation des forêts en 1956 a eu comme effet pervers de pousser les paysans à mettre en culture les portions de forêts qu'ils exploitaient pour éviter d'en être dépossédé, contribuant à une déforestation accélérée de nombreux secteurs. Le même phénomène s'est observé dans les forêts des Ghâts occidentaux en Inde (forêt des Nilgiri).

L'histoire de l'occupation des sols dans le temps, que ce soit à l'échelle du millénaire, du siècle ou de la catastrophe naturelle brutale, doit donc être articulée avec les temps de la nature, car elle est d'une grande importance pour pouvoir juger de l'état et de la dynamique des milieux montagnards. En effet, seule une connaissance précise de l'histoire de l'environnement, peut permettre d'émettre des hypothèses sur le fonctionnement actuel des milieux et sur leur dynamique.

C'est cette démarche qu'ont adopté des chercheurs de différentes disciplines, travaillant depuis une dizaine d'année sur l'histoire de l'environnement dans la moitié orientale des Pyrénées sur une période allant du néolithique jusqu'à aujourd'hui (*cf.*

La prise en compte du temps long et des pratiques agropastorales dans l'analyse des milieux de montagne : l'exemple de la forêt de montagne dans les Pyrénées

Les Pyrénées ont été occupées dès l'âge du bronze. La vie des hommes s'organisait en fonction de l'étagement, de l'exposition des versants (la soulane portait les terroirs agricoles, les bas pâturages et les forêts de proximité) et du mouvement annuel des troupeaux montés en été sur les estives. La grande forêt montagnarde restait alors encore marginale dans ce système.

À l'époque médiévale, entre les VIIIe et IXe siècles commence une période de croissance démographique et de défrichements liée au développement de la métallurgie. Le système autarcique qui prévalait jusque-là s'ouvre sur un commerce régional et à longue distance. Il se perfectionne avec l'introduction d'innovations techniques comme l'invention de la forge hydraulique au XIVe siècle, qui introduit une première rupture dans l'exploitation de la forêt. Les défrichements forestiers s'accélèrent en effet conduisant à une série de réglementations nouvelles à l'échelle locale.

Du XVIIe siècle au XIXe siècle, ces réglementations prennent une dimension nationale avec la mise en place de politiques de gestion qui demeurent cependant impuissantes à empêcher l'exploitation massive de la forêt montagnarde. Elle s'inscrit dans la mise en place d'un système agro-sylvo-pastoral complexe, très hétérogène d'une vallée à une autre. La forêt subalpine disparaît au profit des pâturages.

À la fin du XIXe siècle, l'arrêt de la métallurgie et la crise agricole liés à l'ouverture au commerce mondial conduit à l'abandon des terres et à un déclin démographique rapide. Le système se simplifie en devenant sylvopastoral avec un mouvement très net d'enforestation. L'espace agraire se réfugie sur les espaces plats résiduels des fonds alluviaux des vallées, d'une part, et sur les estives, d'autre part. Le tourisme, surtout à partir du développement des sports d'hiver, entraîne une utilisation beaucoup plus intensive de cet étage, valorisé également par l'exploitation hydroélectrique. Entre ces deux étages, la forêt s'étend et redevient massive à l'image de la forêt pré-médiévale : elle se reconstitue à partir d'anciens taillis, le sapin la recolonise en ombrée et dans les hautes vallées. Les friches, les plantations et les forêts de transition s'étendent dans les parties basses aux dépens des terroirs agricoles de soulane qui disparaissent. En quelques décennies s'efface un système agro-sylvo-pastoral qui s'est édifié sur près de 1 000 ans ; la forêt partant à la reconquête des espaces défrichés à l'époque médiévale et à l'époque moderne.

In Histoire de l'environnement et cartographie du temps dans la moitié est des Pyrénées, pour une chrono-chorologie.
J. Bonhôte, B. Davasse, C. Dubois, D. Galop, V. Izard, JP. Métailié, *in Les temps de l'Environnement*, 1997, p. 501-510.

encadré). Un des objectifs de ces recherches est d'aboutir à des modèles paysagers et à une cartographie des états successifs de l'environnement (Bonhôte, Davasse, Dubois, Galop, Izard, Métailier, 1997).

Cet exemple montre bien que les milieux dit naturels sont des produits de l'interaction entre des données économiques, sociales, politiques et même culturelles intervenant à différentes échelles. Il nous montre également que les limites d'étagement

Figure 27 : L'évolution de la forêt pyrénéenne du néolithique à nos jours.

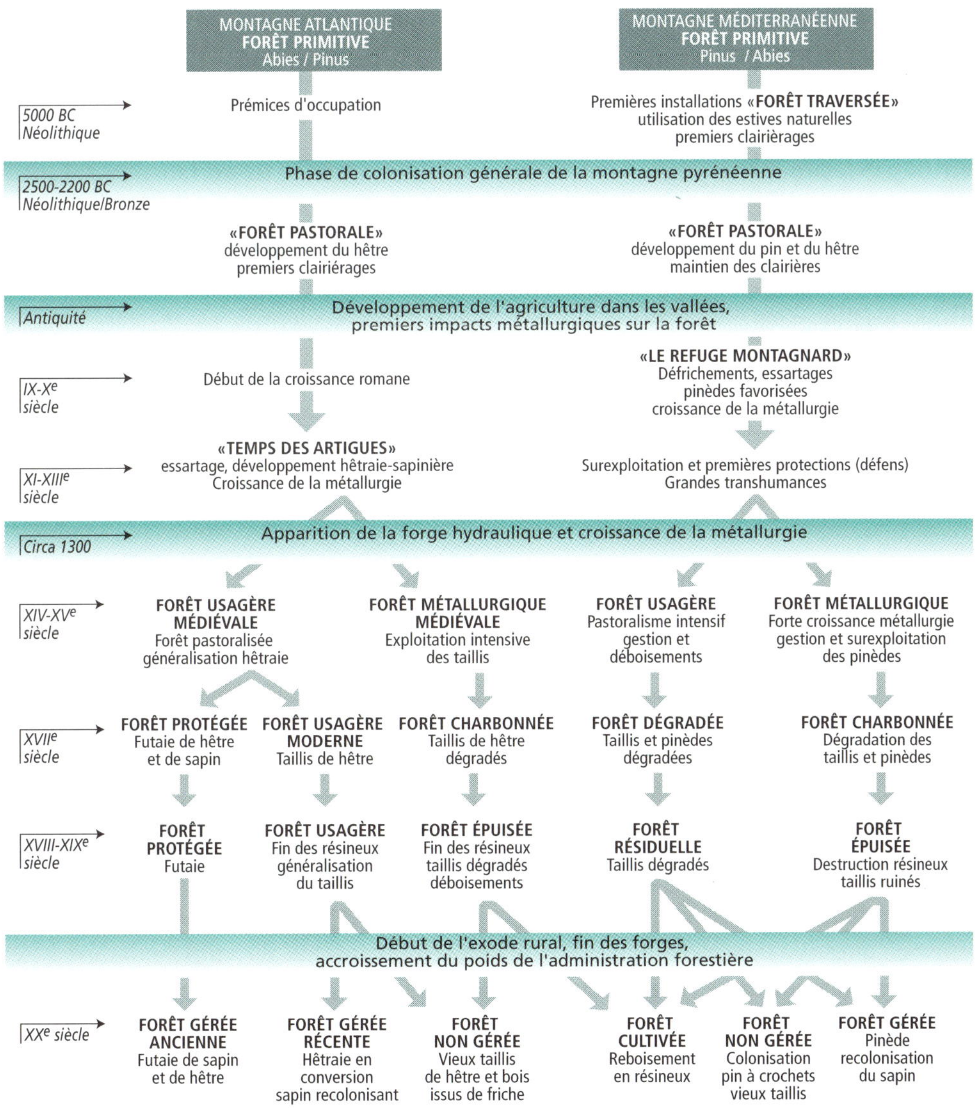

varient profondément en fonction, justement, de ces interactions entre des sociétés et les ressources naturelles qu'elles exploitent. Il en résulte des paysages évolutifs qui doivent nous interpeller dès lors que l'on envisage des mesures de protection des paysages ou des milieux. Quels paysages, quels milieux s'agit-il de conserver ? Les paysages du XIXe siècle intensément marqués par un certain mode d'exploitation des milieux ? Où ceux d'une époque beaucoup plus ancienne, où les hommes étaient encore peu présents ?

Or, les limites ne sont pas non plus indépendantes des perceptions que l'on se fait de la montagne et du statut qu'elle occupe pour celui qui opère les délimitations. C'est ainsi qu'elles reposent sur des critères variables selon qu'ils sont définis par les scientifiques des différentes disciplines ou par les populations qui utilisent ou non ces différents étages écologiques et y accordent ou non de la valeur. Pascale de Robert montre qu'au Venezuela, l'étage du *pàramo* correspond pour les citadins aux parties les plus hautes et les plus arides des montagnes. Pour les paysans, il s'agit d'un espace sauvage hantés par les mauvais génies, à la limite de l'humanité et de ce fait peu valorisé. Lorsqu'on les interroge sur les limites du *pàramo*, ces dernières divergent selon la localisation des villages. Pour les paysans qui vivent dans le fond des vallées, le *pàramo* commence avec la présence d'une plante caractéristique dès 2 600 m, alors que pour les villages les plus élevés en altitude, qui ne veulent pas être identifiés à des habitants du *pàramo*, il commence au-dessus de leurs derniers champs de pommes de terre, soit au-dessus de 3 400 m ! Or le *pàramo* est aujourd'hui considéré comme un milieu naturel fragile qu'il faut protéger dans le cadre de parcs naturels. On conçoit alors l'importance et les difficultés pour un parc national de délimiter précisément la zone qu'il est censé protéger… (De Robert, 1996, 2001).

2 Un modèle de découpage de l'espace de plus en plus remis en question

Malgré son apparente commodité et son utilité pour caractériser la superposition physionomique des paysages végétaux, la conception classique de l'étagement, qui fait coïncider un espace, un climat et une formation végétale, soulève un certain nombre de difficultés et d'interrogations. Aux problèmes de terminologie et de critères de définition des étages qui varient selon les auteurs, s'ajoute le problème de la recherche de seuils pertinents capables de découper un versant montagneux en étages distincts et de permettre des comparaisons entre massifs. Certains chercheurs en sont venus à une remise en question complète du modèle de l'étagement, auquel ils reprochent de reposer sur des approximations et une schématisation à outrance de la complexité du réel.

a. Théories discontinuistes et théories continuistes

Les modèles d'étagement forgés par les naturalistes ont longtemps été fortement influencés par le modèle alpin. Les observations et les explications du naturaliste

Tournefort, élaborées dès 1701 dans les Alpes, ont servi de modèle aux travaux de Ramond de Carbonnières dans les Pyrénées en 1788, puis à celles de Humboldt dans les Andes en 1807, le premier à avoir décrit l'étagement des formations végétales sur le flanc des montagnes dans son *Tableau physique des régions équatoriales* (1807, rééd. 1990). Par ailleurs, la terminologie servant à désigner les différents étages, issue de disciplines différentes, n'a pas été unifiée, ce qui est source de confusion. Tantôt l'étagement est décrit en termes topographiques (étages collinéen, montagnard, subalpin et alpin) sur le modèle des observations effectuées dans les Alpes. Tantôt, il est défini en termes naturalistes en désignant les étages par l'espèce végétale la plus fréquente et la plus caractéristique (étage du chêne, du hêtre, du sapin ou du mélèze) comme dans la carte de la végétation de la France au 1 : 200 000 coordonnée par Gaussen, ou par l'association végétale la plus typique (tableaux synoptiques des étages de végétation dans les Andes de Troll). Cette classification est parfois complétée par la nuance des faciès édaphiques (Ozenda). Pour Emberger (1930, 1955), l'étage correspond à un ensemble de groupements végétaux ou séries présentant une écologie commune, il est l'expression botanique de climats sous-régionaux.

À cela s'ajoutent les dénominations locales. La plupart des sociétés montagnardes disposent en effet de leur propre terminologie pour désigner les unités écologiques qu'elles exploitent.

En Amérique du Sud, on a pris l'habitude depuis Humboldt de distinguer 4 grands étages climatiques et agricoles : les *tierras calientes*, proche du climat de la côte, les *tierras templadas* qui constituent la principale originalité des montagnes tropicales, celle d'intercaler en latitude un étage tempéré qui porte forêts et cultures tempérées, les *tierras frias*, domaine de la forêt mixte et de conifères, la *selva nublada* ou *nebelwald*, les *tierras hielada*s enfin, où la neige est fréquente en hiver et la végétation formée d'une prairie d'altitude pauvre en lobéliacées et séneçons, espèces qui craignent le froid. Mais les sociétés indigènes des Andes disposent d'autres dénominations qui prennent en compte les variations locales de l'étagement et en particulier les variations liées à l'exposition. Au Pérou, les terres chaudes situées entre 500 et 1 800 m sont appelées *yungas* humides sur le versant amazonien et *yungas* sèches sur le flanc occidental des Andes. L'étage *quechua* correspond à l'étage tempéré, tandis que l'étage *suni* est un espace intermédiaire avant l'étage de la *puna* sèche ou humide ou des *pàramos*. Ce sont ces termes vernaculaires qu'utilise le géographe latino-américain Pulgar Vidal dans ses études sur le Pérou et qui ont été ensuite repris dans les travaux d'Olivier Dollfus sur les Andes.

Ces différentes conceptions de l'étagement et les divergences de vocabulaire qui leur sont associées posent problème car les limites entre étages varient profondément selon la conception de l'étagement adopté. Il est alors difficile, voir impossible d'établir des comparaisons d'un massif à l'autre et même à l'intérieur d'un massif. Pour l'Himalaya, on observe selon les auteurs des différences d'amplitude de 300 à plus de 1 000 m pour chaque étage considéré dans un même secteur (Dobremez, 1976). De plus, lorsqu'on applique certaines terminologies à d'autres montagnes du monde, cela peut aboutir à des confusions gênantes. C'est ainsi que certains auteurs pour l'Himalaya du Népal appellent « collinéen » l'étage compris pourtant entre 2 000 et 2 500 m d'altitude, en référence au modèle européen, où l'étage le plus bas est également qualifié de « collinéen », sans tenir compte de la différence de latitude entre l'Europe et l'Himalaya qui atteint 20°. Le mot colline est par ailleurs appliqué aux moyennes montagnes du Népal qui culminent tout de même à plus de 3 000 m.

Pour certains biogéographes, comme Jean-François Dobremez (1976), Jean-Claude Thouret (1984) ou l'équipe de Michel Lecompte (1976, 2002), la notion d'étagement ne rend pas compte de la complexité de la répartition des écosystèmes montagnards.

Rappelons que la notion d'étage ne se justifie que si le découpage en tranches altitudinales correspond bien à des discontinuités franches au sein des types de végétation. Cette discontinuité est censée être provoquée par un facteur dominant, la chute des températures avec l'altitude. Or nous venons de voir que la densité, la forme et la nature du couvert végétal ne sont pas toujours dépendantes de la seule baisse des températures. La pluviométrie, la sécheresse hydrique ou édaphique, la nature des sols, la pente sont des facteurs de variation du modèle, qui peuvent devenir dans certains cas des facteurs dominants commandant le regroupement de certaines espèces. La notion d'étage perd alors sa valeur. Par exemple, la disparition des arbres qui semble partout liée au gel peut dans certains cas être due à la sécheresse. Au Népal, la limite de la forêt fermée (*timberline*) correspond à une pluviosité de 500 mm/an et la limite de la steppe arborée (limite des arbres ou *treeline*) est de 350 mm/an. Dans une même zone climatique, et sans même tenir compte des actions anthropiques, la limite de la forêt peut varier de façon extrêmement importante : entre 3000 et 4200 m au Népal, entre 200 et 3000 en Afghanistan au climat désertique (Dobremez, 1976). Autrement dit, l'existence de groupements de végétaux déterminés uniquement par la baisse des températures avec l'altitude, caractéristique du climat de montagne, relève plus du cas particulier que du modèle général.

Ensuite, la réunion des groupes végétaux par tranche horizontale ne rend pas compte des affinités que ces végétaux peuvent avoir avec d'autres groupements qui se succèdent en altitude. Le choix du mot « étage » issu du latin « *stare* » (rester) est assez symptomatique de la rigidité simplificatrice d'une notion qui a l'inconvénient d'enfermer dans un modèle strict et statique des espèces vivantes, végétales ou animales, qui ne le sont pas (Thouret, 1984). C'est ainsi que les limites entre étages se brouillent lorsque certaines espèces statistiquement significatives d'un étage donné pénètrent localement dans un autre, phénomène qui se produit lors des migrations floristiques liées aux oscillations climatiques, des phénomènes de gravité (glissement de terrain, descente de sols, éboulement, épanchements volcaniques), ou lorsqu'il y a concurrence entre les espèces. Il faut donc ajouter, dans une perspective de type systémique, d'autres facteurs physiques, comme la nature des roches et des sols ou les phénomènes gravitaires, ainsi que les actions anthropiques passées et actuelles.

Au Népal, Dobremez a montré que les affinités sont toujours très grandes entre la végétation de deux étages successifs, particulièrement entre le tropical inférieur et supérieur, entre le subtropical inférieur et supérieur, entre le collinéen et le montagnard, entre le subalpin inférieur et supérieur, entre l'alpin inférieur et supérieur. Ce fait justifie pour lui le regroupement en zones (tropicale, subtropicale, tempérée, subalpine, alpine), car la coupure entre ces zones lui semble bien plus franche et plus naturelle que les découpages par étages, et en domaines phytogéographiques. Il distingue ainsi un domaine est-népalais, caractérisé par un climat de mousson et l'élimination de tous les groupements végétaux à tendance xérophile ; un domaine centre-népalais qui se définit par un climat de mousson un peu moins humide que dans l'est et surtout par la coexistence de groupements végétaux hygrophiles et mésophiles dominés par les chênes ; un domaine ouest-népalais, marqué par une plus grande sécheresse générale et des pluies réparties sur l'été mais aussi quelques mois d'hiver et où dominent les espèces mésophiles ou xérophiles ; et enfin un domaine nord-ouest-népalais qui possède un climat et une végétation de type steppique qui le rattache au Tibet et à l'Asie centrale. La notion d'étage n'est utilisée qu'à l'intérieur des zones écologiques, car elle n'a pour lui qu'une valeur locale (Dobremez, 1976).

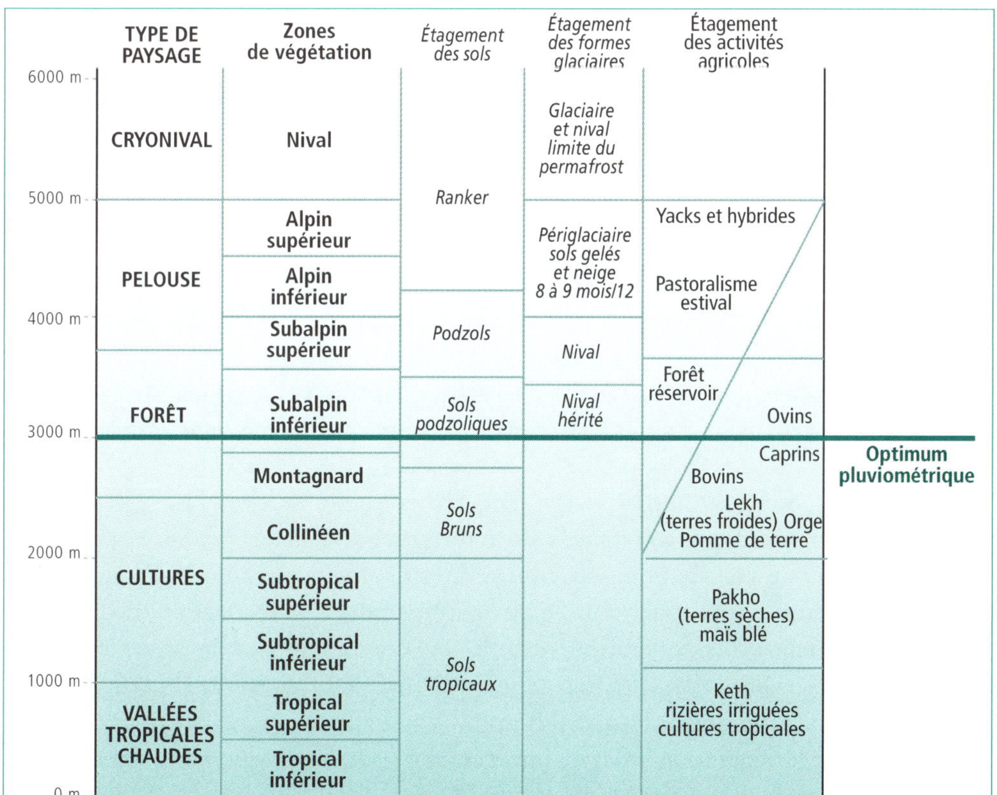

Figure 28 : Différents types d'étagement dans l'Himalaya du Népal.
Source : d'après Dobremez, Dollfus, Bottner et Thouret.

De même, il n'utilise pas le terme de « série de végétation » définie par Gaussen (série du chêne vert, série du chêne pubescent, etc.), car ce concept exclut pratiquement toute action humaine et animale en reliant obligatoirement les espaces cultivés ou pâturés à un groupement forestier. Or Dobremez argumente en constatant que les terrains de parcours du bétail ou les zones de culture présentent une aussi grande stabilité par rapport aux facteurs écologiques qui le régissent, que la forêt climacique par rapport aux facteurs climatiques. Dans un pays comme le Népal, où des zones entières sont complètement déboisées, la notion de série et de climax forestier sont, non seulement difficiles à appliquer, mais aussi de très faible utilité pratique (*ibid.*). Il insiste aussi sur le fait qu'il faut prendre garde dans les nomenclatures utilisées à ne pas confondre le nom et le contenu. Il donne ainsi l'exemple de la « forêt à *Quercus lamellosa* ». L'utilisation de ce terme « ne signifie pas que l'ensemble de la zone est couverte de *Quercus lamellosa*, ni que toutes les parcelles dans lesquelles pousse le chêne sont comprises dans cette zone. Cela signifie simplement que parmi les caractères écologiques de cette zone, il y a la végétation et que celle-ci est formée par le chêne et son cortège floristique caractéristique ».

La critique de l'étagement est encore plus radicale chez l'équipe de biogéographes de l'Université Paris 7 menée par Michel Lecompte. À un découpage en tranches altitudinales marquées par de nettes discontinuités, elle oppose une théorie, validée depuis peu par des relevés faits dans les Alpes du sud (Alexandre, Cohen, Génin, Lecompte, 2002), qui met l'accent sur l'existence d'un continuum de végétation en fonction de l'altitude, caractérisé par un défilement des espèces végétales « en écailles » le long des gradients climatiques, en fonction de la niche écologique de chacune. « *Le principe d'un découpage de la nature en unités homogènes, discriminée par la végétation et le climat, pose de manière exemplaire les questions du mode, discontinu ou continu, d'organisation du milieu physique, des limites spatiales et donc, de la structure de l'espace géographique. Un tel principe a, certes, permis d'identifier et de classer, mais il apparaît que le découpage de la nature en bandes homogènes force exagérément la réalité, constituant un carcan conceptuel pour l'approfondissement de certaines relations biophysiques* » (Alexandre, Lecompte, 1996, p. 262).

Les auteurs montrent que la notion d'étagement qui était chez Humboldt essentiellement physionomique a été par la suite fortement influencée par la botanique et l'écologie. En effet, chez Emberger, comme chez Gaussen ou Ozenda, l'étage bioclimatique est défini climatiquement et floristiquement. Cette conception diffère en fait profondément de la perception visuelle de l'étagement des paysages associés à une ou plusieurs espèces dominantes, telle que l'analyse Humboldt. En effet, dans sa description du Chimborazo, Humboldt prend le soin de distinguer les divisions physionomiques de la végétation telles qu'on peut les percevoir visuellement, des divisions botaniques fondées sur critères biologiques. Il décrit des unités de paysage, caractérisées par la physionomie particulière des espèces dominantes et dont les limites altitudinales ont tendance à se chevaucher. Au lieu de limites franches, s'observe en réalité un continuum floristique, du fait que les transitions botaniques en montagne se font progressivement en raison du caractère graduel de la transformation du climat avec l'altitude. Michel Lecompte et Frédéric Alexandre citent ainsi Humboldt : « *Lorsque, du niveau de la mer, on s'élève aux sommets des hautes montagnes, l'on voit changer graduellement l'aspect du sol et la série de phénomènes physiques que présente l'atmosphère. Des végétaux d'une espèce très différente succèdent à ceux des plaines : les plantes ligneuses se perdent peu à peu et font place aux plantes herbacées et alpines ; plus haut, on ne trouve plus que des graminées et des cryptogames. Quelques lichens couvrent les rochers, même dans la région des neiges perpétuelles* » et ils ajoutent : « *Tout est dit dans ce passage, les distinctions essentielles sont faites, et deux siècles de confusion croissante pourraient se résoudre en ces quelques lignes prémonitoires* » (*ibidem*. p. 263).

Les auteurs récusent la conception qui prévaut classiquement de l'existence d'unités homogènes de végétation et du milieu, comme les phytogéographes l'ont défini à travers la notion de station écologique (Flahault, 1900), et que l'on puisse généraliser à travers la notion d'étage (Ozenda, 1985). Ils rappellent « *qu'il est à priori surprenant d'attribuer à un ensemble d'espèces un espace commun, puisque chacune possède une niche écologique en propre. Chaque espèce occupant l'espace de manière spécifique, l'ensemble ne peut donc habituellement être constitué en communautés récurrentes dans l'espace, même si des barrières écophysiologiques communes sont parfois éprouvées* » (*ibid.* p. 267). Les phytogéographes ont eu tendance à exclure de leur échantillonnage les zones de transition écologique en choisissant leurs stations dans des zones qui leur paraissaient floristiquement homogène, et cela avant même d'en apporter la démonstration : « *L'a priori d'homogénéité floristique est soutenu indirectement par celui de l'uniformité du milieu correspondant aux communautés floristiques. Notons qu'en bonne doctrine phytosociologique, cette caractérisation du milieu devrait ressortir de l'analyse floristique elle-même ! [...] L'échantillonnage ne peut évidemment rendre compte que de la réalité qu'il décrète : l'ignorance des espaces de transition réduit l'univers exploré à des éléments spatialement invariants et, donc, à une image discontinue de l'organisation de la végétation et du milieu* » (*ibid.*).

Au modèle discontinuiste de l'étagement, l'équipe de Michel Lecompte oppose une théorie continuiste. La végétation varie de façon relativement continue en fonction des gradients climatiques. Cela ne veut pas dire qu'il n'existe pas de seuils et de discontinuités majeures, mais qu'ils sont masqués ou minorés par la multiplication des délimitations. Même si elles répondent à un souci légitime de classification, elles ne font que brouiller la recherche sur les seuils les plus pertinents. Parmi ces discontinuités majeures, il y a la limite supérieure de la forêt en montagne qui traduit un seuil, celui du raccourcissement de la saison végétative, et qui parfois traduit vers la zone aride, une chute brutale des précipitations (Dobremez, 1976, Lecompte, 1986).

En étudiant les variations de la végétation sur un transect de 200 km entre le Vercors et la haute vallée du Pô, l'équipe de Michel Lecompte a pu distinguer deux grands seuils au sein du continuum floristique observé (Alexandre, Cohen, Génin, Lecompte, 2002). Le premier seuil se situe vers 1300-1400 m. Il sépare un domaine de basses montagnes, dont la flore homogène n'est guère différente de celle des plaines, et un domaine de montagne caractérisé par l'influence croissante de la variation altitudinale (baisse des températures) sur la composition floristique. Un second seuil apparaît vers 2200-2400 m qui distingue sur le plan physionomique cette fois, les paysages forestiers des moyennes altitudes des paysages asylvatiques de la haute montagne, où les espèces ligneuses ont disparu du fait des contraintes thermiques de l'altitude (gel, raccourcissement de la saison végétative). Sur le base de ce travail de terrain, les auteurs proposent d'élaborer un modèle phytoclimatique dynamique de la végétation en montagne qui serait celui d'une succession chevauchante d'espèces en fonction du gradient climatique, continuum qui n'est pas exempt d'accélérations ou de discontinuités qu'il s'agit désormais de repérer.

b. Une clé de lecture utile mais insuffisante des territoires des sociétés rurales montagnardes

La critique de l'étagement ne concerne pas seulement les seuls spécialistes de géographie physique. On peut également s'interroger sur la pertinence du transfert d'un modèle issu du monde physique aux activités humaines, et sur le rôle de l'étagement, en tant que principe d'organisation du territoire des sociétés montagnardes.

Il n'est pas douteux que les spécificités du milieu montagnard définissent les grands traits de l'organisation des économies agropastorales traditionnelles qui se sont mises en place très tôt avec le peuplement de la montagne (*cf.* ch. 1). Il n'est pas non plus douteux que l'étagement des activités et même des sociétés soit une réalité dans de nombreuses montagnes du monde. Forêt et prairies d'altitude parcourues par le bétail composent avec les cultures en pente ou en terrasse la trilogie classique des paysages et de l'économie montagnarde. Il s'ensuit une organisation verticale des hommes et de leurs activités, fondée sur l'exploitation de la complémentarité de milieux variés, accessibles sur de courtes distances. Le milieu montagnard, du fait de la multiplication des gradients climatiques favorise une très grande diversité de possibilités culturales, enrichie par l'introduction par les hommes d'espèces nouvelles (diffusion du maïs et des tubercules andins vers l'Asie, introduction de cultures commerciales comme le thé et le café dans la plupart des montagnes tropicales).

Toutefois, le gradient altitudinal n'est pas le seul facteur d'organisation des systèmes agraires. Dans l'Himalaya du Népal, certaines sociétés agropastorales jouent avec la latitude tout autant si ce n'est plus qu'avec l'altitude. C'est le cas des éleveurs de Limi, une haute vallée sèche de près de 3 700 m d'altitude du district de Humla, située dans le nord-ouest du Népal près de la frontière tibétaine. Le parcours de la transhumance du bétail suit une logique inverse à celle de l'altitude. En effet, les animaux passent les huit mois d'hiver à haute altitude sur le plateau tibétain et ils redescendent en été vers le sud et des altitudes plus clémentes. Cette inversion du système de transhumance qui semble aberrante du point de vue de l'étagement ne l'est pas du point de vue des caractéristiques climatiques latitudinales de ces terrains de parcours. En effet, l'hiver sur le plateau tibétain est très sec et les chutes de neige qui peuvent se produire sont rapidement soufflées par le vent laissant ainsi les pâturages dégagés, alors que plus au sud aux mêmes altitudes, les pâturages sont recouverts de neige. Ici joue aussi la particularité de l'effet de barrière climatique de la chaîne himalayenne. Cet élevage s'accompagne également du commerce du sel tibétain que les habitants de Limi vont chercher en hiver au Tibet pour le vendre l'été dans les villages situés plus au sud et plus bas en altitude. Il est une part très importante des revenus de ces éleveurs qui profitent de la présence des grands lacs salés tibétains sur leurs pâturages d'hiver.

Ensuite, les possibilités culturales offertes par le milieu montagnard ne préjugent pas des choix qui sont faits par les sociétés. C'est ainsi que dans les montagnes du Burundi comme au Rwanda, l'extension altitudinale de certaines plantes cultivées comme le sorgho, mais aussi le bananier, ne relèvent pas des facteurs naturels, ni d'une nécessité économique commandée par la pression démographique, mais de choix culturels. Le sorgho est la plante de prédilection des anciennes royautés du Rwanda et du Burundi installées sur le haut des collines, ce qui explique son développement à des altitudes où l'on ne serait pas censé le rencontrer. De même, la banane est surtout utilisée pour fabriquer une bière qui sert dans un certain nombre de rituels d'où son extension jusqu'à près de 2000 m (Bidou, 1994). L'étagement des plantes cultivées et des animaux est là aussi le plus souvent un fait de culture qu'une donnée de la nature.

En Équateur, Fabien Pouille observe que si l'étagement altitudinal détermine bien la répartition des systèmes agraires, il n'est qu'un gradient écologique qui est surtout valide à petite échelle. Au niveau régional, sur l'ensemble de la région montagneuse comprenant les deux cordillères et le couloir inter andin, s'observe dans ses grandes lignes un étagement des systèmes agraires en fonction des gradients climatiques. Mais dès que l'on change d'échelle d'analyse pour se concentrer sur l'observation du couloir inter andin et de ses versants internes (*sierra*), le découpage traditionnel, qui voit se superposer les cultures tropicales, les cultures tempérées puis les pâturages, se trouve modifié sous l'effet d'autres forces qui ne sont plus celles de la nature : « *Le « déterminisme écologique » pressenti à l'échelle précédente est relégué ici à une place secondaire par un système de contraintes dont la puissance lui est supérieure et qui est d'ordre socio-économique. Les systèmes agraires ne se répartissent pas de manière logique en fonction du gradient altitudinal et semblent même bien souvent lui être opposés. Ainsi au fond du couloir inter andin, à une altitude moyenne d'environ 2 500 m, on trouve de vastes pâturages sur des terres planes et riches alors que les cultures sont situées dans des parcelles de surface beaucoup plus réduite à des altitudes qui peuvent être de plus de 1 000 m supérieures et sur des sols plus pauvres aux pentes importantes* » (Pouille, 2000, p. 18) (*fig. 28*). Par ailleurs, le *pàramo* qui est toujours présenté par les agronomes comme par les botanistes comme la limite

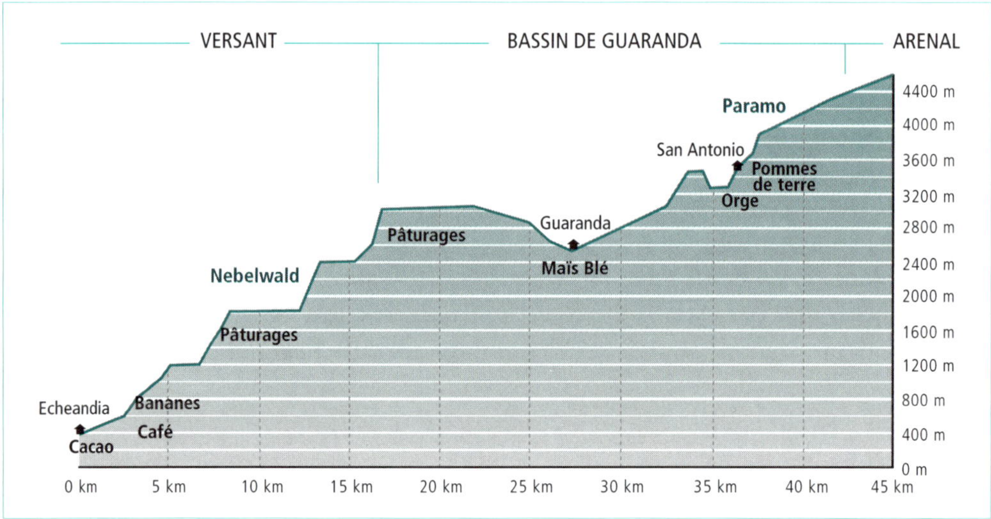

Figure 29 : Lorsque l'étagement des cultures contredit l'étagement des milieux (province de Bolivar, Andes équatoriennes).
Source : Fabien Pouille, 2000.

supérieure de l'agriculture possible en Équateur du fait des risques de gel, fonctionne depuis quelques années comme un front pionnier d'altitude pour les cultures telles que les pommes de terre. L'histoire des groupes ethniques par rapport au processus de colonisation, leur place actuelle dans la société, le manque de terre et les stratégies agricoles ou non agricoles développées par chacun de ces groupes expliquent ces « anomalies » de l'étagement des systèmes agraires.

Ériger l'étagement des milieux en principe unique d'organisation des activités humaines serait considérer que le territoire des sociétés ne relèverait que de logiques naturelles et ne serait que la traduction de l'adaptation des hommes au milieu montagnard. Cette problématique, qui a fourni de nombreux et importants travaux dans la perspective de la géographie vidalienne, doit cependant être dépassée pour une approche qui parte des sociétés et de leur territoire. L'étagement des activités humaines n'est qu'une des modalités possibles de la vie en montagne. Son rôle dans l'organisation des espaces montagnards doit là aussi être nuancé au regard d'autres logiques. Celles-ci sont liées à la territorialisation des sociétés, aux formes et aux modalités de l'appropriation du sol et à leurs stratégies de mise en valeur, qui n'obéissent pas systématiquement à l'ordre vertical que commande l'étagement bioclimatique le long d'un versant, mais répondent à des logiques économiques, politiques ou socio-religieuses.

Pour aller plus loin

ALEXANDRE F., LECOMPTE M., « Discontinu et continu de la végétation et du milieu. De la théorie des étagements en altitude à la phytoclimatologie dynamique », *L'espace géographique*, tome 25, n° 3, 1996, p. 261-272.

ALEXANDRE F., COHEN M., GÉNIN A., LECOMPTE M., « Essai phytogéographique dans les Alpes occidentales, entre Rhône et Pô », *L'espace géographique*, n° 2, 2002, p. 153-162.

BONHOTE J. et *alii.*, « Histoire de l'environnement et cartographie du temps dans la moitié Est des Pyrénées : pour une chrono-chorologie », *in Les temps de l'Environnement*, Toulouse, 5-6-7 novembre 1997, Presses Universitaires du Mirail, 2000, 535 pages.

DOBREMEZ J.F., *Le Népal, écologie et biogéographie*, collection Les Cahiers népalais, Paris, Éd. du CNRS, 1976, 355 pages.

DOBREMEZ J.F., « Variétés et complémentarités des milieux de montagne : un exemple en Himalaya », *in* « Quelle spécificité montagnarde ? », *Revue de Géographie Alpine*, tome 67, n° 1-2-3, 1989, p. 39-54.

DOBREMEZ J.F., « La montagne du biologiste », *Revue de Géographie Alpine, La montagne, un objet de recherche*, n° 2, tome 89, 2001, p. 91-100.

EMBERGER L., *Aperçu général sur la végétation du Maroc, commentaire de la carte phytogéographique du Maroc au 1:1500 000*. Veroff. geobot. Inst. Rübel, Zürich, 14, 40-157, 1939.

EMBERGER L., « Une classification biogéographique des climats », *Recueil et Travaux de la Faculté des Sciences de Montpellier*, série botanique, n° 7, 3-45, 1955.

GAUSSEN H., « Étages et zones de végétation en France », *Annales de géographie*, n° 47, 1938, p. 463-487.

HUMBOLDT A. (von), *Essai sur la géographie des plantes,* suivi de *Tableau physique des régions équatoriales*, Paris : Scoell, 1807, rééd. Nanterre : Éditions européennes Érasme, 1990, 157 pages.

LECOMPTE M., *Biogéographie de la montagne marocaine : le Moyen-Atlas central*, Paris, Éd. du CNRS (Mémoires et Documents de géographie), 1986, 202 pages.

LECOMPTE M., « La phytoclimatologie dynamique : une approche différente de la nature et du climat », *L'espace géographique,* n° 3, 1988, p. 109-121.

OZENDA P., *La végétation de la chaîne alpine dans l'espace montagnard européen*, Lausanne, Delachaux et Niestlé, 1994, 276 pages.

ROUGERIE G., *Les montagnes dans la biosphère*, A. Colin, coll. U géographie, 1990, 221 pages.

THOURET J.C., « Pour une perspective géographique de l'étagement dans les grands systèmes montagneux », *Revue de géographie Alpine*, n° 2, 1984, p. 171-197.

TROLL K., *Geoecology of the mountainous regions of the tropical americas*, Bonn, 1968.

Chapitre 4

Le haut et le bas : les formes d'appropriation de l'espace par les sociétés montagnardes

Les caractéristiques physiques particulières des montagnes ne doivent pas faire oublier que le territoire des sociétés, qu'il soit établi dans des montagnes ou dans tout autre type de milieu, est avant tout une construction sociale. Celle-ci est le produit de l'appropriation, de la délimitation et de la mise en valeur de portions d'espace par des sociétés diverses, qui y ont projeté leurs projets de vie, leurs valeurs, leurs représentations du monde et de la nature, et qui y ont inscrit leurs signatures sociales tout au long de leur histoire. Les sociétés montagnardes ont ainsi transformé la montagne en leur territoire, qu'elles doivent parfois partager, pour les plus traditionnelles d'entre elles, avec les démons et les divinités auxquelles elles rendent un culte. La répartition des hommes et leurs modes d'organisation ne sont donc pas seulement la résultante des conditions du milieu, combinée aux logiques économiques des sociétés ou des espaces dans lesquelles elles sont insérées. Elles obéissent aussi aux croyances et aux hiérarchies socio-religieuses, familiales et politiques, qui structurent l'espace montagnard d'un certain nombre de sociétés, tout autant que les données naturelles.

Ensuite, l'appropriation des montagnes par les groupes humains dans le cadre des sociétés agraires est aussi le résultat des processus historiques de colonisation de l'espace fondés sur la recherche du site le plus favorable : accès à l'eau, aux terres cultivables, aux forêts et aux pâturages, recherche de sites abrités des vents, des crues torrentielles, des glissements de terrain ou des avalanches, préférence pour des sites défensifs ou au contraire favorisant les échanges. Ces différentes logiques, ainsi que les nombreuses discontinuités topographiques et climatiques propres au milieu montagnard, ont abouti à une occupation inégale de l'espace et à des configurations territoriales de formes variées à l'échelle de l'espace intramontagnard. Elles mettent les communautés rurales montagnardes dans des situations fort diverses pour tirer parti, dans le cadre des économies traditionnelles et de leurs finages, des ressources du milieu. S'y ajoutent les différentes formes d'appropriation du foncier et les règles d'héritage qui dessinent les paysages agraires montagnards.

I. La structuration religieuse et socio-politique de l'espace montagnard

Dans la plupart des sociétés traditionnelles, il n'existe pas de coupure entre la nature, le social et le religieux. Les hommes font partie intégrante d'un ordre naturel où les montagnes font figure d'espaces sacrés, chargés de symbole. Dans la plupart des religions, elles sont à la fois craintes et révérées comme demeure des divinités ou comme lieux sacrés, axes ou piliers reliant le monde terrestre humain avec les mondes célestes et infernaux (le mythique Mont Méru des hindous et des bouddhistes). De fait, les croyances religieuses peuvent expliquer certaines localisations des hommes dans l'espace et le statut réservé à certaines portions du territoire montagnard.

1 Le partage du territoire entre les dieux et les hommes : une géographie du sacré

Dans de nombreuses civilisations, la montagne qui domine le monde des hommes et s'élève jusqu'au ciel symbolise la proximité du divin. Elle est considérée comme le pilier cosmique qui unit le monde terrestre au monde céleste, le pivot qui fonde l'ordre du monde. Les montagnes sacrées qui sont la demeure des divinités ou des ancêtres sont en général frappées d'un interdit. Nul homme ne peut les gravir ou alors c'est au prix d'un sacrifice rituel. Leur fréquentation ne peut être que temporaire. Les populations sédentaires s'installent à une certaine distance, en se mettant au besoin sous la protection d'une montagne tutélaire qui fonde le territoire. Elles sont souvent le siège de sanctuaires religieux visités lors de pèlerinages (monde musulman, chrétien, hindou), ou cachent des lieux de retraite et de méditation pour les sages et les ermites (monde bouddhiste).

Ces montagnes pourraient bien renvoyer alors à la notion de « *vacuum* » définie par la géographie structurale québécoise (Desmarais, 2001). Celle-ci se veut une tentative nouvelle de recherche de clés d'explication globale de la relation homme/nature et des faits de répartition qui combine analyse spatiale et fondements anthropologiques de l'espace. Pour la géographie structurale, l'implantation des hommes dans l'espace ne serait pas simplement tributaire des conditions du milieu ou de logiques économiques, mais serait liée à l'existence d'un interdit spatial, qui s'exerce sur des espaces vides appelés *vacuums*. Ces derniers constituent structurellement les lieux de l'interdit de propriété. En imposant un vide en des lieux précis, ils conditionneraient la position spatiale occupée par les divers établissements humains, et seraient de ce fait des centres organisateurs de l'écoumène selon la dynamique du couple plein/vide.

Quoi qu'il en soit, la montagne est présente dans bien des mythes d'origine du monde, où elle structure l'espace, le centre et le hiérarchise. Les sociétés montagnardes traditionnelles qui ne se dissocient pas de la Nature, ont bien souvent construit leur espace social à l'image du milieu dans lequel elles évoluent et qu'elles investissent de leurs croyances. À la verticalité et à l'étagement des milieux correspond dans de nombreuses civilisations montagnardes un étagement des hommes, des divinités et des démons. Cette géographie du sacré prend appui sur la dimension anthropologique de la verticalité commune à toutes les montagnes et réinterprétée chacune à leur manière par les sociétés montagnardes.

a. La montagne dans la cosmogonie des mondes hindous et bouddhistes

Les sociétés himalayennes sont parmi celles où s'exprime le mieux une symbolique de l'espace structuré par la montagne. Leur vision du monde et du cosmos se trouve reproduite à toutes les échelles, et des correspondances incessantes s'établissent entre les représentations religieuses, l'organisation de l'espace social et la Nature, formant un tout cohérent, où l'espace du corps humain, celui de la maison, de la ville, ou du territoire villageois, de la vallée ou du pays sont construits en mondes emboîtés.

Les représentations de l'Univers dans le monde himalayen se rattachent à la vision transmise par la cosmogonie hindoue, remaniée ensuite par le bouddhisme, qui s'est mêlée à des traditions autochtones plus anciennes sur le culte des montagnes. Les textes védiques décrivent un monde des origines formant une unité indifférenciée, plongée dans les ténèbres où n'existent ni ciel, ni terre, ni temps, ni êtres vivants. Seul existe un Océan primordial au fond duquel surgit un jour un monticule de terre qui grandit jusqu'à former une montagne flottant et dérivant sur les eaux. Indra, divinité présidant à la genèse du monde, décida d'immobiliser cette montagne, en tuant le démon qui bloquait les eaux contenues à l'intérieur de la montagne. La montagne fixée, les eaux purent s'écouler librement du sommet de la montagne en direction de l'océan, en suivant les quatre points cardinaux. La montagne continua de grandir, créant la Terre tout autour d'elle et exhaussant le ciel dans sa poussée verticale. Le ciel et la terre étaient enfin dissociés et l'Univers, différencié et ordonné, pouvait enfin devenir habitable aux hommes. C'est ainsi que la plupart des populations de l'Himalaya, qu'elles soient hindoues ou bouddhistes font de ce mythique Mont Méru l'axe central d'un univers formé de mondes emboîtés, pilier du ciel permettant la communication entre les mondes infernaux et les mondes célestes. À partir de cette représentation cosmogonique, s'ordonne une véritable géographie symbolique de l'Himalaya qui se structure de façon à la fois verticale et horizontale. Verticale d'une part, parce que la montagne cosmique suggère une partition de l'espace en étages hiérarchisés auxquels les hommes accordent une valeur positive ou négative et qu'ils peuplent de divinités multiples. Horizontale, d'autre part, parce que c'est à partir de ce centre mythique que s'organisent les différents territoires connus et que s'emboîtent les différents espaces habités par les hommes, à toutes les échelles.

Chaque élément naturel est associé à différents groupes de divinités aux qualités ambivalentes, tantôt bénéfiques tantôt maléfiques, qui contrôlent les forces de la

Naissance de l'Himalaya dans la cosmogonie du monde tibétain

nature et structurent en effet le territoire selon une organisation tripartite, cardinale et verticale de l'espace. Les hautes montagnes sont considérées, dans l'ensemble de l'aire culturelle hindoue et bouddhiste, comme le séjour des divinités abstraites, protectrices et créatrices du monde, des panthéons hindous et bouddhistes, ainsi que le refuge des ermites et des saints. Elles sont associées au Nord, domaine des dieux, ainsi qu'au pur symbolisé par la blancheur des neiges éternelles, selon les principes hindous de la hiérarchie des castes. D'une façon générale, dès que l'on s'éloigne du Nord, c'est-à-dire des hauteurs, et que l'on descend vers le sud, c'est-à-dire vers le bas, on descend parallèlement dans l'échelle des valeurs qui va du pur à l'impur, du ciel à l'enfer, en passant par l'étage humanisé.

Dans les espaces intermédiaires, correspondant à l'écoumène, les hommes doivent partager le sol avec les divinités de la nature. Les forêts sont habitées par une foule d'esprits du sol auxquelles les hommes doivent faire des offrandes pour attirer leur protection ou éviter leur colère. Peuplées aussi de bêtes sauvages, de sorcières et d'esprits, qui les hantent à la tombée du jour, les forêts représentent le monde sauvage des origines, où chaque clairière défrichée est un morceau de civilisation volé aux forces obscures et où l'on ne s'aventure pas la nuit. Les limites de l'espace cultivé sont

Territoire villageois protégé par un monastère et un chörten au Ladakh.

marquées par des oratoires placés aux quatre points cardinaux afin de délimiter et de protéger le territoire des hommes contre le déferlement des forces obscures. La domestication de la nature est vécue comme une lutte incessante contre les esprits du monde sauvage et les rites de fondation des sites habités racontent tous le combat de l'ancêtre, chasseur ou agriculteur, quand ce n'est pas un grand prédicateur bouddhiste, pour dompter les forces surnaturelles afin de permettre l'établissement des hommes.

Quant aux basses terres, elles sont associées au Sud, et sont rattachées aux mondes infernaux et aux divinités maléfiques, qui se cachent dans les rivières, les fonds de vallée ou le centre de la terre. Si les cours d'eau apportent l'eau nécessaire à la vie et assurent la fertilité du sol, ils peuvent aussi apporter des maladies ou des crues dévastatrices si bien que l'habitat s'installe rarement trop près d'eux.

Les communautés tibétaines distinguent en plus de cette tripartition de l'espace, sept étages écologiques (glaciers et neiges éternelles, rochers, moraines et éboulis, prairies d'altitude, terres cultivées et forêts, lacs, cours d'eau et fonds de vallées,

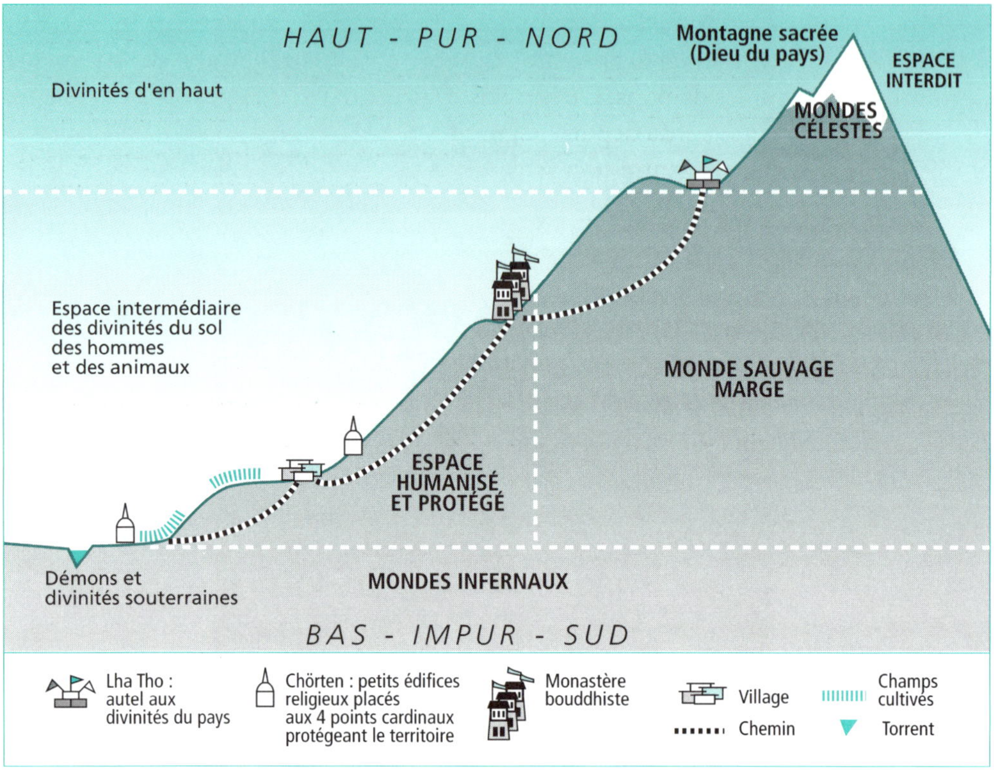

Figure 30 : Divisions religieuses et hiérarchisation du territoire dans les montagnes de culture tibétaine.
Conception : Isabelle Sacareau.

jungle) auxquels ils associent des dieux animaux. Ils correspondent aussi symboliquement aux sept marches de l'échelle cosmique par laquelle le premier roi du Tibet est descendu du ciel pour s'établir sur la terre.

Chaque communauté de culture tibétaine possède une montagne sacrée qui protège le territoire et en constitue le centre symbolique. Elle est la demeure du dieu du pays, du clan ou de la confédération dont il est l'ancêtre mythique. Certains lacs constituent avec une montagne proche une sorte de couple sacré, alliance des principes féminins et masculins qui sont souvent d'importants lieux de pèlerinage, tel le lac Manasarovar près du Mont Kailash au Tibet.

À l'échelle du territoire habité par les hommes, se retrouvent les mêmes oppositions entre le haut et le bas, entre le centre et la périphérie du territoire, entre le monde sauvage et surnaturel et le monde domestique. Les villages de culture tibétaine par exemple sont gardés aux quatre points cardinaux par des édifices religieux construits sur des éminences rocheuses, un peu à l'écart des chemins (*cf.* photo p. 147). Ils sont chargés de barrer la route aux esprits malfaisants. D'autres protègent les habitants des calamités naturelles. Tous les cols et sommets où passent des pistes sont de la même façon marqués par des cairns. Chaque voyageur qui franchit un col doit rendre grâce aux divinités en déposant une pierre ou une offrande afin de marquer la victoire des dieux sur les démons. Ce rite existe encore dans les Alpes ou les Pyrénées, alors que le sens en a été perdu depuis longtemps. Sur les hauteurs dominant le village, le monastère constitue le centre non seulement géographique mais aussi religieux et social de la communauté (*fig. 30*).

b. La montagne dans les mondes chrétiens et musulmans : de l'espace tabou à l'espace conquis, puis protégé

Le monde musulman et le monde chrétien ne sont pas non plus exempts de telles représentations. L'Islam admet l'existence de génies qui mènent une vie parallèle à celle des hommes et encourage le culte des saints, dont les tombeaux (marabouts) donnent lieu à de grands pèlerinages (*moussem*). C'est ainsi que pour les Berbères du Haut Atlas, les sommets sont hantés par des djinns et pour certaines populations comme les Touareg du Hoggar et de l'Aïr, ils sont pratiquement interdits aux hommes. N'oublions pas non plus que jusqu'à la fin du XVIIIe au moins, les hauts sommets des Alpes étaient aussi considérés par les paysans alpins comme la demeure du diable et comme des lieux maudits, comme en témoignent de nombreux toponymes (Mont Maudit, gorges de l'Infernet, Dent du Diable). Seuls les chasseurs de chamois et les cristalliers se hasardaient au-dessus de la zone des alpages et, encore évitaient-ils d'y passer la nuit, par crainte de ne pas redescendre vivants. Chapelles, croix et oratoires édifiés au sommet des montagnes témoignent de la volonté du christianisme de combattre le paganisme des sociétés montagnardes et de délimiter et protéger les territoires gagnés à la Foi par des lieux sanctifiés.

En Europe, le nouveau regard porté sur la nature au XVIIIe siècle et la nouvelle sensibilité attachée aux paysages montagnards a conduit à la désacralisation des montagnes. D'espace affreux et maléfique, la montagne devint alors un objet d'étude scientifique, un paysage à l'esthétique sauvage et romantique à contempler et un nouveau terrain de jeu pour les citadins inventeurs de l'alpinisme. La nuit passée sur le glacier des Bossons par Jacques Balmat lors de l'ascension au Mont Blanc en compagnie d'Horace Bénédict de Saussure, en 1786, brisa les croyances paysannes et ouvrit la voie à la conquête alpine et à un nouvel usage des lieux qui se couvrirent de refuges et d'observatoires scientifiques (refuge Vallot au Mont-Blanc) puis de remontées mécaniques (le premier tronçon du téléphérique de l'Aiguille du Midi est ouvert en 1925). L'alpinisme se diffusa ensuite dans le reste du monde, Caucase, Amérique Latine, Afrique orientale et Himalaya. Certaines montagnes considérées comme sacrées y étaient alors interdites à l'ascension et le sont demeurées jusqu'à très récemment comme le Machhapuchhare dans le massif de l'Annapurna au Népal. Aujourd'hui encore, les Sherpa qui travaillent pour le compte des expéditions lancées à l'assaut de l'Everest célèbrent toujours un rituel au camp de base pour éviter la colère des divinités (*cf.* photo p. 150).

La diffusion du christianisme sur d'autres continents n'a pas totalement fait disparaître les croyances anciennes. Dans le monde andin christianisé par exemple, le fond de croyance animiste de l'époque précolombienne persiste. La distinction entre l'étage de la *puna* et l'étage *quechua*, entre le haut et le bas, entre le monde des divinités et le monde des hommes, est une des oppositions les plus communes de la cosmogonie indigène. Les hautes montagnes sont le royaume d'esprits puissants qui dominent les vallées et auxquels les habitants doivent rendre un culte pour s'attirer leurs bonnes grâces. Dans les Andes vénézuéliennes ou équatoriennes, le *pàramo*, de même que la *puna* en Bolivie ou au Pérou, est de fait perçu comme un espace aux marges de l'humanité car peuplé de génies de la montagne et de bêtes sauvages dangereuses. Les animaux d'élevage, par leur capacité à circuler entre les basses vallées en hiver et les *pàramos* en été, servent, dans ce contexte, de médiateurs entre les hommes et les génies, entre les habitants de l'aval et les dieux de la montagne. C'est par l'intermédiaire des troupeaux que les montagnards apprivoisent le milieu du *pàramo* et qu'ils peuvent vivre en sécurité dans les villages d'amont. Par opposition à la montagne, siège des divinités précolombiennes, les êtres surnaturels qui peuplent les vallées sont d'origine hispanique et se réfèrent aux croyances du monde chrétien : âmes errantes du purgatoire, farfadets, diable (de Robert, 1996 et 2001).

Cependant la laïcisation progressive des sociétés introduit également des changements dans leur rapport à la montagne et aux éléments naturels qui la composent, changements qui ne sont pas non plus sans conséquences sur la façon dont sont perçues et gérées les ressources naturelles.

Nous avons vu précédemment que dans les espaces où s'étendent les forêts, les hommes doivent sans cesse négocier leur présence avec une foule d'esprits et de divinités du sol aux pouvoirs ambivalents, bénéfiques ou maléfiques qui cohabitent avec eux. Les différents interdits qui frappent tels secteurs du territoire montagnard ou

Rituel au camp de base de l'Everest.

telle espèce animale ou végétale constituent une sorte de contrat avec la nature qui joue un rôle protecteur. C'est pourquoi des portions de forêts considérées comme sacrées sont mises en défens par les communautés montagnardes. Chaque village possède, en Himalaya comme d'ailleurs en Afrique, son bois sacré où il est interdit de couper des arbres. Certaines espèces végétales ne peuvent être utilisées car elles sont considérées soit comme taboues soit comme impures, comme c'est le cas chez les minorités ethniques montagnardes du Viêt Nam.

Pour certains auteurs, soucieux de la protection de l'environnement, ces croyances favoriseraient la conservation des milieux. Pour d'autres, elles seraient au contraire un frein, dans la mesure où la forêt, par exemple, n'est pas considérée comme une ressource que l'on peut exploiter ou protéger, au sens occidental du terme. Au Népal, l'avancée de la scolarisation et l'ouverture au monde moderne a modifié le rapport au sacré des sociétés népalaises vis-à-vis de leur environnement. Déjà, on constate dans certaines vallées comme celle de l'Ankhu Khola, converties au christianisme sous l'action d'églises américaines, que les bois sacrés sont désormais coupés en cas de besoin, sans crainte des représailles divines (Ripert, 1996). Mais dans le même temps, certains chrétiens se font les défenseurs de la forêt face à certaines pratiques rituelles bouddhistes (utilisation des genévriers pour les fumigations, coupe d'arbres pour l'édification des mâts de prières), qu'ils accusent de détruire la forêt. Les villages bouddhistes de la vallée quant à eux, protestent en se déclarant au contraire d'ardents défenseurs de l'environnement, dans la mesure où ils conservent toujours leurs bois sacrés. D'autres, au contraire, utilisent ostensiblement une profusion de bois pour marquer l'identité religieuse de leur territoire. Ces attitudes contradictoires surviennent dans un contexte où le gouvernement népalais et les ONG internationales environnementales cherchent à sensibiliser les populations à la conservation de l'environnement, et mènent une politique systématique de reboisement et de mise en défens des forêts. La forêt devient alors un enjeu identitaire pour chacune de ces deux religions minoritaires du Népal, face à l'hégémonie des populations hindoues qui dominent politiquement et économiquement le pays (Ripert *in* Smadja et *alii*, 2002).

Aujourd'hui, on constate dans le monde occidental laïc une sorte de retour à une certaine sacralisation de la haute montagne, ou du moins à de nouveaux mythes et croyances portés par la sensibilité écologique de nos sociétés industrialisées. La montagne est de plus en plus considérée en Occident comme le dernier refuge d'une pureté et d'une nature sauvage qu'il faut préserver. Cette représentation est bien traduite par l'expression de *Wilderness*, forgée en Amérique du Nord, lorsque les premiers colons européens s'établirent sur les terres indiennes qu'ils croyaient vierges de toute appropriation humaine. Le mouvement écologiste a repris à son compte ce concept de *Wilderness* pour justifier la protection totale de portions d'espaces dits naturels et en particulier dans la haute montagne perçue comme le dernier refuge de cette *Wilderness*. Les campagnes d'opinion dénonçant l'accumulation de déchets au camp de base des expéditions à l'Everest sont très symptomatiques de la symbolique forte que représente la haute montagne enneigée pour les Occidentaux. Il leur est insupportable que soit souillé le Toit du Monde, alors que ces déchets enfouis dans un glacier à 5 500 m d'altitude ne gênent finalement guère que les alpinistes qui campent dessus. En revanche, peu de voix s'élèvent pour dénoncer la pollution des eaux dans la vallée de Katmandou qui concerne pourtant la santé de près d'un million de personnes.

2 Le haut et le bas ou la structuration sociale et politique de l'espace

Dans toutes les sociétés, la notion de hauteur joue un rôle essentiel qui associe à l'aspect physique de la verticalité, une dimension politique, sociale et symbolique. Le couple haut-bas qui définit la hauteur, suggère aussi un ordre politique, social ou rituel présent dans la structuration de la plupart des espaces montagnards. La répartition des populations entre le haut et le bas traduit les modalités anciennes du peuplement, les logiques d'appropriation de l'espace montagnard par les sociétés et les formes du pouvoir. Dans sa dimension verticale, l'espace s'articule en fonction des points hauts qui sont le siège des puissants. Les châteaux, citadelles ou forteresses s'établissent en position dominante à la fois pour mieux surveiller les espaces alentour et profiter d'une position stratégique, mais aussi pour marquer symboliquement le pouvoir exercé sur les gens du bas. Mais c'est toujours au symbolique que revient le dernier mot : si, dans bon nombre de montagnes, les lieux hauts sont les lieux sacrés, les lieux du pouvoir et des populations dominantes, les positions peuvent s'inverser. Un lieu peut être haut socialement alors qu'il ne l'est pas topographiquement.

a. Ordre social et ordre spatial vertical : l'étagement des sociétés

L'Afrique occidentale offre quelques beaux exemples de l'ordre social qui préside à la distribution des populations le long des versants montagneux. Dans les Monts Mandara au Cameroun et d'une façon générale dans les montagnes sèches du Tchad central, la colonisation des hautes terres s'est, dans un premier temps, effectuée par le haut. L'habitat à la fois dense et dispersé s'ordonne de haut en bas en petites unités étagées qui constituent des quartiers et des hameaux correspondant à un segment lignager établi sur des terres contiguës. Ils comprennent des lieux de rassemblement et de travail communautaire, ainsi que les cases et les greniers à céréales. Le nombre et la dimension de ces derniers témoignent de la richesse et du pouvoir du propriétaire. Cette dispersion de l'habitat répond à un souci de sécurité, chaque lieu de vie correspondant à une unité de production, de résidence et de défense, caractérisée par son allure de forteresse sur le modèle du palais du chef de clan. Mais l'étagement montagnard des populations dans les Mandara correspond aussi à une stratification sociale selon la hiérarchie des clans, des lignages et des individus. Les chefs s'établissent toujours sur les crêtes ou les sommets dans de véritables forteresses. En effet, les sommets sont considérés comme la demeure des esprits et des âmes des ancêtres. Ils sont aussi plus proches du ciel c'est-à-dire de la pluie dispensatrice de vie dans ces régions sèches où la seule la montagne recueille l'humidité. Demeurer sur les sommets, c'est marquer son pouvoir sur les autres peuples (Morin, 1996). De même, les éleveurs peuls du Fouta Djalon ont établi leur empire théocratique sur les hauteurs, tandis qu'ils faisaient cultiver les bas-fonds par les peuples de captifs. Au Burundi, un ordre comparable se lit dans le paysage. Il s'appuie également sur la hiérarchie de la naissance selon un principe pyramidal descendant : les fils doivent toujours établir leur maison en dessous de celle de leur père, et celles des frères cadets en dessous de celle de leurs aînés. À terme, l'habitat tend à descendre en se densifiant du haut vers le bas. Il ne s'agit en rien d'un abandon de la montagne au profit des bas versants par les populations, mais d'un ordre social que chaque famille doit respecter.

Dans les montagnes humides de l'ouest du Cameroun, en revanche, la hiérarchie du peuplement et la topographie du pouvoir s'inversent. L'eau ne manque pas au bas des versants alors que les sommets de forme convexe sont secs et ventés et portent des sols pauvres souvent cuirassés. Ils servent de pâture aux chèvres ou sont mis en culture de façon marginale. La partie inférieure plus ou moins concave des versants est cultivée, tandis que les bas-fonds humides portent des cultures de raphia. Dans le pays Bamiléké, la conquête agricole des versants s'est effectuée à partir du bas des versants aux sols riches et abrités des tornades. L'habitat le plus ancien, celui des chefs et notables, est établi sur les basses pentes près de l'eau mais à l'abri des inondations. Il est souvent séparé des marigots par un bois sacré. Plus on s'élève sur le versant, plus on rencontre des maisons qui ont un rang de moins en moins élevé au sein de la chefferie. La notion de commandement introduite par la topographie cède ici le pas à la signification symbolique donné au lieu. Dans les montagnes humides, le bas l'emporte sur le haut, alors que dans les montagnes sèches, c'est le haut humide qui est lieu de prestige et de pouvoir. Dans les deux cas, c'est l'humidité qui est le point commun des sites les plus recherchés.

Dans l'Himalaya, l'étagement des différents groupes ethniques est un produit de l'histoire, mais renvoie aussi symboliquement à la hiérarchisation socio-religieuse imposée par les populations hindoues, sur les populations bouddhistes et animistes.

La position de l'Himalaya au carrefour de plusieurs grandes aires de civilisation, l'ampleur des versants, et un triple mouvement de peuplement par grandes vagues migratoires d'origine différente ont entraîné en effet une disposition étagée des trois principaux groupes ethniques à l'échelle de la chaîne, même si depuis, les régions les plus basses ont connu un certain brassage ethnique (*fig. 31*).

La majorité de la population du Népal a pour origine des riziculteurs hindous venus du NO de l'Inde entre le XIe et le XIIIe siècle, qui fuyaient devant les invasions musulmanes : ils ont fondé de petites royautés et ont occupé, d'ouest en est, les basses vallées, les bassins intramontagnards et les contreforts de la chaîne en dessous de 2 000 m. Maîtrisant parfaitement les techniques d'irrigation, ils se sont appropriés les

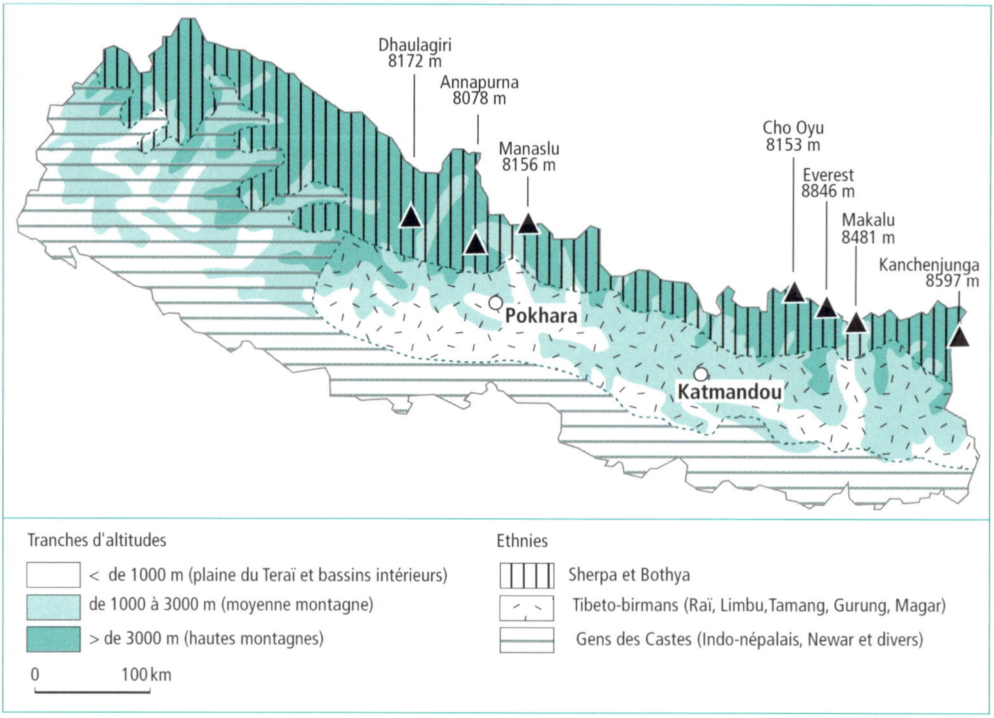

Figure 31 : L'étagement des principaux groupes de population au Népal.
Sources : Isabelle Sacareau, d'après *Géographie Universelle,* Belin-Reclus.

meilleures terres de l'étage tropical et subtropical, où leur habitat très dense se disperse au milieu des rizières qui occupent les versants, jusqu'à une altitude maximum de 1 800 m, limite supérieure de la culture du riz. Parallèlement, le nord du haut Himalaya était peuplé à partir du XVIe siècle par des gens de culture tibétaine, qui sont partis en ordre dispersé du Tibet vers le sud, probablement à la suite de persécutions religieuses occasionnées par les querelles entre différentes écoles bouddhistes. Ces populations nomades et semi-nomades se sont installées dans les hautes vallées glaciaires entre 2 500 et 3 700 m d'altitude. Adaptées au climat froid et à la vie en altitude, elles pratiquent une économie mixte, mi-pastorale, mi-agraire, et ont su s'adapter aux conditions rudes des hautes vallées. Les plus célèbres sont les Sherpa. Leur habitat groupé se localise sur les terrasses fluvio-glaciaires, au milieu de maigres champs d'orge et de pommes de terre, parfois irrigués par l'eau des torrents et de la fonte des glaciers. Cette agriculture de subsistance n'est qu'un complément de l'élevage des yacks, des chèvres et des moutons.

Entre ces deux groupes, se sont intercalés de petits groupes d'agriculteurs itinérants sur brûlis de langue tibéto-birmane (Raï, Limbu, Tamang, Gurung, Magar), qui arrivaient par vagues migratoires de l'est de la Chine et de la péninsule indochinoise. Adaptés à la vie en forêt, ils colonisèrent d'abord les moyens versants de l'étage montagnard, en redescendant progressivement vers les fonds de vallées, avant d'être arrêtés par les populations hindoues qui occupaient déjà les bas versants. Les Tibéto-Birmans ont alors fini par se sédentariser et par adopter la culture en terrasse sur le modèle des riziculteurs hindous ; ils y font pousser du maïs, du blé et des millets. À l'échelle régionale, chaque grand groupe ethnique exploite donc un étage particulier. À l'échelle locale en revanche, cette répartition altitudinale des populations n'est pas aussi claire. Certains versants sont occupés par une seule ethnie, d'autres par des ethnies réparties selon l'altitude, d'autres par des ethnies dont la répartition traduit l'ordre d'arrivée et les relations de pouvoir politique, socio-religieux ou économique qui se nouent entre elles. Tout dépend en fait de l'amplitude des versants. De plus, les mouvements de population récents ont brouillé quelque peu cette organisation ethnique de l'espace, particulièrement dans les étages de basse altitude, sans toutefois le faire disparaître dans certaines régions.

Dans les villages pluriethniques, l'étagement des populations est souvent reproduit à l'échelle du versant avec trois zones bien définies qui correspondent également à des zones de culture : le *lekh* correspond à la partie la plus haute. C'est une zone considérée comme froide et pauvre, où sont cantonnés les basses castes et les populations tibétaines. On y cultive surtout des pommes de terre (*lekh bari*). Le *aul* désigne le bas du versant, l'endroit chaud et fertile où l'on peut irriguer les rizières (*khet bari*) et où vivent les Indo-Népalais mangeurs de riz. La zone intermédiaire est celle des cultures sèches ou *pakho bari* qui donne accès à la forêt où se regroupent en général les Tibéto-Birmans.

Dans le district de Gorkha par exemple, où cet étagement est particulièrement bien réalisé, les bas versants portent un peuplement pluriethnique, dominé toutefois par les Indo-Népalais. On peut mettre en relation l'étagement des populations et des milieux avec les découpages du territoire. Les communautés villageoises au Népal ont été regroupées en *Village Development Committee*. La densité du maillage territorial décroît avec l'altitude et le type de population considéré. Le maillage le plus dense correspond aux terres fertiles et chaudes de l'étage subtropical qui peuvent porter de fortes densités. Il correspond aussi à l'appropriation de l'espace par une société de castes, où la segmentation de la société se traduit par la dispersion de l'habitat et le morcellement du territoire. En revanche, sur les terres moins riches et plus élevées de l'étage montagnard et subalpin occupées par les Tibéto-Birmans et les Tibétains, les communautés montagnardes sont regroupées en gros villages monoethniques. Elles compensent les contraintes du milieu par un solide esprit communautaire fait de solidarités, d'échanges de services et d'acceptation de fortes contraintes collectives.

Ce mode de découpage de l'espace entre le haut et le bas qui s'observe aux différentes échelles correspond aux divisions socio-religieuses de la société de castes hindoue. Le couple haut/bas renvoie au couple pur/impur qui fonde la hiérarchie des castes. Toutefois, le modèle d'organisation de la société en castes hiérarchisées, s'il s'appuie sur la dimension verticale de l'espace, pense cette dichotomie entre le haut et le bas de façon symbolique, quelle que soit la réalité topographique (*fig. 32*). Les castes les plus pures dans l'échelle sociale sont placées en bas sur l'échelle topographique, de même que les notions de haut et de bas pour classer spatialement et rituellement les castes sont tout aussi prégnantes dans la plaine du Gange.

Aujourd'hui, l'essor du trekking et de l'himalayisme a favorisé l'ascension sociale des Sherpa. Ces derniers appartiennent aux groupes tibétains qui vivent à haute altitude. Classés très bas dans la hiérarchie des castes, leur enrichissement grâce au tourisme, et le prestige national voire international qu'ils ont acquis en participant à la conquête des grands sommets himalayens, a revalorisé leur statut au sein de la société népalaise. À tel point que certains Népalais des basses collines n'hésitent plus à se faire appeler Sherpa ou Lama, patronymes dénonçant autrefois un bas statut, pour se faire engager dans les équipes de trekking ou d'expédition.

Ailleurs en Asie, en particulier dans les montagnes du nord de la Thaïlande, on retrouve aussi, mais de façon moins élaborée, un certain étagement ethnique : les Khon Muang occupent les plus basses terres au-dessus des plaines dominées par les Thaï. Les vallées et les versants jusqu'à 1 200 m d'altitude sont le domaine des Karen et des Môn-Khmer, tandis que les hautes terres sont contrôlées par les Tibéto-Birmans ou les Hmong-Yao, cultivateurs de pavot. Toutefois, là aussi, la distinction entre ces trois étages de population tend à s'estomper, car des échanges de main-d'œuvre et de fortes mobilités se sont généralisés entre les étages : les Karen cultivent le pavot des Hmong et s'emploient dans les basses vallées comme journaliers, tandis que les Khon Muang ont tendance à remonter en altitude en défrichant la forêt du fait de la pression démographique dans les bassins et fonds de vallée.

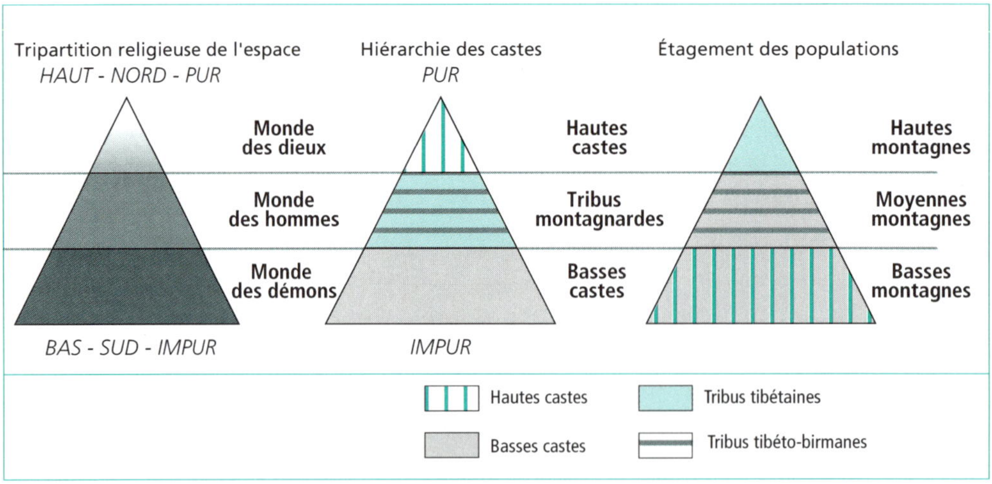

Figure 32 : Tripartition et hiérarchisation socio-religieuse de l'espace dans l'Himalaya du Népal.
Conception Isabelle Sacareau.

b. Étages du pouvoir et statut social des populations montagnardes en Afrique orientale et dans les Andes

Certaines montagnes font figure de bastions, sièges d'un pouvoir capable de dominer les plaines. À Madagascar, l'Imerina est considéré depuis le XVIe siècle comme le centre du pouvoir royal. Les souverains malgaches se sont appropriés le pouvoir symbolique attribué aux montagnes par les premiers occupants pour asseoir leur domination sur le reste de l'île. Ils y ont enterré leurs ancêtres et en ont fait des lieux de culte. L'habitat le plus ancien est généralement placé sur le haut des collines ou des montagnes, alors que l'habitat plus récent est installé sur les terres basses et plates. Mais sur le plan symbolique, tout lieu où réside le roi est considéré comme haut. Un village, même s'il est localisé sur des terres basses, peut être considéré comme placé au sommet, dans la mesure où un roi y a résidé, car aucun souverain ne peut être installé en position inférieure.

Dans la montagne éthiopienne, Jean Gallais a montré qu'il existait un étage privilégié du pouvoir, la *dega* autour duquel s'ordonnait le territoire. Le terme de *dega*, qui désigne la montagne pour les populations éthiopiennes, correspond à l'étage tempéré entre 2500 et 3500 m. Cet étage tempéré, à l'abri des maladies de la plaine et qui concentre les plus fortes densités de population de l'Éthiopie a une signification, non seulement écologique et économique, mais aussi historique. Elle est le domaine exclusif des Tigréens et des Amhara, les populations dominantes du bastion abyssin, qui ont su unifier par la langue amharique, l'écriture et la religion chrétienne un ensemble de populations réparties dans les autres étages, pour forger un royaume à la forte identité, dont la permanence a été remarquable tout au cours de l'histoire du pays. C'est lui qui a toujours concentré les grandes villes et particulier la capitale, Addis Abeba. De plus la pratique de la traite d'esclaves capturés dans les plaines chez les peuples non-chrétiens a rassemblé la population servile dans cet étage de prestige. Il a joué le rôle d'espace-refuge à chaque fois que l'État éthiopien était menacé par les envahisseurs venus des plaines sèches périphériques. C'est l'étage du repli défensif où s'installaient les populations excédentaires en période d'insécurité, malgré le froid qui est ici un réel facteur limitant. En revanche la partie basse, la *woïna dega* ou montagne de la vigne, entre 1500 et 2500 m, plutôt favorable sur le plan agricole, mais touchée par le risque de maladies, n'a fonctionné qu'en période de dynamisme politique et militaire de l'État. La *kola*, qui correspond aux basses terres est resté le domaine des Afar, éleveurs nomades à l'Est et des agro-éleveurs de la frontière soudanaise (Gallais, 1989).

Dans les Andes, la situation est plus complexe. La Cordillère a abrité un très grand nombre de groupes ethniques de tailles diverses, divisés en chefferies, qui ont été à plusieurs reprises redistribués dans l'espace au cours de l'Histoire, en passant sous la domination territoriale des Incas, puis des Espagnols.

Les Indiens aymara qui vivent dans la région du lac Titicaca, par exemple, étaient établis avant la conquête des Incas sur les terres les plus hautes et les plus sèches de la *puna*, où ils pratiquaient une agriculture fondée sur les tubercules, mais surtout l'élevage des lamas et des alpagas. La population se regroupait sur des sites fortifiés pour assurer la protection des hommes et des biens. Leur système de valeurs divisait l'espace en deux ensembles dissymétriques, les terres hautes, *Urcu* et les terres basses *Uma*, à la fois séparées et reliées par l'espace intermédiaire ou *Taypi* que constituait le lac Titicaca. Les Aymara, ethnie dominante numériquement et politiquement, s'identifiaient à l'*Urcu* auquel était associé des valeurs masculines et guerrières. L'*Uma*, peuplé par les ethnies Uru et Pukinas, était à l'inverse associé à l'eau, au bas et au principe féminin. Par ailleurs, habitants de l'altiplano, les Uru et les Pukinas comme les Aymara, entretenaient des relations d'échanges et de domination sur d'autres terres basses qui leur étaient associées et où ils se fournissaient en denrées indispensables ou rares : les *yungas* sèches du versant occidental des Andes pour les Aymara et les *yungas* humides du versant amazonien pour les peuples de l'*Uma* (*fig. 33*).

Les Incas, dont le centre de l'Empire était localisé à Cuzco, ont à la fois repris cette structuration verticale des populations et l'ont modifié en favorisant le brassage des ethnies sur un plan « horizontal ». L'Inca n'hésitait pas en effet à déporter en masse les ethnies récemment soumises dans des régions qu'il contrôlait et à envoyer les populations loyales près des cités et des places fortes des marches du territoire, afin d'en assurer la sécurité. Ces déplacements considérables de population entraînèrent le démembrement des ethnies, qui en se retrouvant isolées dans des régions inconnues, se trouvaient directement placées sous l'autorité et la dépendance de l'Inca qui leur fournissait des terres localisées dans les différents étages écologiques et des pâturages sur la *puna*. Les conquistadores espagnols ont fait de l'étage tempéré, l'étage du pouvoir colonial, en y établissant leurs *encomiendas*, ancêtres des haciendas regroupant les populations indigènes soumises, et les paroisses chargées de les encadrer et de les évangéliser. Une organisation horizontale de l'espace s'est alors mise en place, en même temps que de nouveaux brassages de population et les migrations simplifiaient la structure des populations andines en créant deux grandes catégories : les créoles descendants des Espagnols, installés à l'étage tempéré, celui du pouvoir colonial, et les Indiens refoulés aux étages supérieurs.

Aujourd'hui, les Andes équatoriennes, péruviennes et boliviennes sont des campagnes à majorité indienne. Toutefois, les migrations de populations ont redistribué les cartes entre montagne et plaine. En Colombie, les paysans andins, d'origine indienne, se sont fondus dans la population métis et créole, pour former une société assez largement métissée qui se définit avant tout comme colombienne. En revanche, au Pérou, la période coloniale et post-coloniale a cristallisé l'identification de la haute montagne andine à la population indienne, au berceau prestigieux de l'Empire inca mais aussi à un foyer de misère et de guérilla qui en font une région à problèmes, et de l'Indien, une minorité dangereuse (Dollfus, 1989).

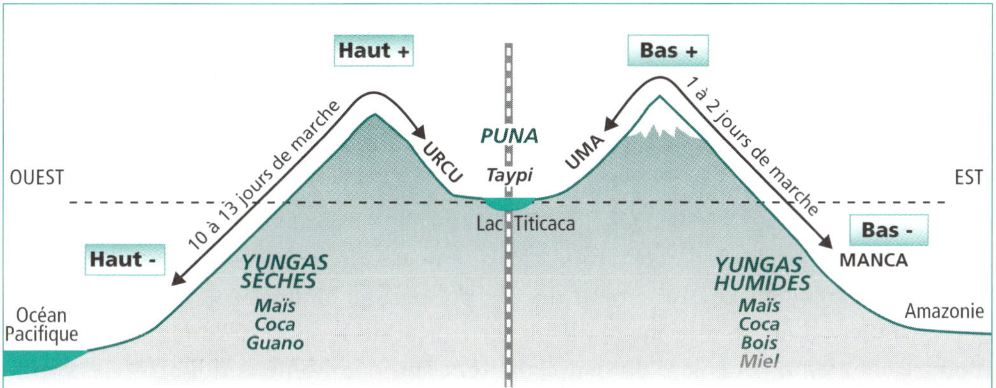

UMA Terres hautes des Aymara
URCU Terres basses des Uru et des Pukina
Taypi Espace intermédiaire de rencontre et de séparation
▬▬▬ Dualisme opposant le versant pacifique au versant amazonien l'URCU à l'UMA
- - - - - Opposition haut / bas
⟷ Relations verticales de domination et d'échanges entre le haut et le bas
PUNA Étage écologique
Maïs Produits échangés

	Paysage	Étages	Situation topographique	Symbolique	
URCU	Hauteur de la puna	***PUNA***	Haut	**Haut +**	*Homme, supérieur droite, sec*
UMA	Vallée et bord de lac de la puna	***PUNA***	Haut	**Haut -**	*Femme, inférieure gauche, humide*
ALAA	Vallées côtières sèches	***YUNGAS SÈCHES***	Bas	**Haut -**	
MANCA	Vallées amazoniennes humides	***YUNGAS HUMIDES***	Bas	**Bas -**	

Figure 33 : L'organisation de l'espace des indiens Aymara du lac Titicaca.
Source : d'après T. Bouysse-Cassagne, « L'espace aymara : urcu et uma » *in Anthropologie historique des sociétés andines*, Annales ESC, n° 5-6, sept.-décembre 1978.

En Équateur, les indiens de la *sierra* n'ont guère meilleure presse. La migration est alors l'occasion d'échapper non seulement à un milieu difficile et pauvre mais aussi à une certaine stigmatisation sociale. Fabien Pouille a montré dans sa thèse que lorsque les *serranos* (habitants de la *sierra*) émigrent vers le versant occidental de la cordillère, leur représentation de l'espace et d'eux-mêmes se modifie au contact des sociétés urbanisées. Les Indiens installés depuis longtemps sur le piémont tendent à s'assimiler à la population métis et à s'identifier à elle de façon à échapper au statut dévalorisé de l'Indien (Pouille, 2000).

II. Configurations territoriales et formes d'appropriation du sol

Les petits groupes humains qui se sont implantés à l'origine dans la montagne l'ont abordée soit par le bas, en remontant les vallées, soit par le haut, en franchissant des cols pour se déployer sur les versants, lorsque ceux-ci disposaient d'une amplitude suffisante pour permettre l'occupation d'un même versant par plusieurs communautés humaines. Dans leur cheminement, ils ont été parfois bloqués par d'autres peuples déjà installés. Il en résulte un maillage territorial de l'espace montagnard plus ou moins lâche, selon la densité du peuplement et la topographie et qui offre des configurations spatiales qui ne s'appuient pas forcément sur des logiques verticales. Au sein des finages ainsi constitués, les communautés paysannes montagnardes se sont partagées le sol et les ressources disponibles selon des modalités diverses d'appropriation foncière, qui ont pu être modifié par la suite par l'intervention d'acteurs exogènes (colonisateur, État, entreprises, citadins) et des effets de l'urbanisation, de l'industrialisation et du développement touristique.

1 Les établissements humains en montagne

La plupart du temps le peuplement des montagnes s'est effectué par les vallées qui offraient des axes de pénétration commode des massifs. C'est sur elles, ainsi que sur les grands versants à forte dénivellation des très grandes montagnes que repose le partage de l'espace entre les groupes humains et la constitution des finages, premier échelon du maillage territorial des montagnes. Plusieurs grands types de configurations spatiales et de découpage territorial sont alors possibles selon la largeur de la vallée, son profil longitudinal et la plus ou moins grande ampleur de ses versants qui conditionnent en partie l'accès aux ressources pour les communautés rurales.

a. Les finages appuyés sur les vallées

Dans les plus grandes vallées, à large fond, les grands cours d'eau sont difficiles à franchir et constituent une limite forte entre les communautés humaines. Celles-ci s'établissent de part et d'autres de la rivière en entretenant peu de contacts, selon trois modalités : les territoires confinés dans le fond des vallées (ex. rive gauche de l'Isère en Grésivaudan), où l'habitat évite une trop grande proximité des cours d'eau aux crues torrentielles en s'installant sur les hautes terrasses alluviales ; les territoires confinés sur le versant sans accès au fond de vallée occupée par le type précédent, mais qui disposent en général d'un accès à la forêt et parfois, si le versant est suffisamment long, à des zones de pâturage ; les territoires associant le fond de la vallée et le versant. Ces derniers correspondent le mieux à l'image que l'on se fait des territoires de montagne. Dans les montagnes de la zone tempérée comme les Alpes, la densité de

Terroir rizicole de fond de vallée au Népal.

l'occupation humaine varie selon l'exposition. L'adret (dans les alpes) ou soulane (dans les Pyrénées) est grâce à son ensoleillement, le plus peuplé et le plus cultivé. Les finages y sont plus petits. L'ubac ou ombrée, plus froid et plus humide, est beaucoup plus boisé et de ce fait moins peuplé avec des finages plus grands. Dans certaines communes, le tourisme a entraîné l'édification de stations de ski en altitude, d'où un dédoublement de l'habitat comme à l'Alpe d'Huez, Orcières-Merlette ou Vars.

Dans les pays industrialisés, le fond de ces grandes vallées a pu accueillir les voies de communication et les établissements industriels et urbains (vallée de l'Isère). Des ponts facilitent désormais le passage d'une rive à l'autre des torrents. Étant donné l'exiguïté relative de l'espace dans les fonds de vallée, l'urbanisation a parfois conduit à l'occupation des basses terrasses alluviales par des lotissements, qui se trouvent dès lors soumis au risque d'inondation. Le cours des torrents doit être régularisé afin de protéger les établissements humains des crues torrentielles. Dans les couronnes périurbaines des villes, l'habitat aisé a tendance à se percher sur les adrets des communes dont le territoire domine ces grandes vallées (communes du versant de la Chartreuse au-dessus de l'Isère près de Grenoble), tandis que le tourisme et surtout les résidences secondaires redonnent vie à l'habitat d'altitude que constituent les chalets d'alpage.

Dans les vallées glaciaires plus petites dont le torrent est facilement franchissable, l'espace cultivable se raréfie ne permettant qu'à une seule communauté d'occuper à la fois le fond de la vallée et les deux versants, qui peuvent être d'ailleurs dissymétriques. Chacun des territoires se dispose alors en tranches plus ou moins régulières depuis l'amont vers l'aval (Val de Conches dans le Haut-Valais) ou selon le profil longitudinal des vallées glaciaires.

Certains villages situés en amont peuvent compenser leur position en altitude par leur situation à la confluence de plusieurs hautes vallées (cas de Saint-Véran, dans le Queyras, de Val-d'Isère en Savoie ou encore de Zermatt, dans le Valais suisse). Ces finages étoilés offrent l'avantage d'élargir l'espace cultivable en multipliant les versants et donc les contrastes d'exposition et en donnant accès à de vastes pâturages et à des réserves forestières, dont ils peuvent négocier l'usage avec les villages situés plus bas. De plus, dans les montagnes tempérées du monde industrialisé, ce type de site est particulièrement intéressant dans le cadre des sports d'hiver, par la variété des pistes de ski aménageables.

Plus bas, les ombilics glaciaires offrent un espace élargi où les villages et les cultures peuvent s'établir facilement. Certains forment de véritables bassins exploités, selon leur taille, par une ou plusieurs communautés rurales. Lorsque les vallées se resserrent en verrou, les villages se suspendent au-dessus de la gorge de raccordement ou occupent le verrou glaciaire qui offre un bon site défensif. De même, dans les vallées torrentielles à fond étroit, coupées de gorges, les conditions d'implantation des hommes sont rendus difficiles voire impossibles. Les rares établissements humains accrochés à des lambeaux de terrasse surplombant la rivière, ou localisés près des sites de pont ou sur des verrous glaciaires, ne peuvent guère vivre que du passage et d'activités commerciales ou militaires.

Enfin, les très grandes montagnes de la zone tropicale et subtropicale qui disposent de longs versants se déployant de part et d'autre des vallées, permettent à plusieurs communautés de s'établir à des niveaux d'altitude différents sur un même versant. C'est le cas fréquent du Moyen-Pays de l'Himalaya du Népal où les villages groupés des Tibéto-Birmans se perchent sur de longs versants cultivés surplombant des vallées étroites où s'accroche la forêt. Celle-ci couvre le haut des champs cultivés avant de céder la place aux pelouses d'altitude.

b. Les finages installés sur les crêtes et les interfluves

Le peuplement des vallées et des versants n'est cependant pas le seul mode d'occupation de l'espace possible en montagne. Les populations d'agriculteurs ont cherché, dès qu'elles le pouvaient, à occuper les espaces plans où elles pouvaient facilement cultiver. Les piémonts aux pentes douces et bien irrigués par l'eau venant des montagnes offrent les conditions les plus favorables (piémont du Dir au nord de l'Atlas marocain, piémont pyrénéen). La situation des villages au débouché des vallées montagnardes sur la plaine favorise l'établissement de marchés (soukhs du versant

Village sur crête du Moyen Pays dans l'Himalaya du Népal.

sud de l'Atlas, comme Boumalne de Dadès). Il en est de même des hautes surfaces d'altitude (altiplano), ou des grands bassins intra-montagnards (sillon alpin) qui ne constituent pas d'obstacle topographique à l'établissement. Dans les Andes péruviennes, ces hautes surfaces planes ou légèrement bosselées sont quasi continues sur 1 500 km. Les bassins intramontagnards aux formes amples sont également intensément occupés (rives du lac Titicaca ou régions des Grands Lacs en Afrique orientale). L'occupation et l'exploitation du sol se font alors selon une logique horizontale qui n'a pas grand chose à voir avec l'image d'occupation verticale de l'espace que l'on associe généralement à la montagne.

Un autre type se rencontre, en particulier dans les montagnes africaines, qui valorise les interfluves et en particulier les sommets des collines aux pentes convexes trop raides et des moyennes montagnes. En effet, les montagnes d'Afrique déploient de grands plateaux étagés (Fouta Djalon) favorables à l'implantation humaine, une fois franchies leurs contreforts abrupts, ou de vastes collines aux sommets convexes, où l'habitat peut se disperser (Afrique des Grands Lacs). Dans ce cas, le territoire villageois articule trois types d'unités topographiques : les sommets, les pentes et les bas-fonds que les hommes exploitent de façon fort différenciée. Sur le plateau central du Rwanda, formé de collines aux formes convexes de demi-orange, les terroirs habités et cultivés (bananeraies) sont situés sur les sommets arrondis des collines et des épaulements de relief, où les sols sont assez épais et bien égouttés. Les versants raides portent de maigres pâturages. Il séparent la principale zone cultivée des bas-fonds et marais cultivés en billons et servent aussi de réserve d'espace en cas de pression démographique.

Dans les montagnes moins élevées et extrêmement morcelées de la dorsale camerounaise, le territoire des populations sédentaires n'obéit plus guère à une logique de vallée ou de versant mais à une logique topographique qui se calque sur l'extrême fragmentation du relief. À chaque unité topographique (inselberg, petit massif, alvéole, bassin ou versant) correspond une unité de vie allant du hameau à la chefferie. Ces dernières sont de tailles très diverses, mais s'appuient toujours sur un relief. L'identification d'une chefferie à une montagne demeure très forte dans les Monts Mandara ou dans les montagnes du Tchad, où le nom des villages correspond souvent à celui de la montagne ou du piton rocheux où il est établi. Les montagnes forment ainsi des sortes d'îles occupées par un groupe particulier, une communauté homogène qui leur est fortement attachée.

Au Cameroun, Denis Gautier a tenté de modéliser la structure du pays Bamiléké, en s'appuyant sur les outils de l'analyse spatiale et en partant de l'hypothèse que se répètent à toutes les échelles les mêmes structures spatiales : l'étagement en bandes de l'utilisation de l'espace selon des variations altitudinales, les oppositions centre-périphérie, le décentrement des centres de décision, les dissymétries axiales, les dynamiques d'expansion (Gautier, 1996). Le territoire des Bamiléké est constitué de concessions familiales regroupées en chefferies qui s'organisent de façon emboîtée de l'échelle locale à l'échelle régionale. Les configurations spatiales élémentaires prennent la forme de bandes parallèles découpant les versants verticalement selon le sens de la pente, depuis le sommet des collines jusqu'aux bas-fonds. Ces tranches de versants occupées par les concessions familiales se juxtaposent en structures collinaires, regroupant les groupes familiaux issus d'un même lignage. Elles mettent en valeur un espace correspondant à une colline ou à une tranche de bassin-versant. Au niveau des chefferies, on retrouve une organisation spatiale similaire où les territoires qui épousent les collines s'agrègent en un plateau incliné à l'échelle régionale. Celui-ci offre sur 30 km toutes les facettes écologiques possibles depuis la bordure du plateau à 1 200 m jusqu'aux Monts Mambouto culminant à 2 400 m.

À cette organisation en bandes verticales, s'ajoute une structuration de l'espace en auréoles concentriques à partir du centre que constitue le lieu de commandement de la chefferie où vivent les descendants des lignées fondatrices. Les plus fortes densités de population s'observent dans une première auréole qui entoure ce centre. C'est aussi là que les migrants qui ont réussi en ville reviennent pour construire des maisons, contribuant à l'urbanisation de la région. Une seconde auréole se distingue par son habitat rural dispersé qui correspond au paysage classique du pays Bamiléké. L'occupation de l'espace connaît un gradient décroissant au fur et à mesure que l'on s'éloigne du centre vers la périphérie. Cette dernière, à l'habitat lâche, est constituée par des pâturages d'altitude, des forêts et des savanes arborées. On retrouve ce gradient centre-périphérie à l'échelle de l'exploitation agricole de la concession familiale.

S'y ajoutent des effets d'axe et de bordure qui s'observent tant au niveau des limites entre concessions qu'à celui des limites entre chefferies. De même, les accès aux différents secteurs de production se marquent par des axes de circulation entre le haut et le bas des versants comme entre le rebord du plateau Bamiléké et le sommet des Monts Mambouto. Les dynamiques spatiales qui conduisent à la conquête de nouvelles terres agricoles sont similaires.

Enfin, dans le Moyen-Pays himalayen, les lourdes croupes de la chaîne du Mahabharat inférieures à 1 800 m, portent un habitat très dense qui se disperse non seulement sur les versants mais aussi sur les lignes de crêtes et les ensellements, car c'est l'itinéraire que suivent les chemins principaux qui évitent les fonds de vallée torrentielles impraticables. Le territoire villageois s'étend alors à cheval sur les versants situés de part et d'autres du col ou de la ligne de crête qui sont entièrement cultivés en terrasse, mais rarement les fonds de vallées trop raides et trop étroits (*cf.* photo p.163). D'autres exemples de finages et d'habitat installés à cheval sur des crêtes se rencontrent dans le monde, comme en Grande Kabylie, où les villages alignés sur des crêtes dominant des versants cultivés ou plantés d'oliviers illustrent un mode d'occupation de l'espace, lié dans le cas de l'Algérie à la fonction de refuge du massif de la Djurdjura.

c. Le cas des îles montagneuses tropicales du Pacifique

Il existe un cas particulier de structure territoriale, celui des îles montagneuses tropicales du Pacifique. En Polynésie comme dans l'archipel de Vanuatu, les îles étaient découpées, un peu comme dans le cas du pays Bamiléké en bandes triangulaires depuis le sommet des montagnes jusqu'au lagon, appelées *fenua* et placés sous l'autorité de chefs ou *ari'i*. Chaque *fenua* comprenait donc de haut en bas un espace de montagne, une ou plusieurs vallées, une portion de versants, de plaine côtière sur la terre ferme auxquels s'ajoutent un espace lagonaire, un morceau de récif et une zone maritime. La montagne et le littoral apparaissent comme complémentaires dans la structuration du territoire. Le lagon jouait un rôle fondamental : véritable garde-manger, il était aussi lieu de croyance et de détente. Si l'espace lagonaire était essentiel dans l'organisation territoriale, la montagne témoignait aussi d'une triple fonctionnalité : exploitée pour ses ressources (alimentaires, bois et matériaux de construction, santé), elle était également un espace initiatique pour les jeunes de l'aristocratie et une montagne refuge pour les exclus, une sorte de gradient social dictant la répartition des hommes. De nos jours, le lagon conserve une place essentielle : il conserve ses anciennes fonctions et est devenu un espace clef du développement touristique. La montagne a connu quelques évolutions, après une période de « vide » elle devient de plus en plus attractive. Actuellement, les zones d'habitation progressent sur les versants, les immeubles modernes dominant le lagon et rivalisant pour les plus beaux points de vue. Par ailleurs, elle est de plus en plus exploitée par des prestataires touristiques qui y organisent des randonnées pédestres ou des « safaris » en 4x4.

La situation géographique et la configuration territoriale des unités de vie et de production en montagne a pu initialement conditionner les choix économiques des communautés montagnardes. Si les versants bien ensoleillés, ou les fonds de vallées larges sont favorables à l'agriculture, c'est beaucoup moins le cas dans les fonds de vallées encaissées ou à très haute altitude. Les villages qui ont accès aux ressources de la forêt et aux alpages peuvent compenser une agriculture déficiente par l'élevage ou pratiquer le commerce lointain. Dans les montagnes tempérées, le ski a pu investir les espaces de pâturage, conduisant souvent à un dédoublement de l'habitat, avec la construction d'une station d'altitude. Un village au territoire exigu et malcommode, du fait de la présence d'un verrou glaciaire ou de l'étroitesse d'une vallée peut profiter de cette situation pour commander le passage et servir d'intermédiaire commercial entre les villages du haut et ceux du bas, ou pour vivre des échanges entre les deux rives d'un cours d'eau dont il contrôle le franchissement.

Mais la situation demeure, par définition, une donnée relative : la valorisation d'un espace peut varier dans le temps, selon l'évolution des besoins et des pratiques de la société, ainsi que des techniques qu'elle est capable de mettre en œuvre et de ses choix possibles, dans un contexte socio-économique et politique donné. Ensuite, les communautés montagnardes ne vivent pas en autarcie. Elles entretiennent, selon leurs positions respectives, des relations d'interdépendance pour l'accès à l'eau, aux ressources de la forêt ou aux pâturages, comme nous l'avons vu au chapitre précédent. Ces relations, qui peuvent être fondées sur des liens fonctionnels comme sur des liens ethniques, sociaux ou familiaux, peuvent dessiner des territoires plus vastes, à l'échelle d'une vallée ou d'une petite entité régionale comme le montre l'exemple du pays Bamiléké. Enfin, les différents groupes sociaux, au sein des communautés montagnardes, s'approprient l'espace disponible et le gèrent selon des modalités qui varient en fonction des structures sociales, des rapports de force et de l'histoire de chacune des sociétés concernées.

2 Le partage des ressources au sein du territoire villageois

À l'échelle du territoire de chaque communauté agraire, s'opère un découpage de l'espace en fonction des formes privées ou collectives d'appropriation du sol. Les populations doivent en effet se partager les terres cultivables, les forêts, les pâturages et parfois l'eau, ressource précieuse dans les montagnes sèches. Les règles de propriété sont innombrables et complexes, tant elles sont le fruit de l'extrême diversité des sociétés qui vivent et exploitent la montagne. Il est impossible d'en dresser un tableau complet, tout au plus d'indiquer quelques principes généraux qui se retrouvent dans un grand nombre de montagnes et qui permettent de comprendre les structures et les dynamiques socio-économiques des sociétés montagnardes. Chaque finage associe la plupart du temps des espaces de propriété privée et des espaces collectifs dont la gestion peut prendre des formes très diverses.

a. La propriété privée

La propriété privée est généralement le fait d'exploitations agricoles familiales en faire-valoir direct ou indirect. Dans certaines communautés montagnardes d'Asie et d'Afrique, la terre appartient en théorie au clan, aux ancêtres, au chef ou au roi, mais chaque famille dispose librement des parcelles dont elle a l'usage de façon héréditaire et inaliénable. La petite propriété en faire-valoir direct demeure la règle dans la plupart des montagnes où se sont maintenues d'anciennes et solides communautés rurales. Elle est caractérisée par de fortes discontinuités, tout comme c'est le cas des terres collectives (*cf. encadré p. 172 et chapitre 6. 1*).

En Europe, la grande propriété n'a jamais réussi à s'imposer, du fait du désintérêt des classes possédantes pour un milieu jugé trop contraignant, et du fait de la présence d'une paysannerie nombreuse de petits propriétaires très attachés à la terre. Dans les Alpes, par exemple, la propriété féodale et urbaine n'a jamais pu s'imposer car la paysannerie alpine était très attachée au principe selon lequel la terre appartient à celui qui la met en valeur. De plus le fonctionnement autonome et communautaire de nombreuses vallées, sous la forme de petites républiques aux fortes structures collectives, voire démocratiques dans les vallées pyrénéennes (vallée d'Ossau) ou alpines (République des Escartons dans le Briançonnais) a découragé la propriété féodale. La propriété paysanne domine donc et a su résister, dans de nombreuses régions, à la pénétration des intérêts étrangers, comme dans le Tyrol autrichien par exemple. Mais cette propriété a eu tendance à s'émietter du fait de la croissance démographique et des partages successoraux, principalement dans les régions de droit romain qui imposent le partage égalitaire des terres (Valais). Dans les montagnes tropicales densément peuplées à forte croissance démographique et à structures agraires inégalitaires, comme en Amérique latine, on constate également un fort émiettement des terres. Dans les montagnes du Maghreb (Rif marocain ou Tell algérien), les exploitations agricoles sont en moyenne comprises entre 2 et 5 ha. Au Népal, la taille moyenne est de 1,4 ha, comme dans les Andes en bordure du lac Titicaca ou encore au Rwanda, où plus de la moitié des exploitations font moins d'un hectare.

En revanche, dans certains massifs peu peuplés, voués à des modes de mise en valeur extensive (Montagnes Rocheuses, Alpes néo-zélandaises), ou dans celles qui ont héritées de modes d'exploitation coloniale (Andes, Afrique de l'Est), se rencontrent de grandes propriétés de type latifundiaires. Elles sont le plus souvent représentées dans les montagnes tropicales par les grandes plantations de l'étage tempéré et subtropical (thé, café), qui coexistent généralement avec de petites plantations et des exploitations vivrières (montagnes d'Asie du Sud-Est).

En Équateur par exemple, coexistent, à l'échelon local, trois structures de nature distincte partiellement imbriquées, qui encadrent les populations indiennes de la montagne andine : la paroisse, la communauté indigène et l'hacienda. La paroisse rurale constitue la circonscription administrative de base. Elle est un héritage de la réduction indigène, forme de regroupement forcé des populations précolombiennes dispersées dans les *ayllus*, à l'époque coloniale, pour favoriser leur évangélisation et leur contrôle économique et politique. Les paroisses comportent toutes un bourg central, autour duquel se distribuent, en fonction des qualités du terroir, les haciendas et les microfundia indigènes. Hormis les fonds de vallée, qui sont occupés la plupart du temps par les haciendas, la répartition entre microfundia et latifundia est plutôt fonction de la pente que de l'altitude. La communauté paysanne, forme d'organisation sociale, culturelle et en partie économique des populations indiennes, est l'héritière de *l'ayllu* mais n'organise pas toutes les familles indiennes. Elle regroupe de micro-exploitations (la majorité font moins d'1 hectare) cantonnées sur les versants les plus raides et les terres les plus pauvres que n'utilisent pas les haciendas, parfois aux limites écologiques de l'agriculture, ainsi qu'une masse de paysans sans terres qui travaillent dans les haciendas. La communauté constitue en elle-même une unité de production et de consommation qui impose ses règles aux unités familiales. Elle contrôle une partie des pâturages, du calendrier agricole et de l'eau d'irrigation, des terres et du cheptel, exploités par le recours au travail collectif obligatoire, et met parfois en place des activités artisanales ou commerciales. C'est aussi un lieu d'affrontement des différents groupes pour le partage des ressources communautaires et le contrôle du pouvoir.

Le grand domaine foncier ou hacienda est à la fois une unité de production et une structure sociale. Les latifundia ont été mis en place à l'époque coloniale et ont été consolidés, après les indépendances, par des lois qui favorisaient la propriété privée aux dépens de la propriété collective. Les haciendas les plus traditionnelles sont caractérisées par une extension considérable de la propriété, une production extensive et l'utilisation d'une main-d'œuvre paysanne dans le cadre d'un système de relations restées quasi féodales. Les lois de réforme agraire ont en théorie libéré la main-d'œuvre, interdit les contrats précaires et donné aux paysans la propriété des petits lopins de terre dont ils n'avaient jusqu'alors que l'usufruit. Mais ont été abolies, par la même occasion, certaines franchises comme l'utilisation des bois et des prairies d'altitude. Les exploitations sont trop petites pour être viables sans travail dans l'hacienda et les salaires demeurent très faibles, contraignant bon nombre de petits paysans à l'exode. Ce n'est pas un hasard si la guérilla maoïste du Sentier Lumineux au Pérou est née dans la région d'Ayacucho, marquée par un contraste saisissant entre une masse de microfundiaires et de paysans sans terres, et de grandes propriétés de plusieurs centaines de milliers d'hectares.

Ces fortes inégalités agraires se retrouvent en Afrique de l'Est, au Kenya où les Britanniques ont délimité au début du XXe siècle des réserves indigènes (Kikuyu, Masaï) qui établissaient un strict cloisonnement des tribus. Ces regroupements forcés ont libéré 30 000 km^2 appelées Hautes terres blanches, exploitées sous la forme de grands ranchs, de plantations de café, de thé et de sisal ainsi que de grands domaines céréaliers assortis d'un élevage de moutons, de porcs et de vaches laitières. Les Britanniques firent venir de nombreux Africains qui, en échange d'un lopin de terres ou de l'autorisation de faire paître leurs troupeaux fournissaient de la main-d'œuvre aux propriétaires blancs.

Pour éviter une pulvérisation excessive de la propriété foncière, de nombreuses sociétés montagnardes ont recours à des formules juridiques particulières, comme le droit d'aînesse ou encore l'héritage inégal qui oblige celui des enfants qui reçoit l'exploitation familiale à dédommager les autres (*Anerbenrecht* dans le droit germanique qui s'oppose au *Realteilungsrecht* caractérisé par un partage équitable entre tous les héritiers). Ces pratiques impliquent un consensus social fort. Dans la région du Trentin-Haut-Adige, par exemple, les exploitations agricoles montagnardes se sont bien maintenues grâce à un statut qui garantit l'indivisibilité des propriétés et la transmission héréditaire de l'exploitation familiale au fils aîné. Les autres héritiers doivent se contenter d'un héritage compensatoire plus faible. La possession d'une terre dont le nom héréditaire est porté sur les cartes topographiques, demeure un signe de prestige qui explique, tout comme l'importance accordée au rôle social du paysan, le maintien d'une partie de la population à la terre, et cela, malgré les difficultés du métier d'agriculteur et les sollicitations qu'offrent d'autres professions (Knafou, 1994).

Dans l'Himalaya du Népal, c'est aussi généralement le fils aîné qui hérite de la terre en même temps que du travail et de la soumission du cadet de la famille. Ce dernier est en effet attaché à la propriété familiale sans droits sur la terre, mais, en contrepartie, il hérite de la maison paternelle car c'est lui qui est chargé d'assurer les vieux jours des parents ; les autres enfants doivent partir pour pratiquer d'autres métiers, s'engager comme soldats, ou entrer dans un monastère bouddhiste. Les populations tibétaines quant à elles pratiquent la polyandrie (tous les frères d'une maison se partagent la même épouse) qui permet à la fois de contrôler les naissances et de limiter la division des héritages.

Des stratégies comparables de régulation démographique et foncière existaient aussi dans les Pyrénées et en particulier dans la vallée d'Ossau jusqu'à ces dernières années : la tradition veut que seul l'aîné hérite, qu'il soit de sexe masculin ou féminin, et que seuls les deux premiers enfants puissent se marier. Les autres sont contraints au célibat ou à l'exode. Par ce contrôle social coercitif, les Ossalois ont pu maintenir une population quasi constante de leur vallée depuis le Moyen Âge (voir p. 172).

b. La propriété collective : les communaux

La propriété collective, quant à elle, est constituée des pâturages et forêts, ainsi que des terres incultes. Elle peut dans certains cas compenser la faiblesse sur le territoire des espaces cultivables et les effets d'un morcellement excessif des terres. Ces espaces collectifs sont inégalement distribués et dépendent de la situation et de la configuration spatiale des territoires. La haute montagne dotée d'étages supraforestiers est plus avantagée que la moyenne montagne qui ne possède que des forêts, lorsque celles-ci n'ont pas été entièrement défrichées pour étendre les cultures, comme c'est le cas dans les collines du Népal.

Dans les Alpes, la propriété collective des forêts et des alpages peut prendre des formes juridiques différentes selon les régions, voire même les vallées. Le cas le plus fréquent en fait une propriété communale. En France, par exemple, on perd ce droit à l'utilisation des terres communales si on quitte la commune et on le gagne quand on s'y installe. À l'inverse, en Suisse, ce droit est héréditaire. Les coopératives, les groupements de propriétaires privés ou des corporations peuvent aussi posséder des terres collectivement.

Ces biens communaux ne sont pas forcément exploités de façon collective. Les pratiques communautaires sont d'ailleurs un peu partout dans le monde en régression. Elles se maintiennent encore dans certaines parties de l'Himalaya et dans les Andes péruviennes et boliviennes : une partie des terres mises en longue jachère est utilisée par l'ensemble de la communauté pour faire pâturer les troupeaux et sont régis par des droits d'usage qui ne vont pas sans conflits parfois violents. L'accès aux pâturages et aux forêts est un enjeu essentiel pour les sociétés rurales de montagne.

Dans le Moyen-Atlas oriental, aux populations berbères nomades et semi-nomades, le territoire des tribus était essentiellement composé de terrains de parcours pour les animaux qui étaient la propriété collective de la tribu. L'utilisation de ces terrains par les tribus voisines dépendait d'accords à l'amiable négociés selon le principe de la réciprocité. Mais il pouvait aussi résulter d'arrangements forcés. L'histoire du Haut-Atlas central au Maroc n'est d'ailleurs qu'une succession de batailles pour s'approprier et s'assurer le contrôle des pâturages, comme ce fut le cas par exemple entre la tribu des Aït Atta et celle des Aït Haddidou, pour le contrôle des pâturages d'altitude de la vallée de l'Assif Melloul (région d'Imilchil). Dans les vallées du Haut-Atlas occidental où les Chleuh sont à la fois agriculteurs et éleveurs, si les différents groupes domestiques ont en théorie un droit équivalent d'accès aux espaces de parcours du bétail, son utilisation est cependant inégale. Elle dépend de la possession de troupeaux d'une certaine taille qui dépend elle-même de l'existence d'une main-d'œuvre familiale suffisante pour immobiliser un berger à l'année. Au Népal, où le problème se pose, les familles qui n'ont pas beaucoup de bêtes, regroupent leurs têtes de bétail et se cotisent pour désigner un de leur membres comme berger et le payer.

D'une façon générale, les villages situés en amont des vallées et qui possèdent ces ressources sur leur territoire disposent d'un atout majeur par rapport aux villages situés en aval qui doivent négocier droits de passage ou droits de coupe. Dans certaines vallées des Pyrénées, qui ont longtemps fonctionné comme de petites républiques autonomes, (vallée d'Ossau), l'ensemble des pâturages est géré collectivement par l'intermédiaire de syndicats.

L'accès à l'eau et son partage constituent également un enjeu majeur dans les montagnes sèches et imposent une gestion rigoureuse et complexe de l'irrigation. Un exemple est donné par la vallée de l'Azzaden dans le Haut-Atlas occidental, à l'ouest du Toubkal. C'est une vallée perchée sur le versant nord de l'Atlas, à une cinquantaine de kilomètres au sud de Marrakech. Dix villages se partagent la vallée : la partie amont où les versants se resserrent ainsi que la partie aval sont occupées chacune par un seul village. Les huit autres occupent la partie la plus large de la vallée. Le nom d'Azzaden désigne à la fois l'entité géographique formée par la vallée et ses hauts versants dont la frontière suit les lignes de crête et la tribu berbère qui l'occupe. Il en est de même pour la vallée des Aït Bougmez ou des Aït Boulli à l'est du Djebel M'Goun (4000 m) qui désigne le territoire d'une tribu particulière. Chaque village appartenant à la tribu qui donne son nom au territoire est constitué de plusieurs lignages. Dans ces régions sèches l'accès à l'eau d'irrigation est cruciale. Celle-ci a deux origines principales : les sources qui jaillissent des versants et le cours d'eau qui s'écoule au fond de la vallée. Une même ressource en eau est exploitée par plusieurs utilisateurs. Le village, le lignage et le quartier sont les trois grandes unités de gestion de l'eau. Certains canaux se limitent au terroir d'un seul village. Mais s'ils desservent plusieurs villages, un tour répartit l'eau entre les différents villages en partant de l'amont pour aller vers l'aval. Au sein de chaque village, il est attribué à certains lignages, qui utilisent l'eau comme bon leur semble, et en négocient l'usage avec les autres lignages. Disposer d'un droit sur une source ou une prise en rivière permet de coloniser de nouvelles terres accessibles à l'irrigation et de faire, le cas échéant, profiter de la ressource en eau les terres des voisins, selon des arrangements locaux. Mais la communauté peut s'y opposer si par exemple, l'extension se fait sur des terres collectives. Il y a donc une forte dépendance des villages de l'aval vis-à-vis de ceux l'amont pour l'utilisation de l'eau, qui ne va pas sans conflits, dont la résolution dépend des rapports de force locaux en présence. Elle peut cependant être compensée par l'obtention de droits de pâturages et d'exploitation de la forêt comme c'est le cas dans la vallée des Aït Bougmez.

En effet, les terrains communaux ne sont pas inaliénables. Ils peuvent être appropriés par l'État au nom de l'intérêt collectif (forêts) ou par des personnes privées ou un groupe qui les ont usurpées. Il est fréquent que les communaux servent de réserves foncières en cas de crise de subsistance et soient défrichés sous l'effet de la pression démographique ou pour des raisons économiques ou politiques. Dans les hautes vallées sèches du Ladakh, les fonds de vallée humides qui sont des lieux de résurgence des sources sont classées parmi les terres collectives. Ces terres potentiellement cultivables qui servent de pâture au bétail et de prise d'eau pour l'irrigation sont cependant de plus en plus grignotées par les villageois installés dans leur proximité, qui y plantent des arbres, d'autant que le gouvernement indien encourage le reboisement des zones sèches. Au Fouta Djalon, nous avons vu précédemment que la défriche de portions de forêts relevait d'une volonté des Peuls de marquer leur propriété sur des espaces convoités par d'autres populations. Cette appropriation s'effectue en plantant des haies autour de la terre défrichée même si celle-ci n'est pas mise en culture. Dans les Mandara, l'édification de terrasses joue le même rôle.

La gestion des communaux dans une vallée pyrénéenne : la vallée d'Ossau

Dans les vallées pyrénéennes comme la vallée d'Ossau, des chartes très anciennes réglementent toujours l'usage des terres collectives. Chaque village possède les terres de pacage qui l'entourent. Ceux qui n'ont pas directement accès aux estives ont cependant des droits sur les pâturages de la vallée, déclarés propriété indivise de l'ensemble des villages ossalois qui fréquentent ces estives. En effet, chaque commune a besoin de pâturages situés à des altitudes différentes, dont elles ne disposent pas forcément sur leur territoire. Laruns, la plus grande et la mieux située des communes de la vallée d'Ossau est à cet égard la plus favorisée. Aussi, les autres communes de la vallée disposent-elles en indivision de communaux répartis sur le territoire des communes voisines. C'est le cas par exemple de trois communes du canton d'Arudy situées au débouché de la vallée, qui possèdent des forêts et des pâturages sur la commune de Laruns. La gestion des revenus de ces pâturages se fait sous la forme d'un syndicat qui a fonctionné jusqu'en 1855, date à laquelle il a été divisé en deux syndicats, celui du Haut-Ossau et celui du Bas-Ossau. Les terres indivises correspondent encore aujourd'hui à plus de 25 % de la propriété du canton de Laruns, principale commune de la vallée, et sont toujours gérées de façon très stricte selon une réglementation qui date du XVIe siècle. Aujourd'hui, les estives ossaloises s'ouvrent à des troupeaux étrangers à la vallée (en provenance de la basse vallée d'Aspe par exemple). Cette gestion témoigne de l'ancienne unité politique et économique de la vallée et de la vivacité des pratiques communautaires. Les propriétés collectives du Haut-Ossau ne se limitent pas à la montagne. Elles s'étendent aussi sur le piémont pyrénéen où des landes marécageuses situées actuellement sur le territoire de la ville de Pau servaient de pâturage d'hiver aux bergers ossalois. Aujourd'hui inutilisés, ces 844 ha de terres sont louées au Syndicat du Haut-Ossau par l'armée qui y a installé l'aérodrome et l'école de parachutisme de Pau, ainsi que par des industriels, des sociétés agricoles et quelques rares agriculteurs de la vallée qui y cultivent du maïs et des pommes de terre. Ces locations constituent une source de revenus importante pour les communes de la haute vallée. S'ajoutent à ces propriétés collectives, des terres appartenant à l'État ou à divers services publics. C'est le cas des possessions de la SNCF qui a réalisé au début du XXe siècle tout l'équipement hydroélectrique de la vallée (propriété des lacs de barrage, du terrain des usines et des gares et voies ferrées fermées en 1969 au trafic voyageur). C'est aussi le cas du cirque de Gourette (667 ha) racheté par l'État par l'intermédiaire du Département des Pyrénées-Atlantiques pour y construire la station de ski de Gourette.

D'après Bernard Hourcade : La vie rurale en Haut-Ossau (Pyrénées-Atlantiques, collection Béarn-Adour, Société des Sciences, Lettres et Arts de Pau, 1970, 113 p.)

3 L'intervention d'acteurs exogènes sur le territoire montagnard

Les communautés montagnardes ne sont cependant pas seules à gérer leur territoire. D'autres acteurs exogènes sont susceptible d'intervenir. L'État, les entreprises mais aussi dans certains cas les citadins tendent à s'approprier des portions du territoire des communautés rurales, selon des modalités diverses, qui peuvent donner lieu tout autant à des conflits qu'à des dynamiques économiques nouvelles lorsque la société locale a partie liée avec ces nouveaux acteurs. Forêts et alpages sont ainsi, aujourd'hui comme hier, des espaces au cœur d'enjeux socio-économiques très importants, aussi bien dans les montagnes des pays développés, comme les Alpes ou les Pyrénées, que dans les pays en développement (Népal). Ils sont l'objet de nombreuses convoitises et de tentatives d'appropriation selon des logiques différentes voire opposées : l'État et les grandes sociétés privées cherchent à exploiter le bois des forêts (versant amazonien des Andes, forêts de l'Himalaya indien, du Pakistan, de Thaïlande ou de Malaisie, montagne marocaine), à utiliser l'eau des torrents pour construire des barrages et des conduites forcées ou les zones d'altitudes pour y édifier des stations de sports d'hiver. L'État, mais aussi les ONG internationales, peuvent au contraire chercher à protéger ces espaces en créant des parcs nationaux qui impliquent des contraintes d'utilisation pour les sociétés montagnardes locales. Dans certains cas, le contrôle de la forêt par l'État est un moyen détourné pour tenter d'éradiquer certaines cultures illicites. C'est le cas du Rif marocain qui est devenu une des principales régions productrices de cannabis (kif).

a. L'intervention des acteurs publics et privés sur le territoire montagnard pour l'exploitation et la protection des forêts

L'État est souvent un propriétaire majeur en montagne, en particulier des forêts. En France, l'ONF gère une partie des forêts de montagne. Il s'est engagé à partir de 1860, dans un vaste programme de reboisement et de restauration des terrains de montagne dégradés par l'érosion, en particulier dans les Alpes du sud, qui a été concrétisé par une loi de 1882 portant création d'un service spécialisé dans la restauration des terrains de montagne. Il a servi de modèle à des initiatives comparables en Autriche (1884) et en Italie (1877, 1910). Plus de 200 000 ha de terrains ont pu ainsi être reboisés en un siècle dans les Alpes du sud.

En Amérique du Nord, où toute la terre n'est pas exploitée, peuplée et appropriée, l'État possède de vastes superficies de terrains montagneux et forestiers. Si dans l'Est, les terres indiennes ont été appropriées par l'État fédéral puis loties au profit des colons, il n'en est pas de même à l'Ouest, où les terres publiques peuvent être valorisées par l'élevage extensif sans qu'il soit nécessaire pour les éleveurs d'acquérir des droits de propriété. De plus, dans les années 1870, des scientifiques alarmés par la destruction rapide des forêts des Grands Lacs, de l'Est et d'une partie du Nord-Ouest font pression auprès du gouvernement pour que cesse le lotissement des terres. Du coup, le gouvernement fédéral est demeuré propriétaire d'un quart de la superficie des États-Unis, en particulier dans l'Ouest montagneux, où les terres marginales sont cependant exploitée par le ranching. En Colombie britannique, région du Canada la plus montagneuse, le gouvernement de la province est propriétaire de 94 % des terres forestières, ce qui représente près de 520 000 km^2 de forêts, soit plus de la moitié de la superficie de la province, exploitées pour leur bois (conifères).

Au Maroc, sous le Protectorat français, les forêts de montagne qui appartenaient jusqu'alors au territoire des tribus passèrent sous le contrôle de l'État. Celui-ci considérait que toute formation naturelle devait lui revenir. L'application du dahir de 1917 (législation forestière) qui impliquait la délimitation des forêts domaniales, a brutalement fait diminuer les possibilités d'exploitation des terres, la forêt servant non seulement de terrain de parcours et de cueillette, mais aussi de réserve foncière. Elle provoqua, en particulier dans le Rif, une course à la défriche de la part des populations riveraines, afin de mettre un maximum de terres hors de la portée des forestiers et de se constituer un capital foncier. Le processus s'est poursuivi depuis l'Indépendance devant la volonté des Eaux et Forêts de domanialiser une part croissante des espaces forestiers, sans que ce soit accompagné d'une véritable politique de gestion des forêts.

Mêmes causes, mêmes effets dans l'Himalaya et dans les forêts de montagne de l'Inde. Dans l'Himalaya du Népal, les forêts ont connu des changements de statuts fréquents. Propriété des communautés montagnardes, elles étaient exploitées de façon collective selon des régimes variés. L'État intervenait relativement peu sauf à partir de la seconde moitié du XIXe siècle, où il commença à édicter des mesures de protection des forêts, tout en suscitant une déforestation massive par sa volonté de développer la métallurgie au charbon de bois et la vente de bois à l'Inde voisine. La nationalisation des forêts en 1957, sans compensation pour leurs propriétaires, poussa les communautés montagnardes à mettre le maximum de leur surface en culture pour les soustraire à leur appropriation par l'État. Ce dernier n'avait pas les moyens de gérer les ressources forestières, alors même que les communautés montagnardes se sentaient déresponsabilisées de la gestion d'une forêt qui ne leur appartenait plus. De plus, les forestiers et le département des Forêts étaient perçus par les populations comme une force policière au service de l'État.

Devant leur mauvaise gestion, l'État a du rétrocéder les forêts aux communautés villageoises tout en créant des comités forestiers chargés d'en assurer la gestion en accord avec le corps des gardes forestiers. Ces derniers ont acquis un pouvoir considérable, à l'échelle locale, par les amendes qu'ils sont en droit de percevoir de la part des villageois qui ne respectent pas les secteurs en défens ou les dates et volumes de coupe (Boisseaux, Ripert, Sacareau, Tawa Lama, *in* Smadja, 2002). Au cours des dernières décennies, les plantations d'arbres autour des champs sont toutefois venues remplacer dans de nombreux secteurs les ressources forestières. L'arbre passe alors du statut public qu'il possédait lorsqu'il était dans la forêt à un statut privé dès lors qu'il est planté par un paysan sur son champ. On assiste ainsi à une privatisation des ressources en bois et fourrage qui s'accompagne d'une redistribution spatiale des ressources autour de l'unité familiale. Elle permet ainsi d'éviter l'augmentation des déplacements vers la forêt et la baisse de productivité du travail qui résulte de son recul.

En Inde, dans les Ghâts occidentales, les forêts étaient originellement exploitées par des populations tribales de chasseurs-cueilleurs ou d'agriculteurs sur brûlis. Les populations non tribales cultivaient le riz dans les bas-fonds, certaines exploitant commercialement certains produits comme le poivre, la cardamome et les résines.

L'arrivée des Britanniques a entraîné le défrichement progressif de la forêt au profit des plantations de thé, d'épices et de l'exploitation du teck et du bois de santal. Les populations tribales ont été ainsi d'abord privées de leurs ressources par l'extension des plantations, puis par l'instauration d'espaces protégés.

Dès 1865, toutes les terres forestières non officiellement appropriées furent classées, et l'agriculture sur brûlis interdite, alors que la culture de la cardamome et du café était encouragée. Après l'Indépendance, cette politique a été poursuivie et une législation particulière de protection des arbres s'est même appliquée aux forêts privées. La majeure partie des forêts indiennes est placée sous l'autorité des *Forest Departments* qui sont traditionnellement opposés aux populations résidant en forêt qu'ils accusent de contribuer à leur dégradation.

Tout est fait désormais pour empêcher la colonisation des forêts par le peuplement, l'extension des terres cultivées et les coupes de bois. Comme au Maroc et au Népal, les paysans réagirent à l'annonce de l'interdiction d'exploiter la forêt pour leurs besoins domestiques, en défrichant délibérément les abords des villages et hameaux afin d'y installer des champs, des jardins et même de petites plantations familiales. Les terres ainsi privatisées échappèrent ainsi à la gestion des *Forest Departments*, avant que ce derniers ne réagissent pour empêcher ces empiètements.

Aujourd'hui, de nombreux villages et hameaux des montagnes forestières du Karnataka et du Kerala sont dans l'impossibilité de s'étendre spatialement du fait des mesures de protection mises en place par les *Forest Departments*, et ce, dans un contexte de fortes densités et d'inégalités foncières. Ce sont les plus démunis qui souffrent le plus de ces restrictions. Beaucoup de paysans sont obligés d'émigrer, tandis que ceux qui restent s'efforcent d'intensifier leurs systèmes de culture en convertissant les rizières en culture de rente, ou s'adonnent à des activités illégales de collecte et de vente de produits forestiers. Ils n'ont en effet pas d'autres solutions que de contourner la loi pour s'en sortir, d'autant que l'intensification des cultures nécessite l'achat d'engrais, de semences et de matériel d'irrigation (Robert, Salaün, 1996).

b. L'appropriation des alpages par les acteurs du tourisme

Les terres communales peuvent aussi faire l'objet de grandes opérations d'aménagement touristique, et être vendues ou concédées à des promoteurs privés ou des régies.

Aux États-Unis, où l'État fédéral demeure le propriétaire de la majeure partie du sol (plus de 70 % dans l'Utah, 85 % au Nevada), il est un partenaire essentiel des opérations d'aménagement touristique. Celles-ci sont le fait de grandes entreprises privées, étant donné le contexte d'économie libérale qui prévaut dans le pays et d'absence d'une société rurale en montagne. C'est ainsi que la majorité des stations de ski est installée sur des terrains qui appartiennent au *National Forest Service* (Debarbieux, 1995).

Dans les Alpes du nord, le SEATM (Service d'études et d'aménagement touristique de la montagne), créé avec la CIATM (Commission interministérielle pour l'aménagement de la montagne) en 1964, a été l'artisan de la construction ex-nihilo des stations intégrées de sports d'hiver sur les alpages d'altitude d'un certain nombre de communes comme La Plagne et Avoriaz, avant que le Plan Neige ne systématise ce type d'implantation dans les années 1970 (Knafou, 1978). Bon nombre de ces stations de ski alpines ont été ainsi créées par des banques et des promoteurs citadins, extérieurs au milieu montagnard. Les sociétés locales ont réagi diversement à ces implantations qui ont profondément bouleversée l'économie traditionnelle. Au début, les communes n'ont été que peu associées à la construction de ces stations intégrées. Si la société locale était en général demandeuse de ces investissements susceptibles de sauver les villages de la crise agricole et de l'exode rural, elle était cependant divisée. Les agriculteurs ont du vendre souvent à bas prix des alpages, dont l'activité pastorale déclinait, mais qui ont pris par la suite une forte valeur foncière avec la construction des stations. Ils n'ont retiré au début comme bénéfice que des emplois saisonniers souvent peu qualifiés (remontées mécaniques, construction), dans la mesure où ils n'étaient pas formés à l'accueil des touristes. Avec le temps et l'amélioration de la formation professionnelle, les locaux ont su s'impliquer plus largement dans la gestion et l'animation de ces stations. Ceux qui possédaient des chalets d'alpage, des bergeries ou des granges ont pu les vendre comme résidences secondaires à des citadins ou les transformer en gîtes, auberges ou hôtels. Quant aux commerçants, ils ont pu tirer de substantiels profits de l'activité touristique.

En dehors du cas particulier des stations intégrées des Alpes du nord, la population rurale locale a souvent été à l'origine des premières initiatives en matière de développement touristique, encouragée dans ce sens par les besoins des touristes et les sollicitations de leurs associations (Touring Club de France, Club Alpin). Les petits entrepreneurs locaux ont pris le relais tant que les sommes à investir pouvaient être réunies sur place. De nombreuses stations fonctionnent en régies municipales, en particulier dans les Pyrénées. La commune prend l'initiative du développement et contrôle l'aménagement et l'équipement du domaine skiable. Celle de Saint-Lary, créée en 1955 est l'une des premières de France et la première des Hautes-Pyrénées. Son exemple a été suivie par d'autres stations comme Cauterets, Piau Engaly, Val Louron, Barèges et La Mongie, où des sociétés privées détenaient initialement les remontées mécaniques. Dans les Pyrénées, les communes qui ont souhaité se lancer dans l'aventure du ski, ont pu financer leurs investissements grâce aux revenus apportés par EDF. L'équipement hydroélectrique des Pyrénées s'est en effet accompagné de la construction ou de l'amélioration d'un réseau routier pour accéder aux lacs de barrage et du coup aux zones d'alpages où l'on voulait édifier les stations. Les royalties reversées aux communes par EDF ont financé directement la construction des stations de ski (Saint-Lary, Gourette). Toutefois, certaines communes, connaissant des difficultés de gestion, ont du confier l'exploitation de leur domaine skiable à des régies privées, comme ce fut le cas de Saint-Lary en 1990, gérée désormais pour 18 ans par la société Altiservices, une filiale de La Lyonnaise des Eaux.

Dans des régions des Alpes comme le Tyrol et le Haut-Adige, les sociétés locales ont en revanche tout fait pour garder le contrôle de la propriété foncière et des principaux équipements touristiques. Il est de fait extrêmement difficile à des investisseurs étrangers à la région d'acheter des terrains pour y construire, voire à de simples particuliers d'acheter des résidences secondaires (Herbin, 1980). Des organisations touristiques fédératives ont la charge dans chaque station de rassembler les différents acteurs touristiques, de prélever les ressources, d'assurer la promotion, l'animation et l'entretien de la station. Il en résulte une forte symbiose entre activités agricoles et tourisme. L'agriculteur est à la fois loueur de meublés ou hôtelier, moniteur de ski ou exploitant de petites remontées mécaniques. La montagne est particulièrement bien entretenue et les équipements touristiques bien intégrés dans le paysage. Ce modèle tyrolien qui domine avec des variantes dans les régions germaniques de la chaîne alpine (Autriche, Haute-Bavière, Suisse alémanique, Haut-Adige) peut toutefois poser à terme certains problèmes, comme le fait remarquer Rémy Knafou : *« la main-d'œuvre bon marché vient à manquer et on a de plus en plus recours à une main-d'œuvre étrangère peu payée et mal logée, d'Italiens, de Turcs, de Yougoslaves, etc. L'idéologie qui sous-tend ce « modèle » est celle de la racine et de l'exclusion : en verrouillant le foncier, on codifie fortement « l'étranger », qui commence à la vallée voisine et qu'on repousse énergiquement : pour mieux profiter du système, on reste entre soi, ce qui est une contradiction fondamentale quand on vit de l'accueil des autres »* (Knafou, 1994, p. 99).

c. L'intervention de l'État et des ONG dans le développement, la protection ou la mise en réserve des espaces montagnards

Enfin, au nom du bien collectif, l'État peut être conduit à exercer son contrôle sur de vastes portions de montagne en instituant des espaces protégés, réserves naturelles et parcs nationaux ou régionaux. Une réglementation particulière et des contraintes d'usage sont alors imposées aux communes sur lesquelles ils sont établis. La prise de conscience des agressions de la société industrielle contre le milieu naturel a en effet débouché très tôt sur la volonté de protéger les ressources qu'offre la montagne. Dès la seconde moitié du XIXe siècle dans les Alpes, l'intensification des défrichements agricoles afin de compenser la croissance démographique avaient provoqué l'inquiétude des pouvoirs publics. Des lois ont d'abord été édictées en Bavière et en Autriche (1852) puis en France à partir de 1860 et en Suisse, dans les années 1870, pour protéger la forêt. Les touristes, par le biais de leurs associations (Touring Club de France, Club Alpin) ont participé aux côtés des forestiers à la promotion des paysages de montagne et à leur protection.

À la même époque aux États-Unis, une conception romantique de la nature héritée de l'Europe s'impose également dans la société urbaine américaine. Des groupes de pression s'inquiètent de la brutalité de la conquête de l'Ouest américain, qui menace la faune et la flore, du fait de l'extension des mines et du chemin de fer et l'exploitation du bois. Dans un pays où une grande partie de la terre n'est pas occupée et en grande partie couverte de forêt, les mouvements de protection de la Nature se battent pour préserver la *wilderness*, en oubliant par ailleurs que ces espaces n'ont pas toujours été vides et sauvages et que leurs anciens occupants ont été soit exterminés soit parqués dans des réserves. Une première série de mesures est prise pour protéger certains sites (Hot Springs, vallée du Yosemite). En 1872, le rapport réalisé par une mission scientifique dans la région du Yellowstone, décide le Congrès américain à créer de grandes réserves naturelles afin de protéger et de mettre en valeur les sites remarquables et de les ouvrir à la visite du public. Dès l'origine, les parcs nationaux américains ont donc poursuivi un double objectif : assurer la conservation des espaces dans leur aspect « originel » et les affecter, sous certaines conditions à la détente et aux loisirs des habitants du pays. Yellowstone est le premier créé en 1877.

En Europe, c'est également à la fin du XIXe siècle que l'on envisage la création de parcs naturels. Le premier est créé en Suède en 1909 et le second en Suisse, dans les Grisons, en 1914. Un an auparavant, avait été créé le parc national de la Bérarde dans le Dauphiné qui a été le point de départ de la création ultérieure en 1973 du Parc National des Écrins. Ces premiers parcs se rapprochaient de la conception américaine puisqu'il s'agissait de laisser la nature évoluer sans intervention humaine. C'est cette même conception de la protection d'une nature sauvage qui a présidé à la création des parcs nationaux australiens ou néo-zélandais.

Par la suite d'autres conceptions de la protection se sont fait jour, en particulier en France à partir de 1960, année de création du Parc National de la Vanoise. L'idée prévaut alors, alimentée par une abondante littérature scientifique, insistant sur la variabilité et l'instabilité des milieux de montagne, que les écosystèmes montagnards sont non seulement d'une incroyable richesse mais qu'ils sont aussi fragiles. Dès lors, il ne suffit plus de laisser la nature livrée à elle-même. Sa protection implique sa gestion et l'intervention des hommes pour, par exemple, réguler la population animale par des chasses sélectives, ou pour réintroduire certaines espèces (ours dans les Pyrénées). De même le degré d'ouverture des zones protégées aux visiteurs est discuté.

Différents types de zones protégées ont progressivement été mises en place au cours des dernières décennies, selon qu'elles comportent ou non une population permanente importante. Elles se distinguent par des degrés variables de présence et d'intervention humaine sur le milieu naturel : dans les réserves naturelles, toute présence humaine est interdite. Dans les Parcs Nationaux, existe un principe de zonage de l'espace qui consiste à délimiter l'usage et le degré de protection des différentes zones. En France, la zone centrale, intégralement protégée, est donc interdite à l'occupation humaine permanente, mais ouverte à la fréquentation touristique, sous réserve d'un certain nombre d'interdictions concernant la protection de la faune et de la flore que sont chargés de faire respecter les gardiens. La zone périphérique est habitée et des équipements peuvent y être créés sous certaines conditions d'intégration aux sites. Le découpage de ces zones a donné lieu à des

L'évolution de la protection de l'environnement au Népal

Au Népal, la loi de 1973 définit plusieurs types d'aires protégées : les parcs nationaux, les réserves naturelles, les sanctuaires de vie sauvage, les réserves de chasse, auxquelles sont venues se rajouter par la suite les aires de conservation et les zones-tampons qui ressemblent un peu aux parcs régionaux français. Trois parcs sont ouverts en 1976 : le Parc National du Langtang (1 710 km^2), au nord de Katmandou, le Parc National Rara (106 km^2) à l'Ouest et le Parc National Sagarmatha (Everest en Népali – 1 148 km^2) à l'Est. Lors de la création de ce dernier, à l'initiative de scientifiques néo-zélandais, l'État n'a pu faire accepter aux Sherpas qui l'habitaient les restrictions des droits de chasse, de cueillette et surtout de coupe de bois de chauffe et de charpente, qu'en les autorisant à construire des *lodges* et à aménager des terrains de camping. Ajoutés aux droits d'entrée dans le parc, à la vente de souvenirs et aux salaires versés aux guides et porteurs de trekking, les revenus tirés du tourisme génèrent environ 800 000 dollars dans la région de l'Everest, qui, bien qu'inégalement distribués, ont globalement enrichi les Sherpas qui maîtrisent cette activité.

Depuis les années 1980, une nouvelle étape dans la protection de la montagne a été franchie avec la mise en place des aires de conservations comme l'*Annapurna Conservation Area Project*, fondées sur la gestion participative des populations (Sacareau, 1999, 2002). Celle-ci s'appuie cependant sur des méthodes de propagande quelque peu discutables, lorsqu'on arrive à persuader les paysans qu'ils sont responsables par leurs coupes de bois de la destruction de la couche d'ozone, des inondations au Bangladesh ou de la désertification de vallées qui en réalité n'ont jamais porté de forêts du fait de l'aridité naturelle de milieux de haute altitude situés en position d'abri ! (Ripert, *in* Smadja, 2002). De plus, les structures de gestion de l'environnement créées par des organisations internationales et des ONG environnementales puissantes ont non seulement un droit de regard croissant sur les politiques de développement des pays pauvres, mais elles ont aussi tendance, au Népal à doubler les structures électives locales. Cela pose le problème de la démocratie et de la légitimité ou non du droit d'ingérence écologique (Rossi, 2000).

conflits et à de véritables acrobaties pour permettre à certaines zones aménageables pour les sports d'hiver d'échapper au périmètre protégé. La zone périphérique du parc de la Vanoise concentre ainsi le plus dense ensemble de stations de sports d'hiver du monde : Tignes, Val-d'Isère, les Arcs, La Plagne, Courchevel, Méribel, Val Thorens, les Menuires (Knafou, 1975 et 1994). Quant au Parc Régional, autre spécialité française, il est habité par une population rurale dont on cherche à développer les ressources tout en protégeant l'environnement.

Partout dans le monde des aires protégées ont été mises en place, non sans conflits, avec comme objectifs, la protection d'espèces endémiques ou en voie de disparition, et plus généralement, la préservation de la biodiversité des montagnes, parfois associée à la limitation de l'érosion, et dans le cas des parcs habités des montagnes les plus reculées du monde, à la préservation des cultures minoritaires et des modes de vie traditionnels.

À ces objectifs environnementaux s'ajoutent pour bon nombre de pays, l'espoir de voir se développer le tourisme. La création d'espaces protégés donne une bonne image de marque aux pays qui souhaitent attirer la clientèle occidentale. De plus elle offre une valeur ajoutée certaine aux lieux touristiques qui sont établis à leur périphérie, et selon le mode de gestion choisi, leur fréquentation peut être une source de revenus directs (droits d'entrée comme au Népal) ou indirect (droits de camping ou de nuitées dans des hébergements spécialement édifiés à cet usage).

Aujourd'hui, un tiers des zones protégées dans le monde, soit 264 millions d'hectares se situe en montagne, ce qui représente 473 parcs ou espaces protégés de plus de 10 000 ha et à plus de 1 500 m d'altitude. 35 sont inscrits au Patrimoine Mondial, dont neuf en Amérique du Nord (États-Unis, Canada) parmi les plus fréquentés (Great Smoky Mountains, Yosemite, Yellowstone, Grand Canyon), huit répartis entre les différents pays des cordillères sud-américaines, trois en Nouvelle-Zélande et 3 en Chine. D'autres espaces protégés sont à l'étude (création ou extension), principalement en Chine (six projets), au Canada (cinq projets) et en Nouvelle-Zélande (deux projets).

Conclusion

L'étagement des hommes ne correspond donc pas toujours au modèle idéal de l'étagement des milieux. Si l'opposition entre le haut et le bas est une constante des sociétés montagnardes, il s'agit avant tout d'une opposition de nature symbolique même si elle s'appuie au besoin sur la topographie. La hiérarchie des castes, par exemple, peut tout autant s'inscrire dans des milieux de plaine ou dans des espaces urbains en utilisant les mêmes catégories que sont le haut et le bas, sans que le relief en soit la raison. L'histoire du peuplement, l'antériorité de l'arrivée de certains peuples, ont défini une répartition inégale des hommes sur le territoire qui s'exprime par des rapports de domination ou de dépendance. Au sein de chaque territoire défini par une communauté, le partage des ressources se fait selon des modalités variées. La discontinuité des propriétés apparaît comme une caractéristique majeure des territoires de montagne. Elle implique de fortes contraintes collectives (*cf.* ch. 6).

Mais il faudrait se garder d'une vision trop idyllique des sociétés montagnardes traditionnelles vivant en équilibre avec le milieu naturel et que certains imaginent comme les dépositaires d'une sorte de communisme primitif fondé sur l'égalité et l'entraide collective. S'il existe de solides communautés montagnardes aux fortes structures collectives, il ne faut pas oublier que les montagnes, comme les autres espaces, sont aussi des mondes de l'inégalité, de la hiérarchie et de la contrainte, du fait de facteurs externes (colonisation, intervention des États ou des organisations internationales) comme de facteurs propres à la société montagnarde elle-même. Aux logiques sociales, politiques et culturelles qui structurent les territoires montagnards, s'ajoutent des logiques économiques. Or, si celles-ci sont en partie commandées par la gestion de la pente et de l'étagement bioclimatique, selon une organisation verticale des productions, elles peuvent aussi relever d'autres logiques, que l'on pourrait qualifier d'horizontales et qui sont liées à des facteurs d'organisation de l'espace, le plus souvent extérieurs à la montagne.

Pour aller plus loin

BERNBAUM E., « La dimension spirituelle et culturelle des montagnes », *in Les montagnes dans le monde, une priorité pour un développement durable*, MESSERLI B., IVES J. D.(dir.), Glénat, Grenoble, 1997, p. 43-62.

BOULLIER V., TOFFIN G., (dir.), « Paysages et divinités en Himalaya », *Études Rurales,* n° 106-107, 1987.

BOZONNET J.P., *Des monts et des mythes, l'imaginaire social de la montagne*, coll. Montagnes, Presses Universitaires de Grenoble, 1992, 294 pages.

DESMARAIS G., « Pour une géographie humaine structurale », *Les Annales de géographie,* n° 617, A. Colin, 2001, p. 3-21.

DOLLFUS O., « Réalités et perceptions comparées des Andes au Pérou et en Colombie », *Revue de Géographie Alpine*, tome 76, n° 1-2-3, 1989, p. 171-186.

DOLLFUS P., *Lieu de neige et de genévriers, organisation sociale et religieuse des communautés bouddhistes du Ladakh*, Études Himalayennes, Éd. du CNRS, 1989.

GALLAIS J., *Une géographie politique de l'Éthiopie : le poids de l'État*, Fondation Liberté sans frontières, Economica, 1989.

GASCON A., *La Grande Éthiopie, une utopie africaine*, éd. du CNRS, Paris, 1995.

JOLLY G., « La maîtrise lignagère de l'irrigation dans la vallée de l'Azzaden (Haut-Atlas Maroc) : vision historique et spatiale », *in Jacques Berque, la Méditerranée, le Haut-Atlas*, BROMBERGER C. (dir.), Publications de l'Université de Provence, 1997, p. 58-85.

JOUTARD Ph. (dir.)., *L'imaginaire de la haute montagne*, Centre Alpin et Rhodanien d'Ethnologie, Grenoble, Glénat, 1987.

MARQUET B., MATHIEU C., *Paysans montagnards de Tanzanie*, Paris, l'Harmattan, 1994, 181 pages.

MORIN S., *Le haut et le bas, signatures sociales, paysages et évolution des milieux dans les montagnes d'Afrique centrale (Cameroun et Tchad)*, collection « Pays enclavés », n° 8, DYMSET-CRET, PUB, 1996, 156 pages.

POUILLE F., *Systèmes agraires, stratégies individuelles et collectives des populations rurales dans les Andes équatoriennes*, thèse, Bordeaux III, 2000, 355 pages.

RIPERT B., *Dynamiques spatiales et transformations de la société, l'exemple des Tamang du Népal central,* thèse de doctorat sous la direction d'Olivier DOLLFUS, Université Paris 7, 2000.

RIPERT B., « Christianisme et pouvoirs locaux dans une vallée tamang du Népal Central », *in Politique et Religion en Himalaya*, 1997.

ROBERT S, SALAÜN P., « Uppugala ou la difficulté d'être pionnier. Étude d'un hameau enclavé en forêt dans les Ghâts occidentaux (Inde) », *L'espace géographique*, n° 2, 1996, p. 159-172.

ROBERT de, P., *Gens de l'amont. Usages et représentations de l'environnement dans les Hautes Andes du Venezuela*, Paris, EHESS (thèse), 1996.

ROBERT de, P., « Comment peut-on être de l'amont ? Rapport aux lieux et recompositions identitaires (Andes vénézuéliennes) », *in* « Les montagnes tropicales, identités, mutations, développement », BART F., MORIN S., SALOMON J.N. (dir.), *Espaces tropicaux,* n° 16, DYMSET-CRET, Pessac, 2001, p. 423-434.

TOFFIN (éd.), *Archives de Sciences Sociales des Religions*, EHESS-CNRS, n° 99, p. 69-86.

TOFFIN G., « La montagne cosmique dans les mondes indiens et tibétains : Mont Méru et Mont Kailash », *in* « La haute montagne, visions et représentations », *Le Monde Alpin et Rhodanien,* 1988.

Chapitre 5

Le vertical et l'horizontal, les logiques économiques d'organisation de l'espace en montagne

L'étagement montagnard offre une diversité culturale et parfois des avantages comparatifs par rapport aux plaines, qui permettent le développement de systèmes agro-sylvo-pastoraux, fondés sur l'exploitation des différents étages écologiques et les complémentarités entre montagnes et piémonts. Des activités plus récentes, comme l'exploitation hydroélectrique ou le tourisme, se fondent, elles aussi, en grande partie sur l'utilisation de la complémentarité et de l'interdépendance entre le haut et le bas des versants, ou entre l'amont et l'aval en profitant de l'effet de pente et de la variété des paysages. Les particularités de la vie en montagne (discontinuité et éloignement relatif des lieux de production, forte saisonnalité, difficulté à vivre des seules ressources agro-pastorales) ont favorisé une forte mobilité des hommes. La plupart des montagnes n'ont jamais vécu de façon autarcique et si seules les montagnes ne se déplacent pas, en revanche, les montagnards appartiennent, pour la plupart, à ce que l'on pourrait appeler des sociétés de circulation.

Pourtant l'exploitation de l'étagement n'est pas le seul mode d'organisation de l'espace en montagne. Toutes les sociétés montagnardes n'ont pas choisi d'exploiter les milieux de façon verticale. De nombreux exemples dans le monde montrent qu'il existe d'autres logiques d'occupation du sol, d'exploitation des ressources et d'organisation de l'espace en montagne. Certaines sont propres aux configurations des espaces montagnards. Certaines très hautes montagnes comme l'Himalaya disposent d'étages d'amplitude suffisante pour se suffire à eux-mêmes. Les avantages comparatifs d'un étage particulier peuvent alors permettre de s'affranchir des complémentarités, nécessaires ailleurs, avec les étages supérieurs ou inférieurs. La présence de hautes surfaces planes, de grandes vallées à fond plat ou de bassins intramontagnards introduit de même des logiques d'organisation spatiale de type horizontal.

D'autres formes d'organisation de l'espace sont liées à des dynamiques économiques ou politiques externes. Qu'elles aient provoqué elles-mêmes la rupture des équilibres anciens ou qu'elles soient venues se substituer à une économie agraire traditionnelle en crise, de nouvelles activités et de nouvelles logiques spatiales sont venues transformer les économies montagnardes et les affranchir de plus en plus largement des contraintes du milieu. Tant que les sociétés rurales montagnardes géraient leur territoire à l'échelle d'un versant, d'une vallée ou d'un massif, l'exploitation des complémentarités entre le haut et le bas des versants, entre l'amont et l'aval des vallées, ou entre un massif et les plaines de piémont, demeurait la principale clé de lecture de l'organisation des espaces montagnards. Or, les montagnes sont aujourd'hui obligées de penser leurs systèmes de complémentarité à d'autres échelles et selon des logiques qui n'ont plus grand chose à voir avec les spécificité du géosystème montagnard et qu'elles ne maîtrisent pas toujours.

I. Le contrôle vertical de l'espace par les sociétés montagnardes

La plupart des auteurs définissent la vie en montagne selon le principe de l'étagement et de la complémentarité des ressources que les hommes sont en mesure d'exploiter. L'étagement met en effet à disposition sur de courtes distances des milieux écologiques très variés, dont les sociétés montagnardes peuvent tirer parti, à condition qu'elles puissent contrôler plusieurs étages. Il s'ensuit une généralisation de la polyculture dans le cadre de systèmes agro-sylvo-pastoraux aux calendriers agricoles plus ou moins complexes et une forte discontinuité de la propriété foncière, assortie d'une forte propension à la mobilité et à la pluriactivité.

1 L'exploitation de la complémentarité des étages par les systèmes agraires...

L'utilisation de la grande variabilité des milieux étagés de montagne, afin de diversifier les productions, est un moyen de compenser la grande variabilité climatique, afin de minimiser les risques naturels. Les sociétés dont le territoire recoupe plusieurs milieux écologiques, sont à cet égard les plus favorisées, car elles peuvent tabler sur une grande variété de productions, dont certaines sont inconnues en plaine et peuvent servir de produits d'échange.

a. Discontinuité des propriétés ou dispersion des parcelles agricoles : un principe de dispersion des risques

L'organisation étagée des territoires dans le cadre de la polyculture, permet en effet de minimiser les risques en diversifiant les spéculations agricoles, en multipliant et dispersant les parcelles de cultures dans l'ensemble des étages, en jouant sur l'altitude, l'exposition, la nature des sols et la durée des cycles végétatifs des plantes cultivées.

Le fonctionnement du système de production de chaque famille conduit dans cette perspective à chercher à avoir accès à tous les secteurs cultivés de la communauté montagnarde, à disposer d'un maximum de parcelles dans chaque secteur et de les répartir au sein de terroirs différents : zones plates, pente, altitude différente, sols différents, et à distances suffisantes pour que les récoltes ne puissent pas être toutes touchées en même temps par un accident climatique localisé, comme un orage de grêle, par exemple. Dans une parcelle déterminée, le principe de dispersion des risques conduit aussi à jouer sur la rotation d'espèces différentes par des associations culturales variées.

La dispersion des parcelles d'un même exploitant implique des déplacements importants pour aller travailler les champs. Dans les montagnes qui n'ont pas été touchées par la motorisation et où tous les déplacements se font à pied, la productivité du travail prime généralement sur la recherche des rendements, ce qui explique en partie la localisation de l'habitat. Les villages s'installent, dans la mesure du possible, au centre de gravité du versant qu'ils exploitent, si le site le permet et s'il y a des sources. Ce centre de gravité correspond au point où la distance-temps nécessaire pour se rendre à l'ensemble des secteurs de production du finage multipliée par la fréquence des déplacements est constante. Le village se situe souvent, dans cette optique, dans la partie supérieure de la zone qui est exploitée de la façon la plus intensive.

Toutefois, cette organisation de l'espace habité et cultivé peut être modifié par l'introduction d'innovations agricoles, comme le montrent des recherches récentes menées dans le centre-ouest du Népal sur le versant de Salme dans la vallée de l'Ankhu Khola (Ripert, 2000). Les paysans de cette région, comme la plupart de ceux

Discontinuité de l'espace agricole dans la montagne sèche (Haut-Atlas central).

du Moyen-Pays népalais, utilisent traditionnellement les aptitudes différentes des trois niveaux d'altitude de leurs terroirs. Les terres irriguées du bas des versants ou *khet* portent des rizières qui peuvent donner jusqu'à trois récoltes par an. Les terres sèches ou *pakho* situées à mi-versant sont cultivées en maïs, blé ou éleusine (une variété de millet) et peuvent porter deux récoltes par an, tandis que les hautes terres froides et sèches du *lekh* ne portent plus qu'une récolte annuelle d'orge ou de pommes de terre. L'habitat se groupe à mi-versant et chaque famille possède des terres dans chacun de ces étages agricoles (*fig. 34*).

Or, depuis les années 1980, le versant de Salme, étudié à cette époque par une équipe française du CNRS (Dobremez et *alii.*, 1986), a connu un ensemble d'innovations, dont la plus importante a été l'introduction sur le *lekh* du riz rouge d'altitude qui peut pousser jusqu'à 2100 m. Cette production est venue compléter les rizières du *khet* dont la production était insuffisante pour les besoins des villageois. Il est cultivé en rotation avec une variété à haut rendement de blé précoce sur les meilleures terres, et tend à s'étendre maintenant sur les parcelles de cultures sèches du *pakho* à la

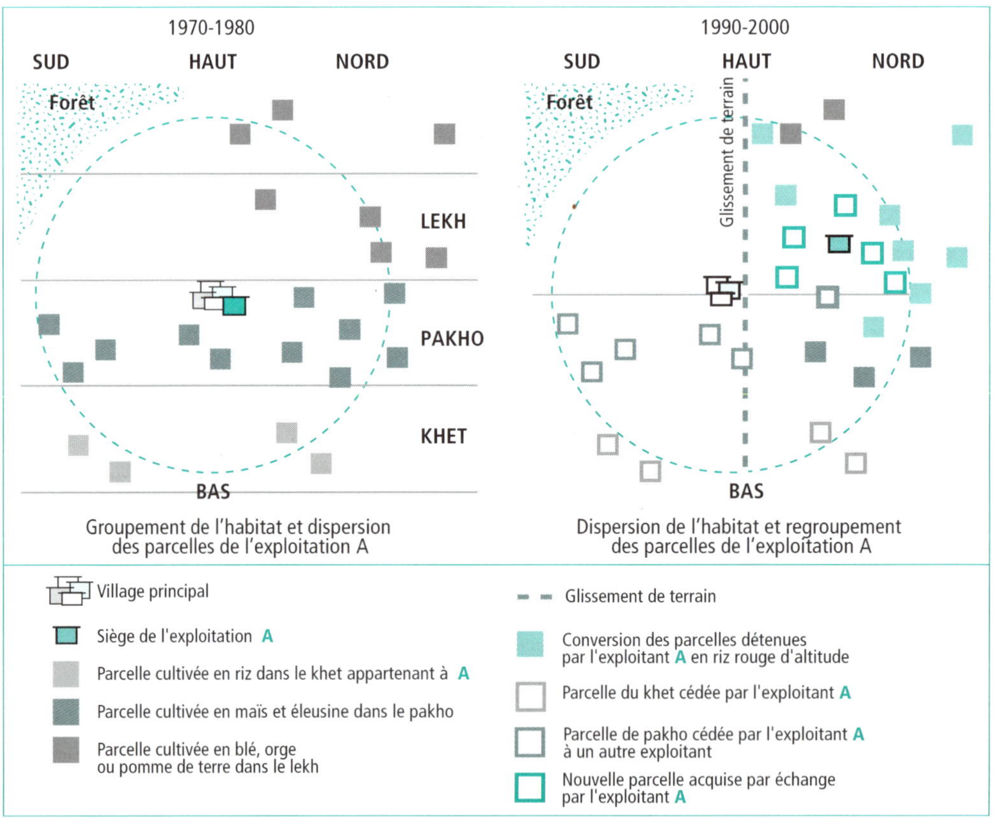

Figure 34 : Évolution de l'organisation d'un versant cultivé dans l'Himalaya central (versant de Salme, Népal).
Source : D'après Dobremez (1986) et Ripert (2000).

place des traditionnelles rotations bisannuelles (maïs/blé/éleusine) ou annuelle (maïs/éleusine). Les terrasses les plus éloignées du lieu d'habitation ont été abandonnées. « La distinction entre les zones *lekh* ou *pakho* devient alors très floue car elles ne correspondent plus à un étage cultural spécifique comme c'était le cas dans les années 1980 » (Ripert, *in* : Smadja, 2002). Depuis que les paysans peuvent cultiver le riz et le blé indifféremment dans le *lekh* ou dans le *khet*, ils ont tendance à privilégier l'un de ces deux étages et à procéder à des échanges de terres, afin de rapprocher les parcelles qu'il cultivent du lieu de leur habitat principal (*fig. 34*). Celui-ci a désormais tendance à se disperser le long du versant pour se rapprocher des propriétés, qui elles, se sont regroupées. « Ainsi, un versant qui était exploité communautairement sur trois étages par l'ensemble de la population regroupée au sein d'un village central, se voit compartimenté en quatre secteurs de plus en plus indépendants les uns des autres, limitant ainsi les déplacements difficiles et le portage des récoltes » (Ripert, *ibid.*).

À l'échelle d'un grand versant, comme ceux que l'on rencontre dans les Andes ou dans l'Himalaya, plusieurs formes d'organisation sociale et spatiale sont possibles pour mettre en œuvre le contrôle vertical de l'espace. Dans un premier cas, un groupe social de producteurs contrôle en commun tous les milieux utilisables, l'utilisation de la main-d'œuvre et la distribution de la production sont organisées collectivement. Ce type d'organisation suppose un fort contrôle de l'espace par une société fortement hiérarchisée. C'est l'ancien modèle inca dont on retrouve encore des traces dans certaines communautés indiennes des Andes (*cf. encadré*).

Dans un autre cas, les terres de tous les étages écologiques sont allouées à chaque famille à qui appartient les produits qu'elle y récolte. Il faut pour cela des familles suffisamment nombreuses pour pouvoir gérer plusieurs cycles agricoles en même temps. Cela implique beaucoup de temps passé en déplacement d'un étage à un autre. Ce système fonctionne toujours dans le cas de communautés paysannes exploitant un versant où les étages bioclimatiques sont relativement rapprochés (*fig. 35*). C'est le cas du versant oriental des Andes où les gradients bioclimatiques sont très rapides. C'est le cas aussi des populations tibéto-birmanes du Moyen-Pays népalais dont l'habitat se localise à la limite entre l'étage des rizières et celui des cultures sèches (maïs, blé, millet et pommes de terre).

La difficulté à exploiter des parcelles très dispersées a toutefois été palliée par le développement du travail collectif et de l'entraide réciproque entre familles pour les gros travaux agricoles, les récoltes, l'exploitation de la forêt et des pâturages, ainsi que par des travaux d'intérêt général sous forme de chantier collectif (empierrage des chemins ou construction de routes, adduction d'eau, nettoyage des villages, travaux de lutte contre l'érosion, construction et entretien des ponts et chemins ou des réseaux d'irrigation). Dans l'Himalaya du Népal, au moment des gros travaux des champs (récoltes), un groupe de plusieurs familles travaille gratuitement et à tour de rôle dans les champs de l'une d'entre elles pour l'aider à récolter en commençant par les terres qu'il faut moissonner le plus tôt. En retour, la famille qui bénéficie de cette aide, paye

L'archipel vertical andin

John Murra (1975) a défini, à partir du modèle andin des sociétés précolombiennes, un modèle d'organisation de l'espace montagnard qui consiste en un contrôle vertical des différents étages écologiques par une même communauté qu'il qualifie d'archipel vertical. Ce modèle lié à une société et une histoire particulière a survécu en partie à la colonisation. S'il ne se retrouve pas à l'identique dans les autres montagnes du monde, les logiques économiques et écologiques qui le sous-tendent sont en revanche présentes dans la plupart des montagnes, dans la gestion des systèmes agropastoraux mais aussi dans certaines formes de mise en valeur touristique de la montagne.

L'archipel vertical constitue un véritable modèle d'organisation de l'espace en montagne qui peut se définir de la manière suivante : un groupe ethnique occupe un territoire constitué de différentes parties qui ne sont pas continues et qui sont situées sur différents étages écologiques, et ce contrôle vertical assure une diversité de ressources et surtout une diminution des risques dans des sociétés qui sont fragiles et où l'agriculture est difficile. Ce territoire éclaté, discontinu et vertical est géré par des colonies permanentes qui dépendent d'un centre politique. Ces colonies permanentes sont pluriethniques, c'est-à-dire que dans les étages périphériques du centre politique se trouvent des colonies qui dépendent d'autres centres politiques, d'autres royaumes, si bien que ces étages forment entre eux un véritable réseau qui relie les ethnies entre elles à travers les colonies permanentes. Cet archipel vertical peut également prendre la dimension d'une fédération d'ethnies avec plusieurs centres politiques se partageant des colonies permanentes, celle d'une fédération de royaumes, mais il peut prendre également la dimension de l'immense Empire inca.

Les sociétés précolombiennes qui vivaient à l'étage de la *puna* ont été de celles qui ont su exploiter de la façon la plus remarquable l'étagement des milieux selon ces différentes stratégies territoriales qu'elles ont souvent combinées. Dans le premier type, les membres d'un même *ayllu* exploitaient toutes les zones écologiques grâce à une division du travail au sein de la famille. Il s'agissait de maximiser les multiples cycles de production dotés de calendriers culturaux complémentaires qu'il était possible de mener aux différents étages éloignés entre eux. L'autre type combine l'envoi de colons permanents (*mitima*) aux différents étages et de migrants temporaires pour des travaux agricoles qui conservent leurs droits et devoirs dans leur *ayllu* d'origine. La circulation des biens s'effectuait par réciprocité entre les familles domiciliées dans plusieurs étages. Les biens les plus rares et les plus lointains comme la coca de l'étage tropical parvenaient au cacique qui les redistribuait ensuite. L'archipel vertical implique l'exploitation de zones très éloignées, jusqu'à une dizaine de jours de marche, ce qui entraîne de fortes migrations saisonnières de population, comme c'est encore le cas actuellement au nord du Pérou ou dans la région du lac Titicaca. Tout au long de la colonisation espagnole, ce modèle de l'archipel vertical a subi une érosion progressive. La confiscation des terres des ethnies andines au profit des colonisateurs a supprimé l'accès des populations à l'ensemble des étages. La reconnaissance des terres et leur appropriation par les nouveaux colonisateurs impliquaient en effet une délimitation précise du territoire, qui s'accommodait mal d'une organisation en archipel, considérée alors comme archaïque, marginale et non rentable. L'abolition de la propriété indigène, le système des plantations et des grandes haciendas, la transplantation arbitraire des populations montagnardes dans des villages groupés pour la levée du tribut, leur christianisation et le travail forcé, puis plus tard leur exode dans les villes ont ruiné l'économie traditionnelle précolombienne. Toutefois, les familles et les anciens caciques n'ont eu de cesse de recourir à des stratégies alternatives pour rétablir l'accès aux zones

• • •

dont ils avaient été coupés : migrations saisonnières de travail et de troc, location de terres en métayage et plus tard en fermage. Mais cette économie de subsistance a du céder du terrain devant la pénétration de l'économie de marché. Les communautés indiennes continuent tant bien que mal à utiliser la complémentarité des milieux qu'elles occupent, mais rares sont celles qui désormais exploitent un transect complet (*fig. 35*).

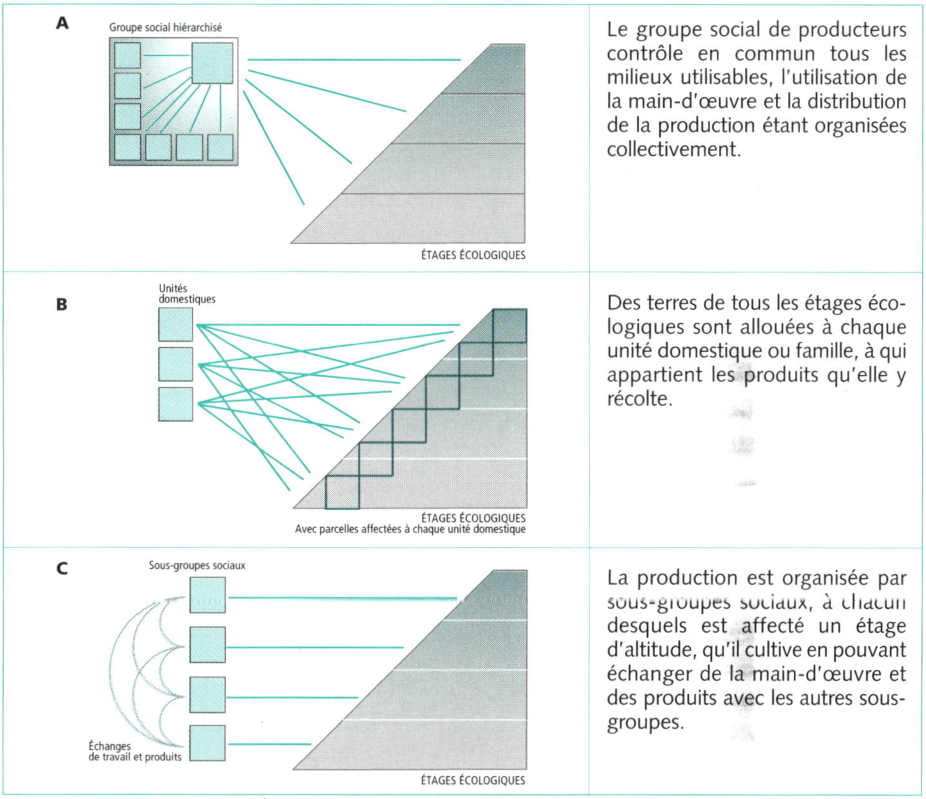

Figure 35 : Les différents modèles de l'archipel vertical.
Source : Colte, 1980 in Bourliaud, Dobremez, Vigny, 1990.

la nourriture aux membres du groupe d'entraide pendant la durée des travaux agricoles. Aujourd'hui, ce système d'échange de services, qui implique une forte organisation collective et une certaine contrainte, tend à être remplacé par le recours au travail salarié. Dans les Alpes, les servitudes collectives ont perduré jusque dans les années 1960. Elles existaient encore il y a une quinzaine d'années dans certains villages du Queyras. Dans les Andes, le travail collectif demeure encore important dans les communautés indiennes.

Par ailleurs, dans les Andes péruviennes, comme d'ailleurs dans les *sierras* mexicaines, la distinction spatiale depuis l'époque coloniale entre le village, héritier des *reducciones* qui correspond à l'étage agricole, et l'étage de la *puna* voué à l'élevage extensif, a entraîné des phénomènes de double résidence. Chaque famille est éclatée entre le village et une zone d'élevage en altitude entre lesquels elle se déplace tout au long de l'année.

Enfin, la production peut-être organisée par sous-groupes sociaux, à chacun desquels est affecté un étage d'altitude, qu'il cultive en pouvant échanger de la main-d'œuvre et des produits avec les autres sous-groupes. C'est le cas lorsque les populations n'ont pas accès à tous les étages, en particulier lorsqu'elles vivent dans les grandes vallées (celle de Vilcanota au Pérou par exemple) où les gradients écologiques sont moins rapides. Les populations se dispersent en petites communautés séparées et tendent à se spécialiser dans les zones d'une production écologique déterminée. Elles échangent alors entre elles les produits qui leur manquent.

Les Berbères du Haut-Atlas central ont développé des stratégies assez similaires à celles de l'archipel vertical andin. Ils complètent les ressources de leur territoire montagnard en lui adjoignant un territoire séparé en plaine. Cette pratique de l'achat de terres en plaines par les montagnards semble un fait très ancien. Il conduit les membres d'une même famille élargie à se répartir à certains moments de l'année dans trois étages écologiques différents en même temps : l'habitation au village, les bergeries d'altitude et une parcelle en plaine comportant souvent une maison qui peut devenir un lieu de résidence permanente pour certains membres de la famille. On retrouve aussi dans les Pyrénées une pratique très proche. Les habitants de la haute vallée d'Ossau possèdent depuis des temps immémoriaux des pâturages en plaine dont ils tirent aujourd'hui des revenus en les louant pour d'autres usages (*cf. encadré,* p. 172).

Une autre stratégie des Berbères consiste à établir des liens personnels avec des partenaires de plaines, que ce soit dans des villages berbérophones ou arabophones, dont certains peuvent être situés à plus d'une centaine de kilomètres. Ces liens se tissent avec des partenaires qui peuvent appartenir à des tribus différentes et se transmettent de façon héréditaire et se consolident par des alliances matrimoniales. Ils continuent de se créer aujourd'hui dans les zones où les mouvements de transhumance entre la montagne et la plaine se maintiennent. Non seulement on échange des droits de pâturage, mais aussi des biens, entre habitants des montagnes et habitants des plaines, sous forme de cadeaux reflétant les complémentarités écologiques des milieux : blé et huile d'olive de la plaine contre animaux et noix de la montagne, assurant une circulation des produits parallèle à celle qui passe par les *soukhs*. De même, les habitants d'un village de plaine qui offrent un droit de pâture aux montagnards en hiver sur leurs chaumes peuvent, en échange, demander l'aide d'une main-d'œuvre montagnarde disponible pour moissonner ou ramasser les olives et dont l'entretien et le renouvellement sont assurés par l'unité de production située en montagne. Enfin, dans la mesure où les montagnes sont le siège d'un grand nombre de lieux saints, les populations montagnardes acceptent de prendre en charge au moment des fêtes religieuses et des pèlerinages les femmes de la plaine qu'ils s'engagent à héberger, protéger et surveiller.

b. L'articulation des activités agro-sylvo-pastorales

Dès qu'elles peuvent accéder aux forêts et aux pâturages tout en disposant de terres cultivables, les sociétés rurales montagnardes peuvent fonder leur économie sur l'association entre l'agriculture et l'élevage, en faisant de la forêt le pivot du système agraire, avec des variantes dans le poids accordé à l'élevage ou à l'agriculture.

Trois situations peuvent ainsi se rencontrer. Dans la première, l'agriculture est subordonnée à l'élevage (nomadisme et transhumance). C'est le cas en Afrique où se pratique surtout un élevage de prestige qui est source de pouvoir et de richesse. Au Fouta Djalon, les Peuls sont éleveurs tandis que les agriculteurs sont d'anciens captifs. Il en est de même chez les M'Bororos de la dorsale camerounaise. Dans la seconde, c'est l'élevage qui est subordonné à l'agriculture. L'élevage se fait sous la forme de la stabulation entravée afin de fournir la fumure nécessaire aux sols ou de fournir des revenus complémentaires par la vente du lait ou de la viande. Enfin dans la troisième, les deux activités sont étroitement imbriquées : le mouvement des troupeaux se calque alors sur le calendrier agricole, comme c'est le cas chez les montagnards de l'Himalaya ou du Haut-Atlas occidental. Chaque groupe domestique est à la fois cultivateur et éleveur. L'économie repose sur la combinaison de la culture de céréales, de légumes variés, de pommes de terre, mais aussi sur l'arboriculture et un élevage tout aussi diversifié (bovins, ovins, caprins).

Afin d'exploiter au mieux les ressources de l'étagement, les troupeaux se déplacent le long des versants ou entre les montagnes et les plaines, selon les saisons. Dans les Alpes ou les Pyrénées, on pratiquait autrefois la « remue » : les animaux passaient l'hiver à l'étable grâce aux réserves de fourrage accumulées durant l'été précédent. À partir du printemps, ils gagnaient progressivement les alpages au fur et à mesure de la fonte des neiges en faisant étape sur les pâturages de mi-versant. L'été, les alpages ou estives fournissent une herbe d'excellente qualité pendant 3 à 4 mois. Après quoi, les bêtes redescendaient progressivement, de septembre à octobre, jusque dans les fonds de vallée. Une partie des animaux engraissés en alpage étaient alors vendus dans les foires des bourgs. Chaque famille qui « remuait » possédait à mi-versant un habitat temporaire au milieu de ses prés, dont il reste de nombreuses traces aujourd'hui dans les Alpes sous forme de chalets abandonnés ou reconquis par le tourisme (refuge, restaurants d'altitude, résidences secondaires).

À l'étage des alpages, on distinguait deux formes d'exploitation des pâturages : la petite montagne, où chaque famille exploitait individuellement ses troupeaux et déléguait plusieurs personnes pour la garde des troupeaux et la fabrication du fromage dans les chalets d'alpage. La grande montagne consistait à rassembler les bêtes d'un village en un troupeau unique gardé par un berger rémunéré, également chargé de la fabrication de fromage en grande quantité dans un petit nombre d'unités de production en altitude. La pratique de la remue se poursuit encore dans les Pyrénées qui demeurent une montagne pastorale (brebis essentiellement), tandis qu'elle disparaît progressivement des Alpes. Une part croissante de l'élevage se fait à l'étable et ne nécessite plus la montée en alpage. Lorsque celle-ci se fait encore, c'est sous la conduite d'un berger professionnel. Si les alpages sont encore fréquentés, c'est par des troupeaux transhumants provenant de l'extérieur de la montagne.

La transhumance se différencie de la remue par le fait qu'elle s'organise entre les montagnes où les animaux viennent pâturer en été et les plaines de l'avant-pays où les bêtes viennent hiverner. Du fait de l'importance des distances parcourues, les bergers sont contraints de faire des pauses dans les régions intermédiaires pour se procurer du fourrage et faire paître leurs troupeaux. La transhumance continue à être pratiquée par des tribus semi-nomades entre les montagnes de l'Atlas et les plaines du Sahara (berbères Aït Atta par exemple), entre les plaines africaines et les montagnes (éleveurs masaï ou peuls), entre les plaines de l'Indus et du Gange et les hauteurs de l'Himalaya occidental (Gujjar, Ajar, Gaddi et Bakerwal du Pakistan). Aujourd'hui, dans les montagnes des pays industrialisés où se pratique encore la transhumance, les animaux et leur berger ne montent plus à pied (ovins dans les Alpes du sud) mais en camions. Dans les montagnes peu peuplées des pays neufs où l'espace disponible est immense, l'élevage se pratique de façon extensive (ranchs des Rocheuses américaines, grandes fermes à moutons des Alpes néo-zélandaises, *haciendas* andines d'Argentine et du Chili).

Un système intermédiaire entre la remue et la transhumance existe sur les moyens versants de l'Himalaya. Les troupeaux ne restent pas à l'étable en hiver mais se déplacent sans cesse de haut en bas des versants en fonction du calendrier agricole. Cet élevage concerne surtout les villages situés à mi-versant des moyennes et hautes vallées vers 2000 m d'altitude. En hiver, les troupeaux pâturent sur les chaumes des champs en terrasses qui viennent d'être récoltés pour y apporter leur fumure avant les labours de printemps. Puis au moment des semailles, ils sont rassemblés sous la garde d'un berger qui les conduit de mars à juin à travers la forêt sous laquelle ils pâturent en direction des alpages d'altitude vers 4000-5000 m. Ils y restent durant les quatre mois de mousson, avant de redescendre à nouveau par la forêt jusque dans les basses vallées, où ils pâturent sur les champs qui viennent d'être récoltés, avant de remonter à nouveau. Les bergers construisent des abris mobiles rudimentaires en feuillage et bambous (*goth*) qu'ils démontent quand ils partent ou occupent des campements saisonniers des années précédentes, constitués d'abris de pierres sèches. Lorsqu'ils traversent des forêts ou des champs qui n'appartiennent pas à leur village, ils doivent payer une redevance. En échange, le berger qui fait pâturer ses bêtes sur des champs en jachère est nourri par leur propriétaire. Les parcours de ces bergers, s'ils se calquent bien sur les calendriers agricoles dictés par l'étagement, sont en revanche faiblement tributaires de l'exploitation agricole à laquelle ils sont rattachés et qu'ils ne visitent que lors des intersaisons.

La stabulation libre ou entravée est pratiquée dans les montagnes où les populations n'ont pas accès aux alpages, là où l'agriculture est trop intensive pour permettre la divagation des animaux, ou encore dès que la montée en alpage devient trop

Élevage nomade sur le plateau tibétain.

contraignante ou coûteuse (manque de main-d'œuvre disponible). On la rencontre au Népal dans les bas et moyens versants des montagnes tropicales chaudes et humides, où l'hiver est peu marqué et où l'on peut nourrir le bétail tout au long de l'année avec les ressources locales, selon un modèle similaire à ce qui se passe en plaine. Si les bêtes sont gardées en permanence à l'étable, le fumier est récupéré pour être épandu sur les champs. Les animaux peuvent aussi être déplacés sur les champs pour y apporter leur fumure.

Le problème principal qui se pose à l'élevage stabulé est l'alimentation du bétail. Autrefois, dans les Alpes, les animaux qui restaient à l'étable en hiver étaient nourris avec du foin provenant des prés de fauche aux alentours des villages (trèfle, sainfoin, luzerne). Aujourd'hui, le développement de l'ensilage a remplacé le foin coupé chaque été. Mais dans les montagnes fortement peuplées où toute la terre cultivable est réservée aux céréales, il faut trouver ailleurs les ressources alimentaires du bétail. Celui-ci est le plus souvent nourri grâce aux pailles et aux chaumes des champs en jachère ou alors, dès que l'agriculture s'intensifie, avec le fourrage foliaire récolté dans la forêt lorsque celle-ci subsiste à proximité des villages. Lorsque celle-ci fait défaut par suite des défrichements ou qu'elle est difficilement accessible, les paysans ont recours à des arbres fourragers qu'ils plantent eux-mêmes sur des ravines afin de stabiliser les versants en pente, ou autour de leurs maisons et de leurs champs. Au Népal, la stabulation permanente est souvent le signe du passage d'un système agro-sylvo-pastoral à

Prés de fauche, forêt et pâturages dans le massif des Baronnies (Pyrénées).

Transhumance.

Arbres privés fourragers plantés autour des champs en terrasses dans le district de Gorkha (Népal central).

un système agraire où l'élevage est subordonné aux cultures. Il peut être analysé comme un résultat de la croissance démographique et des défrichements qui auraient fait disparaître la forêt. Mais il peut aussi être interprété comme l'abandon d'un élevage transhumant trop contraignant et trop peu rémunérateur, car il oblige à mobiliser tout au long de l'année une partie de la main-d'œuvre qui n'est pas disponible pour les travaux agricoles ou pour d'autres tâches, alors même qu'il devient de moins en moins rentable et qu'il est concurrencé par l'élevage stabulé. Les plantations d'arbres autour des champs signalent un affranchissement des villageois des ressources de la forêt.

2 ... favorisant la mobilité et la pluriactivité des sociétés

L'utilisation de la complémentarité des milieux montagnards a imposé le déplacement constant des hommes, des animaux et des produits d'une altitude à une autre, mais aussi de la montagne à la plaine, au gré des saisons. Dans les très grandes montagnes de la zone tropicale où s'étagent les territoires de sociétés différentes comme dans l'Himalaya, ces dernières ne peuvent vivre, sauf exceptions, sans pratiquer le troc ou la vente de leurs productions respectives. Une des réponses aux spécificités du milieu montagnard a donc été la mobilité des hommes et du bétail, ainsi que la complémentarité des échanges entre les populations localisées à différents niveaux d'altitude. Par ailleurs, la vie en montagne est marquée par des rythmes saisonniers particuliers qui laissent les montagnards inoccupés une partie de l'année, tandis que l'agriculture et l'élevage ne suffisent généralement pas à assurer la subsistance des unités familiales. Ces contraintes impliquent un phénomène commun à la plupart des sociétés montagnardes : la pluriactivité et les migrations temporaires de travail. Ces dernières élargissent le territoire de référence des montagnards en assurant le maintien de leurs exploitations et une ouverture nouvelle sur le monde, source de nouvelles dynamiques territoriales.

a. Échanges et mobilités montagnardes aux différentes échelles

Lorsque l'exploitation de la totalité d'un grand versant n'est pas possible, les populations sont obligées de passer entre elles des accords de troc pour disposer d'une plus grande variété de denrées. Des échanges constants ont ainsi lieu entre les hauts et les bas versants, entre les montagnes et les vallées ou entre les montagnes et la plaine. Ces déplacements s'effectuent selon deux grandes modalités. Le plus fréquemment ils s'effectuent par les vallées ou les couloirs transversaux qui font communiquer le haut et le bas pays. Les montagnards, par leurs déplacements, mettent en contact les habitants des vallées situées de part et d'autre d'un versant ou encore le haut d'une vallée avec le piémont. Très souvent, un bourg marché localisé à mi-chemin sert de lieu d'échange intermédiaire. Lorsque la vallée est trop profonde ou trop difficile à franchir, les déplacements se font par les crêtes et les cols (*fig. 36*). Au Népal, les villages situés de part et d'autre d'une ligne de crête ont souvent des liens beaucoup plus étroits que les villages qui se font face de part et d'autre d'une vallée encaissée, en l'absence de pont.

Il faut distinguer aussi ce qui relève de la circulation locale ou régionale, comparable au cabotage, et ce qui relève de la circulation à grande distance. La première pourvoit aux faibles besoins commerciaux de populations rurales vivant en autosubsistance. Elle concerne le trafic du bétail, le petit commerce de grains et de sous-produits animaux, ainsi que celui de produits manufacturés de première nécessité, achetés dans les bourgs marchés du piémont et revendus dans les hautes vallées. C'est la tradition du colportage, comparable à celle qui existait dans les Alpes au XIXe siècle (mercerie du Dauphiné). Chaque paysan se transforme en hiver en porteur, travaillant à son compte propre pour échanger sa production dans les bourgs et marchés, ou pour le compte d'autrui. Le portage à dos d'homme est même un véritable métier au Népal où les routes sont rares et où l'essentiel du trafic des marchandises dans les montagnes s'effectue à pied, partout où les animaux de bât ne peuvent passer (de nombreuses vallées ne peuvent être franchies que par des ponts suspendus). Les revenus monétaires ainsi gagnés permettent l'achat de produits manufacturés, le paiement des impôts et la célébration des fêtes rituelles où l'on doit nourrir parfois tout un village.

La seconde correspond à l'existence d'axes privilégiés de commerce où circulent des marchands caravaniers sur de longues distance : caravanes de mules ou de yacks

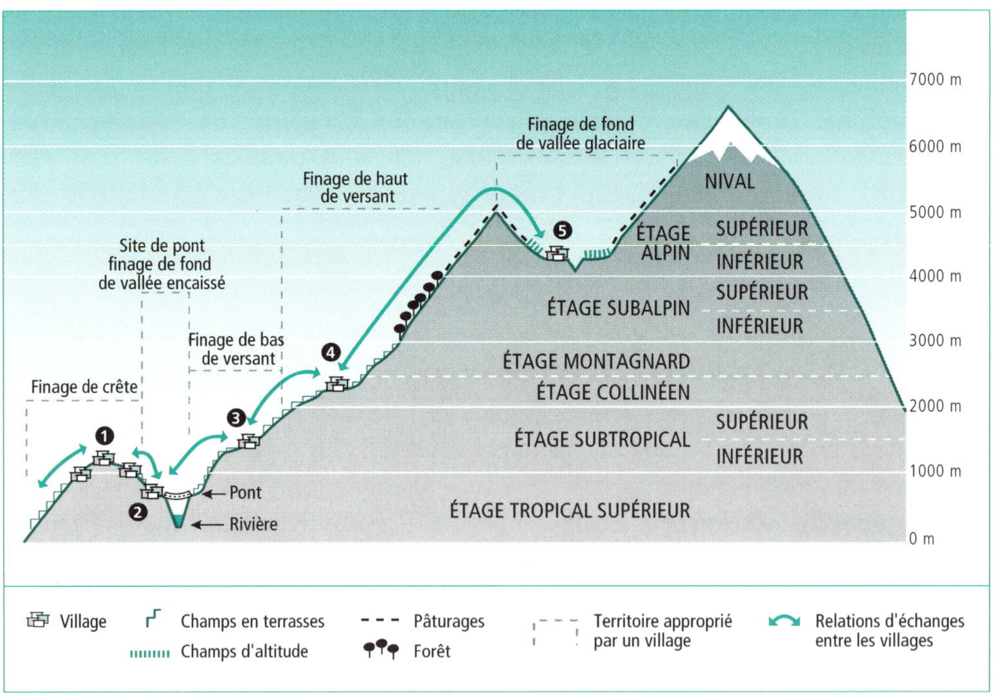

Figure 36 : Déplacements et relations d'échange entre les villages selon leur localisation dans l'Himalaya.
Conception : Isabelle Sacareau.

Transport à dos de mules
dans une haute vallée sèche
de l'Himalaya central.

Portage à dos d'homme
(femme porteuse
dans l'Himalaya central).

Préparation d'une caravane
de yacks en route pour
le Tibet dans une haute
vallée de l'Himalaya central.

bien adaptés aux chemins escarpés et pouvant porter de lourdes charges, selon des routes commerciales bien établies, par exemple, le commerce du sel entre l'Inde et le Tibet par les cols himalayens d'altitude et les grandes vallées perpendiculaires à la chaîne (*fig. 37*). Certaines ethnies se sont spécialisées dans ce commerce, en particulier, celles qui vivent à mi-chemin, dans les étages altitudinaux supérieurs où la pelouse alpine leur permet d'élever des animaux de bât. Les populations d'éleveurs comme les Sherpas ou les Tibétains, qui ont peu de travail agricole à fournir du fait de la faiblesse de l'agriculture, pratiquent ce commerce pendant la période d'hiver où ils sont disponibles. Le commerce du sel, avec ses routes et ses marchés organisés, était le complément indispensable et parfois lucratif d'une agriculture marginale. Dans le massif du Jugal Himal au nord-est de Katmandou, des Sherpa éleveurs de yacks, vendent, sur la route qui mène au marché urbain de la capitale, du beurre aux riches fabricants de tapis tibétains qui en font une grosse consommation pour leur alimentation et pour les rites religieux (lampes à beurre). Ce commerce a cependant décliné à la période récente à la suite de deux événements : la fermeture de la frontière tibétaine et l'arrivée sur le marché népalais de sel de mer indien, retournant ces courants d'échanges au profit des marchés des basses vallées. De même, le nomadisme pastoral s'accompagne souvent d'activités commerciales. Au cours de leur transhumance, les bergers pratiquent le négoce et le troc de denrées alimentaires ou de marchandises diverses. Certaines tribus pastorales ont d'ailleurs abandonné l'élevage pour le commerce : c'est le cas des nomades pachtounes d'Afghanistan.

À cette mobilité des échanges sur de courtes distances s'ajoutent des migrations temporaires de travail pendant la morte-saison à l'échelle locale, régionale, voire même nationale et internationale. Celles-ci sont bien connues dans les Alpes entre le XVIe et le XIXe siècle. Elles semblent avoir atteint leur apogée entre 1750 et 1850, lors du maximum démographique. Pendant la morte-saison hivernale, les paysans des Alpes descendaient dans les plaines méridionales pour effectuer des travaux agricoles comme la taille de la vigne, le ramassage des olives. À la fin du printemps ou au début de l'automne, avant leur propre saison agricole, ils allaient se louer en fonction du calendrier agricole aux agriculteurs des plaines pour faire les foins ou les vendanges. Chaque vallée disposait de ses filières préférentielles de travail dans une multitude de petits métiers dont les plus célèbres sont les ramoneurs de Savoie, les colporteurs et instituteurs ambulants du Haut-Dauphiné, les tailleurs de pierre du Tyrol ou les horlogers-réparateurs de la vallée de l'Arve. On évalue à près de 30 000 le nombre de migrants temporaires (migration supérieure à six mois) lors de la pleine période du maximum démographique des Alpes. Ce sont ces migrations saisonnières ou temporaires de travail qui ont permis par l'apport monétaire qu'elles constituaient, de maintenir en montagne un fort peuplement.

Au Népal, les migrations temporaires de travail sont anciennes, intenses et de formes très variées. Elles sont le fruit d'un mouvement spontané des paysanneries

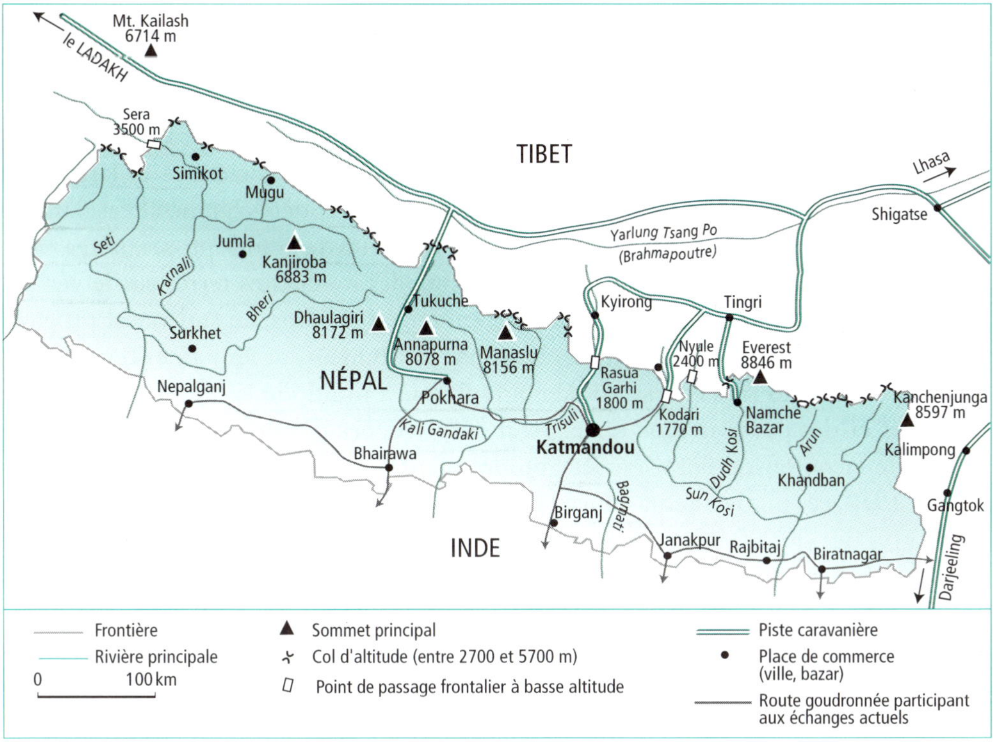

Figure 37 : Grands axes et voies du commerce transhimalayen au Népal.
Conception : Isabelle Sacareau, *revue STRATES matériaux pour la recherche Sciences sociales.*

himalayennes, qui cherchent à compléter les revenus de leurs exploitations agricoles ou à éponger un endettement chronique lié à la pratique de l'usure dans le cadre du métayage. Mais elle ont aussi été suscitées par l'appel d'un marché du travail qui s'est constitué pendant la période coloniale. Au XIXe siècle les populations tibéto-birmanes des moyennes montagnes allaient travailler dans les plantations de thé de l'Assam et de la région de Darjeeling, dans les grands chantiers que les Britanniques avaient ouverts dans leur Empire ou encore dans l'armée coloniale. C'est vers 1820 que l'armée britannique commença à recruter des mercenaires (jusqu'à 200 000 lors de la Première Guerre mondiale). Ce recrutement est actuellement en voie de résorption. Il est remplacé par le mercenariat dans l'armée indienne, et l'emploi dans l'armée et la police népalaise. Au cours des années 1830-1840, on voit se dessiner deux grands flux migratoires, l'un vers les zones rurales proches et les villes, l'autre vers l'Inde du Nord et ses grandes villes comme Calcutta, Dacca et Bombay. Ces migrations sont aussi bien saisonnières, avec un caractère massif à certaines périodes du cycle agricole, que temporaires ou définitives. Depuis la fin des années 1960, les filières de travail temporaire conduisant les montagnards népalais se sont étendues aux Pays du Golfe et aux nouveaux pays industrialisés de l'Asie du Sud-Est. Ceux qui ne veulent pas s'aventurer hors des frontières se lancent dans la pluriactivité touristique, en s'employant comme porteurs, cuisiniers ou guides de trekking pour le compte des touristes.

En Amérique centrale et en Amérique du Sud, les migrations saisonnières des populations montagnardes vers les plaines sont également anciennes et largement liées à l'appel de main-d'œuvre des grandes plantations côtières ou installées dans les forêts tropicales de plaine. Au Guatemala, une minorité de grands propriétaires *ladinos* (créoles blancs de culture hispanique) occupe les meilleures terres sur le versant pacifique et le piémont de la Cordillère volcanique des Altos, au sud-ouest du pays. Les paysanneries indiennes, quant à elles, sont cantonnées sur les hautes terres montagneuses centrales où la pression démographique a multiplié le nombre des microfundistes et des paysans sans terre. Pour survivre, ces derniers sont contraints de migrer de façon saisonnière vers les grandes plantations de la côte caraïbe. Dans les années 1970, ces mouvements étaient particulièrement massifs puisqu'ils étaient évalués à près de 300 000 migrants saisonniers, soit jusqu'à 80 % de la population active agricole des départements montagneux de l'ouest du pays. Ces migrations organisées par des rabatteurs et effectuées dans des conditions de misère et de précarité, n'ont pas permis aux petits paysans indiens ou *ladinos* de sortir de la pauvreté. Elles ont diminué depuis, du fait de l'état de guerre civile larvée qui a longtemps régné au Guatemala, et surtout du fait de la prolétarisation complète d'une masse croissante de paysans sans terres, qui se sont définitivement établis près des plantations.

En Bolivie, les migrations rurales des Indiens quechua répondent, comme au Népal, à des stratégies de survie étudiées par Geneviève Cortes dans la vallée interandine de Cochabamba. Cette région très densément peuplée, grenier à céréales depuis la fin du XVIe siècle et bien intégrée aujourd'hui aux marchés locaux, connaît un fort morcellement des terres, lié au blocage agraire et à une forte sensibilité aux fluctuations économiques et politiques du pays. Le devenir des paysans boliviens dépend de plus en plus de leur mobilité spatiale. Les migrations temporaires de travail de plus ou moins longue durée se sont multipliées en direction de la ville, des zones de production illégales de la coca du Chapare (250 m d'altitude) situées à 150 km de Cochabamba, et de l'étranger. Ces migrations assorties le plus souvent d'activités non agricoles tiennent une part de plus en plus importante dans les économies familiales. Elles témoignent de véritables stratégies de subsistance, voire de développement, au sein d'une unité d'exploitation, grâce à l'articulation de différentes échelles de vie interdépendantes. La migration dans le Chapare correspond aux stratégies de la paysannerie pauvre et « traditionnelle » de l'altiplano qui se contente de dédoubler ses lieux de production, alors que la migration internationale touche plutôt les paysans métis, bilingues, plus urbanisés des vallées de la région. Parmi eux les plus riches migrent vers les États-Unis, le Japon ou Israël, et les plus pauvres en Argentine. Seuls les très pauvres ne migrent pas. Mais cette émigration est rarement définitive. L'ancrage au village d'origine reste très fort. Comme pour le paysan-porteur du

Népal, la migration temporaire avec la multiplication des lieux de résidence et de travail qui en résulte et qui engage les différents membres du groupe familial, est un moyen d'assurer une meilleure sécurité alimentaire et d'éviter le recours à l'exode définitif. Elle est une réponse à l'absence de politique de développement agricole (Cortes, 2000).

b. Pluriactivité montagnarde et migrations temporaires de travail

Les populations montagnardes ont toujours répondu aux difficultés et aux irrégularités saisonnières de la vie en montagne par le recours à la pluriactivité, le plus souvent associée aux migrations temporaires de travail. Un pluriactif peut être défini comme une personne qui vit en permanence ou de façon temporaire sur une exploitation agricole, tout en exerçant en dehors d'elle une ou plusieurs activités rémunérées, qui peuvent être saisonnières ou temporaires, salariées ou non salariées.

Dans la plupart des communautés alpines, les paysans se livraient au travail industriel, grâce à l'existence d'un artisanat et d'une industrie diffuse qui, selon le cas, prenait la forme du travail à façon ou de petites manufactures. C'est ainsi qu'a prospéré l'horlogerie dans la région de Cluses, la clouterie des Bauges, les draperies de la Tarentaise ou du Briançonnais, l'exploitation des mines et la métallurgie (fer d'Allevard). Lorsque le paysan n'émigrait pas pendant l'hiver, il pouvait toujours s'employer dans un travail industriel complémentaire. Avec la Révolution industrielle, le paysan alpin est devenu ouvrier d'usine, avec un fort phénomène de concentration du travail dans des localisations assez peu montagnardes. Plus de 80 % des usines se localisaient dans les Alpes du nord et 90 % dans le fond des grandes vallées intra-alpines (Arve, Maurienne, Tarentaise, Sillon alpin, Drac). Cette nouvelle forme de pluriactivité a permis de freiner l'exode rural (en Maurienne par exemple) et de donner une relative aisance aux paysans qui la pratiquaient. En revanche elle a eu tendance à rendre l'agriculture de plus en plus subsidiaire dans les basses vallées où étaient localisées les usines.

Dans les hautes vallées, la pluriactivité dans le tourisme a pris le relais avec le développement d'emplois tels que paysans-moniteurs de ski, paysans-perchmen, paysans-guides de haute montagne. Lorsque l'agriculture était moribonde, le tourisme est devenu central dans la pluriactivité, qui s'est déclinée en fonction de la saisonnalité propre au tourisme : travail dans les métiers des sports d'hiver de Noël à Pâques, accompagnateur de randonnées ou guide de montagne en été ou encore travail dans l'hôtellerie, la restauration et autres services touristiques. Dans les stations des Alpes du nord les 3/4 des emplois touristiques sont saisonniers, ce qui impose de fait la pluriactivité. Celle-ci peut s'effectuer dans des secteurs tels que les métiers du bois, le bâtiment, les transports ou les chantiers d'EDF (*fig. 38*). Dans un certain nombre de cas, la saison d'hiver passée en montagne est complétée par une saison d'été dans des stations balnéaires (cas des stations pyrénéennes dont les saisonniers travaillent l'été sur la côte basque). Le travail dans les sociétés montagnardes est ainsi marqué par

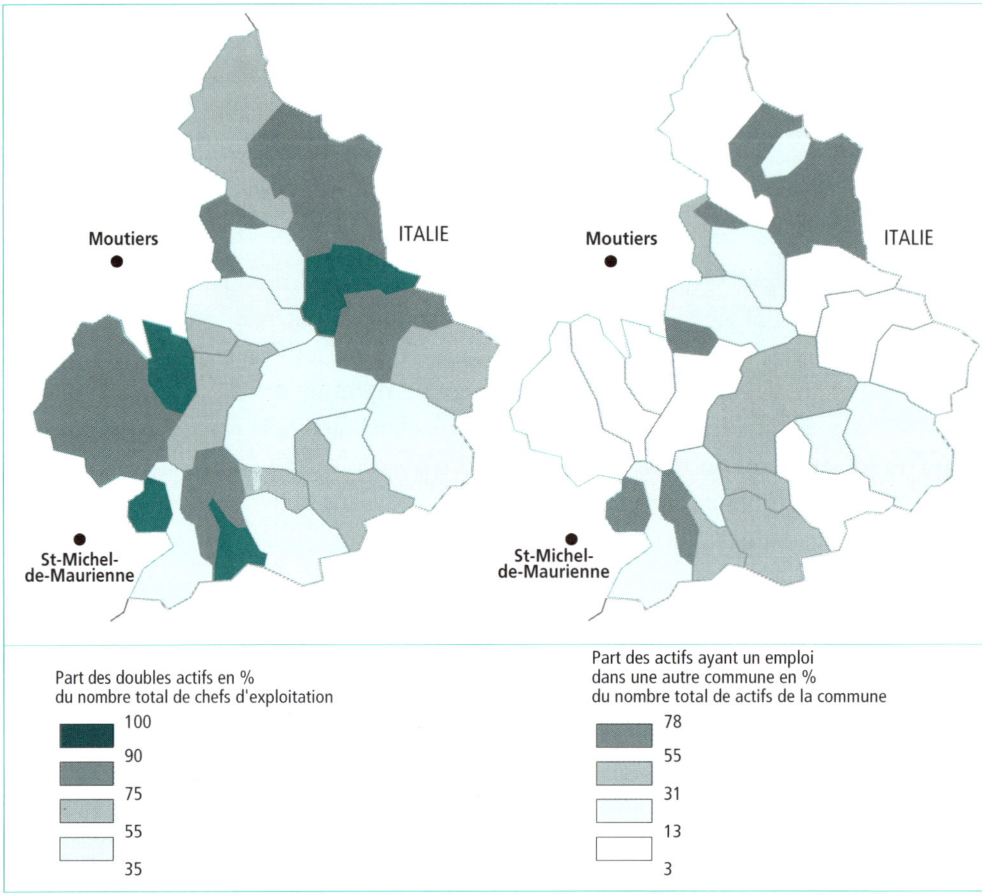

Figure 38 : Pluriactivité et mobilité de travail dans les communes du massif de la Vanoise.
Source : Atlas de la Vanoise en ligne www.vanoise.mnet.fr.

l'éclatement des tâches effectuées par un même individu comme par les différents membres de l'unité familiale (importance croissante du travail féminin). Cet éclatement des tâches s'accompagne d'une fragmentation du temps de travail, voire de la multiplication des lieux de résidence. En ce sens, le mode de vie des montagnards a en quelque sorte préfiguré les modes de vie de la société urbaine contemporaine, marqués par une mobilité croissante liée à la dissociation de plus en plus grande entre lieu de travail et lieu de vie, et à la multiplication des lieux de vie (résidences secondaires, phénomène de double résidence, assortie parfois du télétravail).

La pluriactivité et les migrations temporaires de travail sont aussi le lot des montagnards d'autres régions du monde, moins développées. Au Népal, on retrouve, comme dans les Alpes au XIXe siècle, des métiers ayant trait à l'exploitation des produits naturels (collecteurs et vendeurs de plantes médicinales, bûcherons et scieurs de long, vendeurs de musc), ou des métiers manuels non qualifiés (tailleurs de pierre, manœuvres sur les chantiers, porteurs, conducteurs de rickshaw). Certaines de ces activités ont décliné depuis les années 1950 car elles ne répondent plus guère aux besoins de l'économie ou sont interdites (protection du daim musqué chassé pour sa glande utilisée dans l'industrie du parfum). Elles sont remplacées par le travail sur les chantiers de construction, ainsi que dans les usines de tapis ou les briqueteries de Katmandou, et, de plus en plus, par les métiers du tourisme. La pluriactivité dans le tourisme est en effet venu concurrencer le mercenariat pratiqué depuis le XIXe siècle par les montagnards népalais (*fig. 39*). Elle s'y substitue de plus en plus avec le tarissement, depuis les années 1990, du recrutement dans l'armée britannique, autrefois la plus généreuse en termes de soldes et de pensions. De nombreux paysans s'engagent ainsi comme porteurs, guides ou cuisiniers pour le compte des agences de trekking de la capitale. L'essentiel des revenus monétaires issus de ce travail salarié sert à payer des dettes, un mariage ou des funérailles, à acheter quelques biens de consommation et à maintenir tant bien que mal des exploitations agricoles à peine viables. Seuls les porteurs qui ont su s'élever au rang de guide de trekking peuvent espérer une amélioration concrète de leurs conditions de vie, mais leur ascension sociale s'accompagne la plupart du temps d'une installation durable en ville afin de se consacrer à temps plein aux activités du tourisme de montagne. Une partie de leurs salaires fait alors vivre leurs familles restées au village, où ils construisent une maison, au cas où ils devraient cesser leur activité et revenir à la terre.

Dans les montagnes marocaines, la pluriactivité se développe également. Elle est même devenue une nécessité pour surmonter le problème du chômage rural dans des espaces longtemps voués à la monoactivité agropastorale. Elle concerne des activités du monde rural, la coupe du bois, les distilleries de plantes aromatiques, les travaux sur les chantiers menés par l'État, le forage des puits auxquelles s'ajoutent des activités réalisées dans les centres urbains proches (commerce, bâtiment, petits métiers du secteur informel). Dans le Moyen-Atlas, les activités agropastorales ne tiennent plus une place principale au sein de la pluriactivité. Plus de la moitié des habitants vivent partiellement ou totalement des activités non agricoles, sans compter les revenus tirés des salaires de ceux qui ont émigré à l'étranger, se sont engagés dans l'armée ou sont devenus fonctionnaires. Il s'agit là de stratégies familiales de survie qui permettent de maintenir sur place une population rurale nombreuse dans l'incapacité d'assurer sa subsistance par les seules activités agropastorales. Il en est de même en Bolivie (Cortes, 2000). Face à la pression foncière, aux contraintes agricoles (pénurie d'eau) et au désengagement de l'État, les paysanneries andines boliviennes ont cherché à diversifier leurs activités (salariat dans la construction, artisanat textile, commerce de détail, travail agricole saisonnier). Une enquête de 1991 montre que 62 % des chefs de famille des vallées et montagnes de la région de Cochabamba ont une activité principale autre que l'agriculture. Plus la taille de l'exploitation agricole est réduite, plus la part des revenus non agricoles est importante. Ce n'est qu'au-dessus de 5 ha que les revenus agricoles demeurent majoritaires.

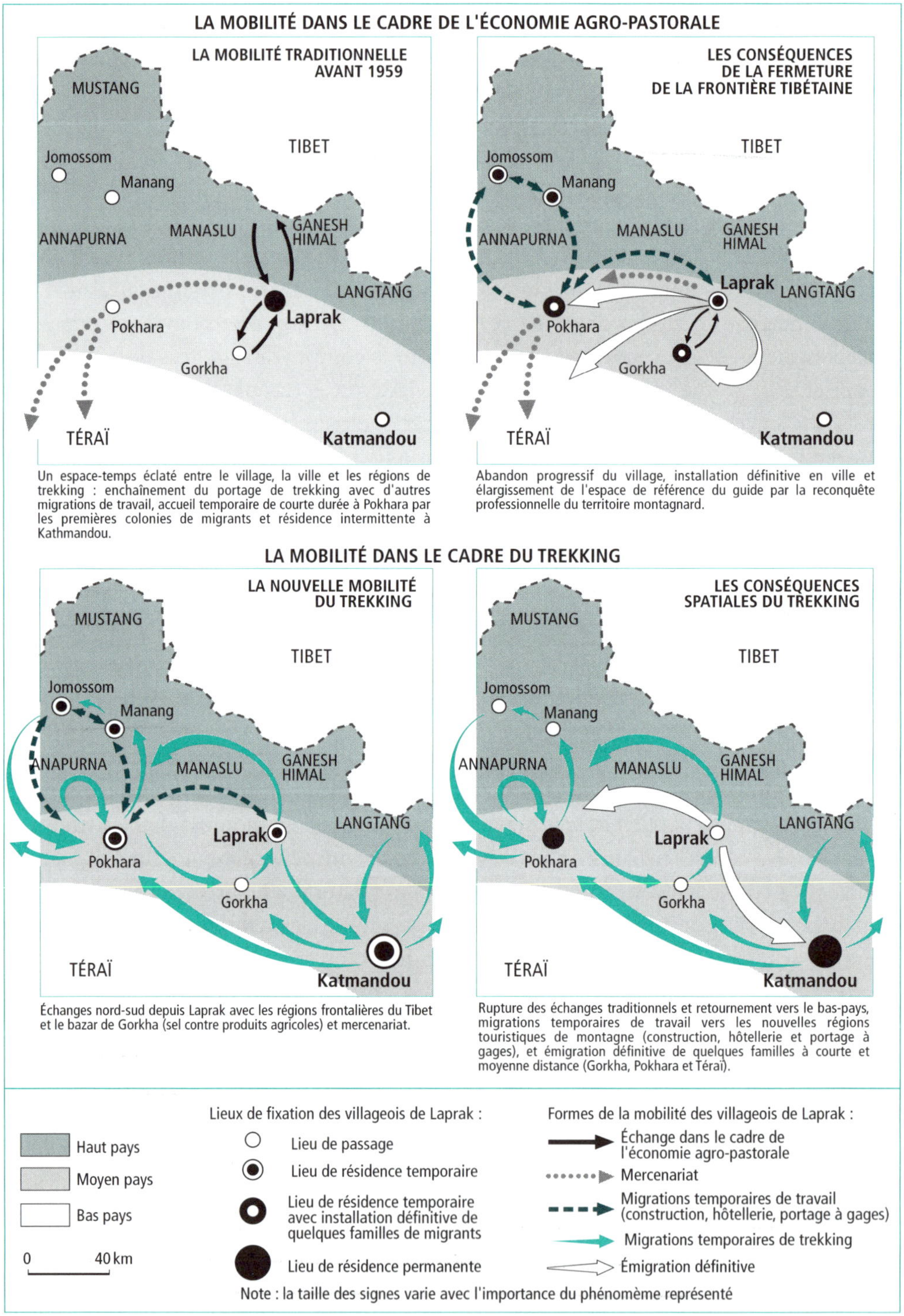

Figure 39 : Mobilité traditionnelle et dynamique spatiale du trekking dans le centre-ouest du Népal.
Conception Isabelle Sacareau, *Porteurs de l'Himalaya*, Mappemonde, Belin, 1997.

Il faut donc se garder de l'image d'une population montagnarde statique et autarcique : la mobilité et les échanges sont une donnée fondamentale de la vie en montagne. Ces sociétés montagnardes qu'on a eu trop souvent tendance à présenter comme isolées et enracinées à leur terroir sont en fait très mobiles. Elles ont été soumises à d'intenses brassages migratoires, en particulier au cours des derniers siècles avec le développement des grands chantiers hydroélectriques et de l'industrialisation des vallées qui ont drainé une importante main-d'œuvre étrangère venue en grande partie d'Italie, puis plus récemment du Maghreb, et de la construction des stations de sport d'hiver.

Mobilité et brassage de population ont favorisé la pénétration d'idées nouvelles. Elle ont appris aux montagnards à se frotter à l'extérieur et en particulier à la civilisation urbaine des plaines. Elles ont été le vecteur de la diffusion des innovations techniques et de l'évolution des mentalités. Ce n'est pas non plus un hasard si ce souvent d'anciens migrants de retour au pays qui ont su s'emparer de l'activité touristique naissante.

Au XIXe siècle, à Saint-Gervais-les-Bains, ce sont des cadets de famille qui ne pouvaient hériter de la terre paternelle, qui, de retour de leurs migrations temporaires de travail, ont investi les premiers dans des hôtels et dans « l'industrie des étrangers ». Connaissant bien les habitudes et des attentes des touristes citadins, ils n'ont eu aucun mal à s'emparer de l'activité touristique qui allait bouleverser l'économie et l'organisation sociale et spatiale de la commune. Les aînés qui gardaient la terre ont vu les activités agricoles décliner au profit du tourisme que contrôlaient leurs cadets. À cette inversion sociale, s'est ajoutée une inversion spatiale, lorsque les hameaux d'altitude ont été abandonnés par leurs habitants au profit du bourg, qui s'était doté, grâce au tourisme, d'un certain nombre d'éléments urbains tel que les hôtels de style haussmanien, l'éclairage public, le téléphone et le pavage des routes et des rues. Aujourd'hui, les stations alpines attirent des touristes du monde entier et de la main-d'œuvre venue de partout, multipliant les occasions de contact entre les autochtones et les étrangers et accélérant l'urbanisation des modes de vie.

De même, dans l'Himalaya du Népal, les Sherpa qui se rendaient en Inde à Darjeeling pour s'employer dans les plantations de thé ont été recrutés à la fin du XIXe siècle par les premières expéditions à la conquête de l'Everest, comme guides et porteurs. Lorsque le Népal s'est ouvert au monde moderne en 1950, les Sherpa se sont organisés pour monopoliser la conduite en montagne des alpinistes, puis des randonneurs. C'est ainsi qu'ils ont progressivement monté des agences de trekking, aménagé des auberges dans leurs villages au pied de l'Everest et loué leurs yacks pour le transport du matériel de trekking et d'expédition. Leurs femmes, restées au village, se lançaient quant à elles, dans la gestion des auberges, la vente de souvenirs tibétains, ou la location de matériel de montagne abandonné par les expéditions précédentes.

Enfin les migrations temporaires de travail articulent aux logiques verticales de la vie agricole en montagne des logiques horizontales. Elles sont liées à l'élargissement des espaces de vie des montagnards marqués par de brusques changements d'échelle. Elles organisent les sociétés selon une logique de réseaux (réseaux sociaux et familiaux, filières migratoires, réseaux commerciaux) qui met les individus en relation avec d'autres espaces-temps que ceux de la montagne. Que la pluriactivité et les migrations de travail s'effectuent dans les montagnes des pays industrialisés ou dans celles des pays pauvres, les stratégies sont similaires : répondre aux irrégularités de la vie en montagne, diversifier les revenus en allant chercher des complémentarités nouvelles (travail salarié) avec d'autres espaces situés hors du cadre montagnard, bref faire fonctionner la logique de l'archipel non plus de façon verticale mais de façon horizontale.

II. Du vertical à l'horizontal : les logiques de spécialisation et de réseaux

Toutes les montagnes et toutes les sociétés n'obéissent pas à la logique verticale de l'étagement des activités. Certaines populations ont occupé les grands espaces plans des hauts plateaux et ne sont donc pas concernées par l'étagement. Parmi celles qui vivent dans les vallées ou sur les grands versants des montagnes, l'exploitation des « atouts » que représente la proximité sur de courtes distances de ressources variées, a pu se combiner avec d'autres logiques, telles que celle de la spécialisation dans un type de culture localisé dans un seul type d'étage ou dans une activité particulière, comme le tourisme ou l'industrie.

D'une façon générale, le modèle du contrôle vertical des ressources s'est désintégré, pour des raisons économiques mais également politiques. On observe ainsi, un peu partout, des formes de rupture des complémentarités entre les étages montagnards, ou entre les montagnes et les plaines. S'y ajoutent des formes de spécialisations économiques, qui ne relèvent plus de logiques verticales mais de logiques horizontales. Celles-ci ont toujours été plus ou moins présentes, mais elles tendent à prendre de l'importance avec les changements d'échelles liés à l'intégration des montagnes dans des ensembles de plus en plus vastes (nations, empires, grands ensembles économiques et politiques, espace-monde). Les progrès des transports et l'entrée dans l'économie de marché ont entraîné une forte concurrence entre les territoires, fondée entre autres, sur l'évaluation des coûts de production. Les régions de montagne se sont vite trouvées en difficulté, car l'avantage comparatif ne s'établissait que rarement en leur faveur. L'agriculture s'est globalement effondrée dans les montagnes des pays industrialisés, sauf lorsqu'elle a su se spécialiser. Elle connaît des difficultés, mais aussi des recompositions dans les montagnes des pays pauvres.

1 Lorsque les systèmes agraires ne relèvent pas ou plus du contrôle vertical des milieux

a. Le contrôle vertical des ressources entre survivances et ruptures

Le modèle de l'archipel vertical andin connaît une certaine survivance dans la cordillère, ou plutôt des formes d'adaptation. C'est le cas de certaines communautés indiennes des vallées andines du Pérou qui élèvent des lamas et des alpagas sur l'altiplano, mais possèdent également une portion de territoire sur la côte Pacifique. Chaque année, les hommes y effectuent un voyage de quinze jours avec les troupeaux de lamas, le plus souvent aujourd'hui en camion, afin de ramasser sur le littoral des algues et du guano qui servent à l'alimentation et à la fumure des champs. En Bolivie, la division en clans exogamiques de certaines ethnies comme celle des Macha du nord Potosi favorise l'accès à des zones écologiques différentes. Les deux clans qui divisent ce groupe ethnique se partagent des terres localisées dans deux étages écologiques, séparés par quinze jours de marche, la *Puna* d'une part, où ils cultivent des tubercules et élèvent des lamas, et l'étage des *yungas*, ou vallées chaudes grâce à laquelle ils obtiennent du maïs. Grâce aux règles matrimoniales qui favorisent le mariage entre le haut plateau et la vallée, chacun des deux groupes peut accéder par l'échange des femmes à l'ensemble des étages écologiques.

La survivance de modes de contrôle vertical des milieux ne se rencontre pas seulement au sein des seules communautés indiennes. Il n'est pas rare de voir de grands propriétaires latifundiaires posséder des domaines fonciers dans deux étages écologiques différents, ce dont profitent d'une certaine manière les paysans indiens qui disposent de terres communautaires à tubercules sur le haut des versants. Le travail qu'ils effectuent dans les *haciendas* situées à l'étage inférieur a pour contrepartie l'autorisation de cultiver en métayage de petites parcelles de maïs. De cette manière, ils peuvent avoir accès à l'étage tempéré que ces mêmes haciendas leur avaient confisqué au moment de la conquête coloniale.

De même, le mouvement actuel de colonisation du piémont amazonien par les paysans de l'altiplano, très sensible au Pérou comme en Bolivie, s'accompagne du maintien de liens entre les colons des fronts pionniers et leur village d'origine de l'altiplano. Celui-ci demeure un fort lieu d'ancrage identitaire. Il se traduit par des migrations pendulaires entre l'altiplano et les vallées orientales (Chapare bolivien par exemple), du moins pour la première génération des migrants. Avec le développement de l'économie de marché, l'avancée du front pionnier et son aménagement progressif, les générations suivantes de migrants relâchent leurs liens avec les hauts plateaux ou, plus exactement, c'est l'ensemble du système familial de production qui glisse vers le piémont pour ne plus exploiter qu'un seul étage.

D'une façon générale, la logique de verticalité, complémentarité des étages écologiques, dispersion des risques et échanges de travail au sein des groupes locaux subsiste encore dans les Andes, malgré l'intégration progressive au marché et la privatisation de la terre. On voit cependant apparaître des processus d'autonomisation par étage écologique des groupes villageois organisés par la présence d'un marché. Dans certaines parties de la Cordillère (Colombie par exemple), cette autonomisation est ancienne. Elle est directement reliée au processus de colonisation de l'étage tempéré par les cultures de plantation coloniale.

Sur d'autres continents, le processus colonial, qui a fait entrer de force les populations montagnardes dans des ensembles politiques et économiques plus vastes, a conduit également à la rupture des complémentarités entre les montagnes et les plaines selon des modalités variables.

Dans le Moyen-Atlas oriental, au relief accidenté et au climat sec, la complémentarité instaurée entre les pâturages d'été de montagne des tribus nomades berbères et les plaines des piémonts où hivernaient leurs troupeaux transhumants, a été brisée par la colonisation française et l'évolution économique depuis l'Indépendance. La résistance armée à la colonisation y a été particulièrement longue et meurtrière et l'occupation des plaines d'hivernage entraîna la mortalité d'une partie du cheptel bloqué en altitude. Les populations soumises furent contraintes de se fixer sur les hauts plateaux dans des limites administratives rigides et sans possibilité de transhumer dans les plaines en hiver. Les forêts, comme on l'a vu au chapitre précédent furent soustraites au libre droit de jouissance qu'en avaient les tribus. C'est ainsi que les liens entre les populations pastorales et certaines parties de leurs territoires de parcours ont fini par se rompre. La délimitation de nouvelles communes rurales sur les piémonts, l'extension des cultures dans les plaines ou leur reboisement sous le contrôle de l'État, ainsi que la sédentarisation progressive des populations pastorales ont parachevé le processus de dissociation entre la montagne et la plaine. Il en est de même dans le Haut-Atlas, où les éleveurs ont de plus en plus de difficultés à conduire leurs troupeaux dans les plaines et piémont du nord (Dir), presque entièrement mis en culture. Le nomadisme se maintient mieux sur le versant saharien, où la confédération des Aït Atta continue de transhumer entre le Djebel Sagho où se trouve le centre de son territoire et les hauts plateaux de l'Atlas central. Il n'en reste pas moins que le mode de vie nomade disparaît peu à peu. Les tribus qui se sédentarisent dans la montagne tentent de vivre de la céréaliculture en développant des périmètres irrigués et en maintenant une simple remue vers les estives d'altitude.

En Afghanistan, les Britanniques qui venaient de délimiter les frontières du pays en 1880 ont au contraire favorisé les nomades aux dépens des tribus sédentaires. Ces dernières, perchées dans leurs nids d'aigle villageois, étaient perçus comme des foyers de résistance beaucoup plus dangereux que les nomades. C'est pourquoi les Anglais les déplacèrent aux quatre coins du pays et confisquèrent leurs pâturages au profit des nomades pachtounes. Aujourd'hui, le nomadisme et le semi-nomadisme qui concernaient encore à la fin des années 1970 près d'un million de personnes et s'effectuait sur des distances de plus de 1 000 km, est en régression. Les causes en sont la croissance démographique de la population sédentaire des plaines, les sécheresses et l'utilisation de camions, ainsi que la guerre de résistance contre les Russes, suivie de la lutte entre les différentes factions afghanes.

Une autre forme de rupture des complémentarités entre la montagne et la plaine peut se produire lorsque la colonisation conduit, de gré ou de force, à la descente des populations montagnardes vers les piémonts, comme ce fut le cas dans certaines parties du Caucase. L'État russe y a mené une politique systématique d'intégration des montagnes aux plaines, afin de mieux contrôler et assimiler les populations minoritaires des montagnes. C'est ainsi qu'au Daghestan, le gouvernement soviétique a rattaché aux kolkhozes de montagne des terroirs de plaine qui permettaient aux montagnards de s'approvisionner plus facilement en fourrage. Mais il incitait en même temps à des déplacements, d'abord temporaires puis définitifs, d'une partie de la main-d'œuvre, encouragés par la volonté des Soviétiques de mettre en valeur le piémont caucasien. Au bout de quelques générations, les établissements du bas sont devenus principaux même si le siège officiel du kolkhoze restait en montagne. Ailleurs, des terres de piémont ont été systématiquement offertes aux montagnards dans les années 1960, afin qu'ils rejoignent les nouveaux villages édifiés à leur intention.

b. Les logiques de spécialisations agricoles liées aux avantages comparatifs d'un étage ou à la proximité d'un marché : l'exploitation « horizontale » de la montagne

Les qualités particulières d'un espace peuvent favoriser l'exploitation d'avantages comparatifs qui permettent de s'affranchir de l'exploitation verticale des milieux. C'est le cas des montagnes tropicales humides volcaniques d'Afrique, d'Indonésie et d'Amérique centrale qui apparaissent comme des milieux particulièrement favorisés : la fertilité des sols volcaniques ne s'épuise pas, chaque groupe humain cultive à l'intérieur d'un seul étage, car les saisons sont moins tranchées et on peut cultiver à peu près tout sans avoir besoin de se déplacer. Les pentes inférieures des terres chaudes, favorisées par le climat et le sol, permettent une variété suffisante de cultures vivrières ou le développement de monocultures spéculatives (économie de plantation). Ces étages sont tournés vers les marchés extérieurs et non vers la montagne qui se contente de fournir l'eau d'irrigation et des sols fertiles et plus épais au pied des volcans. En Asie, à Java, Bali ou aux Philippines, c'est la riziculture intensive et irriguée qui règne en maître sur les bas versants des volcans, avec jusqu'à trois récoltes par an grâce à la fertilisation de l'eau d'irrigation par les cendres. L'étage tempéré qui se développe sur les flancs des volcans actifs, s'il est moins doué sur le plan agronomique que l'étage tropical, est aussi bien équilibré en cultures. Les hauts plateaux volcaniques, aux bons sols faciles à travailler (Éthiopie, Mexique), sont le domaine de cultures vivrières à base de manioc, pommes de terres, maïs et haricots, souvent associées à l'élevage.

Autre exemple d'agriculture montagnarde qui n'obéit pas à la logique de l'étagement, l'agriculture itinérante sur brûlis, pratiquée dans les moyennes montagnes humides et boisées aux pentes abruptes de la zone tropicale. Elle est encore très développée en Asie (montagnes de l'Assam, du Laos, du nord de la Thaïlande et de la Birmanie, de la Chine du Sud-Ouest et de Bornéo). Mais on la rencontre encore à Madagascar et en Amérique centrale (Honduras, Guatemala, Chiapas mexicain). Elle ne peut se maintenir qu'avec de faibles effectifs de population et dans des zones trop accidentées ou isolées pour susciter une exploitation commerciale. Toutefois, ce sont justement l'isolement et les difficultés d'accès de certaines zones montagneuses qui ont favorisé l'implantation de cultures qui, pour être illicites, n'en sont pas moins fortement intégrées à des marchés et des réseaux internationaux, ceux des narcotrafiquants. C'est le cas de la culture de la coca sur le piémont amazonien des Andes, de celle du kif (cannabis) dans le Rif marocain et dans la montagne libanaise, ou du pavot dans les montagnes du nord de l'Afghanistan, du nord-ouest du Pakistan et du Triangle d'or entre Birmanie, Thaïlande et Laos. Ces cultures fortement rémunératrices attirent les paysans et remplacent les cultures vivrières, malgré les tentatives de certains États comme le Maroc ou la Thaïlande pour proposer des cultures de substitution. En Thaïlande, les hautes terres du nord sont devenues des fronts pionniers agricoles, où l'État s'efforce d'ouvrir des routes, d'inciter à la colonisation rizicole des versants et à l'introduction de cultures de plantation. En intégrant ces zones forestières aux plaines, il espère que leur désenclavement provoquera le repli des narcotrafiquants.

Les potentialités agronomiques de certains étages des montagnes tropicales ont été exploitées de longue date par les puissances coloniales dans le sens d'une spécialisation dans des cultures de rente, dès lors qu'existait la demande d'un marché conséquent. C'est ainsi qu'au XIXe siècle, en Amérique latine, l'expansion de la culture du café a déclenché, en relation avec la demande des pays industrialisés, un intense mouvement de colonisation des versants montagneux entre 800 et 2000 m, notamment au Mexique, en Amérique centrale et en Colombie, l'un des tout premiers producteurs mondiaux. La culture du café offre des revenus supérieurs à ceux des cultures vivrières, malgré l'irrégularité des cours mondiaux. Elle a assuré la fortune et les fortes densités du « Triangle d'or » de la région centrale des Andes colombiennes où se situe la capitale, Bogota, et où coexistent la grande exploitation et une masse de moyens et petits producteurs qui pratiquent aussi des cultures vivrières. Dans cette région, la montagne échappe en partie à la misère et la marginalisation que connaissent les Andes du Pérou ou de la Bolivie, en étant étroitement intégrées à l'économie de marché et aux zones urbaines.

En Afrique, c'est également sous l'impulsion du colonisateur que les plantations de café et secondairement de thé ont couvert les versants des volcans de la région du Rift et des Grands Lacs ainsi que des montagnes de l'Afrique centrale. Après les indépendances, les gouvernements ont poursuivi le développement de ces cultures commerciales. Au Viêt Nam, devenu 3e producteur de café au monde, c'est l'État socialiste qui a encouragé la culture du café dans les bassins montagnards du sud du pays, en même temps que la migration de populations venues des plaines pour coloniser la montagne. Dans les moyennes montagnes de la péninsule indienne, ce sont les plantations de thé et d'épices, ainsi que les cultures légumières, qui aujourd'hui occupent l'essentiel de la population et des territoires.

La plupart des économies montagnardes s'intègrent désormais progressivement au marché mondial, qui, en exploitant sur de vastes espaces les rentes différentielles, peut déclencher des spécialisations liées à la présence d'un marché, la proximité d'une ville ou d'un moyen de communication, comme aux caractéristiques propres d'un espace (Dollfus, *in* Bourliaud et Dobremez, 1990). Des laines de très grande qualité, alimentant le marché mondial du textile de luxe, sont ainsi produites dans des zones montagneuses élevées (alpaga sur l'altiplano andin) et parfois même très isolées (laine des chèvres pashmina élevées dans les hautes vallées reculées du Ladakh, dans la province du Cachemire). Ces spécialisations entraînent le plus souvent l'abandon des autres productions, soit par extension spatiale de la production spécialisée, soit par la mobilisation de la force de travail. Rompant avec les logiques anciennes qui s'inscrivaient à l'échelle du versant, elles rattachent les paysanneries à des logiques économiques inscrites dans des échelles spatiales beaucoup plus vastes, qui peuvent tout aussi bien les sortir de leur pauvreté que les fragiliser, en les rendant plus dépendantes des fluctuations économiques et des aléas politiques. Dans le cas du Ladakh, l'état de guerre civile larvée qui règne au Cachemire ne facilite pas l'expédition de la laine pashmina hors des vallées. Dans la région de Cuzco, l'industrie de la brasserie a impulsé la production d'orge dans les montagnes environnantes. Vendue par contrat, elle procurait des revenus substantiels aux paysans andins. Mais l'ouverture libérale du Pérou sous le régime du président Fujimori a provoqué l'importation de malt d'Europe et des États-Unis, vendu moins cher à Cuzco que la production locale. En revanche, dans le fond de la vallée de l'Urubamba, le maïs produit est exporté aux États-Unis pour fabriquer du pop-corn. S'ajoutent à cette spécialisation agricole des revenus tirés du tourisme et de l'artisanat (céramique, tissus) qui contribuent à l'enrichissement des populations.

L'arboriculture est également une spécialisation fréquente en région de montagne, qui favorise surtout le fond des grandes vallées ou les bas versants. La noix de Grenoble a fait la renommée de la vallée de l'Isère. L'Apremont, le Fendant suisse et le vin d'Arbois (Jura) proviennent également de vignobles de montagne estimés. Dans la moyenne vallée du Chancay au Pérou qui débouche sur la côte pacifique au nord de Lima, la culture de pêchers et de pommiers irrigués s'est imposée comme une quasi-monoculture qui favorise surtout les terroirs de fond de vallée bien irrigués et proches de la route, où se sont établis des petits planteurs originaires de Lima. En revanche, sur les bas versants où l'arboriculture est associée à l'élevage et aux cultures vivrières. L'insuffisance de l'encadrement technique qui ne permet pas de produire des fruits d'aussi bonne qualité qu'en fond de vallée, les difficultés de commercialisation des produits liées à la présence de bandes du Sentier Lumineux et de l'armée et les aléas climatiques ont provoqué l'appauvrissement des populations (Dollfus, 1997). Au Népal, des pommiers ont été introduits dans les années 1970 dans la haute vallée de la Kali Gandaki, où ils trouvent d'excellentes conditions écologiques. Mais, l'absence de routes et le coût trop élevé du transport par avion constituent un goulet d'étranglement pour la production. Celle-ci a les plus grandes difficultés à s'écouler sur le marché urbain de Katmandou, où elle subit la concurrence des fruits acheminés par camions d'autres régions. Toutefois, la présence de l'itinéraire de trekking du tour des Annapurna permet de valoriser sur place une partie de cette production, vendue aux touristes sous la forme de confitures, de gâteaux et de brandy.

Dans les Alpes ou les Pyrénées, l'agriculture vivrière traditionnelle fondée sur l'exploitation de l'étagement a vécu, dès lors que les productions mécanisées des plaines arrivaient moins cher et grande quantité sur les marchés. Les activités agricoles (cultures) quand elles subsistent se sont repliées sur les premières pentes et dans le fond des vallées où l'habitat s'est regroupé le long des voies de communication. Il y a donc une forme de repli sur des logiques spatiales de type horizontal, où ce qui compte avant tout, c'est l'accès aux centres urbains, là où se trouvent les marchés de consommation et les services. Les régions qui ont pu résister à la désertification sont celles qui ont su trouver des spécialisations capables de valoriser leurs avantages comparatifs. Ce sont celles aussi qui ont été aidés par l'État et ont bénéficié de mesures de solidarité nationale en tant que zones en difficulté.

Certains pays qui disposent d'importantes surfaces montagneuses ont développé très tôt des politiques de sauvegarde de l'agriculture de montagne afin de compenser ses handicaps naturels face à la concurrence des productions de plaine. C'est le cas de la Suisse dès 1874, et surtout 1929, qui multiplie les aides directes et indirectes à ses agriculteurs et assure la desserte et l'équipement même déficitaire des zones de montagne. Les agriculteurs défendent leurs intérêts au sein d'associations comme le Groupement suisse des paysans de montagne, créé en 1943. C'est aussi le cas de l'Autriche qui a fait de même, à partir de 1937. Les Alpes septentrionales, humides et froides, ont ainsi pu mieux maintenir que dans les Alpes occidentales et méridionales une spécialisation dans l'élevage bovin et la sylviculture. En Italie, c'est à partir de 1952 que l'État intervient, surtout la région du Trentin-Haut-Adige et dans le Val d'Aoste. La politique d'aide à l'agriculture de montagne est plus récente et beaucoup moins complète en France. Elle commence dans les années 1970 avec la création en 1972 d'une *Indemnité spéciale montagne* appelée parfois prime à la vache tondeuse complétée par toute une série de mesures dans le cadre de la Loi montagne (1972).

Mais, comme dans l'exemple du Pérou cité plus haut, ce sont surtout le fonds des grandes vallées alpines bien ensoleillées et bien desservies par les voies de communication, qui ont su le mieux tirer leur épingle du jeu. La proximité des marchés urbains leur a permis de s'orienter vers la production de fruits et de légumes le plus souvent irrigués (Combe de Savoie, Grésivaudan, vallée de la Durance, une partie du Valais suisse, la vallée de l'Adige). Un vignoble de qualité a pu se développer sur

Quatre décrets sont venus successivement codifier la production de Beaufort :

– avril 1964 : protection du nom Beaufort, identification de la zone de production.

– mars 1976 : première définition des règles de production, création de la Commission de Contrôle, reconnaissance du cercle à Beaufort et du talon concave de la meule.

– décembre 1986 : instauration des règles sanitaires. Attribution des qualificatifs «été» et «alpage» pour les productions estivales sous l'autorité de la Commission de Contrôle. Obligation des races Tarine et Abondance pour la production du lait à «Beaufort».

– août 1993 : renforcement des règles de production du lait, du fromage et des règles d'affinage. Le temps minimum d'affinage est porté à cinq mois, le décret précise également les règles de conduite des troupeaux et d'entretien des pâturages. Enfin, la production moyenne du troupeau laitier est limité à 5 000 kg par vache en lactation et par an. Il exprime la volonté de placer le Beaufort sur l'orbite de l'entretien de l'espace et de la sauvegarde de l'environnement.

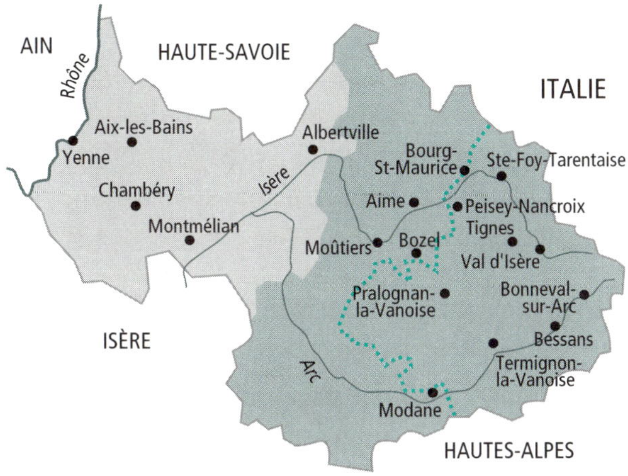

Figure 40 : La zone d'appellation du fromage de Beaufort.
Source : Atlas de la Vanoise en ligne. www.vanoise.mnet.fr.

les coteaux les mieux exposés. En haute montagne, l'élevage a pu se maintenir grâce aux subventions qui ont permis la modernisation des exploitations, à la sélection des races (Abondance, Tarine, Simmental, Brune des Alpes) et à la spécialisation dans des productions de qualité labellisées offrant une forte valeur ajoutée. Ce n'est plus tant le lait qui est commercialisé comme autrefois, que le fromage qui peut bénéficier d'appellations contrôlées et être écoulé grâce à un bon réseau commercial : fromage de brebis des Pyrénées dans la vallée d'Ossau et au Pays Basque, Reblochon et fromage de Beaufort de Haute-Savoie, Emmental, Gruyère et Appenzell du Jura et de Suisse, Roquefort de la bordure sud du Massif central. Ce dernier est fabriqué également à partir du lait de brebis de la vallée d'Ossau dans les Pyrénées. Des coopératives et des entreprises laitières commercialisent ces fromages dont une petite partie est également écoulée en vente directe aux consommateurs, touristes en particulier (*fig. 40*).

Ce n'est que par ce moyen et par l'accueil de troupeaux transhumants que les alpages continuent à être fréquentés par des troupeaux locaux ou extérieurs à la montagne, car l'essentiel de l'élevage s'effectue aujourd'hui à l'étable grâce à l'ensilage. En dehors de ces spécialisations, l'agriculture ne survit en montagne que grâce à l'aide de l'État qui cherche à préserver une présence humaine suffisante pour entretenir les paysages, afin qu'ils ne retournent pas à la friche ou à la forêt.

Enfin, il est des massifs montagneux qui ont été très tôt spécialisés dans un seul type d'activité sans qu'il y ait la moindre utilisation de l'étagement ou des complémentarités avec les plaines. C'est le cas des grands espaces de ranching des Montagnes

Rocheuses ou des grandes landes à moutons des Highlands d'Écosse et de la Nouvelle-Zélande. À cela s'ajoutent dans les montagnes peu peuplées des pays industrialisés (Montagnes rocheuses, Alpes japonaises ou néo-zélandaises, Andes chiliennes), des îlots d'activité spécialisés, plus ou moins reliés entre eux par les voies de communication, oasis de culture, centres urbains liés à l'exploitation minière, stations de sports d'hiver en connexion avec une ville de piémont (Denver et les stations de ski du Colorado), dont la structure spatiale rappelle celle de l'archipel.

2 L'implantation spatiale d'activités non agricoles : entre verticalité et horizontalité

Dans les montagnes des pays industrialisés, l'agriculture de montagne est devenue sinon marginale, du moins secondaire face au développement de nouvelles activités comme l'industrie et le tourisme. Ce dernier, en exploitant la pente, le pittoresque des grands reliefs et l'utilisation différenciée des étages et des contrastes d'exposition relève d'une exploitation verticale du milieu montagnard, du moins pour les stations de sports d'hiver. Mais le tourisme repose aussi un ensemble de pratiques qui n'ont que peu avoir avec la verticalité du milieu montagnard. Elles ont produit en bord de mer comme en montagne, des formes urbaines fort similaires. De même, si l'industrie hydroélectrique a exploité la verticalité du milieu (effet de pente, gravité), l'industrialisation des montagnes repose aujourd'hui largement sur une logique de réseaux et d'urbanisation qui se pense de façon essentiellement « horizontale ».

a. La structuration des espaces touristiques : verticalité ou horizontalité des pratiques ?

La pratique du ski alpin a tiré profit de certaines caractéristiques physiques de la haute montagne (pente, enneigement) pour valoriser les espaces étagés selon une logique verticale. Cela ne signifie cependant pas que le ski alpin soit la première et la seule forme de mise en valeur touristique de la montagne, ni même qu'il existe une spécificité du tourisme de montagne qui serait liée par « nature » ou par « vocation » aux caractères particuliers du milieu, bien qu'il soit encore courant de distinguer un tourisme de montagne d'un tourisme balnéaire. Car ce n'est pas le milieu qui fait le tourisme dans un lieu, mais ce sont les touristes eux-mêmes qui recherchent les sites les plus favorables à l'exercice de leurs pratiques de recréation (équipe MIT, 2002).

En effet, les origines du tourisme sont à mettre en relation avec l'apparition dans la société occidentale du XIXe siècle d'un nouveau rapport au corps et au paysage qui a engendré des pratiques nouvelles, telles que le soin de soi et le sport, associés conjointement à certains éléments naturels comme l'eau ou le relief. Si certaines pratiques comme l'alpinisme se fondaient sur la verticalité du milieu, d'autres comme le thermalisme n'ont pas eu besoin du relief pour exister. Bien sûr, en montagne, le thermalisme qui est à l'origine de la construction des premiers lieux touristiques, s'appuyait sur les ressources en eau fournies par les reliefs montagneux. Le ruissellement et les transferts d'eau à travers les couches du sol favorisent la résurgence de sources fortement minéralisées, dont les médecins du XVIIIe siècle puis du XIXe siècle ont vanté les vertus curatives. La présence de ces sources thermales a permis le développement de stations de cure dans des sites le plus souvent localisés en fond de vallée près des chutes d'eau.

Mais, tout d'abord, les sources thermales ne se localisent pas seulement en montagne. Ensuite, les établissements de bains situés en bord de mer sont également à mettre en rapport avec la cure thermale. Un air de famille unit de plus ces stations balnéaires avec les premières stations touristiques de montagne, aussi bien dans l'architecture à caractère urbain (hôtels de style haussmanien) et dans l'organisation spatiale (construction de promenades) que dans la nature des pratiques (prises de bains d'eaux chaudes et froides dans des établissements spécialisés). Les premières stations balnéaires se sont ainsi établies à proximité des sources des hautes montagnes dans les Pyrénées (Barrège, Bagnères, Cauterets, Luchon, Eaux-Bonnes), les Alpes (Évian, Thonon, Aix-les-Bains, Uriage en France, San Pellegrino en Italie, Saint-Moritz en Suisse, Bad Ischl, Bad Gadstein, Bad Aussee en Autriche), dans les moyennes montagnes (Vittel, Contrexéville dans les Vosges, Baden Baden en Forêt-Noire, Karlsbad en Tchéquie, Vichy ou la Bourboule dans le Massif central), tout comme en plaine (La Roche-Posay, Dax) ou au bord de la mer (stations balnéaires de la Mer du Nord, de la Manche et de l'Atlantique où se pratiquaient au XIXe siècle des bains chauds comme les bains froids à la lame).

Toutefois, certaines pratiques inventées par les touristes se sont portées vers des éléments spécifiques des milieux concernés et en ont exploité les caractéristiques. Elles sont à l'origine de la création de nouveaux lieux touristiques situés en bordure du vide et de la verticalité de la haute montagne. C'est ainsi que dans le mouvement touristique qui a gagné les massifs montagneux européens, les curistes ont été très tôt rejoints par des excursionnistes, des scientifiques et des alpinistes à la conquête des sommets alpins (Chamonix pour le Mont-Blanc, Zermatt pour le Cervin), puis pyrénéens. Des sentiers, des routes à travers la forêt, voire même de petites voies de chemin de fer à crémaillère escaladant des rampes de plus en plus raides (le Tramway du Mont-Blanc à Saint-Gervais, les lignes à crémaillères du Rigi dès 1873, de la Jungfrau en 1898, ou encore du Gornergrat, du Rothorn ou du Pilate en Suisse) permettaient la visite de sites naturels correspondant aux éléments du pittoresque recherché à l'époque (front des glaciers, points de vue panoramiques, cascades, grottes, cheminées de fée). Au début du XXe siècle de grands téléphériques ont permis d'accéder à l'étage alpin et nival où les différents clubs alpins européens avaient d'abord construits des refuges pour les alpinistes. Dans bon nombre de stations, le tourisme, à travers la diversification des pratiques des touristes est ainsi parti à la conquête des différents étages montagnards qui sont progressivement aménagés afin d'en faciliter l'accès et la contemplation.

Par ailleurs, beaucoup de stations de villégiature en montagne se sont édifiées sur des espaces plans comme les fonds de vallée (Chamonix) ou les replats glaciaires, mais face à un massif remarquable, ainsi qu'en bordure de rivages lacustres (Aix-les-Bains en France, Locarno, Lugano, Stresa, Côme ou Bellagio sur les grands lacs italiens, Interlaken en Suisse ou Lillehammer en Norvège, Salt Lake City dans l'Utah). Aux États-Unis, ce sont les lacs glaciaires des Montagnes Blanches au nord de la Nouvelle-Angleterre et les moyennes montagnes telles que les Monts Catskill, dominant de 1000 m la vallée de l'Hudson, qui ont été parmi les premières régions touchées par le tourisme, bien avant la conquête des pentes neigeuses par le ski alpin. De même, le climatisme, à la fin du XIXe siècle, s'il conduit les touristes en altitude, s'implante souvent sur des plateaux bien ensoleillés (Plateau d'Assy, plateau du Vercors, Font-Romeu en France, Davos, Leysin et Crans-Montana en Suisse). Ces implantations n'empêchaient évidemment pas une utilisation verticale de la montagne par le biais des excursionnistes et des alpinistes, mais le lieu touristique lui-même s'organisait dans l'espace à l'horizontale, du moins dans les premiers temps. Le site de la station de Crans-Montana, par exemple, est un balcon faiblement ondulé et bien ensoleillé au-dessus de la vallée du Rhône, dominé de plus de 4000 m par le Zinal Rothorn. Cette ancienne zone d'alpage, parsemée de 6 lacs de taille notable, est devenue une station climatique d'altitude à partir de 1897 (sanatorium, maisons de convalescence), où l'on pratiquait le canotage et la pêche, avant que ne soient construite, à partir de 1930, la première remontée mécanique des Alpes, le « funiluge » de Choucrans. Cette station mondaine, qui a conservé sa fonction climatique, est aujourd'hui tout autant réputée pour son terrain de golf, ses piscines et ses patinoires que pour son domaine skiable qui combine d'ailleurs le ski de fond et le ski de piste. De même dans le Colorado, la station de Vail est, en dehors du ski, réputée pour être une des capitales du golf aux États-Unis.

Avec l'apparition du ski, importé de Scandinavie, la montagne alpine se dote progressivement de nouveaux équipements. On sait que le ski a été introduit en France à Chamrousse par Henri Duhamel en 1878 qui fonde avec quelques amis le Ski Club de France en 1895. En 1891 est fondé le premier club de ski allemand en Forêt-Noire, ainsi que celui des Vosges à Strasbourg. Au départ la technique du ski nordique ne permet pas d'escalader ou de descendre des pentes très raides. Sa pratique était surtout réservée aux militaires, aux sportifs, et aux guides de haute montagne (randonnée hivernale, ski-alpinisme). En 1902, en même temps qu'est créé le Davos le English Ski Club, un enseignement du ski est mis au point pour les guides de Zermatt, tandis qu'est fondé à Briançon une École militaire de ski. La première compétition de ski est organisée par les chasseurs alpins au Montgenèvre en 1907, puis au col du Lautaret par la section de Briançon du Club Alpin Français. La pratique du ski se diffuse jusqu'aux États-Unis, où est fondé à Ishperning au Michigan la National Ski Association, dans un État qui compte déjà le plus grand nombre de skieurs des États-Unis. De nouvelles techniques comme le virage christiana vont permettre d'adapter le ski au relief alpin et d'en faire un sport. En 1910, le Ski Club d'Aix-les-Bains-Le-Revard compte déjà à lui seul 900 adhérents, témoignant de l'engouement pour cette nouvelle pratique. Une première piste de descente, celle de Kandahar est aménagée dans la station suisse de Montana en 1911.

Dans les années 1920, la rencontre de cette pratique sportive, portée par la bourgeoisie, avec la villégiature hivernale, qui s'est fait jour parmi l'aristocratie en Suisse (ouverture d'une saison d'hiver avec aménagement de pistes de luge et de bobsleigh en 1864 à Saint-Moritz) et au Tyrol (Chevallier, 1995), fait naître de nouveaux équipements (construction du premier téléski français au Prarion à Saint-Gervais en 1920). De nouveaux lieux dédiés à cette pratique font enfin l'apparition comme Megève, créée en 1919 par la baronne de Rothschild, qui est considérée comme la première des stations de ski. En 1924 sont organisés à Chamonix les premiers Jeux Olympiques d'hiver (disciplines nordiques). L'impulsion est donnée pour la construction de téléphériques qui partent à l'assaut des pentes les plus raides de la montagne (construction du téléphérique de l'Aiguille du Midi et du Brévent, dans les années 1930) et des téléskis qui permettent d'accéder aux champs de neige (Megève en 1933, les Houches en 1936).

Le ski permet la valorisation hivernale des espaces d'altitude utilisés jusqu'alors uniquement en été pour les activités pastorales et joue des contrastes d'exposition. Les versants de l'ubac bien enneigés portent des pistes tracées à travers les forêts tandis que les restaurants d'altitude sont édifiés sur les adrets ensoleillés. Contrairement aux stations de la première génération dites stations-villages, les stations de la 2e génération ont été construites plus haut à une certaine distance des noyaux villageois. C'est le cas de la station de l'Alpe-d'Huez qui s'est développée dans les années 1930 à partir d'un hameau d'alpage situé à 1 850 m d'altitude. Celui-ci était occupé temporairement l'été par les habitants du village d'Huez, centre de l'habitat permanent, situé un peu plus bas à 1 450 m. Ce dernier est vite devenu secondaire par rapport à la station d'altitude qui concentre désormais tous les attributs d'une grande commune (école, mairie, commerces). Au-dessus de la station, le domaine skiable s'élève jusqu'à 3 350 m, marqué par la présence verticale des remontées mécaniques. Leur densité est la plus forte entre 1900 et 2100 m témoignant d'une utilisation intensive des champs de neige situés dans cette portion de la montagne. Elle diminue un peu entre 2 100 et 2 800 m. Entre 2 800 et 3 400 m elles sont moins nombreuses mais témoignent de la conquête spatiale, mais aussi saisonnière (ski d'été sur glacier) des hautes altitudes par les pratiques touristiques. L'accroissement du nombre des skieurs, l'élévation de leur niveau technique et l'amélioration du matériel ont également suscité l'ouverture de pistes nouvelles de raideur et de nature variées (pistes de surf, de ski sur bosses, itinéraires hors-pistes ou de haute montagne) témoignant d'une exploitation de toutes les facettes du relief montagnard en fonction de l'évolution des pratiques.

Dans les années 1960, sont lancées les premières stations intégrées de sports d'hiver (La Plagne, Avoriaz). Créées *ex nihilo* en altitude sur les alpages par des banques et des promoteurs citadins, extérieurs au milieu montagnard, certaines de ces premières stations (Avoriaz, les Arcs 1600) s'apparentent à de véritables villes d'altitude avec leurs immeubles en forme de barre et de tours et leurs supermarchés. Les stations intégrées se multiplient alors à haute altitude dans les Alpes du nord essentiellement. Leur front de neige où se rassemble le départ des remontées mécaniques et l'arrivée des pistes (la grenouillère) au pied du bâtiment de l'école de ski et des hôtels et restaurants, rappelle l'aménagement des fronts de mer des stations balnéaires et témoigne de l'organisation fonctionnelle verticale encore plus poussée d'un espace aménagé pour accueillir des milliers de pratiquants. Il conduit à l'interconnexion progressive des domaines skiables des différentes stations qui s'étendent sur plusieurs communes comme par exemple le domaine des Trois Vallées (Courchevel, Méribel, le Mottaret, Les Menuires, Val-Thorens) ou encore le domaine skiable transfrontalier franco-suisse des Portes du Soleil. Cela permet d'étendre et de diversifier l'espace de pratique en multipliant la qualité et la diversité des pistes skiables (raideur et longueur des pentes, difficulté, enneigement, ensoleillement, etc.). C'est ainsi que La Plagne, la plus ancienne des stations intégrées, constitue aujourd'hui un ensemble complexe de dix stations d'altitude, haute et moyenne, qui totalise 59 000 lits. La Tarentaise, au cœur du massif de la Vanoise, est le premier ensemble mondial de stations de sports d'hiver avec 35 000 lits pour les Arcs, 32 000 lits pour Courchevel, 31 000 pour Méribel, 29 000 pour Tignes, 28 000 pour Val d'Isère, 26 000 pour les Menuires, 25 000 pour Val-Thorens et 11 000 pour Valmorel. « L'unité de massif » complète ou se substitue à l'unité de vallée (Knafou, 1978). Ce type de stations est typique de la situation française de l'époque : la volonté de l'État d'attirer des touristes en montagne et d'enrayer l'exode rural dans un contexte de profonde déstructuration des sociétés rurales montagnardes. Ce modèle s'est fort peu exporté dans le reste des Alpes.

Aujourd'hui, devant les critiques adressées à ce type d'urbanisation comme à l'urbanisation des sites d'altitude, les stations dites de 4e génération sont redescendues des alpages et s'installent plutôt au milieu des forêts ou sur les anciennes montagnettes entre 1 300 et 1 600 m d'altitude, avec une architecture qui tente de s'intégrer au paysage (Valmorel). Désormais, un certain nombre de stations de sports d'hiver sont éclatées en plusieurs unités situées à des altitudes différentes, accueillant des clientèles aux goûts, besoins et attentes différents (jeunes, sportifs, familles, public plus âgé) et assurant une certaine complémentarité dans les services et la nature des hébergements proposés (studios en location dans des immeubles d'altitude, chalets, hôtels, clubs de vacances). Les stations de sports d'hiver telles que La Plagne ou les Arcs apparaissent comme des avatars modernes de l'archipel vertical, qui n'obéissent pas aux mêmes logiques que celles des sociétés rurales avec lesquelles ces aménagements opèrent une forte discontinuité spatiale et culturelle.

L'activité touristique en remplaçant progressivement les anciennes activités en crise propose une nouvelle organisation du temps et de l'espace. Avant la révolution des sports d'hiver, l'activité se concentrait près des villages avec une occupation temporaire de la partie basse de l'étage alpin autour de 2 000 m. Aujourd'hui, le ski a concentré l'animation de la montagne en hiver et l'a recentré plus haut en altitude en autorisant une vie permanente vers 1 800 m et une utilisation temporaire mais intensive de la haute altitude jusqu'à près de 3 000 m en hiver mais aussi en été. Les stations de ski de 3e génération cherchent en effet à articuler la saison hivernale avec la saison estivale qui reste majeure pour les stations les plus anciennes, celles qui sont nées avant l'essor du ski (Chamonix, St-Gervais).

Si le ski de piste a valorisé les fortes pentes et l'articulation des différents étages montagnards, le ski de fond, héritier du ski nordique scandinave, a de son côté valorisé des montagnes aux reliefs plus modestes. Longtemps supplanté par le ski alpin, le ski de fond s'est développé en Suisse et en Autriche dans les années 1960, puis en France à partir des Jeux Olympiques de Grenoble de 1968. Nécessitant pour sa pratique des surfaces planes ou des pentes modérées, un bon enneigement, mais peu d'investissements, il a permis de relancer l'économie de certains secteurs de moyenne montagne. Il est devenu un complément d'activité appréciable de bon nombre de communes rurales des plateaux du Jura (Métabief, La Joux), du Vercors, (Autrans, Lans-en-Vercors) et des planèzes du Cantal. Il est aussi une pratique bien développée dans les moyennes montagnes d'Europe Centrale (Bulgarie, Roumanie, Pologne) et bien sûr en Scandinavie (Lillehammer en Norvège).

b. Les spécialisations industrielles liées à la présence des villes et des moyens de transport : des logiques horizontales

À l'origine, l'implantation de l'hydroélectricité dans les vallées alpines a été imposée par la nécessité de placer les turbines au pied des chutes d'eau et des conduites forcées. Étaient alors utilisées les complémentarités entre les eaux de ruissellement, de fonte des neiges ou des lacs glaciaires de l'amont et les usines de l'aval dont l'énergie profitait de l'effet de pente. Ces dernières se localisaient dans les fonds de vallée étroits formant un chapelet d'usines le long des routes de desserte des vallées ou des lignes de chemin de fer (Maurienne). Les sites de barrage d'altitude ont quasiment tous été exploités dans les Alpes. Des systèmes de dérivation avec des conduites souterraines permettent de remplir les barrages et de faire passer l'eau d'un versant à l'autre afin d'alimenter des usines hydroélectriques situées parfois très loin.

Aujourd'hui, avec le développement d'autres sources d'énergie, l'hydroélectricité est surtout utilisée pour assurer les pointes de consommation (barrage de Grand-Maison près de Grenoble). Les sites d'usines des Alpes sont apparus beaucoup trop excentrés et ont été progressivement fermés et déménagés vers les plaines. Seules se sont maintenues quelques très grosses unités modernisées comme l'usine d'aluminium Péchiney à St-Jean-de-Maurienne, la 2e unité de production d'aluminium en France. Les plus grosses entreprises industrielles ont ainsi glissé de la montagne vers les grands centres urbains situés au débouché des vallées. Ils accueillent aussi bien des industries de pointe (Grenoble) que des industries lourdes (aciéries de Bolzano). Leur développement ne dépend plus aujourd'hui de la fourniture en énergie de la montagne, qui n'est plus qu'un héritage.

Si la grande industrie née de l'hydroélectricité a eu du mal à se maintenir en montagne, il n'en n'est pas de même pour l'industrie légère et les industries artisanales liées au textile, au bois, au cuir et à la petite métallurgie. Certaines régions de vieille tradition artisanale ou industrielle ont su s'adapter aux mutations technologiques et leur spécialisation maintient en place une population qui ne dépend plus de l'utilisation verticale des milieux. C'est le cas en Forêt-Noire occidentale où l'industrie de l'horlogerie qui s'est diversifiée en direction de la mécanique de précision et de l'électronique fournit près des deux tiers des emplois. De plus, l'environnement montagnard attire désormais de plus en plus de cadres en quête d'une certaine qualité de vie. Le Haut Jura, la plasturgie de la région d'Oyonnax, la région d'Yssingeaux dans le Massif central, la vallée de l'Arve, certaines vallées autrichiennes constituent elles aussi de véritables régions d'industrie diffuse.

L'organisation spatiale de cette industrie s'effectue sous la forme de districts industriels, c'est-à-dire d'un semis de PME autour d'une plus grosse entreprise isolée. Elle se caractérise par des structures artisanales, voire familiales, beaucoup de sous-traitance pour le compte de grandes entreprises localisées dans les grandes villes des plaines (Mulhouse, Montbéliard, Belfort, Strasbourg, Bâle, Genève pour les vallées vosgiennes et le Jura par exemple). Le tout s'appuie sur un réseau de petits bourgs ruraux. L'important, ici, est de disposer de moyens de transport efficaces, de la proximité de grands centres industriels et urbains et d'une main-d'œuvre qualifiée (*fig. 41*). Si celle-ci est insuffisante, ces industries font appel comme partout ailleurs à une main-d'œuvre, étrangère à la région, donc non montagnarde. C'est la raison pour laquelle les moyennes montagnes situées à proximité de l'axe rhénan (Forêt-Noire, Vosges, Jura), ou de la mégalopole américaine et des Grands Lacs (Appalaches) se sont tournées avec plus ou moins de succès vers ce modèle. La moyenne vallée de l'Arve, par exemple, est appelée parfois Technic vallée. Elle est située entre le Mont Blanc et Genève. Elle se partage en 17 communes regroupant 60 000 habitants et 18 000 salariés en 1998. Cela représente environ les 2/3 des effectifs industriels de la Haute-Savoie. La spécialisation industrielle remonte à l'introduction de l'horlogerie au début du XVIIIe siècle, qui travaillait pour les firmes de Genève. À la fin du XIXe siècle, l'introduction du tour à décolleter va favoriser une seconde spécialisation, le décolletage de pièces métalliques qui se diversifie tout au long du XXe siècle. Aujourd'hui le district industriel de la vallée de l'Arve concentre 800 établissements industriels sur 325 km^2. Leur taille moyenne est de 20 personnes environ. Elles se tournent de plus en plus vers des marchés internationaux. Le principal client du décolletage est aujourd'hui l'industrie automobile.

Cependant, comme toute monoactivité, certaines spécialisations peuvent se solder pour certaines montagnes par une crise profonde dès lors qu'elles ne correspondent plus aux besoins du marché ou sont victimes de la concurrence. C'est le cas de l'industrie textile des vallées vosgiennes et de la sidérurgie des Appalaches, de l'Oural ou des moyennes montagnes de l'Europe médiane : Harz, Erzgebirge. L'Oural par exemple s'est spécialisé dans l'exploitation minière depuis très longtemps (XVIIe siècle, puis fort développement à l'époque soviétique). Les gisements polymétalliques extrêmement variés se dispersent le long de la guirlande montagneuse formant une cinquantaine de villes-usines. La sidérurgie se concentre dans quatre combinats géants créés dans les années 1930 à proximité des gisements de fer et de la voie ferrée du combinat Oural-Kouzbass.

Mais l'Oural cumule actuellement les effets structurels d'une vieille région d'industries lourdes, d'un climat rude, d'une situation démographique dégradée et des effets de l'éclatement de l'URSS. Les gisements de fer qui ont été à l'origine de la création de la ville de Magnitogorsk sont aujourd'hui épuisés. Il en est de même pour le cuivre, longtemps exploité dans l'Oural central et dont la production s'est déplacée vers le sud et pour bon nombre de métaux précieux qui ont fait la gloire de l'Oural : or, argent, platine,

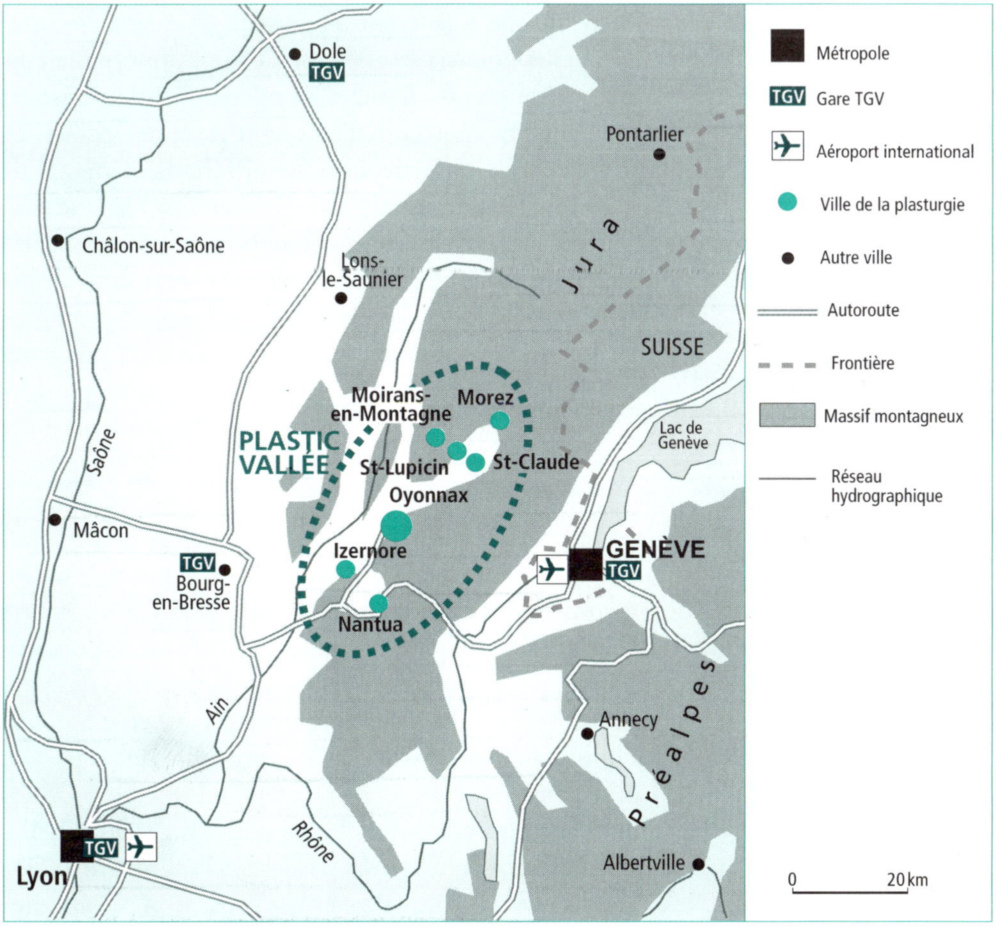

Figure 41 : La Plastic vallée à Oyonnax (Jura). Source : d'après *Géographie seconde*, Nathan, 2001.

exploités dès le XVIIe siècle, amiante, bauxite, manganèse, nickel, uranium, mais qui se présentent le plus souvent sous la forme de gisements polymétalliques dont les différents métaux sont difficiles à dissocier. Le pétrole et le sel s'ajoutent à la production de cette vieille montagne métallifère à laquelle il ne manque que le charbon.

L'Oural possède également un manteau forestier très important grâce à la forte humidité du massif, intensivement exploitée depuis trois siècles pour le bois d'œuvre et la pâte à papier. Mais des mesures de protection ont été prises pour limiter les coupes. Cette moyenne montagne attire toutefois par ses paysages forestiers, ses massifs rocheux et ses gorges pittoresques une activité touristique locale des citadins des villes du piémont (maisons de repos, thermalisme, petites stations de ski).

Conclusion

L'exploitation verticale des milieux, qu'elle soit le fait d'une seule et même communauté ou de plusieurs communautés elles-mêmes étagées, est bien une donnée majeure de la vie en montagne. Elle implique un certain nombre de relations et de transferts entre le bas et le haut des versants, aussi bien qu'entre l'amont et l'aval des vallées. Ils interviennent à tous les niveaux d'échelle en articulant les différents éléments de l'espace montagnard. L'eau d'irrigation, l'eau thermale comme la houille blanche provenant des cours d'eau et des glaciers de l'étage alpin alimentent hommes, champs, établissements thermaux et industriels situés plus bas. L'utilisation de l'énergie fournie par la gravité (hydroélectricité) permet ainsi de jouer de l'économie de la distance en profitant des différences d'altitude. Les mouvements de transhumance multiplient les transferts et les échanges : fumure pour les terres du bas, et espaces de pâture pour les troupeaux des bergers du haut. Au niveau des villages, des relations s'établissent entre l'amont et l'aval avec des rapports de domination ou d'interdépendance. Elles permettent le transfert des productions d'un étage à l'autre par le biais de marchés mais aussi de populations spécialisées dans le commerce (colporteurs, marchands caravaniers) ainsi que des transferts de main-d'œuvre lorsque la disponibilité de la force de travail vient combler les besoins des régions basses où la main-d'œuvre est rare.

Cependant, les formes d'intégration au marché et à la société urbaine sont maintenant largement répandues. Elles ne permettent plus d'analyser la situation des paysanneries montagnardes en simples termes d'adéquation entre un système agricole familial et un territoire bien délimité, gouverné par la seule verticalité de l'espace et par l'étagement des milieux. Les stratégies paysannes de revenus et de flux de produits et de travail dans des réseaux familiaux plus ou moins élargis s'exercent à des échelles beaucoup plus vastes que celle d'un versant voire même d'un massif montagneux. De nouvelles complémentarités s'instaurent avec des villes et des espaces plus lointains, qui commandent de plus en plus la dynamique des espaces montagnards.

À l'image de l'archipel vertical qui exprime bien la structuration traditionnelle des espaces montagnards, on pourrait ainsi superposer la notion d'archipel horizontal. Car la figure de l'archipel, qu'il soit vertical ou horizontal, rend assez bien compte du mode d'organisation de l'espace en montagne, dans la mesure où il est caractérisé par la multiplication des discontinuités spatiales et temporelles et par l'importance prise par les réseaux (réseaux de communication, réseaux familiaux, réseaux sociaux, filières de travail, etc.).

Pour aller plus loin

BART F., Montagnes d'Afrique terres paysannes, le cas du Rwanda, CEGET, Presses Universitaires de Bordeaux, *Espaces Tropicaux,* n° 7, 1993, 588 pages.

BOURLIAUD J., DOBREMEZ J.F., VIGNY F., (dir.), *Sociétés rurales des Andes et de l'Himalaya*, Versants, Grenoble, 1990.

CHADEFAUD M., *Aux origines du tourisme dans les Pays de l'Adour*, Pau, 1988.

CORTES G., « Migrations, systèmes de mobilité, espaces de vie : à la recherche de modèles », *L'Espace géograph que*, n° 3, 1998, p. 265-275.

CORTES G., *Partir pour rester, survie et mutation de sociétés paysannes andines (Bolivie)*, IRD, 2000, 413 pages.

DEBARBIEUX B., *Tourisme et montagne*, Paris, Economica, 1995, 107 pages.

DELER J.-P., *Genèse de l'espace équatorien, essai sur le territoire et la formation de l'État national*, Recherche sur les grandes civilisations, synthèse n° 4, Institut Français d'Études andines, éditions ADPF, Paris, 1981, 279 pages.

DOBREMEZ J.F., (dir.), *Les collines du Népal central : écosystèmes, structures sociales et systèmes agraires*, Paris, INRA, 2 tomes, 1986.

GAUTIER D., « Poupées russes et montagnes Bamiléké. De la concession à la chefferie : emboîtement des structures et dynamiques spatiales en pays Bamiléké », *L'espace géographique*, n° 2, 1996, p. 173-187.

HERBIN J., *Le tourisme au Tyrol autrichien ou la montagne aux montagnards*, Grenoble, Les cahiers de l'Alpe, 1980, 2 vol., 718 pages.

KNAFOU R., *Les stations intégrées de sports d'hiver*, Paris, Masson, 1978.

KNAFOU R., *Les Alpes*, Coll. Que-Sais-Je ?, Presses Universitaires de France, 1994, 127 pages.

KNAFOU R. (dir.), *L'Institut de Saint-Gervais, recherche-action dans la montagne touristique*, coll. Mappemonde, Belin, 1997, 264 pages.

LAHSEN J., « L'évolution des structures socio-spatiales du Moyen-Atlas central : le cas du pays Amekla (Sefrou) », *in* « La montagne marocaine, développement et protection », *Revue de Géographie Alpine*, n° 4, tome 84, 1996, p. 61-74.

MOREL A., « De l'originalité des montagnes du Sahara », *Revue de Géographie Alpine*, n° 1, 1991, p. 9-19.

MORLON P. (dir.), *Comprendre l'agriculture paysanne dans les Andes centrales (Pérou-Bolivie)*, INRA, 1992.

POUILLE F., *Systèmes agraires, stratégies individuelles et collectives des populations rurales dans les Andes équatoriennes*, thèse, Bordeaux III, 2000, 355 pages.

RIPERT B., *Dynamiques spatiales et transformations de la société, l'exemple des Tamang du Népal central,* thèse de doctorat sous la direction d'Olivier DOLLFUS, Université Paris 7, 2000.

SACAREAU I., *Porteurs de l'Himalaya, le trekking au Népal*, Collection Mappemonde, Belin, 1997, 271 pages.

ZAINABI A.T., « Pays de Taznakht et Dra : de la complémentarité à la rupture », *Revue de Géographie Alpine*, n° 1, 1991, p. 131-138.

Chapitre 6

Montagnes barrières, montagnes carrefours ?

La montagne est souvent considérée comme une barrière infranchissable. Les obstacles topographiques et climatiques qu'elle opposerait aux communications et son enclavement « naturel », seraient responsables de sa marginalité économique et politique. Dans le même ordre d'idées, la géopolitique s'est longtemps appuyée sur une vision déterministe de la montagne en mettant en exergue sa fonction de frontière naturelle séparant les peuples et les États. La réalité est évidemment bien différente, car s'il existe en effet des montagnes dont la compacité ou le climat rendent leur franchissement et leur équipement difficiles (Scandinavie, Caucase), la plupart, même les plus hautes, n'ont jamais empêché la circulation des hommes et des marchandises. Bien au contraire, elles ont pu servir de pont entre les continents (Cordillères américaines), de foyer de peuplement dense (Andes, montagnes africaines), de point de contact entre des peuples différents (Himalaya) et devenir des carrefours de civilisation, ou encore des espaces intensément traversés du fait de leur position au cœur de régions très développées (Arc alpin, Appalaches).

Tout dépend non seulement de la configuration spatiale des montagnes, mais aussi et surtout, de la façon dont elles s'articulent aux découpages territoriaux qui pavent le monde et aux réseaux de villes et de transports qui structurent l'espace. Il est, en effet, des chaînes de montagne très perméables qui se laissent aisément franchir grâce à leurs couloirs et leurs synapses. D'autres, d'accès plus difficiles, mais dont la situation au sein des ensembles économiques ou politiques exige la mise en œuvre de moyens de communication coûteux pour assurer leur désenclavement ou leur franchissement. Mais cela ne signifie pas pour autant qu'une montagne traversée par des flux peut devenir elle-même un carrefour, car la notion de carrefour n'a de sens que par rapport à des pôles capables de susciter une dynamique de développement. D'où l'importance d'analyser la situation des montagnes par rapport aux réseaux de villes et de transports qui conditionnent leur intégration à des ensembles plus vastes et plus ou moins dynamiques.

Toutefois, la situation évolue dans le temps, si bien que la position de carrefour peut disparaître ou apparaître en fonction des dynamiques économiques et urbaines, mais aussi en fonction des constructions nationales et de l'ouverture ou de la fermeture des frontières. Des montagnes ont pu fonctionner alternativement comme refuge ou comme bastion (*cf.* ch. 1). Elles ont pu devenir à certaines périodes le siège des irrédentismes ou des foyers de rébellion contre un pouvoir central qui tend à les marginaliser ou à les assimiler aux populations dominantes. Leur situation dépend beaucoup du maillage territorial dans lequel elles sont insérées et de la façon dont les frontières les utilisent, les traversent ou les contournent. Elles peuvent être alors au cœur d'enjeux politiques et stratégiques qui les dépassent largement, le plus souvent sans commune mesure avec leur seul intérêt économique. Le concept de situation joue donc un rôle essentiel pour comprendre à petite échelle la dynamique des espaces montagnards dans le monde, selon qu'ils sont périphériques, marginalisés ou centraux au sein d'un territoire.

I. La montagne dans tous ses réseaux

Le chapitre précédent nous a montré comment les sociétés montagnardes étaient passées d'une logique de fonctionnement interne à l'échelle d'un versant ou d'une vallée, à des logiques de fonctionnement impulsées de l'extérieur à d'autres échelles, régionale, nationale voire internationale dans le cas du tourisme en particulier. Cela signifie que les montagnes ne peuvent s'analyser sans que ne soient pris en compte leur articulation à des réseaux qui les ouvrent sur l'extérieur. Or, l'accessibilité des montagnes et leur irrigation par des flux d'hommes et de marchandises dépendent de plusieurs facteurs : les configurations du relief peuvent faciliter ou compliquer, voire interdire le passage des hommes et des marchandises. Mais ce qui compte avant tout, c'est l'intérêt qu'ont ou non les sociétés à traverser la montagne ou à y développer des moyens de communication. Il peut être lié à la présence d'une population nombreuse à desservir ou à la nécessité de rompre l'enclavement d'un pays ou d'une région. Il peut s'agir aussi d'intérêts stratégiques, tels que l'accès à des ressources minérales présentes en quantité significative, le contrôle des sources d'eau dans les régions sèches, ou le contrôle politique de populations montagnardes mal intégrées au pouvoir central. La puissance inégale de ces intérêts explique la plupart du temps les investissements et les efforts consentis ainsi que l'importance des moyens techniques mis en œuvre pour surmonter les handicaps physiques qu'oppose la montagne.

Mais il faut aussi examiner la situation des montagnes par rapport aux grands ensembles économiques et à leurs pôles de développement. La présence et le poids des grands centres urbains présents au sein des montagnes, mais surtout à leur périphérie, joue un rôle essentiel dans la dynamique des espaces montagnards. En effet, la ville est à la fois un marché et un pôle de commandement. De la capacité des centres urbains à polariser l'espace, naissent en effet des flux d'hommes et de marchandises qui structurent les espaces montagnards, faisant naître des carrefours, des axes, des points de contact et de rupture de charge. La montagne, de barrière peut devenir carrefour, ou du moins un espace traversé. Des massifs montagneux ont vu émerger des centres capables de polariser l'espace et d'organiser des flux autour d'eux (les Andes intertropicales avec Cuzco à l'époque incaïque, Quito ou Bogota aujourd'hui). D'autres ont su profiter de leur situation entre des espaces développés qui entretenaient des échanges intenses pour faire naître des carrefours dynamiques (les Alpes avec Innsbruck, Bolzano). Mais, la plupart ne sont que des espaces traversés qui ne connaissent pas de développement particulier lié à cette fonction, mais doivent souvent en revanche gérer les nuisances engendrées par le transit routier.

1 La montagne et ses centres

a. Le fait urbain face aux configurations montagnardes

L'urbanisation touche inégalement les montagnes. Elle est liée à l'importance des populations montagnardes et au niveau de développement des espaces. La répartition des villes en montagne suit généralement les configurations du relief. Leur localisation obéit soit à des logiques défensives (logique de barrière), soit le plus souvent à des logiques de contact et d'échanges (logique de carrefour ou de passage). On peut les regrouper en plusieurs types. Il s'agit d'abord des villes établies en chapelet, de façon linéaire, dans le fond des vallées qui permettent la pénétration et la desserte des massifs montagneux. Seules les vallées les plus larges qui offraient une pénétration facile au cœur des massifs ont accueilli des villes d'importance notable (Voiron, Grenoble, Albertville dans la vallée de l'Isère, Martigny, Sierre, Brigues dans la haute vallée du Rhône). Les autres, installées dans les ombilics glaciaires, ont surtout une fonction de marché et de passage, ou bien ont été des capitales de petites unités territoriales. D'autres sont d'anciennes villes industrielles localisées à proximité des chutes d'eau (villes de la vallée de l'Arve ou de la Maurienne), des villes à fonction militaire occupant des sites défensifs de verrou, comme dans la vallée de la Durance et du Guil (Mont-Dauphin, Château-Queyras et Briançon) ou encore des villes-relais occupant un site de passage à proximité d'un col frontalier (Modane).

Les bassins intramontagnards, lorsqu'ils sont le débouché de plusieurs vallées, peuvent jouer un rôle de carrefour intérieur à l'échelle régionale (Innsbruck, Aoste, Salt Lake City, Srinagar, Cochabamba, Cuenca) ou à l'échelle nationale (Katmandou, Thimphu, Mexico, Bogota, Quito). Le même rôle peut être joué par des villes d'altitude, installées sur de hautes surfaces sans grand obstacle pour les communications et qui se comportent selon les mêmes logiques que si elles étaient en plaine : villes de l'altiplano andin, villes des hautes terres d'Afrique orientale (Kigali, Bujumbura, Nairobi, Tananarive, Addis Abeba, Lhassa).

Un troisième type de villes pouvant polariser les montagnes est constitué de celles qui s'établissent sur les piémonts et jouent du contact et de la complémentarité des échanges entre la montagne et la plaine et des possibilités de circulation le long de la montagne. Trois grandes configurations sont possibles (*fig. 42*).

Un grand centre urbain isolé commande l'ensemble d'un massif et fonctionne comme principale porte d'entrée du massif. Ce cas est fréquent au pied de massifs peu peuplés et peu urbanisés comme les Rocheuses (Denver au pied des montagnes du Colorado, Phoenix au pied de celles de l'Arizona, Calgary au pied du Parc national de Banff au Canada), les Andes chiliennes (Santiago) et argentines (Mendoza, San Miguel de Cutuman) ou les Alpes néo-zélandaises (Christchurch).

Le long des longues chaînes de montagnes dont les vallées sont relativement peuplées, on peut également observer un alignement de villes de piémont plus ou moins hiérarchisées qui se localisent généralement au débouché des vallées perpendiculaires à l'axe de ces chaînes. Elles servent ainsi de porte d'entrée à la montagne. Dans les Alpes, il s'agit de villes comme Chambéry, Annecy, Bonneville en France, Lucerne en Suisse, Salzburg, Klagenfurt en Autriche, Vérone, Brescia, Bergame, Côme, Biella, Cueno en Italie. Dans les Pyrénées, Pau, Oloron-Ste-Marie, Tarbes, Foix, jouent ce rôle sur le versant français, Huesca et Pampelune sur le versant espagnol. Il en est de même des Apennins bordés par les villes d'Émilie Romagne, du piémont de l'Atlas marocain (avec sur le versant nord Marrakech, Beni Mella, Demnate et sur

Bourg de piémont à l'entrée des gorges du Dadès (versant sud du Haut-Atlas occidental).

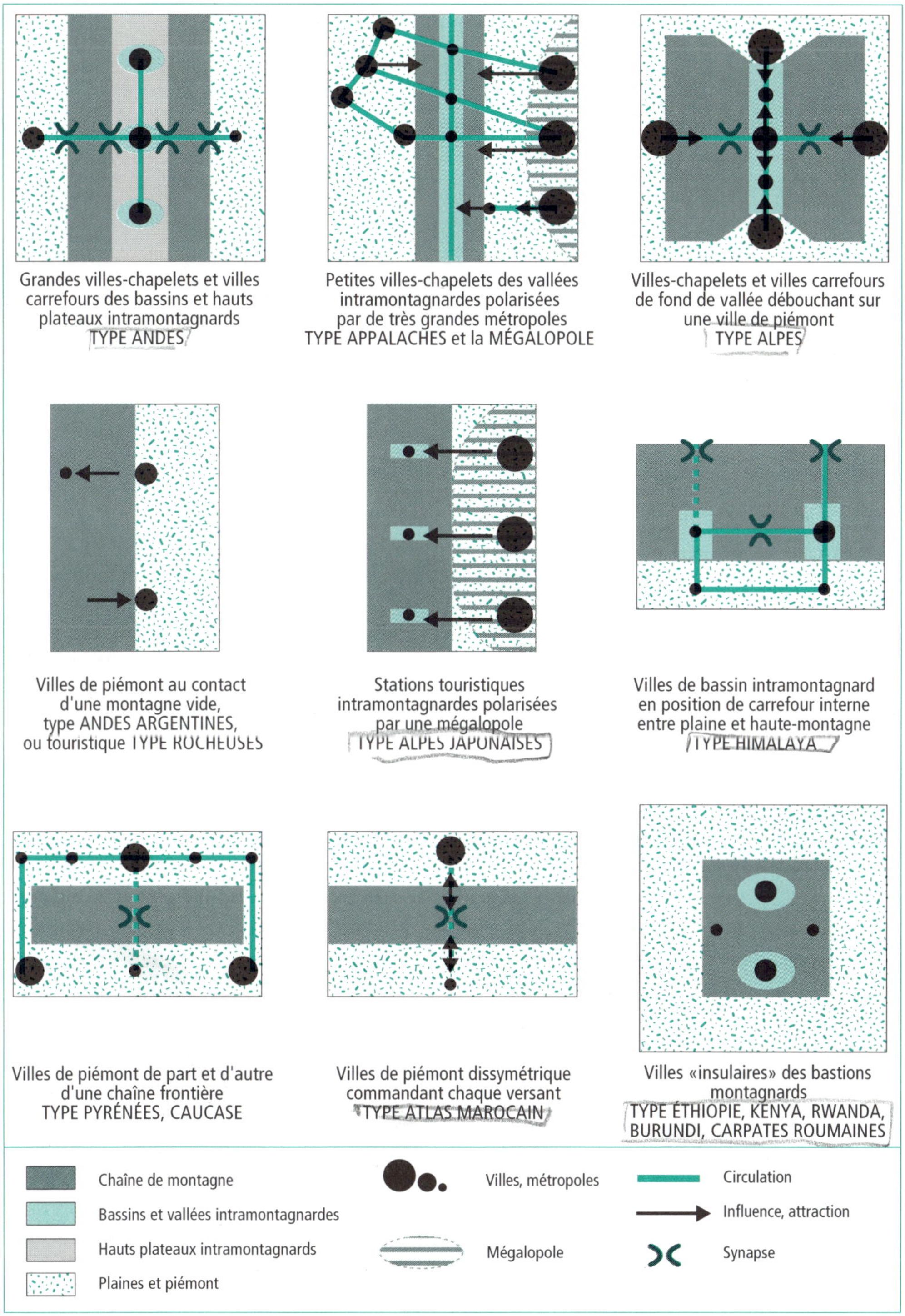

Figure 42 : Villes et montagnes : quelques types de configurations spatiales.
Conception : Isabelle Sacareau.

son versant sud Ouarzazate, Boulmane du Dadès, El Rachidia), ou encore de l'Oural (Vorkhouta, Perm, Ekaterinenbourg, Tcheliabinsk, Magnitogorsk), ou du Caucase (Vladikavkaz au nord, Tbilissi au sud).

Enfin, il faut mentionner deux situations exceptionnelles, celles des montagnes qui bordent les deux grandes mégalopoles mondiales. Un véritable corridor urbanisé longe le versant pacifique des Alpes japonaises, tandis que la mégalopole nord-américaine s'étend au pied des Appalaches (*cf. fig. 22*, p. 101). Une telle situation devrait favoriser des flux intenses à travers les montagnes. Cela est vrai de la partie nord des Appalaches qui s'interpose entre la mégalopole et la région industrielle et urbaine des Grands Lacs, d'autant que les gisements de charbon ont favorisé le développement industriel et urbain de la montagne et de son piémont. Mais cela l'est moins de sa partie sud, plus rurale, de même qu'au Japon, où l'essentiel des activités du pays sont tournées vers la façade pacifique. Les Alpes japonaises tombent presque à la verticale sur la mer du Japon qui demeure une façade aveugle, peu active sur le plan commercial du fait de la présence russe et nord-coréenne (tensions issues de la guerre froide et des revendications sur les îles Sakhaline).

Dernière catégorie de villes qui forment un cas à part, les villes d'altitude très spécialisées, liées à une activité particulière : les villes minières d'altitude (Ororu, Potosi en Bolivie) et les stations touristiques. Les premières ont un niveau de services relativement limité, mais leur importance économique, pour les pays qui exploitent le minerai, explique qu'elles soient bien reliées aux grandes villes industrielles consommatrices et aux ports d'exportation. Des routes et des voies ferrées acrobatiques ont ainsi été construites pour accéder aux villes minières du nord du Chili et du sud de la Bolivie.

Quant aux stations touristiques, bien peu ont une taille suffisante pour atteindre la définition statistique de la ville (2 000 hab. en France). Pourtant, par leur caractère urbain (architecture, niveau de services, clientèle citadine), elles introduisent, en altitude et au cœur des montagnes, des pôles de développement (attraction de main-d'œuvre, services et équipements de niveau élevé) qui justifient le développement de voies d'accès modernes (routes déneigées en hiver, chemin de fer à crémaillère, téléphériques).

Dans les montagnes des pays en développement, les stations climatiques, héritées de la période coloniale, sont souvent les seuls lieux urbains dans des montagnes peu peuplées et très rurales, avec des populations pouvant dépasser 100 000 habitants : Ooty dans les Ghâts, Simla ou Darjeeling dans l'Himalaya indien, Dalat au Viêt Nam. Dans l'Himalaya, sans le tourisme suscité par les ascensions et les randonnées dans le massif de l'Annapurna, Pokhara, située au bord d'un lac dominé par les montagnes, ne serait jamais devenue la deuxième ville du pays, dotée d'un aéroport et de deux routes goudronnées la reliant à la capitale et à la plaine agricole du Téraï.

Au Japon, où les montagnes sont très faiblement peuplées, seuls le thermalisme et les sports d'hiver ont favorisé la croissance de villes de taille importante au pied des montagnes comme Sapporo, principal centre urbain de l'île d'Hokkaido, Nagano et ses 350 000 habitants, Matsumoto (200 000 hab.), Ueda (120 000) ou Lida (100 000). Il en est de même dans les Montagnes Rocheuses avec les grandes stations d'Aspen ou de Vail au Colorado, ou encore de Banff au Canada. Dans les Alpes, en revanche, les stations qui ont acquis la taille et les fonctions d'une ville à part entière sont peu nombreuses et de plus petite taille, même si beaucoup jouissent d'une renommée internationale. On peut citer Davos dans les Grisons, située à plus de 1 500 m avec un peu plus de 11 000 hab., Chamonix qui atteint 10 000 hab. ou encore Saint-Moritz, Interlaken, Cortina d'Ampezzo, Zermatt. Ces hauts-lieux introduisent le monde au cœur des hautes montagnes en accueillant une clientèle internationale au niveau de vie élevé.

b. L'inégale polarisation des montagnes par les réseaux de villes

Les grands ensembles montagneux sont plus ou moins bien structurés par les réseaux urbains. Leur enclavement ou leur développement dépend en grande partie de l'existence ou non de centres polarisants en leur sein, ou de villes-relais à leur bordure capables de les intégrer aux réseaux des grandes métropoles qui commandent le monde et suscitent des flux de communications à toutes les échelles. La tendance actuelle à la métropolisation touche inégalement les grands massifs montagneux. Elle est plus accentuée dans les villes montagnardes des pays pauvres que dans celles des pays riches. Dans ces derniers, le phénomène principal est celui de la périubanisation (*cf.* ch. 2) qui entraîne de fortes migrations pendulaires de travail vers les villes centres.

La Cordillère des Andes est de loin, l'ensemble montagneux le plus précocement et le plus densément urbanisé (*cf.* ch. 2), si bien que les Andes ont été très tôt sillonnées par de nombreuses voies de communication qui ont favorisé le développement des centres urbains les mieux placés. Même si la période coloniale a fait descendre sur le littoral des capitales comme Lima et a été à l'origine de la croissance de ports de commerce comme Guayaquil en Équateur ou Trujillo au Pérou, la montagne reste le siège d'un réseau urbain remarquable plus ou moins hiérarchisé, selon les pays. Entre Guayaquil et Lima, le chapelet de villes littorales s'oppose à la faible urbanisation des Andes qui les dominent. L'ensemble littoral Lima-Callao écrase un réseau urbain péruvien peu différencié. L'Équateur possède un réseau urbain bicéphale marqué par la complémentarité entre la capitale andine et son port d'exportation. Quito a joué tout au long de l'histoire un rôle majeur de carrefour économique depuis l'époque précolombienne. Le réseau urbain colombien est lui polycentrique. En Bolivie, La Paz prend le dessus sur Sucre de même qu'Oruro sur Potosi. Les Andes demeurent cependant une exception à l'échelle mondiale. La plupart des grands massifs montagneux comportent peu de grandes villes, celles-ci se localisant plutôt à leur périphérie, et cela même dans les pays les plus industrialisés.

Quito, un carrefour économique depuis l'époque précolombienne.

La croissance urbaine, combinée à une économie extravertie fondée sur l'exportation de matières premières, a favorisé le désenclavement précoce des montagnes par la machine à vapeur dès la fin du XIXe siècle. C'est ainsi que la navigation fluviale sur le Rio Magdalena en Colombie ou la construction de voies ferrées des Andes du sud, malgré les difficultés techniques, témoignent de l'importance de la montagne andine dans la vie économique des pays après les indépendances. Il en est de même du développement des villes de l'altiplano comme Huancayo reliée à Lima par le chemin de fer minier des Andes centrales, Cochabamba à proximité de l'altiplano minier bolivien, Ambato sur la voie ferrée de Guayaquil à Quito. Les cycles économiques fondés sur l'or de l'Antiocha colombien, les laines de l'altiplano, l'étain bolivien, le latex amazonien, le cacao équatorien, le café colombien, la banane équatorienne et, plus récemment, le pétrole et la coca, ont été autant d'étapes dans l'urbanisation et la structuration des territoires de montagne par les villes (Deler, 1993). Ces villes concentrent aujourd'hui les élites et le plus important marché de consommation de chaque pays et un niveau d'équipement que ne connaissent pas les autres villes et régions. Elles attirent les entreprises et la main-d'œuvre, migrants chassés par la misère, l'insécurité ou les catastrophes naturelles.

Malgré leur position au cœur de l'Europe industrialisée et urbanisée, les Alpes ne comportent pas de grandes villes intérieures comparables aux villes andines. Nous avons vu que la seule ville intramontagnarde d'échelle européenne est Grenoble avec ses 500 000 hab. Les villes de plus de 100 000 hab. qui composent le deuxième niveau de la hiérarchie urbaine des Alpes, occupent toutes, sauf Innsbrück, une situation périphérique par rapport à l'Arc alpin : Lucerne, Salzbourg, Maribor, Ljubjana, Bolzano et Lugano servent de relais aux grandes métropoles européennes comme Lyon, Bâle, Genève, Lausanne, Berne, Zürich, Münich, Vienne, Trieste, Milan,

Chemin de fer de Guayaquil à Quito.

Bogota, carrefour de communication et pôle principal du triangle Bogota-Medellin-Cali.

Turin, Nice, qui sont elles-mêmes, hormis les villes suisses, en situation périphérique par rapport à leurs propres espaces nationaux.

En revanche, les Alpes disposent d'un semis important de villes petites et moyennes localisées à l'intérieur du massif alpin. Leur répartition suit une logique linéaire, celle des fonds de vallées entre 500 et 1 000 m, qui ont favorisé la pénétration du massif et la mise en place de voies de circulation. Les seules exceptions sont les stations touristiques qui se situent à des altitudes généralement comprises entre 1 400 et 1 800 m (Davos, 1 524 m). La périurbanisation et la croissance des flux de tourisme et de loisirs ont entraîné une mobilité accrue à l'intérieur de l'arc alpin et corrélativement une forte demande de transports. C'est particulièrement vrai en Suisse où les Alpes tendent à devenir l'espace résidentiel des actifs qui travaillent dans les grandes villes du plateau suisse entre le lac Léman et le lac de Constance (Torricelli, 2001). Un phénomène comparable s'observe dans les Alpes du nord (Savoie et Haute-Savoie). De plus la situation de l'Arc alpin au cœur de l'Europe urbanisée et industrialisée a suscité des flux transversaux d'hommes et de marchandises extrêmement importants.

Les Pyrénées sont moins favorisées. Le réseau de villes du versant français au nord est déjà faible à l'échelle de la France et n'a pour l'instant ni la capacité ni un intérêt économique fort à investir dans la traversée de la chaîne pyrénéenne. En revanche, les villes espagnoles ont besoin d'une traversée commode des Pyrénées afin de rejoindre les grands axes de l'Europe du Nord-Ouest (*fig. 43*).

Dans les États montagneux faiblement urbanisés, la seule ville notable est généralement la capitale : Katmandou pour le Népal, Timphu pour le Bhoutan, Kigali au Rwanda, Bujumbura au Burundi, Guatemala et Tegucigalpa pour le Guatemala et le Honduras. Elle tend à concentrer l'essentiel de la population et des flux migratoires. Les autres agglomérations sont plus des bourgs ruraux, des marchés, que de véritables organismes urbains. On est là dans des espaces montagneux très pauvres et particulièrement enclavés, puisque certaines de ces agglomérations ne sont même pas desservies par des routes asphaltées.

Pourtant à certaines époques, certaines de ces villes ont pu jouer un rôle de carrefour. C'est le cas de Katmandou qui a servi d'entrepôt de commerce aux marchands indiens et chinois entre le XVIe et le XVIIIe siècle. Une riche vie urbaine a pu se développer dans ce fertile bassin intramontagnard situé à 1 300 m, non seulement grâce aux surplus de la riziculture, mais aussi à grâce sa position stratégique sur les grands axes du commerce caravanier transhimalayen, à mi-parcours entre le haut plateau tibétain et la basse vallée du Gange. Entre Patna, Shigatse et Lhassa, Katmandou était une étape indispensable pour un voyage qui durait environ un mois, d'autant qu'au nord de la ville se situe le point de franchissement le plus bas de la chaîne himalayenne, au col de Keyrong, à moins de 2 500 m d'altitude. À l'apogée de ce commerce, Katmandou s'était suffisamment enrichie pour battre la monnaie qui avait cours au Tibet et dans les royaumes de l'Ouest. Cette fonction commerciale s'est considérablement affaiblie avec la fermeture successive de la frontière avec l'Inde

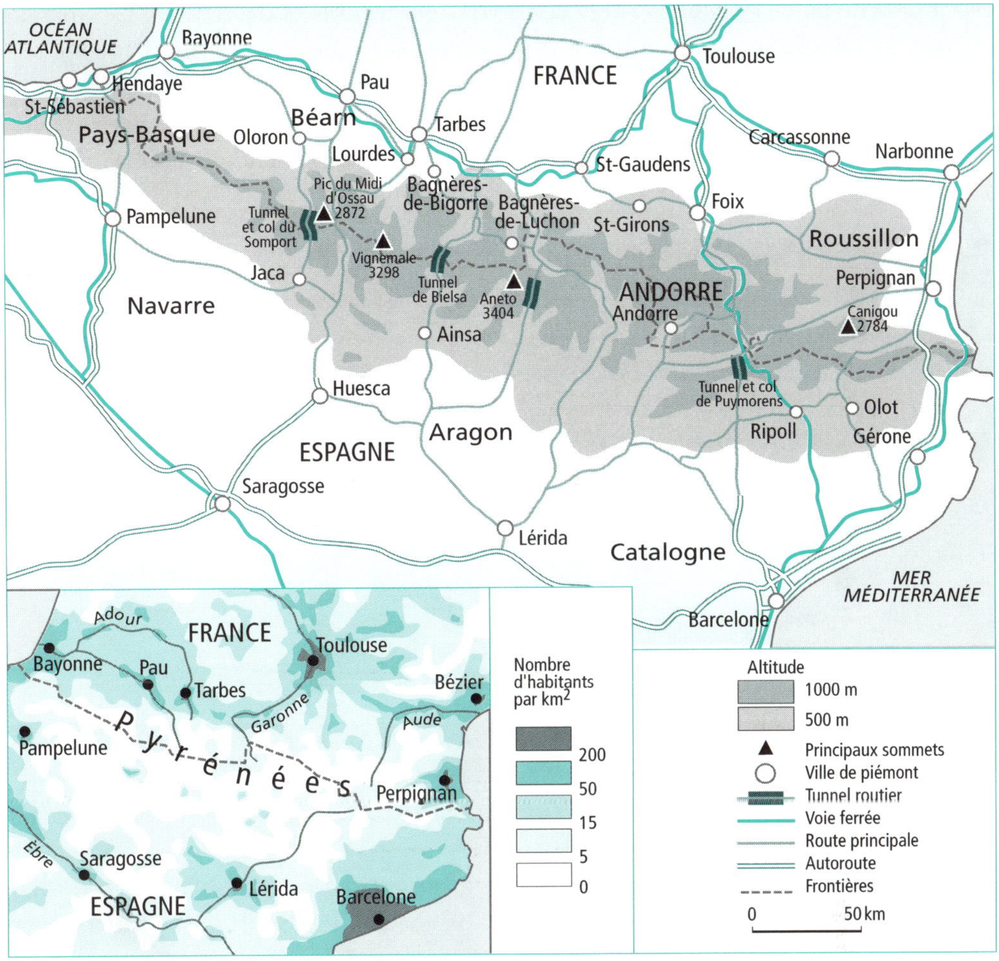

Figure 43 : La traversée des Pyrénées.
Source : *Géographie seconde*, sous la direction d'Alain Mesplier, Bréal, 2001.

(traité de délimitation des frontières avec la puissance coloniale britannique en 1818), puis avec le Tibet (invasion chinoise de 1959). Katmandou ne joue plus qu'un rôle de carrefour du trafic national.

2 Traverser les montagnes et desservir les espaces

La plupart des montagnes ont joué alternativement un rôle de barrière ou un rôle d'échanges. Au cours de l'histoire, elles ont pu favoriser l'isolement des communautés montagnardes. Mais dès lors qu'il n'était pas possible de les contourner et que leur présence gênait les échanges entre les villes, les hommes ont cherché à vaincre l'obstacle et à effacer la montagne par tous les moyens techniques possibles, en profitant des points de faiblesse offerts par la configuration des cols et des vallées. Les massifs les plus mal desservis par les moyens de transport sont ceux qui n'offrent aucune ressource intéressante à exploiter, qui sont peu peuplés ou qui sont facilement contournables. C'est là le « malheur » du Massif central, imparfaitement polarisé par des villes périphériques d'importance moyenne sauf à l'Est (Lyon). Pendant longtemps, peu

Pont suspendu en acier permettant le passage des mules dans l'Himalaya central

Pont suspendu traversant des gorges dans l'Himalaya central.

Traversée d'une rivière en nacelle au Cachemire (région du Lahaul).

d'efforts ont été faits pour l'équiper en routes ou voies ferrées permettant de le traverser. Il en est de même d'autres massifs centraux comme les Tatras en Slovaquie ou encore de chaînes compactes comme les Pyrénées ou le Caucase. À l'inverse, il est difficile de contourner les Alpes tout comme les Rocheuses, la Cordillère des Andes ou l'Himalaya, ce qui oblige à trouver des voies de passage, surtout si les villes qui se situent de part et d'autres justifient des liaisons de trafic importantes.

a. La montagne et ses synapses : une circulation intramontagnarde ancienne et intense

Les plus hautes montagnes n'ont en effet jamais été un rempart infranchissable aux communications entre les hommes, surtout dans les sociétés traditionnelles où l'on circule à pied. Dans les montagnes tropicales des pays pauvres, les difficultés de transport ne sont pas insurmontables : l'obstacle du relief et la faible mécanisation sont contrebalancés par l'utilisation de l'énergie animale ou humaine, ce qui n'est évidemment plus envisageable dans une économie développée. Le transport à dos d'homme ou d'animaux de bât sur les sentiers muletiers permet avec un investissement réduit et un coût moindre que l'énergie mécanique de franchir la plupart des obstacles physiques. C'est pourquoi, mis à part les montagnes des pays neufs et celles de la zone froide, les montagnes ont toujours été sillonnées par les hommes et les marchandises, vecteurs d'idées nouvelles et de diffusion des innovations ou des civilisations, et cela à l'échelle aussi bien régionale, voire nationale que locale. Les besoins d'échanges des populations, la mobilité des hommes et du bétail, les migrations temporaires de travail, les besoins des chantiers de construction hydroélectriques ou des mines d'altitude ont suscité le développement de réseaux de communications, qui ont longtemps pris la forme de sentiers et de pistes remontant les vallées ou longeant les lignes de crêtes, afin d'accéder à des cols permettant le passage d'un versant à l'autre. Ce ne sont d'ailleurs pas toujours les cols d'altitude enneigés mais aux pentes adoucies qui ont offert les plus grandes difficultés de traversée, mais plutôt les gorges étroites qui accidentent le cours des vallées, et l'absence de sites commodes pour y établir des ponts que puissent emprunter des animaux de bât. Au Népal, c'est le problème des vallées du Moyen-Pays que l'on franchit à l'aide de ponts suspendus, autrefois en lianes et bambous, aujourd'hui de plus en plus en filins d'acier. Le transport des marchandises se fait alors à dos d'hommes.

Les réseaux de communication même les plus modestes ont joué un rôle essentiel dans la structuration des territoires. L'extraordinaire réseau des chemins de l'époque incaïque est le meilleur témoignage de leur importance dans la gestion et le contrôle des territoires andins, où les hommes et les marchandises en provenance des différentes parties de la Cordillère sillonnaient la montagne en tous sens. Les entrepôts situés le long de ces routes de commerce ont été à l'origine des premiers noyaux urbains. Ces voies incas s'organisaient selon deux grands axes : l'un longeait la côte pacifique de Tumbes jusqu'au nord du Chili en passant par Arequipa. Le second qui lui était parallèle reliait Quito en Équateur à Tucuman en Argentine par Cuzco. Ils étaient reliés par des routes transversales allant des hautes terres au littoral et jalonnés de caravansérails qui servaient de relais de poste. Le courrier mettait ainsi une semaine pour franchir près de 2 000 km.

Même la chaîne himalayenne, forte de sa couronne de 14 sommets de plus de 8 000 m, a été sillonnée de part en part pendant des siècles par les hommes et les marchandises, assurant par la même occasion la diffusion des idées, des religions et des techniques. C'est par l'Himalaya que le bouddhisme né dans la vallée du Gange au Vᵉ siècle avant Jésus-Christ, s'est diffusé d'abord au Tibet à partir du VIIᵉ siècle après Jésus-Christ, pour gagner ensuite la Chine et le Japon. C'est Arniko, un architecte et sculpteur népalais, qui a construit les premières pagodes chinoises à Pékin. Les grandes vallées perpendiculaires à la chaîne ont servi d'axes de pénétration en direction des cols d'altitude. Le commerce transhimalayen profitait ainsi des complémentarités de production entre le Tibet producteur de sel, de peaux et de fourrures, et les basses vallées du Népal et de l'Inde, productrices de céréales, de thé et d'épices. Le commerce du sel à dos de yacks était très actif jusqu'à l'ouverture dans les années 1950 de la frontière avec l'Inde. Il s'effondra alors devant la concurrence du sel de mer indien qui arrivait par camions dans les villes frontalières du Téraï et dans la capitale, avant d'être redistribué dans les montagnes, à un prix moins élevé, car transporté en plus grandes quantités. Il ne se maintient plus qu'à l'échelle des plus hautes vallées sur de courtes distances. En revanche, la population de certaines vallées népalaises qui disposaient de privilèges anciens de commerce s'est reconvertie dans le commerce muletier de produits alimentaires et de consommation chinoise et indiennes (textiles, ustensiles divers) et parfois même d'objets achetés à Hong Kong, à Singapour ou en Thaïlande pour être acheminés et revendus au plus profond des vallées.

La circulation dans l'Himalaya ne concerne pas seulement les grandes vallées transversales et le commerce entre la Chine et l'Inde. Un dense réseau de sentiers couvre toute la chaîne et permet aux hommes de se déplacer et de transporter des marchandises à dos d'hommes, partout où les animaux de bât ne peuvent passer (ponts suspendus, sentiers escarpés, cols enneigés trop raides). Le portage commercial en compte propre des paysans ou le portage salarié de marchandises ou de bagages pour le compte de commerçants, d'entreprises ou de particuliers est très développé. L'entretien du réseau des chemins est assuré au niveau de chaque village par des travaux collectifs. Le réseau est particulièrement dense et très bien aménagé : pour escalader rapidement un grand versant raide, les paysans construisent des escaliers de pierres, plutôt qu'un sentier en lacets. Des murets de pierre jalonnent le parcours à intervalles réguliers pour permettre aux hommes de reposer leur charge, et de petites auberges offrant du thé, de la nourriture, et une paillasse pour la nuit, se rencontrent sur les itinéraires les plus fréquentés.

Toutefois, le réseau routier, quasi inexistant jusque dans les années 1960, progresse et structure fortement l'espace avec ses relais routiers, ses péages, ses bourgades poussiéreuses et animées situées au croisement de routes importantes qui sont autant de portes d'entrée vers les massifs montagneux non équipés de routes (Bernier, 1996). L'intensité et la forme prise par les transports locaux dans l'Himalaya du Népal peuvent donner une idée assez proche de la façon dont s'organisaient la circulation et les transports en Europe avant la révolution ferroviaire. Ceux-ci sont aussi très anciens, puisque dès l'Antiquité existaient des voies romaines permettant de relier la Gaule et la Germanie à l'Empire romain. La route du Brenner comme celle du Saint-Bernard ont ainsi été empruntées depuis des millénaires, tout comme celle du Julier où l'on a retrouvé des bornes romaines. Les « voituriers » des Alpes qui convoyaient les caravanes de mules à travers les cols et vallées alpines entre l'Allemagne du Nord et l'Italie du Sud n'étaient guère différents des caravaniers népalais de l'époque contemporaine.

b. Accessibilité et transit par la route et le rail

Au cours du XIXe et du XXe siècle, les montagnes ont fait l'objet de grands équipements et souvent de prouesses techniques afin de les intégrer à l'économie moderne. Ce sont les Alpes qui ont été ouvertes les premières. Les premières routes carrossables transalpines datent de la fin du XVIIIe siècle : du col de Tende, du Mont-Genèvre du Simplon et du Brenner. C'est aussi au XVIIIe siècle qu'ont été construites les routes reliant les stations thermales des Pyrénées. L'invention du lacet au cours du XIXe siècle a permis d'escalader les pentes et de combiner puis de substituer le roulage au portage à dos d'hommes ou de mulets. Par exemple, tant que la route du col du Mont-Cenis n'avait pas été achevée, le transport sur le tronçon entre Lanslebourg et Suse s'effectuait grâce au portage. La substitution du roulage au portage s'est achevée à la fin du XIXe siècle et au début du XXe siècle pour le Brenner, le Mont-Cenis et le Simplon. Le portage reste encore usité pour approvisionner certains refuges, les plus difficiles d'accès étant ravitaillés par hélicoptère. La construction de ces routes répondait à des objectifs économiques mais aussi politiques et stratégiques. C'est le cas par exemple des routes construites entre l'Autriche et l'Italie : route du Stelvio, construite par l'Autriche pour relier la Lombardie en 1824, route des Dolomites, entre Bolzano et Cortina d'Ampezzo, achevée en 1910.

L'essor de l'automobile a ensuite permis de conquérir des reliefs encore plus difficiles et élevés : la route panaméricaine par exemple grimpe jusqu'à 5 000 m. Les tunnels, les galeries et les ponts font progressivement tomber les obstacles. À partir des années 1960, la progression du trafic automobile et les contraintes hivernales (fermeture périodique des cols pour cause d'enneigement) entraînent la construction de grands tunnels routiers. La France en possède deux en direction de l'Italie : le tunnel du Mont-Blanc, ouvert en 1965, doublé, en 1980, par le tunnel du Fréjus dans la vallée de la Maurienne. En Suisse, les trois tunnels ouverts en direction de l'Italie sont, en 1964 le tunnel du Grand-Saint-Bernard, en 1967 le tunnel du San Bernardino et en 1980 celui du Saint-Gothard. Entre l'Allemagne, l'Autriche et l'Italie, le col du Brenner à 1 362 m d'altitude est le grand col le plus bas des Alpes. Il relie deux vallées méridiennes opposées, l'une qui débouche au nord à Innsbrück sur la vallée de l'Inn et non loin de Münich, et l'autre qui sort sur la plaine du Pô, au niveau de Bressanone (Brixen). Ce dispositif a fait du Brenner depuis l'Antiquité le grand axe de circulation méridienne des Alpes orientales. C'est là qu'a été construite la première route transalpine moderne en 1772, la première voie ferrée transalpine en 1867 et récemment la première autoroute transalpine qui débouche sur le réseau autoroutier autrichien et italien permettant de relier Münich à Milan sans quitter l'autoroute. Son trafic passagers a toujours été plus important que son trafic marchandises, mis à mal, après 1945, par le rideau de fer, qui rendait le passage par le Brenner trop excentré par rapport aux grands flux méridiens européens qui se recentraient plus à l'ouest sur le Saint-Gothard et la route du Lötschberg et du Simplon. Il est aujourd'hui le principal point de passage des vacanciers allemands et autrichiens en direction de Venise et du reste de l'Italie.

Le rail, beaucoup plus que la route, se heurte à de fortes contraintes techniques en montagne car les trains lourdement chargés ne peuvent franchir des rampes trop raides. L'équipement des montagnes en voies ferrées s'avère beaucoup plus difficile et coûteux qu'en plaine car il faut construire des rails à long rayon de courbure pour négocier les pentes, ce qui nécessite un plus long kilométrage de voies, ainsi que de nombreux ouvrages d'art. Le matériel doit être capable de résister au gel et à la neige. Mais cela n'a pas empêché les compagnies de construire des lignes dans la deuxième moitié du XIXe partout où existait des matières premières à exploiter, des populations urbaines importantes à desservir et de grands centres industriels et urbains à relier par-delà les chaînes de montagne. Les techniques et les investissements sont venus du dehors et ont été établis pour des besoins extérieurs à la montagne. La construction des voies ferrées a commencé aussi par les grands axes et les vallées principales. Il s'agissait pour les États et les entreprises de percer l'obstacle que représentaient les montagnes, dès lors qu'elles s'interposaient entre des villes et des plaines qui avaient besoin d'échanger. Le pays pionnier en la matière a été la Suisse, suivie par l'Autriche, car les Alpes sont au cœur de leurs territoires respectifs et sont à cet égard un enjeu économique et social essentiel. Entre 1870 et 1900, la montagne suisse a été progressivement équipées de voies ferrées : ligne du Valais jusqu'à Brigue, ligne du Gothard entre Berne, Lucerne, Bellizone et Chiasso. Elles sont électrifiées dès les années 1880-1890 grâce à l'exploitation également précoce de la houille blanche.

C'est ainsi que les transports modernes n'ont eu de cesse de tenter d'effacer la montagne, soit en la contournant, soit en la perçant, comme pour la route, par des tunnels ferroviaires. Le tunnel ferroviaire du Fréjus (13,6 km) est ouvert en 1871, suivi du Gothard (15 km), du Simplon le plus long (19,8 km) ouvert en 1906 entre Brigues et Iselle. Enfin le tunnel du Lötschberg perce l'Oberland bernois sur 14,6 km à partir de 1911. Si on ajoute à ces tunnels suisses les tunnels autrichiens, on ne peut qu'être frappé par l'intensité des liaisons qui traversent l'Europe occidentale et centrale à travers les Alpes. La ligne de chemin de fer du Lötschberg est le plus grand itinéraire ferroviaire transalpin pour les marchandises, le Gothard étant plutôt tourné vers les passagers. Elle franchit les Alpes suisses du nord pour relier Berne au nord à Brigue au sud dans la vallée du Rhône. Elle y rejoint la ligne venant de Paris et Lausanne pour franchir, par le tunnel du Simplon, les Alpes Pennines et atteindre l'Italie (*fig. 44*).

Hors d'Europe, les transports modernes se développent aussi, en particulier dans les Andes pour accéder aux villes et au régions minières de l'altiplano. Des navires à vapeur circulent sur le lac Titicaca avant l'arrivée du chemin de fer à 3 800 m. Des voies ferrées franchissent sans crémaillères les Andes occidentales, empruntant des cols à plus de 4 000 m (4 800 m entre Cuzco et le lac Titicaca). Des voies ferrées relient Quito à Guayaquil, puis la côte caraïbe aux grandes villes colombiennes. Le Transandin qui relie l'Argentine au Chili, a vu sa construction achevée en 1910 avec le percement du tunnel de la Cumbra à 3 190 m d'altitude. De même l'effort de construction de routes et de pistes carrossables est poursuivi sans relâche au cours du XXe siècle. Dès 1928, le Pérou possédait 18 000 km de routes, 40 000 en 1960, et 60 000 à la fin des années 1980, dont 1/10e est asphalté. Progressivement, tous les chefs-lieux de district ont été atteints par la route, malgré un coût du transport de 50 % plus cher dans les Andes qu'en plaine. Dès la fin de la Seconde Guerre mondiale, l'aviation commerciale permet de relier la plupart des villes de plus de 100 000 hab. aux capitales politiques. Elle joue un rôle plus important en Colombie, où les villes sont plus nombreuses et le relief plus morcelé qu'au Pérou.

La conquête du territoire américain a dû également affronter la barrière opposée par les Appalaches, puis les Rocheuses. Le canal Érié permet dès 1826 de relier la région de New York aux Grands Lacs par le nord des Appalaches. Dans les Montagnes Rocheuses, c'est la course aux minerais précieux qui favorise la conquête ferroviaire de la montagne. L'or est découvert en 1848 en Californie, dans les années 1850 au Nevada et dans les années 1860 dans la région de Denver. Son exploitation suscite la mise en valeur agricole pour nourrir les prospecteurs. La première jonction ferroviaire est effectuée entre San Francisco et Chicago un peu au nord de Denver par le Central et l'Union Pacific en 1869. La traversée du Sud (El Paso-Los Angeles) suit en 1872, tandis que les liaisons Nord s'achèvent dans les années 1880 (le premier train venu de Montréal entrait en gare de Vancouver en 1887). Le chemin de fer qui traverse les Rocheuses ne suscite pas de véritables pôles de développement à l'intérieur de la chaîne, car il se contente d'apporter des marchandises capables de satisfaire les besoins locaux et offre des débouchés d'exportation rapide aux matières premières (minerai, bois, bétail).

En Asie, il existe quelques hautes routes remarquables. Les chaînes de montagnes d'Asie centrale n'ont pas empêché les militaires, les missionnaires et les marchands d'emprunter la fameuse route de la Soie qui franchit des reliefs élevés à l'approche de la chaîne du Pamir, de l'Hindou Kouch, des Tian Shan et des Kun Lun pour rejoindre les plateaux et dépressions arides du Tibet et du Gobi avant de redescendre sur la Chine. Par ailleurs, il ne faudrait pas oublier de mentionner le rôle essentiel

Altiport de Lukla (massif de l'Everest).

de l'aviation dans le désenclavement des montagnes. Même si les pistes sont souvent très courtes et acrobatiques, les altiports ont permis de rompre l'isolement de certaines vallées. Ils sont ainsi très nombreux au Népal, où ils sont parfois le seul moyen de transport moderne dans des massifs qui ne sont traversés que par des sentiers ou des chemins muletiers.

Aujourd'hui, les voies de communication franchissent la plupart des montagnes mais surtout celles qui sont situées au cœur de grandes régions industrielles et urbaines. C'est le cas des Alpes et des Appalaches, mais pas des Pyrénées ou du Caucase, qui ne sont pas traversés par des flux importants. Dans le Caucase central, par exemple, deux cols seulement, de plus de 2000 m sont utilisables permettant de relier Grozny et Tbilissi. Les vallées longitudinales et les bassins intramontagnards sont rares et de taille réduite. La pénétration dans la chaîne et son franchissement restent difficiles (elle s'effectue aux deux extrémités par de longs et coûteux détours sur des voies surchargées), les villes sont quasi absentes à l'intérieur de la chaîne, qui demeure un monde rural et pastoral.

Plus encore que les configurations du relief, ce qui compte, c'est la position stratégique de la montagne par rapport à des villes qui ont besoin d'échanger. Les Pyrénées ne séparent de l'Europe que le Portugal et l'Espagne qui ne sont pas de grands pays industrialisés et qui ont longtemps été repliés sur eux-mêmes lors des dictatures de Salazar et de Franco. Les Pyrénées étaient alors surtout franchies par des opposants politiques et des travailleurs migrants fuyant la pauvreté. Aujourd'hui, ce sont surtout les transporteurs routiers ibériques et les vacanciers européens vers l'Espagne qui ont besoin de traverser la chaîne, mais celle-ci demeure contournée par ses extrémités, malgré des projets récurrents de liaison Pau-Saragosse par la modernisation du vieux tunnel ferroviaire du Somport. La SNCF n'y a jamais cru, si bien qu'aujourd'hui, c'est un tunnel routier qui est en construction à l'initiative des villes du piémont comme Pau mais le projet se heurte à l'hostilité de la population de la vallée d'Aspe. L'autre tunnel qui traverse les Pyrénées est celui de Puymorens, mis en service en 1994, sur l'axe Toulouse-Barcelone.

La situation est différente dans les Alpes qui non seulement sont aérées par de grandes vallées transversales (Durance, sillon alpin, vallée du Rhône, du Rhin, de l'Aar, de l'Inn, de l'Adige et du Tessin) mais sont aussi au point de contact entre la France, l'Allemagne, la Suisse, le Lichtenstein, l'Autriche, la Slovénie et l'Italie, des zones parmi les plus riches de l'Europe.

La périurbanisation ainsi que l'accroissement des mobilités et des échanges commerciaux liés à la construction européenne ont fait des Alpes un vaste espace de circulation pour les marchandises comme pour les voyageurs, en particulier pour les touristes. Les hauts cols ont été équipés, tandis qu'un réseau dense et hiérarchisé de routes qui se greffent sur les grands axes permet de sillonner les Alpes en tous sens et d'accéder aux stations et aux sites d'altitude. En Suisse, l'État qui a misé très tôt sur le développement du chemin de fer, en a confié une partie de la gestion à des compagnies privées en particulier pour les lignes locales. C'est ainsi que la Confédération helvétique dispose d'une soixantaine de lignes secondaires privées, financées par les cantons, totalisant 2 200 km qui sont les auxiliaires du réseau principal. Elles sont utilisées pour les dessertes locales et touristiques. Les chemins de fer à crémaillère suisses

Haute route stratégique au Cachemire.

Transport en bus au Cachemire.

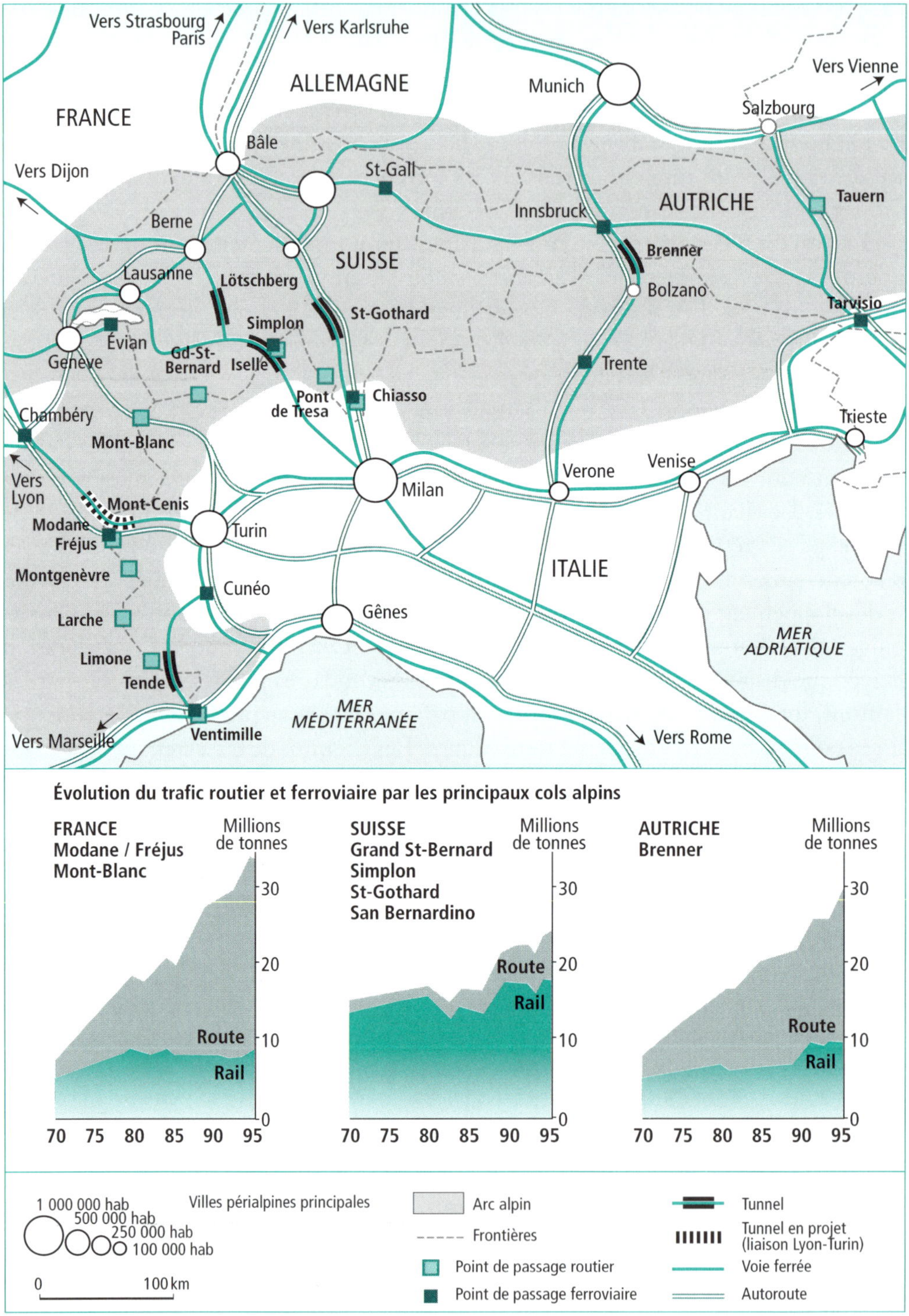

Figure 44 : Les grands passages alpins et le transport de marchandises.
Source : *La vie du Rail*, 25 nov. 1998.

battent des records de pente et d'altitude : gare terminale de la Jungfrau à 3 454 m, du Gornergrat à 3 080 m, du Rothorn à 2 244 m, du Pilate à 2 073 m, du Furkapass à 2 160 m et du Kleine Scheidegg à 2 061 m.

Mais l'intensification du transport de marchandises provoque aussi des nuisances, des pollutions et des accidents, celui du tunnel du Mont-Blanc, en mars 1999, a relancé le débat sur la pollution des vallées alpines et sur le recours au ferroutage. La fermeture du tunnel du Mont-Blanc jusqu'au printemps 2002 a reporté l'essentiel du trafic des poids lourds sur la vallée de la Maurienne (4 000 camions par jour), ce dont se plaignent les habitants qui ne comprennent pas pourquoi ils devraient supporter seuls l'essentiel du trafic entre la France et l'Italie. Les habitants de la vallée de Chamonix s'insurgent contre une réouverture aux plus gros camions, en se fondant sur l'expérience des pays voisins. Le modèle en est encore une fois la Suisse, qui a interdit le transit des camions de plus de 28 tonnes à l'essieu. Les chemins de fer suisses transportent 256 millions de passagers et plus de 14 millions de tonnes de marchandises. Elle a donc développé des solutions de transport combiné où les conteneurs sont chargés sur les trains suisses à l'entrée du territoire et en sont déchargés à la sortie. S'y ajoutent de véritables autoroutes ferroviaires comme celles du Lötschberg et du Saint-Gothard. Les camions montent directement sur les trains en gare de Fribourg ou de Zürich, un wagon de passagers étant réservé aux conducteurs routiers, pour quitter le train en gare de Novare ou de Lugano.

Si la Suisse et l'Autriche ont su moderniser très tôt leur transport ferroviaire et le mettre au cœur de leur politique de transport, il n'en est pas de même de la France ou de l'Italie, pour qui les Alpes sont beaucoup plus périphériques. Les lignes anciennes n'ont pas la capacité suffisante pour accueillir un double trafic (voyageurs et marchandises), ce qui oblige à spécialiser les voies, qui de toutes façons ne sont plus adaptées aux modalités techniques du transport combiné. Le coût de construction de voies nouvelles est très élevé, ce qui explique les réticences des pouvoirs publics à se lancer dans de tels investissements si les trafics ne suivent pas. Toutefois, la construction d'un tunnel ferroviaire pour les marchandises entre Lyon et Turin par le col du Fréjus a été lancée. Il ne sera mis en circulation que d'ici 2012.

La montagne, on le voit, n'est donc en général ni une véritable barrière, ni un véritable carrefour. Ce ne sont que certaines villes qui jouent ce rôle à l'échelle régionale ou nationale. En revanche les montagnes sont traversées par de multiples flux qui dépendent des villes qui les entourent et de leur capacité à échanger. Mais ces derniers sont aussi extrêmement sensibles à la conjoncture politique et en particulier à l'ouverture ou à la fermeture des frontières. Celles-ci recoupent plus ou moins bien les entités territoriales qui composent les montagnes et peuvent alors être sources de conflits, surtout lorsque le contrôle des massifs montagneux revêt un intérêt économique, politique, ou stratégique. Elles sont aussi parfois des foyers de rébellion ou de guérilla, lorsqu'elles sont le territoires de minorités nationales en quête d'indépendance.

II. Centres, périphéries et marges : la montagne dans tous ses États

La problématique barrière/carrefour s'applique aussi à la question des frontières et place d'emblée les montagnes dans les enjeux géopolitiques du monde contemporain. Selon leur forme, leur étendue, leur altitude et leur plus ou moins grande aération par les cols et les vallées, les chaînes séparent les peuples ou au contraire les rassemblent. Certaines sont transversales à plusieurs ensembles culturels ou politiques, ou sont au contraire intégrées partiellement ou en totalité dans un même ensemble territorial. D'autres sont situées au centre ou à la périphérie d'espaces urbanisés et industrialisés. Selon les cas, elles seront considérées tantôt comme des carrefours de populations diverses, des points de rencontre ou des ponts, tantôt comme des remparts défensifs, favorisant le refuge des proscrits, ou des bastions à conquérir et à soumettre, lorsqu'elles sont le siège de mouvements nationaux revendiquant leur indépendance, de foyers de rébellion contre un pouvoir central ou d'activités clandestines. La façon dont les découpages politiques s'appuient sur les chaînes de montagne ou tranchent à travers elles, ainsi que la dynamique d'ouverture ou de fermeture des frontières, jouent un rôle important dans la dynamique des espaces montagnards. En la combinant avec le modèle centre-périphérie, il est possible de construire une grille de lecture permettant de classer les montagnes selon leur situation géopolitique. Qu'elles soient en position centrale ou périphérique par rapport aux États, bon nombre de montagnes sont en effet au cœur d'enjeux stratégiques de première importance. Mais cette grille d'analyse n'est évidemment pas figée. Selon l'échelle à laquelle elle s'applique, une montagne en position centrale à l'échelle régionale peut se retrouver périphérique à l'échelle nationale. Les frontières s'ouvrent ou se ferment également tout au long de l'histoire des sociétés, si bien qu'une montagne qui était en position centrale peut également devenir une périphérie, de même que les situations de marge ne sont pas définitives.

1 L'effet frontière sur les configurations montagnardes

L'idée que les lignes de crêtes des montagnes ou les lignes de partage des eaux constituent des limites naturelles aux peuples et à leurs territoires découle d'une conception déterministe qui a longtemps influencé la représentation des frontières. Leur tracé s'appuie souvent sur les chaînes de montagnes. Elles n'en constituent pas pour autant des barrières imperméables, en tous cas pas plus que d'autres objets physiques tels que les grandes forêts (Amazonie), les déserts (Sahara) ou les grandes plaines (Chaco, Pampa, Patagonie), dont l'immensité, le vide, l'insalubrité ou l'insécurité ont été des remparts pour les hommes bien plus efficaces que les chaînes de montagne. Celles-ci sont rarement de véritables frontières entre les hommes, même si beaucoup servent d'appui à la délimitation politique des territoires. Si certains peuples s'y arrêtent et les choisissent comme barrière naturelle, la plupart des sociétés montagnardes se moquent des frontières topographiques qui n'ont jamais séparé les peuples à forte identité culturelle, ethnique, linguistique ou religieuse qui vivent à cheval sur deux versants (Catalans, Basques, Tibétains, Indiens quechua et aymara). Les frontières politiques en revanche ont des effets géographiques beaucoup plus puissants.

a. Montagnes frontalières, montagnes transfrontalières

L'articulation entre les chaînes de montagnes et les découpages frontaliers fait apparaître plusieurs grands types de configurations spatiales.

Un premier cas est celui des États appuyés sur une chaîne de montagnes ou dont la montagne tient une place centrale dans la construction des territoires. Certaines montagnes ont en effet constitué le cœur d'entités ethniques ou culturelles qui sont demeurées suffisamment homogènes au cours de l'histoire, pour marquer une différence nette avec les populations des plaines et donner lieu à l'émergence de foyers nationaux. En Europe, la Principauté d'Andorre, le Lichtenstein, la Suisse, l'Autriche, la Slovénie et la Roumanie sont dans ce cas. Le peuple helvète a fait des Alpes son berceau. C'est à partir de 3 cantons alpins, que la Confédération helvétique s'est constituée pour contrer l'expansionnisme des Habsbourg et les actuels cantons alpins, qui conservent chacun une forte autonomie au sein de la Confédération, y défendent avec énergie les intérêts de la montagne suisse. Les Roumains ont structuré leur territoire autour de la chaîne des Carpates. Si l'ancien cœur de l'Empire inca s'est marginalisé au Pérou, la Cordillère des Andes n'en constitue pas moins un symbole de l'identité nationale péruvienne, et demeure centrale pour la Colombie, la Bolivie et dans une moindre mesure l'Équateur. Sur le continent africain, le bastion national éthiopien est resté d'une remarquable permanence tout au long de l'histoire.

On pourrait citer aussi le cas des États montagnards enclavés que sont le Rwanda, le Burundi et l'Ouganda dans l'Afrique des Grands Lacs, l'Afghanistan, l'Ouzbékistan, le Tadjikistan au cœur des montagnes de l'Asie centrale, le Népal, le Bhoutan et le Tibet sur la chaîne himalayenne ou encore le Laos enclavé dans la péninsule montagneuse indochinoise. Le développement de ces États montagnards dépend beaucoup de leurs relations avec les pays voisins dont ils dépendent très largement pour s'intégrer au système-monde, et de leur capacité d'ouverture économique et politique. Certaines sociétés ont préféré payer de l'enclavement leur indépendance nationale. C'est le cas du Lesotho. Ce dernier forme un môle montagneux culminant à 3 482 m au-dessus des basses terres du Natal. Les clans basotho qui cherchaient à résister au mouvement d'expansion zoulou dans les années 1820, ont fait de cette montagne-refuge le support d'une forte identité nationale qui s'est opposée à l'avancée des Boers. À la fin du protectorat britannique, le Lesotho a refusé d'être intégré à l'Union sud-africaine. Il constitue une enclave pauvre, indépendante politiquement, mais dépendante économiquement, au sein de l'Afrique du Sud, dans laquelle ses habitants viennent s'employer en masse.

Les revendications nationales qui émergent de l'identification d'un peuple à son territoire montagnard se heurtent cependant parfois aux frontières des États. Lorsque leur tracé ignore le territoire réel des sociétés et leur aspiration à vivre ensemble, elles sont alors source de litiges ou de conflits ouverts. Les montagnards kurdes, qui sont l'un des peuples les plus anciens d'Asie centrale, restent ainsi dépourvus d'existence nationale malgré la continuité du territoire occupé et une incontestable homogénéité culturelle. Ces musulmans sunnites vivent sur un territoire montagneux de 400 000 km² perché à plus de 2000 m d'altitude aux confins de la Turquie, de l'Iran et de l'Irak. Organisés en tribus, la plupart sont des cultivateurs sédentaires propriétaires, très secondairement éleveurs nomades ou semi-nomades. Placés en situation de marginalité culturelle et économique, les Kurdes n'ont cessé de se révolter tout au long du XXe siècle pour faire reconnaître leur droit à fonder un Kurdistan indépendant. Entre 6 à 8 millions d'entre eux vivent en Turquie, où leur culture est proscrite et où ils sont soumis à une politique d'assimilation voire à des déportations. Aujourd'hui, leur montagne se vide au profit des villes où vivent désormais la moitié d'entre eux, dont 800 000 dans la seule ville d'Istanbul. De même, la répression dont ils ont fait l'objet de la part du régime irakien a entraîné d'importants flux de réfugiés, si bien qu'il n'y a plus une parfaite adéquation entre cette ethnie minoritaire et son territoire montagnard.

Les Arméniens représentent un cas de figure assez comparable. Chrétiens, originaires de la région du Mont Ararat en Anatolie orientale, ils ont été sans cesse en butte aux persécutions de l'Empire ottoman qui les obligeaient à fuir vers la Russie et le Caucase. Ceux qui restèrent sur place devinrent suspects aux yeux du sultan. La répression culmina avec le génocide de 1915. Les rescapés se réfugièrent en Transcaucasie, en Syrie, au Liban, en Grèce, ainsi que dans l'ancienne république russe d'Arménie (6,8 M d'h). Celle-ci est devenue indépendante en 1991 après l'éclatement de l'URSS. Mais la délimitation de sa frontière a provoqué également un conflit avec l'Azerbaïdjan qui revendiquait la région du Haut-Karabakh, peuplée d'Azéris.

Un deuxième cas, beaucoup plus simple, est celui des chaînes de montagnes qui font frontière entre deux États. C'est le cas des Pyrénées séparant la France de l'Espagne. L'idée qu'une chaîne de montagnes puisse constituer la frontière entre deux États est déjà très présente dans le discours du XVIIe siècle ; les légistes français avaient déjà souligné la fonction frontière des cours d'eau, les « quatre rivières » (Rhône, Saône, Meuse et Escaut) étaient considérées comme les frontières du royaume à l'est. Au XVIIe, l'intérêt se porta sur les montagnes, remparts d'un royaume : « Dieu a créé les Pyrénées pour libérer les Espagnols des Français » dira un membre des Cortès d'Aragon en 1684 (Sahlins, 1996). Toutefois, cette frontière n'est pas toujours une évidence physique, surtout pour les populations qui vivent à cheval sur une montagne. Les Basques constituent, de part et d'autre de la chaîne, une entité linguistique et culturelle particulière appuyée sur les deux versants des Pyrénées occidentales, sans d'ailleurs jamais constituer un État indépendant. Les Catalans se partageaient l'autre extrémité. Le cloisonnement des vallées perpendiculaires à la chaîne a favorisé la constitution de petites unités territoriales quasi autonomes, formant même parfois de petites républiques aux structures très égalitaires et qui s'accrochent d'ailleurs toujours jalousement à leurs particularismes (langage sifflé des bergers du village d'Oo en vallée d'Ossau). La puissance castillane d'un côté et celle du royaume de France de l'autre ont limité les velléités d'indépendance de ces groupes linguistiques dont l'implantation ignorait les frontières topographiques, de même qu'elles n'ont pas permis le rattachement du Comté de Foix au Royaume de Navarre. La frontière politique définitive entre la France et l'Espagne n'a été fixée que sous Louis XIV par le Traité des Pyrénées, ce qui n'a pas empêché le maintien de nombreux particularismes au sein des vallées pyrénéennes et d'échanges frontaliers à l'échelle locale (Sahlins, 1996, Velasco, 1998). En Amérique latine, la Cordillère des Andes traverse tous les États de la zone intertropicale. En revanche, elle met dos à dos le Chili et l'Argentine.

Certaines grandes chaînes de montagnes peuvent faire office de barrière interne, en séparant et en différenciant deux ensembles à l'intérieur d'un même pays. On peut rattacher à cette variante l'Atlas marocain, qui non seulement sépare deux mondes bioclimatiques et humains, le monde saharien du désert et des nomades du monde méditerranéen, des sédentaires et de l'agriculture irriguée, mais sépare aussi les populations noires, d'anciens esclaves venues du Sahel, des populations blanches, tout en constituant un bastion berbère bien différencié au cœur des plaines arabes. Mais pas plus que d'autres montagnes, l'Atlas n'a été une barrière infranchissable. Il a joué plutôt un rôle de pont permettant la circulation de l'or, du sel et des esclaves des régions sahéliennes vers les régions méditerranéennes et la côte (caravanes du sud vers Mogador, l'ancien nom du port d'Essaouira).

Enfin, le cas le plus fréquent est celui de montagnes transfrontalières qui sont plus des carrefours de peuples et de civilisations que de véritables frontières. Les Alpes, partagées en sept pays différents, l'Allemagne, l'Autriche, la France, l'Italie, le Lichtenstein, la Slovénie et la Suisse se situent au croisement de l'Europe septentrionale de culture germanique, de l'Europe occidentale et méridionale de culture latine et de l'Europe orientale de culture slave. Elle apparaît ainsi comme un véritable carrefour où les frontières recoupent les ensembles linguistiques. Le Val d'Aoste italien, de même que la Suisse des bordures du Léman parlent le français, tandis que le Haut-Adige italien est germanophone. Au cœur des Alpes se sont conservées également des particularismes linguistiques bien affirmés, comme le romanche du canton des Grisons. Ce qui est vrai à l'échelle d'un massif ou d'une région, l'est d'ailleurs aussi à l'échelle d'une même vallée entre l'amont et l'aval comme c'est le cas pour les communes alpines de Vallorcine, Chamonix, Les Houches, Servoz qui cultivent chacune soigneusement ses singularités. L'étranger est souvent celui qui vit au bas de la vallée ou dans celle d'à-côté… Mais, avec la construction européenne, les frontières s'ouvrent et favorisent la multiplication d'échanges de toute nature. La Suisse malgré son enclavement géographique (au sens d'absence de débouché maritime) et malgré son refus d'entrer dans l'Union Européenne, ne se ferme pas pour autant à ses voisins. Non seulement, elle est un espace de circulation et de transit et le terrain de jeu touristique de l'Europe, mais elle profite aussi, entre autres explications, de sa position centrale pour jouer le rôle de plaque tournante financière de l'Europe et du monde. De même, le Liechtenstein ou la Principauté d'Andorre ont beau être de micro-États particulièrement enclavés, ils n'en sont pas moins très riches grâce à leur statut de paradis fiscaux.

Certaines de ces montagnes frontalières peuvent cependant être au cœur de graves conflits lorsqu'elles représentent un intérêt stratégique majeur pour les pays qui se partagent leur territoire. Les frontières sont alors âprement disputées.

Le Cachemire est sans doute l'exemple le plus brûlant d'une frontière toujours non reconnue qui coupe en deux l'extrémité occidentale de l'Himalaya. Au moment de la création du Pakistan en 1947, qui reposait, rappelons-le sur le critère de l'appartenance majoritaire à l'Islam des territoires du nord-ouest de l'ex-Empire des Indes, le Cachemire à majorité musulmane était rattaché à l'Inde en 1947 à l'initiative de son souverain, un prince hindou. La revendication pakistanaise sur un territoire qui devait en théorie lui revenir, entraîna une série de guerres contre l'Inde qui aboutit à un partage en deux de ce territoire par une ligne de cessez-le feu. Ni le Pakistan, ni la Chine ne peuvent renoncer à ce territoire pourtant périphérique et peu développé. En effet, cela signifierait pour le Pakistan remettre en cause la légitimité même de sa création, tandis que pour l'Inde, ce serait prendre le risque d'autres mouvements séparatistes qui menaceraient également l'intégrité de son territoire. La situation géopolitique de la région est compliquée par le fait que, dans la même zone, la Chine revendique le glacier de Siachen situé à plus de 5 000 m d'altitude. Le contrôle de cet immense glacier suspendu est stratégique pour Pékin, car non seulement il domine le Cachemire, mais il donne aussi un accès relativement facile au Tibet où la Chine possède des installations militaires secrètes. L'importance des enjeux politiques que revêt le contrôle de ces confins montagneux explique la construction, entre le Pakistan et la Chine, de la Karakoram Highway, une des routes les plus hautes et les plus acrobatiques du monde, tandis que l'Inde voisine a construit une haute route empruntée surtout par des camions militaires, qui longe la frontière avec le Cachemire pakistanais jusqu'au Ladakh par la vallée de l'Indus.

b. Le rôle des frontières dans l'ouverture ou la fermeture des espaces montagnards

Le tracé d'une frontière politique constitue une discontinuité majeure qui joue de façon variable sur la dynamique des espaces montagnards qu'elle concerne, selon qu'elle présente un caractère défensif ou selon qu'elle met en contact des territoires qui peuvent tirer profit de leur différentiel. La dynamique des espaces montagnards dépend ainsi largement de l'ouverture ou de la fermeture des frontières qui conditionnent leurs relations économiques et politiques avec l'extérieur.

Slogan en faveur du Tibet à la frontière sino-indienne.

La fermeture des frontières tend à renforcer l'isolement et la marginalisation des régions montagneuses, devenues périphériques à l'échelle internationale. C'est particulièrement le cas des pays montagnards déjà naturellement enclavés (Bhoutan, Laos). La fermeture d'une frontière désorganise les trafics commerciaux et les oblige à se restructurer à l'échelle nationale ou régionale. Cependant des échanges peuvent se maintenir à l'échelle locale mais de façon beaucoup plus limitée, ou alors de façon clandestine (trafic de contrebande, passage de réfugiés ou de travailleurs migrants). Toutefois, à l'échelle locale, la fermeture d'une frontière n'empêche pas le maintien des anciens modes d'utilisation des versants qu'elle sépare. Les populations frontalières, qui vivent généralement du commerce et du passage, restent en effet très attachées à la libre circulation des hommes et des marchandises.

Lorsque la montagne joue pleinement son rôle de zone de contact et d'échanges entre des zones complémentaires, il peut se constituer, à l'inverse, de véritables régions transfrontalières. La frontière introduit en effet un différentiel entre les deux espaces qu'elle sépare, dont peuvent profiter les populations. C'est le cas de la frontière franco-suisse autour du Lac Léman : Genève polarise la Haute-Savoie et le sud du Jura, engendrant des flux de travailleurs frontaliers français en direction de la métropole helvétique où les salaires sont plus élevés, tandis que de nombreux Suisses investissent dans l'achat de résidences secondaires du côté français.

2 Centres, périphéries et marges montagnardes

Le croisement de la problématique frontalière avec le modèle centre-périphérie pose la question de l'intégration des zones montagnardes frontalières aux espaces nationaux et de leur développement.

a. La question de l'intégration des périphéries montagnardes aux centres

Dans de nombreux pays, la montagne demeure une périphérie plus ou moins bien intégrée au centre. Mais tout dépend bien sur de l'échelle d'analyse et de la place que tiennent les montagnes au sein des États. À l'échelle européenne, les Alpes sont en situation de périphérie en France, en l'Italie, et en Allemagne. À l'échelle nationale et régionale, cependant, les Alpes du nord font partie des régions les plus riches du territoire français et sont une périphérie active et fortement intégrée de la région lyonnaise. Ce n'est pas le cas des Alpes du sud, plus rurales, moins industrialisées et dont la frontière n'est guère active. Le versant italien est également peu peuplé et en difficulté. En revanche, comme nous l'avons évoqué précédemment, les Alpes sont en position centrale pour la Slovénie, le Liechtenstein, l'Autriche, et la Suisse, même si pour cette dernière l'essentiel des activités et des emplois se situe sur le plateau suisse et le piémont, tandis que la montagne tend à devenir un espace résidentiel. C'est ce qui explique la place de choix qu'occupent les Alpes dans la politique de ces pays, qui n'ont jamais lésiné sur les investissements et les équipements pour maintenir la population et les activités dans les zones de montagne. En Suisse et en Autriche, l'agriculture de montagne est largement subventionnée, le déficit des réseaux de transport est pris en charge par la collectivité. Au contraire, pour des pays comme la France, la zone de montagnes a longtemps été perçue comme un espace à problèmes, une périphérie dont il fallait enrayer la marginalisation, d'où l'intervention de l'État à travers le Plan Neige, encourageant la création de stations de sports d'hiver, à travers des aides à l'agriculture à partir des années 1970, pour finir par la Loi Montagne de 1985 qui cherche, non sans contradictions, à concilier développement économique et protection de l'environnement montagnard.

Dans les pays où la montagne ne joue pas un rôle central dans le territoire, en particulier dans les pays pauvres, les massifs montagneux forment souvent des périphéries qui souffrent de leur isolement, de leur enclavement et d'une agriculture marginale, surtout lorsqu'elles ne disposent d'aucune autre ressource exploitable ou rentable. Cette situation peut s'aggraver par le fait qu'elles sont souvent le refuge de populations minoritaires. La diversité ethnique et culturelle de certaines d'entre elles crée, à la fois, une mosaïque interne complexe et une discontinuité forte par rapport aux territoires qui les entourent. L'émiettement territorial peut conduire à l'émergence de revendications ethniques qui peuvent entrer en contradiction avec le découpage des États. Le pouvoir central peut choisir de les ignorer et de les laisser à leur marginalité, ou alors de les intégrer de gré ou de force.

Le Caucase, montagne transfrontalière formée de régions autonomes au sein de la fédération de Russie, sépare cette dernière des nouvelles républiques de Géorgie et d'Azerbaïdjan. Le compartimentage et le morcellement du relief ont favorisé l'imbrication de populations d'origine ethnolinguistique différente, mais aussi de fortes résistances à la domination russe. Les populations qui y ont trouvé refuge au cours de l'histoire appartiennent à plusieurs familles linguistiques : caucasienne (Géorgiens, Abkhazes, Tcherkesses, Tchétchènes, peuples du Daghestan), altaïque (Azeris, Balkares et Karatchaïs), indo-européenne (Arméniens, Russes et Ossètes). Si les villes sont généralement pluriculturelles, les villages de montagnes sont en revanche beaucoup plus homogènes, mais ils forment souvent de petites enclaves de minorités au sein d'un massif d'une vallée ou d'un versant peuplé par un groupe majoritaire. La volonté d'assimilation de ces populations par l'État russe du temps des tsars comme du temps de Staline ou aujourd'hui de Poutine, liée aux intérêts stratégiques russes dans la région (accès à la mer et aux gisements de pétrole) a entraîné de nombreux conflits, dont le dernier en date déchire toujours la Tchétchénie (*fig. 45*).

En Asie du Sud-Est, la Thaïlande et la Birmanie ont construit leur territoire autour de leurs plaines deltaïques mises en valeur par les ethnies majoritaires thaïs et birmanes. Ces plaines sont encadrées par une guirlande de montagnes escarpées, peuplées de minorités montagnardes, les Chan, les Karen, les Kachin et les Chin, pour ne citer que les principales. Sous la férule britannique en Birmanie, ces périphéries montagnardes n'étaient exploitées que pour le teck et leurs ressources minières (argent, plomb, zinc, pierres précieuses) et n'étaient guère intégrées aux plaines birmanes. Depuis l'indépendance, elles sont en lutte ouverte contre le pouvoir central de Rangoon. En effet, malgré la constitution de sept États périphériques correspondant aux principales ethnies, la Birmanie n'est pas une fédération et la junte militaire au pouvoir ne répond que par la répression aux revendications indépendantistes qui pourraient mettre en péril l'unité du pays. Cette marginalisation des populations et les difficultés d'accès à la montagne ont favorisé le développement de la culture du pavot, dont les revenus alimentent les différentes guérillas, ainsi que la constitution d'un véritable territoire clandestin transfrontalier (Birmanie, Thaïlande, Laos, Chine du Sud) aux mains des barons de la drogue et des bandes armées insurgées : le fameux Triangle d'Or. De son côté, sous la pression des États-Unis, la Thaïlande s'efforce d'intégrer ses périphéries en construisant des routes, en développant des cultures de substitution et en ouvrant les régions sécurisées aux touristes. Leur venue, tout en offrant de nouvelles sources de revenus aux populations locales, entraîne le retrait des trafiquants vers les zones les plus reculées des confins birmans, laotiens et chinois (*fig. 46*).

Les difficultés d'accès des montagnes les plus isolées en ont également fait, à l'époque contemporaine comme dans le passé, le refuge des proscrits, des marginaux, des révolutionnaires ou des terroristes. Plus elles sont difficiles d'accès pour les autorités

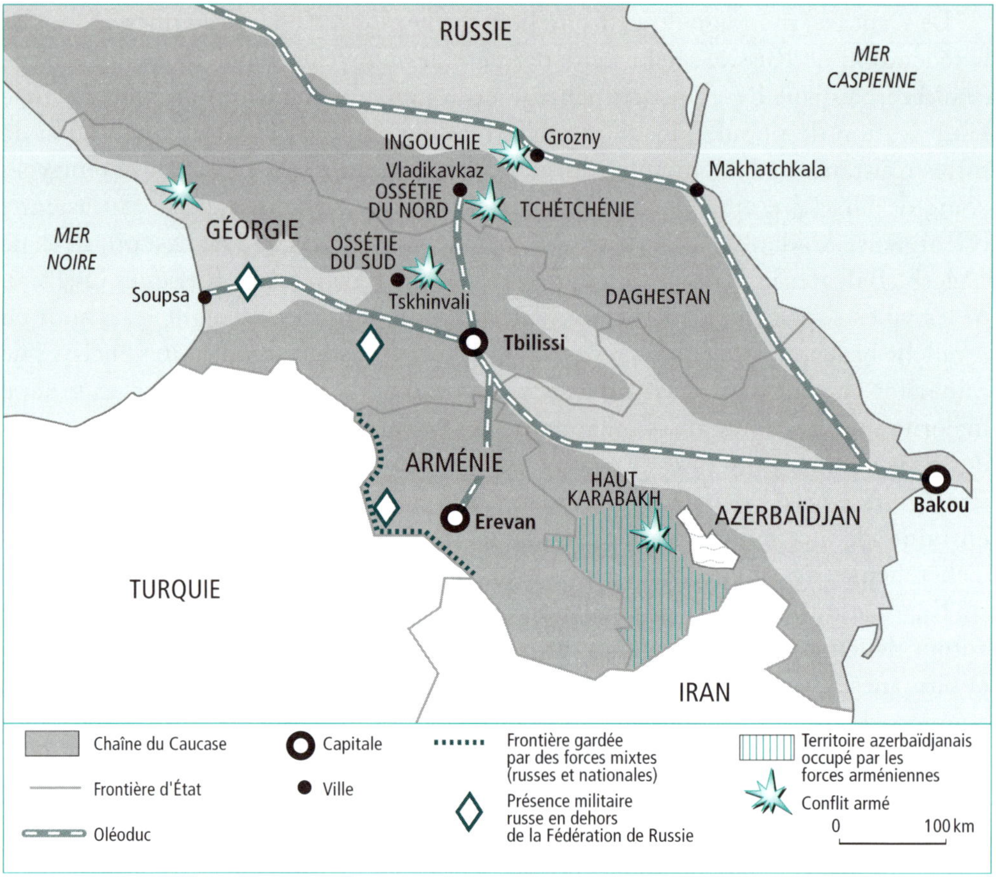

Figure 45 : L'isthme du Caucase, une poudrière géopolitique entre l'Europe et l'Asie.
Source : Site internet www.monde-diplomatique.fr/cartes/IMG/arton611

de l'État, plus elles sont perméables aux contrebandiers, ainsi qu'aux trafiquants d'armes ou de drogue. On peut citer les montagnes frontalières du Pakistan et de l'Afghanistan, sanctuaires armés des trafiquants de drogues, des Moudjahidins du Peuple, puis des Talibans afghans, avant de devenir le refuge du mouvement terroriste Al Qaida. C'est aussi le cas de la montagne libanaise, comme de la région de Medellin et de Cali en Colombie, tenue par les cartels de la drogue. La pauvreté et les inégalités sociales du Pérou et de l'ouest du Népal ont également favorisé le développement de guérillas qui s'attaquent à l'armée, à la police ou aux grands propriétaires terriens (Sentier Lumineux, maoïstes népalais).

Enfin, malgré leur situation périphérique, de nombreuses montagnes jouent un rôle fondamental de châteaux d'eau pour les plaines environnantes. Il est alors crucial pour les régions sèches situées en aval qui ont besoin d'irriguer, de s'assurer le contrôle de l'eau et des sources des fleuves sur lesquels on peut construire des barrages. La dépendance des centres situés à l'aval par rapport aux périphéries montagneuses

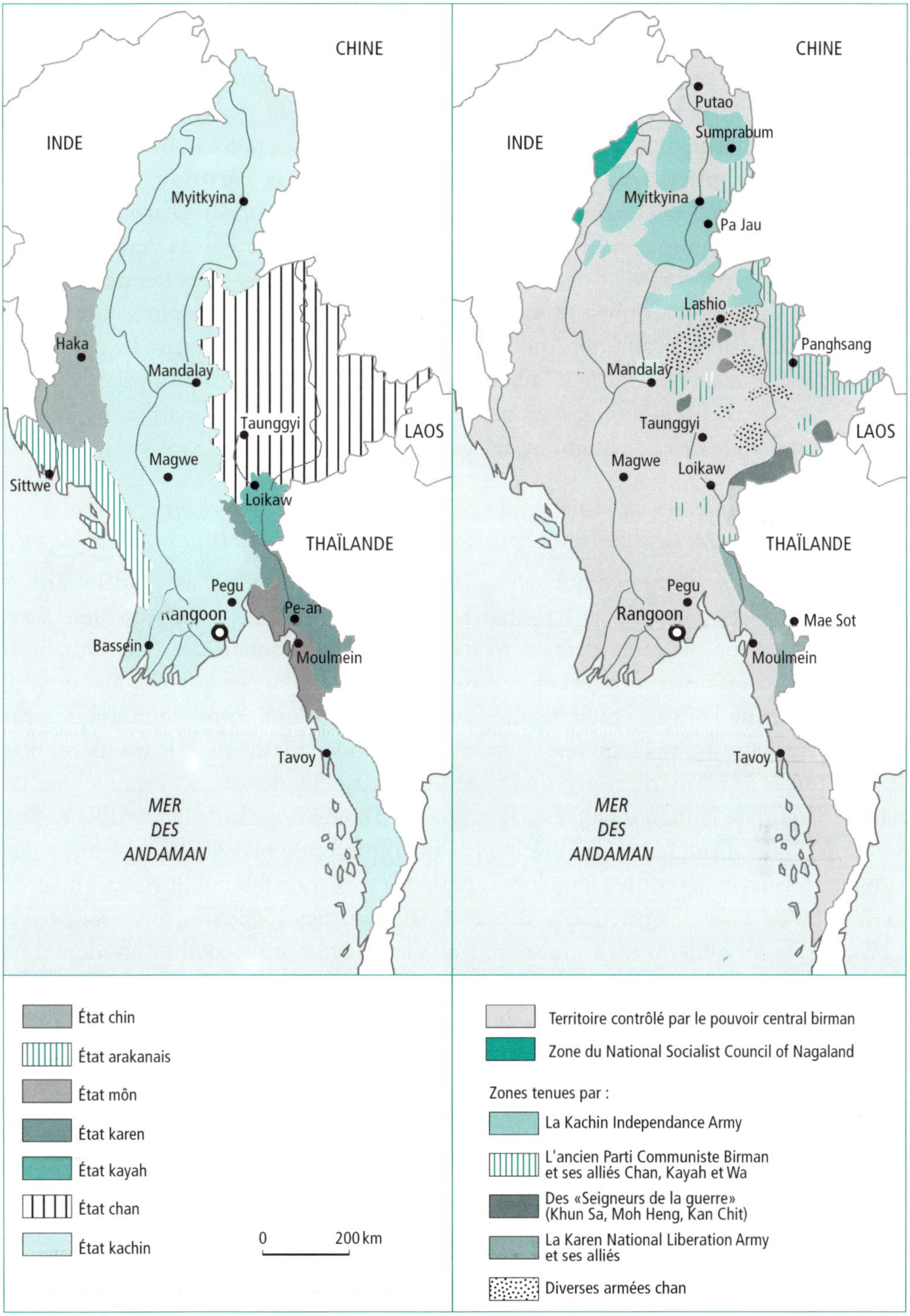

Figure 46 : Minorités montagnardes et espaces de la dissidence en Birmanie.
Source : d'après *Géographie universelle*, Belin-Reclus.

situées à l'amont peut entraîner la volonté de la part des États de mieux intégrer la montagne au centre, mais elle peut aussi provoquer des conflits entre régions ou entre États. Le Pakistan, par exemple, dispose d'un immense réseau d'irrigation qui dépend des sources de l'Indus et de ses affluents, situées dans l'Himalaya indien et, entre autres, dans la partie du Cachemire que revendique le Pakistan. Un traité de partage des eaux a été signé entre les deux pays au moment de la Partition, mais pour le Pakistan, l'arme de l'eau que détient l'Inde est aussi importante que l'arme nucléaire. De même l'alimentation en eau de l'Égypte et du Soudan est sous la dépendance de l'Éthiopie (sources du Nil Bleu) et de la région des Grands Lacs (sources du Nil Blanc). Or, l'Éthiopie, comme l'Ouganda, la Tanzanie et le Kenya sont soumis à une forte croissance démographique, qui les pousse à intensifier les cultures. Ils cherchent à développer l'irrigation sur leurs hautes terres en effectuant des pompages massifs dans le lac Victoria qui alimente en partie les sources du Nil et ses affluents, provoquant l'inquiétude des Égyptiens et des Soudanais.

b. Centres, périphéries ou marges, des situations changeantes dans le temps et selon les échelles : le cas des Andes chiléno-argentines et de l'Himalaya du Népal

La grille de lecture proposée qui articule le thème de la frontière au modèle centre-périphérie est loin d'être figée. La situation d'un espace montagneux peut varier dans le temps, tout comme le modèle centre-périphérie peut donner lieu à des situations variables selon les différentes échelles d'analyse. Des montagnes qui sont aujourd'hui périphériques ne l'ont pas toujours été, car la création d'une frontière politique peut bouleverser des positions acquises. C'est le cas des Andes au niveau de la frontière entre l'Argentine et le Chili, deux pays qui semblent « naturellement » se tourner le dos, de part et d'autre du vide montagneux constitué par l'épine dorsale de la Cordillère. Son statut de chaîne frontière et sa situation périphérique, voire marginale au sein des territoires chiliens et argentins, ne relèvent pourtant d'aucune fatalité physique, mais de la dynamique de la construction politique de ces deux pays. En effet, à l'époque coloniale, les Andes chiléno-argentines ainsi que leur piémont oriental et occidental ne fonctionnaient pas comme une frontière, bien au contraire. Ils étaient intégrés à une vaste aire andine, dont les centres se situaient au nord-ouest (Capitainerie générale du Chili et Vice-Royauté du Pérou). Par ailleurs, leur partie méridionale constituait le territoire des Araucans, population indigène, dont le foyer originel se situait au sud du Chili central mais dont l'influence s'étendait sur tout le piémont oriental. La véritable frontière était alors bien plus à rechercher à l'est dans les plaines immenses et vides de la pampa et de la Patagonie, que sur la ligne de crête de la cordillère.

C'est la constitution de l'Argentine moderne à partir de 1776 et le basculement de sa centralité à l'embouchure du Rio de la Plata qui transforma les Andes argentines en périphérie du nouvel État. Il marqua le début d'un long conflit avec les Chiliens pour la délimitation de la frontière, car Buenos Aires, fort de sa situation de port ouvert sur l'Europe cherchait à étendre son arrière-pays au maximum vers l'ouest. Le territoire des Araucans devint alors l'enjeu majeur des Chiliens comme des Argentins, car sa perméabilité était un danger pour les Chiliens, étant données les visées expansionnistes des Argentins. L'écrasement des Araucans par les deux parties laissa les deux rivaux face à face ou plutôt dos à dos. Le conflit ne se régla qu'en 1881, après 20 ans de discorde portant sur la recherche d'un tracé frontalier qui a tantôt suivi la ligne de partage des eaux, tantôt suivi la ligne de crête principale, les contestations les plus vives ayant porté sur les zones englacées (Grenier, 1988). De centrales dans le dispositif colonial, les Andes devinrent des périphéries marginales faisant office d'espaces tampons entre les deux frères ennemis.

L'exemple de l'Himalaya du Népal permet de montrer également comment un espace central peut devenir périphérique avec la création, la fermeture puis la réouverture d'une frontière politique. L'Himalaya est, comme les Alpes, une montagne carrefour à la différence près qu'elle se situe au cœur d'ensembles économiques et politiques qui sont loin d'avoir le même poids. Elle dessine un vaste arc de cercle qui constitue une charnière entre le Moyen-Orient aride, l'Asie continentale des steppes et l'Asie tropicale des moussons, ou encore entre le monde hindou, le monde musulman et le monde bouddhiste et animiste. Il en résulte une mosaïque de milieux, de paysages et d'ethnies, avec de nombreuses formes d'isolats et d'endémismes humains (les Dardes, les Hunza, les Raute). Au nord de la chaîne, s'étendent les déserts d'altitude et les steppes du Tibet et de la Mongolie qui forment les marches de la Chine, dont le poids démographique, politique et économique pèse lourdement, malgré la distance, dans cette région du monde. Au sud, l'Himalaya verrouille la péninsule indienne, autre géant démographique, dont les foules de la vallée du Gange dépendent directement des eaux himalayennes pour leur alimentation en eau d'irrigation et en hydroélectricité. L'Himalaya se trouve aujourd'hui à la périphérie de ces deux moyennes puissances régionales dont les relations ont été très conflictuelles au cours de la seconde moitié du XXe siècle, d'où l'importance géostratégique que représentent les États-tampons que sont le Népal et le Bhoutan, pays qui ne se sont ouverts au monde extérieur que très récemment.

Mais il n'en a cependant pas toujours été ainsi. Nous avons vu précédemment que la chaîne himalayenne a été traversée en tous sens par les marchands et les pèlerins grâce à un réseau hydrographique en baïonnette coupant la chaîne transversalement et grâce à des cols d'altitude praticables par les hommes et les caravanes de yacks. À l'échelle de l'Himalaya central, la vallée de Katmandou a tiré profit de sa situation de carrefour entre l'Inde et la Chine, à l'aplomb d'une des principales routes du commerce transhimalayen (col de Keyrong) pour devenir un florissant centre commercial et financier jusqu'à la fin du XVIIIe siècle. D'ailleurs pendant longtemps, le terme de Népal qualifiait la seule vallée de Katmandou. Cependant, pour les Britanniques qui font la conquête des Indes au début du XIXe siècle, l'Himalaya constitue une périphérie peu sûre mais aussi une marche stratégique de première importance face à l'expansion russe. Contrôler l'Himalaya signifie contrôler la Route de la Soie et l'accès à la Chine. Toutefois, les tentatives britanniques de colonisation du royaume du Népal furent un échec. L'épaisse jungle du Téraï, infestée par le paludisme et par les bêtes sauvages, constituait un rempart fort efficace contre la colonisation du Népal par les Britanniques, tandis que la fragmentation du relief et le caractère rebelle des montagnards rendaient difficiles un contrôle efficace de la région. Les Anglais préférèrent s'assurer de frontières sûres par un traité signé en 1818, qui fixait sur le papier les limites du royaume du Népal. L'instauration de cette frontière entraîna le repli du Népal dans un isolationnisme radical, puisqu'il interdit toute pénétration étrangère sur son territoire pendant près d'un siècle et demi. De périphérie, le pays devint une véritable marge enclavée entre deux grands empires. La frontière indo-népalaise du Téraï ne s'ouvrit qu'au moment de l'indépendance de l'Inde en 1947, tandis que la frontière himalayenne se refermait en 1959 avec l'invasion du Tibet par la Chine.

Ce double mouvement a eu toute une série de conséquences économiques et politiques. Le Népal qui avait longtemps joué de sa position de carrefour commercial entre l'Inde et la Chine n'a jamais retrouvé cette fonction. Le commerce transhimalayen s'est brutalement rompu et les échanges ont dû se réorganiser en direction de l'Inde. Le Népal a accru sa dépendance économique vis-à-vis de son voisin par lequel il est obligé de transiter pour accéder au débouché du port de Calcutta. En revanche, il parvient à maintenir une relative indépendance politique en jouant sur sa fonction d'État tampon entre l'Inde et la Chine, les deux grandes puissances régionales hostiles de la région, et en se faisant reconnaître comme zone de paix par l'ONU.

Mais en échange, la Chine fait pression pour que le Népal exerce un contrôle étroit sur les zones frontalières du Tibet afin d'empêcher la fuite de rebelles et de réfugiés tibétains ou leur contact avec des touristes occidentaux. C'est une des raisons qui explique l'existence au Népal de zones interdites aux étrangers ou de zones protégées à l'accès contrôlé (parcs, réserves, aires de conservation), tout au long de la frontière. C'est aussi un moyen pour le gouvernement népalais de marquer sa présence et son autorité administrative sur la périphérie de son territoire afin de faciliter l'intégration des minorités ethniques montagnardes à l'État-nation qu'il cherche à construire. Dans les régions montagnardes accessibles (région de l'Everest, du Langtang et de l'Annapurna), le développement du trekking a permis l'enrichissement des vallées et une intégration plus étroite à la capitale népalaise de ces hauts-lieux du monde. Dans ces espaces qui étaient autrefois pauvres et marginalisés, on voit apparaître aujourd'hui de petits centres ou marchés, comme Namche Bazar au pied de l'Everest qui attire les paysans et commerçants du Bas-Pays comme des vallées frontalières du Tibet. On voit donc des phénomènes d'inversion spatiales qui montrent bien que les régions de montagnes ne sont pas toute marginales ni destinées à le demeurer. Toutefois, cette situation pourrait être remise en question par l'extension récente de la guérilla maoïste qui sévit dans les montagnes de l'ouest du pays. Ces dernières sont pour leur part bel et bien des marges, à toutes les échelles.

Pour aller plus loin

BERNIER, X, *Transports, constructions et développement en Himalaya central (le cas du Népal)*, thèse de doctorat, Aix en Provence, 2 tomes, 1996, 443 pages

BOUJROUF S., « La montagne dans la politique d'aménagement du territoire au Maroc », in « La montagne marocaine, développement et protection », *Revue de Géographie Alpine,* n° 4, tome 84, 1996, p. 37-50.

BOULNOIS L., *Les passes himalayennes. Religieux, marchands et militaires, XVII-XVIIIe siècle*, éd par Deboutet et *al*., Istanbul-Paris, éditions Isis, 1987, p. 67-78.

BOULNOIS L., *Poudre d'or et monnaie d'argent au Tibet (principalement au XVIIIe siècle)*, Paris, Éd. du CNRS, 1983.

CHARLERY DE LA MASSELIERE B., « Perte de la frontière et dérivations identitaires : les paysanneries des hautes terres d'Afrique de l'Est, entre confinement local et transgression des territoires » *in* « Les montagnes tropicales, identités, mutations, développement », BART F., MORIN S., SALOMON J.N. (dir), DYMSET-CRET, *Espaces Tropicaux,* n° 16, 2001, p. 561-577.

Collectif, « L'avenir des villes des Alpes en Europe », *Revue de Géographie Alpine*, n° 2, tome 87, 1999.

Collectif, « Les enjeux de l'appartenance alpine dans la dynamique des villes », *Revue de Géographie Alpine*, n° 1, tome 87, 1999.

Collectif : « Les transports de l'Arc alpin », *Revue de Géographie Alpine*, n° 4, tome 81, 1993, 112 pages.

Collectif, « Spécial Caucase », *Revue de Géographie Alpine*, tome 69, n° 2, 1981.

DELER J.P., « Une urbanisation andine », *in L'Amérique du Sud aux XIXe et XXe siècles : héritages et territoires*, Hélène RIVIERE D'ARC (dir.), A. Colin, 1993.

GASCON A., *La Grande Éthiopie, une utopie africaine*, Éd. du CNRS, Paris, 1995.

GRANGE D. (dir.), *L'espace alpin et la modernité, bilans et perspectives au tournant du siècle*, Presses Universitaires de Grenoble, 2002, 504 pages.

GRENIER P., « "L'effet frontière" dans l'utilisation et l'organisation de l'espace des Andes argentines », *in* « L'organisation de l'espace dans les Andes argentines », *Revue de Géographie Alpine*, tome 76, 1, 1988, p. 7-43.

LAGEAT Y., LIMAN F., « Le Lesotho : enclavement et dépendance d'un royaume montagnard » *in* « Les montagnes tropicales, identités, mutations, développement », BART F., MORIN S., SALOMON J.N., DYMSET-CRET, *Espaces Tropicaux,* n° 16, 2001, p 315-322.

RADVANY J., *La nouvelle Russie*, Paris, A. Colin, coll. U, 2000.

SAHLINS P., *Frontières et identités nationales. La France et l'Espagne dans les Pyrénées depuis le XVIIe siècle*, (1re édition en anglais, 1989) Belin, 1996.

VELASCO H. *Relations transfrontalières dans les Pyrénées*, Thèse de doctorat, Géographie, Université de Pau, 1998.

Conclusion : questions et débats

La question de la spécificité montagnarde, un enjeu épistémologique…

La question de la spécificité montagnarde apparaît en filigrane à travers la plupart des écrits sur la montagne. Il s'agit d'une question récurrente chez les géographes, qui est largement sous-tendue, comme nous l'avons rappelé au début de cet ouvrage, par une conception naturaliste et alpinocentriste de la montagne qui en fait un milieu contraignant et fragile.

Ce dernier point a été renforcé récemment par la prise en compte croissante de l'environnement montagnard selon les logiques de recherche des disciplines d'inspiration naturaliste, et ce dans le contexte de l'émergence des discours sur le développement durable.

Ce thème pèse en effet fortement sur l'orientation des travaux scientifiques et sur les politiques de développement. Or, pour l'instant, les auteurs peinent à identifier des critères universels pertinents permettant de définir la spécificité montagnarde, peut-être parce que manquent encore des connaissances suffisantes sur les différents systèmes montagneux de la planète. Si un certain nombre de critères permettent de caractériser les espaces montagnards, ils n'en sont pas pour autant spécifiques des montagnes.

Prenons comme exemple ce qui est souvent perçu comme une spécificité montagnarde, à savoir l'étagement et l'utilisation de la complémentarité des étages par l'exploitation des différentes facettes écologiques du milieu montagnard. Nous avons vu que la notion classique d'étagement, si elle correspond à une réalité physionomique, ne rend pas compte de façon satisfaisante de l'organisation des écosystèmes montagnards, en particulier sur le plan floristique. La remise en question de la notion d'étagement par certains chercheurs ne relève pas seulement d'un débat de spécialistes entre phytosociologues. Elle pose la question de la définition même de la montagne et de sa spécificité sur le plan biophysique. La recherche de seuils pertinents et de limites permettant de la distinguer de la plaine, devraient permettre à terme de préciser cette définition et d'approcher de façon plus pertinente la question de la spécificité naturelle des reliefs montagneux.

Ensuite, l'utilisation de la complémentarité des milieux n'a rien d'exceptionnel. Il s'agit d'un choix somme toute très banal pour la plupart des sociétés rurales. Hormis dans le cadre de la monoculture agro-industrielle, elles ont toujours été attentives à exploiter les nuances des terroirs qu'elles occupaient en pratiquant la polyculture.

Toutefois, nulle part on ne trouve ailleurs qu'en montagne une telle variété de ressources concentrées sur des distances aussi restreintes, ni une telle circulation des hommes et des animaux. Il faut donc voir dans l'exploitation de la complémentarité des milieux montagnards une différence d'échelle et d'intensité plus qu'une différence de nature avec d'autres espaces ruraux.

La pluriactivité et la mobilité sont des données générales et caractéristiques des sociétés montagnardes, partout dans le monde, qui traduit tout autant la fragmentation dans le temps et dans l'espace des activités agropastorales que l'insuffisance des revenus. Mais là aussi, les sociétés montagnardes ne sont pas particulièrement originales dans ce domaine. Les sociétés installées sur le littoral vivent souvent de l'exploitation conjointe des ressources de la mer comme des ressources de la terre et ont fréquemment recours à la pluriactivité : agriculture, saliculture, ostréiculture, pisciculture ou pêche. Certaines peuvent être particulièrement mobiles, comme c'est le cas des populations des archipels du Pacifique. Leur territoire s'organise de façon réticulaire en articulant de façon complémentaire des portions de montagne et des portions de littoral. Il s'articule également en un chapelet d'îles, entre lesquelles elles se déplacent pour échanger leurs productions. Dans de nombreux pays en développement, les stratégies de survie que déploient les paysans pour maintenir la viabilité des exploitations agricoles, reposent également sur la pluriactivité et les mobilités temporaires de travail au sein du groupe familial. C'est le cas par exemple des populations rurales de l'Inde. Enfin, elles ne concernent pas uniquement les pays pauvres, mais aussi la plupart des pays industrialisés, où elles permettent aux petits et moyennes exploitations de diversifier leurs sources de revenus. Aux États-Unis, plus de la moitié des revenus des deux tiers des exploitations proviennent de sources non agricoles. Les habitants et salariés des régions touristiques des pays industrialisés, que ce soit en montagne ou en bord de mer, fonctionnent aussi sur le principe de la saisonnalité du travail, de la pluriactivité et de la mobilité.

Si spécificité de l'objet montagne il y a, elle ne résiderait alors que dans l'agencement particulier d'éléments non spécifiques permettant de le caractériser. Mais il s'agit là d'une démarche valable pour n'importe quel autre objet géographique (désert, forêt, île, ville) ou forme de différenciation de la surface terrestre.

…mais aussi un enjeu politique

Le débat sur la spécificité va au-delà du besoin de toute science de définir et qualifier les objets qu'elle étudie et de la tendance largement répandue à insister sur leur originalité. L'enjeu n'est pas seulement épistémologique, il est aussi politique. Derrière la volonté de faire à tout prix de la montagne un objet spécifique se cachent un certain nombre de postures implicites qui ne sont pas sans effets sur la construction de certaines théories scientifiques et sur les politiques publiques qui peuvent en découler.

La notion de spécificité induit implicitement l'idée de particularisme. Les particularismes biologiques sont indéniables. Ils se traduisent par la présence en montagne de nombreuses espèces endémiques qui ont pu se développer du fait de l'isolement des montagnes, caractère que la montagne partage par ailleurs avec d'autres espaces comme certaines îles et archipels (Madagascar, Galapagos). Quoiqu'il en soit, la présence d'espèces endémiques justifie des mesures de protection aux yeux des naturalistes. Ce qui est rare prend de la valeur et devient « fragile ». La richesse de ses écosystèmes fait de la montagne un conservatoire de la biodiversité, que certains considèrent comme menacé par la présence et les activités humaines.

Il en est de même pour les populations qui y vivent, qualifiées de fragiles, surtout dans les montagnes des pays en développement, et dont on souhaite préserver la culture et les traditions. En effet, les particularismes de la montagne avancés par les auteurs ne sont pas seulement d'ordre naturel. Ils concernent aussi ses habitants. Le milieu montagnard favoriserait par ses contraintes et son isolement non seulement la conservation d'espèces rares mais aussi de traditions et de coutumes ancestrales. L'idée d'une spécificité montagnarde renvoie au thème de la montagne-refuge, conservatoire des traditions et s'inscrit également dans une vision déterministe de la montagne. Leur difficulté d'accès et leurs contraintes naturelles auraient valu aux montagnes d'échapper ou de résister aux invasions. De même, elles auraient « protégé » les populations montagnardes des grandes évolutions du monde. Vivant en autarcie, elles auraient ainsi développé des qualités propres, forgées par la rudesse du milieu (force, courage, obstination, frugalité, spiritualité…) et auraient mieux que d'autres populations préservé leurs traditions.

Or, les particularismes des sociétés ne sont pas forcément le fruit de l'isolement des montagnes, mais peuvent résulter de la volonté de certains groupes de population de se différencier des voisins afin de préserver leur identité et leur autonomie. Ensuite, il ne faudrait pas voir des traditions là où elles n'existent quasiment plus. Certaines coutumes qualifiées d'ancestrales ont bien souvent été inventées dans les Alpes et dans les Pyrénées au XIXe siècle, à l'époque où se définissait le folklore. Elles sont souvent entretenues dans le cadre d'une économie touristique friande « d'authenticité ».

Enfin, les représentation du montagnard ont été largement influencées par la perception qu'avaient des Alpes les représentants de la modernité du XIXe siècle, puis des deux premiers tiers du XXe siècle, à savoir les industriels, les aménageurs et les scientifiques. Ces derniers ont été frappés, hier dans les Alpes comme aujourd'hui en Afrique, dans les Andes ou dans l'Himalaya, par l'image de ces vallées restées à l'écart de la Révolution industrielle et de la modernisation. Aujourd'hui, les valeurs dominantes de notre société ont changé. Elles vont dans le sens de la conservation plus que de la transformation. Mais, du « crétin des Alpes », symbole du retard économique et social des vallées alpines au XIXe siècle, au brave montagnard des pays pauvres, porteur non plus d'archaïsmes mais des valeurs perdues de la société industrielle et urbaine, le discours sur les populations montagnardes part des mêmes présupposés physiques et d'une même mythification du montagnard.

Il n'y a aucune raison pour que les montagnes, pas plus que d'autres espaces d'ailleurs, soient maintenues dans l'archaïsme, que ce soit dans les pays pauvres ou dans les pays riches, surtout lorsque lesdites sociétés cherchent à s'en débarrasser… Au nom de quoi, en effet, devrait-on empêcher les populations montagnardes d'accéder à certaines formes de modernité que la société urbaine s'autorise, ou encore devrait-on leur dénier le droit à l'évolution et à la transformation ?

La montagne au cœur des politiques de « développement durable »…

Mais dès lors que la montagne a été considérée comme un patrimoine naturel exceptionnel pour l'humanité toute entière, elle est devenue un terrain de cristallisation des questionnements et des peurs de nos sociétés occidentales.

La déforestation, la consommation accrue de sources d'énergie non renouvelables, le rejet dans l'atmosphère de gaz à effet de serre sont aujourd'hui des préoccupations majeures, vers lesquelles se tourne la recherche scientifique, en même temps que s'accroît la sensibilité de l'opinion à ces problèmes. La montagne apparaît alors comme un laboratoire d'observation de ces changements, du fait de sa grande diversité biologique et de sa fragilité qui la rendent particulièrement sensible aux changements environnementaux (*Revue de Géographie Alpine*, 2001).

Par ailleurs, les effets de la mondialisation des économies, de l'urbanisation, de la déprise agricole dans les pays industrialisés, de la croissance démographique dans les pays pauvres ou du développement touristique ont également des conséquences visibles dans les montagnes. L'industrialisation et l'urbanisation ont provoqué l'effondrement des modes de vie traditionnels dans les massifs européens, tandis que les montagnes des pays pauvres apparaissaient encore plus marginalisées au sein d'espaces confrontés aux problèmes du développement. Leur croissance démographique fait craindre une dégradation rapide des ressources disponibles et une crise écologique, économique et sociale majeure.

Les enjeux socio-économiques se mêlent alors aux préoccupations environnementales. Les problèmes liés à la montagne ont ainsi fait l'objet du chapitre 13 de l'agenda 21, document de base du CNUCED (Conférence des Nations Unies sur l'Environnement et le Développement), plus connu sous le nom de *Sommet de la Terre* qui s'est tenu à Rio de Janeiro en juin 1992. Le nouveau paradigme du développement durable sous-tend désormais la majorité des travaux scientifiques, comme en témoignent en particulier la parution en 1999 de l'ouvrage de B. Messerli et J. D Ives, *Les montagnes dans le monde, une priorité pour un développement durable* et la proclamation en 2002 de l'Année Internationale de la Montagne. Les thèmes des manifestations, colloques et ouvrages qui s'y rattachent, se placent en effet plus ou moins directement dans cette perspective. La montagne est présentée comme un milieu menacé de même que les sociétés qui les habitent, ce qui justifie l'intervention d'organisations internationales à l'échelle locale comme à l'échelle nationale. Celles-ci, cautionnées par les discours des scientifiques, interviennent de plus en plus dans la politique des États (Rossi, 2000), et se posent en acteurs incontournables aussi bien dans le domaine environnemental que dans le domaine du développement.

De fait, les montagnes sont devenues depuis quelques décennies le terrain d'action des politiques publiques ayant trait aux préoccupations majeures de notre société : assurer à la fois la protection de l'environnement et le développement des régions de montagne en difficulté. Si l'on ne peut évidemment pas mettre tout à fait sur le même plan les problèmes qu'affrontent les populations des montagnes des pays pauvres et les populations des montagnes des pays riches, toutes pourtant, doivent gérer l'irruption d'acteurs externes aux interventions croissantes : à côté des pouvoirs publics, des entreprises et des touristes, présents dans la gestion des montagnes dès le XIXe siècle en Europe et en Amérique du Nord, se sont ainsi ajoutés, surtout dans les dernières décennies du XXe siècle et sur tous les continents, les groupes de pressions écologistes, les ONG et organisations internationales (CIPRA, Mountain Wilderness, WWF, IUCN).

Ces différents acteurs ont des stratégies ou des usages différents et parfois contradictoires de la montagne. Ils relèvent chacun de légitimités différentes ce qui rend de plus en plus complexe la gestion des territoires montagnards. En effet, de redoutables problèmes se posent quant à l'application sur le terrain des discours du développement durable.

Le premier est lié aux divergences d'interprétation de ces discours, qui varient selon l'importance donnée à l'une ou l'autre des trois dimension du développement durable : la dimension écologique, la dimension économique ou la dimension sociale. C'est le cas au sein de la Convention Alpine signée en 1991, qui a pour objectif de favoriser le développement des pays de l'Arc alpin en harmonisant les intérêts économiques et les exigences écologiques. Elle doit gérer de difficiles contradictions entre des groupes de pressions dont les différentes légitimités s'affrontent. Il est en effet difficile de vouloir tout à la fois maintenir une nature entretenue par une agriculture subventionnée et disposer des facilités du monde urbain, vouloir l'argent des touristes sans les touristes et les équipements pour les accueillir, vouloir empêcher le trafic des poids lourds sous le tunnel du Mont-Blanc, mais accepter que la Maurienne, déjà très chargée, supporte toutes les conséquences des reports de trafic, développer le ferroutage sans investir de lourdes sommes dans une remise aux normes du réseau ferré ou dans la construction de voies nouvelles, ou encore défendre la liberté des initiatives individuelles et vouloir imposer la soumission à une règle commune. Tout cela suppose des arbitrages politiques et un coût qu'il n'est pas certain que la collectivité souhaite assumer.

Le second est lié à la fréquente confusion entre l'idée de durabilité et celle de pérennisation de l'existant, ce que suggère le remplacement du terme anglais « *sustainable* » par le mot « durable » en français. Or, la recherche de la « durabilité » des situations va à l'encontre de la dynamique des sociétés telle qu'elle a pu s'exprimer à travers l'Histoire, tout comme elle ignore la variabilité dans le temps long des milieux naturels ou anthropisés. Le risque est alors grand de figer le développement des territoires en niant leur historicité.

De même, lorsque l'UICN, le PNUE et le WWF préconisent de mener des politiques de développement durable dans des « biorégions », calquées sur la notion de bassin-versant, elles nient la territorialité des sociétés qui n'épouse que rarement les cadres préétablis du milieu physique.

… qui s'appuient trop souvent sur des théories scientifiques contestables

Le problème n'est donc pas tant pour les scientifiques de juger si les espaces montagnards doivent être protégés ou pas, développés ou pas, ni de quelle façon. Cela relève de la responsabilité des politiques. C'est en effet à ces derniers que revient la tâche difficile de départager, de façon plus ou moins démocratique selon les pays et selon les valeurs dominantes du moment, les intérêts opposés.

Ce qui est plus problématique, c'est lorsque ces politiques sont menées au nom de théories scientifiques, qui reposent elles-mêmes sur des postulats de départ discutables ou non démontrés ou sur une vision fausse ou tronquée du territoire des sociétés montagnardes.

C'est le cas par exemple de la théorie de la dégradation des milieux montagnards sous l'effet de la pression démographique. Dans l'Himalaya du Népal, c'est sur la foi d'un temps zéro de l'observation des paysages, daté des années 1950 et de recherches effectuées de façon ponctuelle dans l'espace par des experts de la Banque Mondiale, qu'a été élaborée cette théorie. Elle repose, rappelons-le, sur l'hypothèse que la croissance démographique récente serait à l'origine d'une déforestation, qui, associée aux pluies de mousson, aggraverait l'érosion, entraînant à l'échelle locale une paupérisation des paysans contraints d'exploiter des terres marginales et à l'échelle régionale, une grave crise écologique entraînant des crues et des inondations capable de menacer le delta du Gange (rapport de la Banque Mondiale, 1985). Des études de la FAO en 1978 concluaient même à une disparition totale des forêts d'ici l'an 2000.

Or, des recherches récentes (Messerli & Ives, 1989, Thomson, 1998, Smadja et *alii*, 2002) remettent en cause les scénarios catastrophistes qui découlent de ces théories. Elles s'appuient sur l'analyse des milieux, des modes d'occupation des sols et d'utilisation des ressources sur le temps long. La comparaison entre des photos datant du début du siècle et des photos actuelles, l'analyse de documents d'archives remontant aux XVIIe et XVIIIe siècles et de photos aériennes contemporaines complétées par des enquêtes de terrain menées dans plusieurs secteurs ont pu montrer l'absence de déforestation massive depuis le début du siècle dans les secteurs étudiés (district de Palpa), ainsi que la faiblesse relative de l'érosion malgré de très fortes densités de population (Smadja 2001). Là où l'érosion existe, elle est le plus souvent naturelle (présence de failles actives et de terrains meubles).

Malgré cela, le gouvernement népalais, sous la pression des ONG environnementales et des bailleurs de fonds internationaux, a mis partout en place des mesures draconiennes de protection des forêts et de reboisement, et de culpabiliser les paysans rendus responsables d'une mauvaise gestion de leur environnement.

Depuis le début des années 1990 toutefois, les pouvoirs publics et les ONG cherchent à associer plus étroitement les populations locales à la conservation, dans le cadre de la « gestion participative » des milieux. Des comités d'usagers ont été mis en place sous le contrôle des Services forestiers de l'État. Des aires de conservations fondées sur la gestion participative des populations ont été créées à la place des Parcs nationaux (Aire de Conservation de l'Annapurna).

Mais les populations sont invitées à participer à des décisions, qui de toutes façons ont été prises ailleurs et dont elles n'ont pas la maîtrise. Pourtant, les villageois n'ont pas attendu les experts internationaux pour faire évoluer leurs systèmes de culture et s'affranchir de la forêt par des plantations d'arbres, lorsque celle-ci ne suffisait plus à leurs besoins. Mais le poids de l'idéologie est souvent plus fort que l'observation des faits. Et pour persuader les populations locales de leurs responsabilités dans la destruction des milieux, les manuels scolaires n'hésitent pas à diffuser des idées scientifiquement fausses afin de mieux frapper les esprits en généralisant à l'ensemble du pays des cas de dégradation localisés.

De même, les politiques menées par les experts internationaux en Guinée se fondent toujours sur des travaux anciens qui sont repris de décennies en décennies sans jamais être remis en question. Ils affirmaient que le Fouta Djalon avait été déboisé sous l'effet de la pression démographique, provoquant une érosion accélérée et privant le Sahel de son château d'eau naturel. Or, dans sa thèse, Véronique André a montré que du point de vue géomorphologique, le Fouta Djalon n'a jamais été un château d'eau et que la présence de *bowés* sur les hauteurs empêchait de toutes façons l'installation de la forêt (André, 2002).

Est-il donc vraiment nécessaire, pour obtenir des subsides internationaux, d'appuyer des politiques de conservation de l'environnement ou de développement sur des contrevérités scientifiques… ?

Par ailleurs, les structures de gestion de l'environnement créées par des organisations internationales et des ONG environnementales puissantes ont, non seulement un droit de regard croissant sur les politiques de développement des pays pauvres, mais elles ont aussi tendance à doubler les structures électives locales, comme c'est le cas au Népal (Boisseaux, 1998). Cela pose le problème de la démocratie et de la légitimité ou non du droit d'ingérence écologique (Rossi, 2000). Malgré un changement récent dans les discours, l'application sur le terrain des politiques de développement durable oublie trop souvent la prise en compte réelle des populations, de leur savoir-faire et de leurs propres objectifs de développement. Elles sont trop souvent considérées à travers le prisme naturaliste et malthusien qui assimile les sociétés à des espèces animales vivant sur un territoire fermé, ou qui fait de ces sociétés des « espèces en voie de disparition », dont il faut conserver les traditions, ou plutôt les archaïsmes…

Or, les sociétés montagnardes ont rarement vécu en totale autarcie et aujourd'hui encore moins que jamais. Même dans les vallées les plus reculées, le monde et la modernité sont présents, de même que certaines de ces vallées sont fortement présentes dans le monde grâce en particulier au tourisme. Celui-ci a fait d'un grand nombre de sites montagnards des « hauts-lieux » du monde que le monde occidental par l'intermédiaire des touristes internationaux vient visiter en grand nombre. Ces populations citadines ont produit des lieux qui leur sont propres, les stations touristiques, dont certaines sont même devenues le siège de festivals, de conférences et de rencontres internationales sportives tels les Jeux Olympiques d'hiver, ou de chefs d'États au plus haut niveau (Davos). Elles ont participé à la mutation de nombreuses vallées montagnardes à un moment où l'économie traditionnelle était en crise. Ce sont dans les lieux où les populations montagnardes étaient les plus ouvertes à la mobilité, et où l'agriculture (ou parfois le commerce ou l'industrie) ne suffisaient plus à les faire vivre, que le tourisme s'est implanté durablement, transformant souvent radicalement l'espace et la société. La richesse produite, la valeur nouvelle assignée à ces lieux touristiques et leur remise à niveau par rapport aux lieux situés en plaine a été telle que le tourisme apparaît souvent comme la solution de la dernière chance pour des espaces en déclin. C'est le cas, en particulier, des moyennes montagnes de la zone tempérée peu propices au développement du ski alpin. C'est aussi la voie choisie par les États et parfois par les populations locales dans certains massifs de renommée mondiale situés dans les pays en développement. La région de Cuzco et du Macchu Pichu dans les Andes péruviennes, le Haut-Atlas central, les massifs de l'Everest et de l'Annapurna dans l'Himalaya du Népal ou les parcs nationaux du Mont Kenya et du Kilimandjaro sont devenus des haut-lieux du tourisme, malgré des fréquentations très modestes, comparées à la fréquentation de certains parcs nationaux situés dans les montagnes des pays industrialisés. Le Sagarmatha National Park (massif de l'Everest) ne reçoit que 16 000 visiteurs par an et celui du

Kilimandjaro 10 000, alors que le Parc National des Pyrénées centrales, le premier en France en termes de fréquentation, en accueille 1,7 million. Et encore ce chiffre n'est rien à côté des 8 millions de visiteurs annuels comptabilisés dans le parc des Great Smoky Mountains dans les Appalaches. Cela n'empêche pas l'UNESCO de menacer le Népal de déclasser le parc de Sagarmatha de la liste des sites inscrits au Patrimoine Mondial, sous prétexte qu'il est menacé de surfréquentation touristique !

En effet, les paysans ne sont pas les seules catégories d'acteurs accusés d'être des dévoreurs d'espace, dégradant les milieux et menaçant la durabilité des ressources : les touristes sont également mis au ban des accusés avec une rhétorique assez similaire. On leur reproche de défigurer les paysages et de pervertir les sociétés locales. C'est leur nombre croissant dans des espaces montagneux, perçus comme fragiles, qui est pointé du doigt. Ces discours qui relèvent le plus souvent de lieux communs (équipe MIT, 2002), sont pourtant à l'origine de politiques qui visent à réduire l'activité touristique, au nom de la préservation de l'environnement. Elles sont légitimées par l'utilisation d'outils, comme la capacité de charge, souvent invoquée lorsque l'on cherche à réguler les flux touristiques, mais dont la scientificité et l'application sur le terrain sont pourtant très discutables. Cette notion clé des politiques du « tourisme durable » est en effet issue du transfert sans précautions aux sciences de l'Homme et de la société, d'un concept forgé par les sciences naturelles (Deprest, 1997). Impossible à calculer, car reposant sur un très grand nombre de critères, dont beaucoup sont extrêmement subjectifs, la définition d'un nombre limite de touristes débouche sur une réglementation de la fréquentation des lieux selon des critères de sélection mal définis : sélection par la limitation de la capacité d'accueil, sélection par l'argent ou par la capacité physique des personnes à accéder à tel ou tel site de montagne.

Aller au-delà des fausses évidences et des idées reçues

Notre parti dans cet ouvrage a été d'avoir une approche géographique de l'objet montagne, c'est-à-dire de l'appréhender dans toutes ses dimensions, physiques, économiques, sociales, spatiales et symboliques, autrement dit dans toute sa dimension territoriale. Sans ignorer les caractères physiques indéniables des montagnes, il s'agissait toutefois de casser la prégnance de certaines images forgées par le rapport particulier qu'entretient la géographie et la société occidentale avec la montagne, et d'aller au-delà des évidences physiques, afin d'en proposer une lecture géographique globale. Il s'agissait aussi de multiplier les mises en regard des différents ensembles montagneux du monde, afin de souligner tout à la fois la diversité des espaces montagnards mais aussi leurs points communs.

Il s'en suit un certain nombre de constats, dont certains peuvent paraître des truismes, mais qu'il est cependant nécessaire de réaffirmer, tant ils sont parfois négligés dans la littérature scientifique. D'autres sont moins évidents et peuvent faire l'objet de discussions et de débats dont l'issue n'est pas encore tranchée.

Nous avons, tout au long des chapitres, insisté sur le fait que la montagne n'est pas, par nature, un milieu contraignant. Les contraintes naturelles, de même que les avantages comparatifs, varient dans le temps et dans l'espace selon les sociétés et l'intégration inégale des montagnes aux ensembles économiques et politiques qui structurent le monde et qui évoluent au cours de l'histoire. Les montagnes offrent aux hommes des conditions d'existence très diverses, mais qui ne préjugent en rien de leur occupation et des modalités de leur mise en valeur par les sociétés.

Nous avons vu également que le peuplement et l'exploitation des montagnes sont avant tout le fruit de la dynamique des sociétés, de leurs capacités techniques, de leurs valeurs et croyances et des rapports de force qui s'instaurent entre elles dans leur appropriation de l'espace. L'usage qu'elles font du milieu montagnard dépend d'abord de leurs représentations qui passent par le filtre de la culture de chacune d'entre elles.

Au-delà de leur extrême diversité, les sociétés montagnardes ont pour point commun de devoir gérer des discontinuités à toutes les échelles spatiales et temporelles. Elles exploitent les complémentarités des écosystèmes présents en montagne, en dispersant leurs propriétés et en démultipliant parfois leur habitat. Elles jouent au maximum de l'articulation des espaces, entre le haut et le bas des versants ou l'amont et l'aval des vallées. Lorsqu'elles ne peuvent vivre des seules ressources de leur territoire, elles multiplient les échanges, les complémentarités et les interdépendances avec d'autres espaces et d'autres sociétés. Si bien que les sociétés montagnardes se caractérisent par leur grande mobilité et un fonctionnement fréquent en réseau.

Toutefois, nous avons vu également que toutes les sociétés montagnardes n'avaient pas un usage vertical du milieu et des espaces montagnards. Innovations agricoles, spécialisations économiques, individualisation des sociétés, polarisations urbaines et rôle croissant des réseaux de villes et de transport transforment les modalité de l'occupation de l'espace montagnard et de son aménagement. Les économies agricoles traditionnelles tendent aujourd'hui à s'effondrer ou à se spécialiser en se repliant sur les activités les plus rentables. D'autres activités prennent le relais comme le tourisme. Avec des temporalités et des degrés différents, la plupart des montagnes du monde connaissent des transformations liées à leur insertion inégale dans le système-monde. De fait, la modernité n'est pas uniquement le lot des montagnes des pays industrialisés, de même que le maintien de certains archaïsmes n'est pas le propre des seules montagnes des pays pauvres.

Enfin, les montagnes ne sont pas toutes des espaces marginaux. Tout dépend de la place qu'elles occupent au sein du territoire des États et de la façon dont elles s'articulent avec les pôles et les axes du développement. Si certaines montagnes demeurent encore des barrières ou des frontières difficilement franchissables, la plupart sont des espaces traversés, des espaces charnières qui favorisent la rencontre et la confrontation entre les groupes humains. Elles unissent autant qu'elles séparent. Les sociétés rurales montagnardes ne sont pas non plus toutes entièrement démunies face aux changements qui les affectent et dont elles sont souvent les acteurs (dans la production des lieux touristiques, par exemple). Ainsi, on ne peut être que frappé par la fréquente souplesse des systèmes agraires, en particulier dans les montagnes du monde tropical. Sans nier les contraintes économiques et politiques qui, ici ou là, réduisent la marge de manœuvre des individus, les sociétés rurales montagnardes savent globalement trouver les ressources qui leur manquent en cas de nécessité, à condition qu'on ne les enferme pas dans des « réserves ». Elles savent également s'engager dans des activités nouvelles lorsque des opportunités se présentent pour remplacer des activités en déclin, pour peu qu'on leur laisse suffisamment d'initiatives.

Que penser pour finir de la notion de société montagnarde si souvent mise en avant dans la littérature, au vue de ces évolutions ? S'il s'agit de la société rurale qui a façonné des siècles durant les paysages que nous avons sous les yeux et qui pour la plupart ne subsistent plus qu'à l'état de reliques dans les pays industrialisés, on peut considérer que cette société-là n'existe plus en Europe, hormis dans nos représentations de citadins nostalgiques et dans le mythe d'une société figée qui serait déterminée par les spécificités physiques de son environnement.

En revanche, cette définition de la société montagnarde reste une réalité pour un grand nombre de montagnes de la zone tropicale (Afrique, Asie, une partie de l'Amérique latine), dont l'intégration aux plaines est moins marquée. Mais là aussi, comme dans les pays industrialisés, les montagnes n'ont pas été exemptes de brassages répétés de populations. En Afrique, en Asie, s'il existe encore de fortes différenciations ethniques dans l'appropriation des espaces montagnards, dans les Andes, en revanche, le métissage est plus profond, avec toutes les ambiguïtés que revêt le statut de l'Indien, du blanc ou du métis, selon les pays andins. Quant aux Alpes, qui ont servi de modèle au mythe du montagnard, à la diversité linguistique et culturelle ancienne du fond de population autochtone, s'est surimposée une culture urbaine européenne apportée par les néo-ruraux, les touristes et les nouveaux résidents venus d'autres régions, ainsi que par les migrants de retour au pays. Une évolution semblable se dessine dans les Pyrénées.

Dans ces conditions, qu'est-ce que la société montagnarde, sinon l'ensemble de toutes les populations qui vivent sur un territoire, qu'elles y soient présentes par la naissance, la parenté ou la migration, ou qu'elles y soient de façon temporaire ou permanente ?

Si la montagne se définit par ses territoires, cela implique que toute politique publique de développement ou de protection de l'environnement devrait s'appuyer sur une lecture territorialisée de la montagne. Un peu partout, au nord comme au sud, des espaces montagnards tendent à se fermer, sans que les problèmes économiques sociaux et environnementaux ne soient véritablement résolus. Sur le terrain, s'affrontent de nombreuses légitimités et il est difficile de trancher dans des débats complexes sur des questions où nous manquons de certitudes scientifiques. Cette conclusion est une invitation à plus de prudence et de recul critique sur des conceptions que les scientifiques n'ont pas toujours suffisamment discutées.

Cela signifie aussi que si la montagne est un laboratoire pour les scientifiques, son étude géographique ne peut se faire sans référence à l'ensemble des populations et des activités qui la structurent, juxtaposant ou superposant différentes représentations et usages de leurs territoires, ni sans références aux relations que la montagne et ses populations entretiennent avec d'autres territoires, à toutes les échelles, du local au mondial.

Pour allez plus loin

ANDRÉ V., *Environnement menacé ou territoire géré ? Le Fouta Djalon (République de Guinée)*, thèse de doctorat, Bordeaux III, 2 tomes, 2002, 500 pages.

Collectif, « La montagne, un objet de recherches ? », *Revue de Géographie Alpine*, n° 2, tome 89, 2001.

Collectif, « La montagne marocaine, développement et protection », *Revue de Géographie Alpine*, n° 4, tome 84, 1996, 172 pages.

Collectif, « La notion de montagne méditerranéenne », *Montagnes Méditerranéennes*, n° 2, 1995, 150 pages.

Collectif, « Spécial montagne », *Revue de Géographie Alpine*, tome 72, n° 2-3-4, 1984, 459 pages.

DEBARBIEUX B. (dir.), « Quelle spécificité montagnarde ? », *Revue de Géographie Alpine*, 1989.

DEPREST F., *Enquête sur le tourisme de masse, l'écologie face au territoire*, collection Mappemonde, Belin, 1997, 207 pages.

Équipe MIT, *Tourismes 1, lieux communs*, coll. Mappemonde, Belin, 2002, 319 pages.

IVES J.D., « The theory of himalayan environnemental degradation : its validity ans application challenged by recent research », *Mountain Research and Development*, vol. 7, n° 3, p. 189-199.

IVES J.D., MESSERLI B., *The himalayan dilemna, reconciling development and conservation*, London, Routledge, 1989.

MESSERLI B., IVES J.D. (dir.), *Les montagnes dans le monde, une priorité pour un développement durable*, Glénat, Grenoble, 1997, 479 pages.

ROSSI G., *L'ingérence écologique, Environnement et développement rural du Nord au Sud*, collection Espaces et Milieux, Paris, Éd. du CNRS, 2000, 248 pages.

SACAREAU I., « Les transformations d'une haute montagne par le tourisme : le massif des Annapurna dans l'Himalaya du Népal », *Annales de géographie*, n° 106, 1999, p. 20-44.

SMADJA J. (dir.), *Histoire et devenir des paysages en Himalaya népalais*, collection Espaces et Milieux, Paris, Éd. du CNRS, 2002.

SMETHURST D., « Mountain geography », *The Geographical Review*, vol. 90, n° 1, 2000, p. 1-154.

THOMPSON M., « The new world disorder : is environmental security the cure ? », *Mountain Research and Development*, vol. 18, n° 2, 1998, p. 117-122.

Les lieux de production des savoirs géographiques sur la montagne en France

Les lieux où se construisent les savoirs ne sont pas sans conséquences sur la façon dont ces savoirs sont orientés. Il est une croyance forte en France, selon laquelle il faut exercer son métier d'enseignant chercheur dans les régions que l'on étudie. Il suffit de regarder une carte des laboratoires de recherche français pour constater que la production des savoirs géographiques sur la montagne est le fait d'universités localisées, soit dans la montagne française, soit dans sa proximité. On ne s'étonnera donc pas que les Alpes accueillent les principales structures de recherche sur la montagne à Grenoble et secondairement à Chambéry.

L'Institut de géographie alpine de Grenoble a, depuis Raoul Blanchard, une longue tradition de recherche sur la montagne en général et sur les Alpes en particulier. La Revue de Géographie Alpine demeure la seule revue de langue française spécialisée sur la montagne. Le laboratoire TEO, divisé en trois équipes, est également le seul, qui déclare explicitement faire porter son activité scientifique sur des objets géographiques, tels que les montagnes, mais aussi les villes et les frontières. Dans la pratique, les Alpes demeurent le principal champ d'investigation de l'équipe TEO 1, dont la problématique centrale actuelle tourne autour des représentations, des identités et des reconstructions territoriales dans les villes de l'arc alpin, dans les espaces touristiques de montagne ainsi que dans les régions frontalières de montagne. L'équipe TEO 2, de son côté, a restreint son champ de recherche aux montagnes méditerranéennes et aux processus de recompositions territoriales qui intègrent ou privilégient la dimension environnementale (parcs naturels régionaux méditerranéens, montagne marocaine). Quant à l'équipe TEO 3, elle regroupe des chercheurs en géographie physique autour de l'analyse des géosystèmes montagnards et en particulier autour des relations entre les hydrosystèmes de montagne et les changements environnementaux.

La dimension physique de l'étude des montagnes est très présente à l'Université de Savoie située à Chambéry. Son Institut de la Montagne regroupe en effet des laboratoires très centrés sur les problématiques environnementales. Le Laboratoire Dynamique des Écosystèmes d'Altitude regroupe surtout des biogéographes, même si leur problématique s'étend aux interactions entre environnement et sociétés en montagne. Le Laboratoire de Géodynamique des Chaînes Alpines se réfère clairement aux sciences de la terre. Quant au Laboratoire de Géographie de l'Université de Savoie, il est composé essentiellement de géographes qui travaillent sur la Montagne dans sa dimension essentiellement physique. Géographes humains et physiciens se retrouvent cependant à travers l'étude des territoires et des villes de montagne ainsi que de leurs vulnérabilités face aux aléas naturels (sismiques, torrentiels...) S'y ajoute L'Institut d'études savoisiennes qui travaille essentiellement sur des problématiques locales.

Lorsque l'on quitte les Alpes, c'est à Clermont-Ferrand que l'on retrouve un laboratoire explicitement consacré à l'étude des montagnes, ou plus exactement des moyennes montagnes et des milieux ruraux réputés fragiles: le CERAMAC ou Centre d'Études et de Recherches Appliquées au Massif central, à la moyenne montagne et aux espaces fragiles. À partir d'une recherche plutôt locale (l'étude du Massif central), le CERAMAC a étendu son champ de réflexion aux moyennes montagnes, analysées en tant qu'espaces ruraux fragiles (rôle du milieu naturel, problèmes d'environnement, difficultés agricoles en montagne, rôle des activités non agricoles comme le tourisme rural et l'industrie rurale, et politiques d'aménagement et de développement local). Les thèmes développés se rapportent donc à une certaine représentation de la moyenne montagne, comme espace à problèmes.

• • •

Si les Pyrénées comportent à leurs pieds trois universités (Pau, Toulouse et Perpignan) et si toutes font peu ou prou de cette montagne un terrain d'application de recherches menées à l'échelle locale, seul le laboratoire GEODE de Toulouse aborde des problématiques généralisables à d'autres montagnes. La première porte sur les risques naturels et les catastrophes, à partir d'un terrain allant des Pyrénées aux Cévennes. La seconde concerne l'histoire et la dynamique de l'environnement dans les forêts de montagne, avec des travaux réalisés surtout dans les Pyrénées. Là encore, les problématiques environnementales dominent.

En dehors des universités cités plus haut et de quelques équipes pluridisciplinaires du CNRS qui travaillent sur des aires géographiques, où la montagne tient une place centrale au sein des pays concernés (Institut d'Études Andines, UPR299 Milieux, Culture et Sociétés en Himalaya), il n'existe pas d'équipes de recherches spécialisées sur les montagnes, et encore moins travaillant sur l'objet montagne en tant que tel. Pourtant, 82 chercheurs, qui n'émargent pas tous aux laboratoires présentés, ont mentionné la montagne comme thématique de recherche dans le *Répertoire des Géographes Français 2002* publié par le laboratoire PRODIG du CNRS.

C'est que, pour bon nombre d'entre eux, la montagne est surtout un terrain, celui de leur thèse, ou celui de programmes de recherches conjoncturels. En effet, les équipes auxquelles ils se rattachent sont identifiées par d'autres thématiques, même si certaines d'entre elles peuvent trouver leur terrain d'application dans les montagnes. C'est le cas, par exemple, d'un certain nombre de géographes bordelais des laboratoires DYMSET et REGARDS, qui produisent des travaux portant respectivement sur la géographie dite tropicale et sur le développement des pays du Sud. Leurs terrains d'étude peuvent être localisés dans certaines montagnes de la zone tropicale (Rwanda, Burundi, Fouta-Djalon, Amérique andine, montagnes du Viêt Nam), en fonction des programmes de recherche dont ils obtiennent le financement au coup par coup. Les autres géographes qui travaillent sur la montagne sont surtout spécialistes d'une aire géographique (Himalaya, Caucase, Andes, Éthiopie, Afrique orientale, Madagascar), où la montagne tient une place centrale, qu'elle n'a pas forcément dans les recherches elles-mêmes.

La géographie des équipes travaillant sur la montagne apparaît donc très concentrée, avec une forte dominante naturaliste et un poids important des problématiques locales. Ce qui signifie que même les universités qui se sont spécialisées dans l'étude des montagnes du fait de leur localisation géographique, sont loin d'avoir épuisé l'ensemble de ce champ thématique.

Bibliographie

Numéros spéciaux de revues, actes de colloques

« Anthropologie historique des sociétés andines », *Annales ESC*, n° 5-6, 1978.

« Environnements et aménagements montagnards (France et Japon) », Actes du 6e Colloque franco-japonais, Grenoble, 16-20 septembre 1991, *Les Dossiers de la Revue de Géographie Alpine*, n° 11, 1993, 195 pages.

Forum mondial de la montagne, *Les pays du monde et leurs montagnes*, Paris-Chambéry, *Revue de Géographie Alpine*, 2000, 171 pages.

« L'avenir des villes des Alpes en Europe », *Revue de Géographie Alpine*, n° 2, tome 87, 1999.

« L'homme et la montagne tropicale », *SEPANRIT*, Bordeaux, 1988, 222 pages.

« L'organisation de l'espace dans les Andes argentines », *Revue de Géographie Alpine*, n° 1, tome 76, 1988.

« La montagne, un objet de recherches ? », *Revue de Géographie Alpine*, n° 2, tome 89, 2001.

« La montagne marocaine, développement et protection », *Revue de Géographie Alpine*, n° 4, tome 84, 1996, 172 pages.

« La notion de montagne méditerranéenne », *Montagnes Méditerranéennes*, n° 2, 1995, 150 pages.

« La montagne réinventée : géographes, naturalistes et sociétés (XVIIIe-XIXe siècles) », *Revue de Géographie Alpine*, n° 3, tome 82, 1994, 128 pages.

« Les Alpes », *25e Congrès International de Géographie*, Paris-Alpes, 1984, 294 pages.

« Les enjeux de l'appartenance alpine dans la dynamique des villes », *Revue de Géographie Alpine*, n° 1, tome 87, 1999.

« Montagnes et montagnards, mélanges géographiques offerts en hommage au Doyen Paul Veyret par ses collègues et amis », *Revue de Géographie Alpine*, 1980, 471 pages.

« Spécial Caucase », *Revue de Géographie Alpine*, n° 2, tome 69, 1981

« Spécial montagne », *Revue de Géographie Alpine*, n° 2-3-4, tome 72, 1984, 459 pages.

Articles et ouvrages

ALEXANDRE F., LECOMPTE M., « Discontinu et continu de la végétation et du milieu. De la théorie des étagements en altitude à la phytoclimatologie dynamique », *L'espace géographique*, tome 25, n° 3, 1996, p. 261-272.

ALEXANDRE F., COHEN M., GÉNIN A., LECOMPTE M., Essai phytogéographique dans les Alpes occidentales, entre Rhône et Pô, *L'espace géographique*, n° 2, 2002, p. 153-162.

AMELOT Xavier, *La dynamique des systèmes ruraux rwandais, approche cartographique d'une crise*, thèse de doctorat, Université Michel de Montaigne, Bordeaux III, 1998, 2 tomes, 347 pages.

ANDRÉ V., PESTANA G., ROSSI G., « Agropastoralisme et dynamique du milieu dans le Fouta

Djalon (Guinée), des mythes aux réalités», *in* «Les montagnes tropicales, identités, mutations, développement», *Espace Tropicaux,* n° 16, 2001, p. 205-218.

ANDRÉ V., *Environnement menacé ou territoire géré ? Le Fouta Djalon (République de Guinée),* thèse de doctorat, Bordeaux III, 2002, 2 tomes, 500 pages.

ASSIER A., *L'englacement des Alpes du sud franco-italiennes du Petit Âge de Glace à la fin du XXe siècle*, thèse, Grenoble, Institut de Géographie Alpine, 1993, 487 pages.

BART F., «Montagnes d'Afrique terres paysannes, le cas du Rwanda», CEGET, Presses Universitaires de Bordeaux, *Espaces Tropicaux,* n° 7, 1993, 588 pages.

BART F., MORIN S., SALOMON J.N. (dir.), «Les montagnes tropicales, identités, mutations, développement», DYMSET-CRET, *Espaces Tropicaux,* n° 16, 2001, 669 pages.

BÄTZING W., PERLINK M., DEKLEVA M., «Urbanization and Depopulation in the Alps», *Mountain Research and Development*, vol. 16, n° 4, 1996, p. 334-350.

BÄTZING W. et *alii*, *La dynamique démographique dans l'espace alpin*, CIPRA, vol. 17, 1999, p. 16-21.

BERDOULAY V., *Les Pyrénées, lieux d'interaction des savoirs (XIXe–début XXe siècle)*, Paris, CTHT, 1995.

BERNIER X., *Transports, constructions et développement en Himalaya central (le cas du Népal)*, thèse de doctorat, Aix-en-Provence, 2 tomes, 1996, 443 pages

BIDOU J.E., *Croissance de la population et mutations agraires au Burundi*, thèse, 2 tomes, Bordeaux III, 1994, 240 pages.

BLACHE J., *L'homme et la montagne, Géographie Humaine*, librairie NRF, Gallimard, 1933, 181 pages.

BOISSEAUX T., *Élaboration et mise en œuvre d'une politique de protection de la nature et rôle des ONG au Népal*, mémoire de DEA, Université d'Orléans, 1998, 130 pages.

BONHOTE J. et *alii*, «Histoire de l'environnement et cartographie du temps dans la moitié Est des Pyrénées: pour une chrono-chorologie», *in Les temps de l'Environnement*, Toulouse, 5-6-7 novembre 1997, Presses Universitaires du Mirail, 2000, 535 pages.

BOUJROUF S., (1996), «La montagne dans la politique d'aménagement du territoire au Maroc», *in* «La montagne marocaine, développement et protection», *Revue de Géographie Alpine*, n° 4, tome 84, p. 37-50.

BOUJROUF S. et *alii*, «Les conditions de la mise en tourisme de la haute montagne et ses effets sur le territoire. L'apport d'une comparaison entre le Haut-Atlas et le Népal mise en perspective à l'aide du précédent alpin (exemple du massif du Mont-Blanc)», *Revue de Géographie Alpine*, n° 1, 1998, p. 67-82.

BOULLIER V., TOFFIN G. (dir.), «Paysages et divinités en Himalaya», *Études Rurales,* n° 106-107, 1987.

BOULNOIS Lucette, *Les passes himalayennes. Religieux, marchands et militaires, XVII-XVIIIe siècle*, éd. par Deboutet et *al.*, Istanbul-Paris, éditions Isis, 1987, p. 67-78.

BOULNOIS Lucette, *Poudre d'or et monnaie d'argent au Tibet (principalement au XVIIIe siècle)*, Paris, Éd. du CNRS, 1983.

BOURLIAUD J., DOBREMEZ J.F., VIGNY F. (dir.), *Sociétés rurales des Andes et de l'Himalaya*, Grenoble, Versants, 1990.

BOUTAYEG Tag, «Les potentialités de développement du Moyen-Atlas oriental et leur appréciation par les acteurs locaux», *in* «La montagne marocaine, développement et protection», *Revue de Géographie Alpine*, n° 4, tome 84, 1996, p. 51-60.

BOZONNET J.P., *Des mont et des mythes, l'imaginaire social de la montagne*, coll. Montagnes, Presses Universitaires de Grenoble, 1992, 294 pages.

BRIFFAUD S., *Naissance d'un paysage. La montagne pyrénéenne à la croisée des regards (XVIe-XIXe siècle)*, Toulouse-Tarbes, Université de Toulouse II, 1994.

BRIQUEL Vincent, «L'avancée de la périurbanisation dans les Alpes du nord françaises et ses liens avec la croissance récente de la population», *Revue de Géographie Alpine*, n° 1, 2001, p. 21-40.

BROC Numa, *Les montagnes vues par les géographes et les naturalistes de langue française au XVIIIe siècle*, Comité des Travaux Historiques et

Scientifiques, Paris, Bibliothèque Nationale, 1969, 298 pages.

Broc Numa, *Les montagnes au siècle des lumières*, Paris, CTHT, 1991.

Bromberger C. (dir.), *Jacques Berque, la Méditerranée, le Haut-Atlas*, Publications de l'Université de Provence, 1997, 92 pages.

Chadefaud M., *Aux origines du tourisme dans les Pays de l'Adour*, Pau, 1988.

Chardon M., *Montagnes et milieux montagnards, géographie physique des montagnes*, coll. Grenoble Sciences, dactylographié, 1989, 165 pages.

Claval P., *La conquête de l'espace américain du Mayflower au Disneyworld*, Géographes, Flammarion, 1989, 320 pages.

Cortes G., « Migrations, systèmes de mobilité, espaces de vie : à la recherche de modèles », L'Espace géographique, 3, 1998, p. 265-275.

Cortes G., *Partir pour rester, survie et mutation de sociétés paysannes andines (Bolivie)*, IRD, 2000, 413 pages.

Debarbieux B. (dir.), « Quelle spécificité montagnarde ? », *Revue de Géographie Alpine*, 1989.

Debarbieux B., (1991), *Territoires de montagne, les coulisses de l'aménagement*, Presses Universitaires de Grenoble.

Debarbieux B., *Tourisme et montagne*, Paris, Economica, 1995, 107 pages.

Debarbieux B., *Chamonix-Mont-Blanc-1860-2000, Les coulisses de l'aménagement*, édition revue, illustrée, augmentée, Édimontagne, 2001.

Debarbieux B., Gillet F. (dir.), « La montagne un objet de recherche ? », *Revue de Géographie Alpine*, n° 2, 2001.

Deler J.P., *Genèse de l'espace équatorien, essai sur le territoire et la formation de l'État national*, Recherche sur les grandes civilisations, synthèse n° 4, Institut français d'Études andines, éditions ADPF, Paris, 1981, 279 pages.

Deler J.P., « Une urbanisation andine », *in* Hélène Rivière d'Arc (dir.), *L'Amérique du Sud aux XIX*[e] *et XX*[e] *siècles : héritages et territoires*, Armand Colin, 1993.

Deprest F., *Enquête sur le tourisme de masse, l'écologie face au territoire*, collection Mappemonde, Belin, 1997, 207 pages.

Desmarais G., « Pour une géographie humaine structurale », *Les Annales de géographie* n° 617, Armand Colin, 2001, p. 3-21.

Dobremez J.F., *Le Népal, écologie et biogéographie*, collection Les cahiers népalais, Paris, Éd. du CNRS, 1976, 355 pages.

Dobremez J.F. (dir.), *Les collines du Népal central : écosystèmes, structures sociales et systèmes agraires*, Paris, INRA, 2 tomes, 1986.

Dobremez J.F., « Variétés et complémentarités des milieux de montagne : un exemple en Himalaya », *in* « Quelle spécificité montagnarde ? », *Revue de Géographie Alpine*, tome 67, n° 1-2-3, 1989, p. 39-54.

Dobremez J.F., « La montagne du biologiste », *Revue de Géographie Alpine, La montagne, un objet de recherche*, n° 2, tome 89, 2001, p. 91-100.

Dollfus O., *Le Pérou, introduction géographique à l'étude du développement*, Travaux et Mémoires de l'Institut des Hautes Études de l'Amérique Latine, 22, Paris, 1968, 355 pages.

Dollfus O., « Réalités et perceptions comparées des Andes au Pérou et en Colombie », *Revue de Géographie Alpine*, tome 76, n° 1-2-3, 1989, p. 171 186.

Dollfus O., *Territorios andinos, reto y memoria*, IFEA-IEP, Lima, 1991, 221 pages.

Dollfus O., *La mondialisation*, La bibliothèque du citoyen, Presses de Sciences Po, 1997, 167 pages.

Dollfus P., *Lieu de neige et de genévriers, organisation sociale et religieuse des communautés bouddhistes du Ladakh*, Études Himalayennes, Éd. du CNRS, 1989.

Edouard J.C., « L'évolution démographique des villes du Massif central : 1990-1999 », *Revue de Géographie Alpine*, n° 1, 2001, p. 57-73.

Emberger L., *Aperçu général sur la végétation du Maroc, commentaire de la carte phytogéographique du Maroc au 1:1 500 000*, Veroff. geobot. Inst. Rübel, Zürich, 14, 40-157, 1939.

Emberger L., « Une classification biogéographique des climats », *Recueil et Travaux de la Faculté des Sciences de Montpellier*, série botanique, 7, 3-45, 1955.

Équipe MIT, *Tourismes 1, lieux communs*, coll. Mappemonde, Belin, 2002, 319 pages.

ESTIENNE Pierre, *Terres d'abandon ? La population des montagnes françaises : hier, aujourdhui, demain*, Publications de l'Institut d'Études du Massif central, Fascicule 34, Université de Clermond-Ferrand II, 1988, 288 pages.

ESTIENNE Pierre, « Évolution de la population des montagnes françaises au XXe siècle », *Revue de Géographie Alpine,* tome 77, n° 4, 1989, p. 395-406.

FRANCOU B., *Hautes montagnes, passion d'explorations*, Paris, Masson, 1993, 202 pages.

FROLOVA M., « Regards croisés sur le Caucase et les montagnes européennes », *Sud-Ouest européen,* n° 7, Toulouse, 2000, p. 5-11.

GALLAIS Jean, *Une géographie politique de l'Éthiopie : le poids de l'État*, Fondation Liberté sans frontières, Economica, 1989.

GARRIGUES-CRESSWELL M., « Permanence et modernité : la logique du cumul chez les sociétés berbères du Haut-Atlas marocain », *in* Bromberger C. (dir.), *Jacques Berque, la Méditerranée, le Haut-Atlas*, Publications de l'Université de Provence, 1997, p. 42-57.

GARRITE G., LAHOUSSE P., « Les pulsations récentes du glacier du Casset dans le Pelvoux », *Mappemonde,* n° 59, 2000, p. 18-21.

GASCON A., *La Grande Éthiopie, une utopie africaine*, Paris, Éd. du CNRS, 1995.

GAUSSEN H., « Étages et zones de végétation en France », *Annales de géographie,* n° 47, 1938, p. 463-487.

GAUTIER D., « Poupées russes et montagnes Bamiléké. De la concession à la chefferie : emboîtement des structures et dynamiques spatiales en pays Bamiléké », *L'espace géographique,* n° 2, 1996, p. 173-187.

GERRARD J., GARDNER R., « Relationships between landsliding and land use in the Likku Khola drainage basin, Middle hills, Nepal », *Mountain Research and development,* vol. 22, n° 1, 2002, p. 48-55.

GONDARD P., MAZUREK H. (dir.), *El espacio andino, Territorio, sociedad, economica*, IRD, 1999.

GONDARD P., THÉRY H., VELUT S., « Mailles fines pour un grand espace. La carte des divisions statistico-administratives des pays d'Amérique du Sud », *Cahiers des Amériques Latines,* n° 24, 1997.

GRANGE D. (dir.), *L'espace alpin et la modernité, bilans et perspectives au tournant du siècle*, Presses Universitaires de Grenoble, 2002, 504 pages.

GRENIER P. (dir.), « Les Alpes australiennes », *Revue de Géographie Alpine,* n° 2-3, 1992.

GRENIER P., « "L'effet frontière" dans l'utilisation et l'organisation de l'espace des Andes argentines », *in* « L'organisation de l'espace dans les Andes argentines », *Revue de Géographie Alpine,* tome 76, n° 1, 1988, p. 7-43.

GROVEL Rémi, « La préservation des forêts du Rif centro-occidental : un enjeu pour le développement de la montagne rifaine », *in* « La montagne marocaine, développement et protection », *Revue de Géographie Alpine,* n° 4, tome 84, 1996, p. 75-94.

GUÉRIN J.P., *L'aménagement de la montagne, politiques, discours et productions d'espaces,* Ophrys, 1984, 467 pages.

GUMUCHIAN H., *La neige dans les Alpes françaises du nord*, Grenoble, Éditions des Cahiers de l'Alpe, 1983, 620 pages.

HERBIN J., *Le tourisme au Tyrol autrichien ou la montagne aux montagnards,* Grenoble, Éditions des Cahiers de l'Alpe, 2 vol., 1980, 718 pages.

HOURCADE Bernard, *La vie rurale en Haut-Ossau (Pyrénées atlantiques),* coll. Béarn-Adour, Société des Sciences, Lettres et Arts de Pau, 1970, 113 pages.

HUMBOLDT A. (von), *Essai sur la géographie des plantes,* suivi de *Tableau physique des régions équatoriales,* Paris : Scoell, 1807, rééd. Nanterre : Éditions européennes Érasme, 1990, 157 pages.

IVES J. D. (dir.), *Les montagnes, encyclopédie de la terre,* Éditions Timelife, 1994, 160 pages.

IVES J.D., MESSERLI B., *The himalayan dilemna,* London, Routledge, 1989.

JOLLY G., « La maîtrise lignagère de l'irrigation dans la vallée de l'Azzaden (Haut-Atlas, Maroc) : vision historique et spatiale », *in Jacques Berque, la Méditerranée, le Haut-Atlas,* BROMBERGER C. (dir.), Publications de l'Université de Provence, p. 58-85.

JOUTARD Ph. (dir.), *L'imaginaire de la haute montagne,* Centre Alpin et Rhodanien d'Ethnologie, Grenoble, Glénat, 1987.

KNAFOU R., *Les stations intégrées de sports d'hiver*, Paris, Masson, 1978.

KNAFOU R., *Les Alpes*, coll. Que-Sais-Je ?, Presses Universitaires de France, 1994, 127 pages.

KNAFOU R. (dir.), *L'Institut de Saint Gervais, recherche-action dans la montagne touristique*, coll. Mappemonde, Belin, 1997, 264 pages.

LACOSTE C. et Y. (dir), *Maghreb, peuples et civilisations*, Les dossiers de l'État du Monde, La Découverte.

LAHSEN Jennan, « L'évolution des structures socio-spatiales du Moyen-Atlas central : le cas du pays Amekla (Sefrou) », *in* « La montagne marocaine, développement et protection », *Revue de Géographie Alpine*, n° 4, tome 84, 1996, p. 61-74.

LECOMPTE M., *Biogéographie de la montagne marocaine : le Moyen-Atlas central*, Paris, Éd. du CNRS (Mémoires et Documents de géographie), 1986, 202 pages.

LECOMPTE M., « La phytoclimatologie dynamique : une approche différente de la nature et du climat », *L'espace géographique*, n° 3, 1988, p. 109-121.

LECOMPTE M., Alexandre F., « Discontinu et continu de la végétation et du milieu. De la théorie des étagements en altitude à la phytoclimatologie dynamique », *L'espace géographique*, n° 3, 1996, p. 261-271.

MALENGREAU J., *Sociétés des Andes, des empires aux voisinages*, Paris, Karthala, 1995.

MESSERLI B., IVES J.D. (dir.), *Les montagnes dans le monde, une priorité pour un développement durable*, Glénat, Grenoble, 1997, 479 pages.

MOREL A., « De l'originalité des montagnes du Sahara », *Revue de Géographie Alpine*, n° 1, 1991, p. 9-19.

MORIN S., (1996), *Le haut et le bas, signatures sociales, paysages et évolution des milieux dans les montagnes d'Afrique centrale (Cameroun et Tchad)*, collection « Pays enclavés », n° 8, DYMSET-CRET, Presses Universitaires de Bordeaux, 156 pages.

MORLON P. (dir.), *Comprendre l'agriculture paysanne dans les Andes centrales (Pérou-Bolivie)*, INRA, 1992.

OZENDA P., *La végétation de la chaîne alpine dans l'espace montagnard européen*, Lausanne, Delachaux et Niestlé, 1994, 276 pages.

PERLIK M., « Processus de périurbanisation dans les villes des Alpes », *in* « Les enjeux de l'appartenance alpine dans la dynamique des villes », *Revue de Géographie Alpin*, n° 1, tome 87, 1999a.

PERLINK M., « Les Alpes, les villes petites et moyennes et l'Europe, les villes des Alpes, partie intégrante d'un système de villes européen », *in* « L'avenir des villes des Alpes en Europe », *Revue de Géographie Alpine*, n° 2, tome 87, 1999b, p. 147-166.

PERLINK M., « Une typologie fonctionnelle des zones urbaines en vue d'une analyse des processus d'urbanisation et des processus économiques dans les Alpes », *in* Daniel J. Grange (dir.), *L'espace alpin et la modernité, bilans et perspectives au tournant du siècle*, Presses Universitaires de Grenoble, 2002, p. 167-183.

POUILLE F., *Systèmes agraires, stratégies individuelles et collectives des populations rurales dans les Andes équatoriennes*, thèse, Bordeaux III, 2000, 355 pages.

RADVANY Jean, *Nouvelle Russie*, Paris, coll. U, Armand Colin, 2000.

RAISON J.P. (dir.), *Essai sur les montagnes de Tanzanie*, Karthala-IFRA-Geotropiques, 1997, 267 pages.

RAYMOND N., *De Macchu Pichu à Fujimori. Les pays andins observés à travers leurs tourismes. Le cas plus particulier du Pérou*, thèse de doctorat, Université Paris 7, 1999.

RIPERT B., *Dynamiques spatiales et transformations de la société, l'exemple des Tamang du Népal Central*, thèse de doctorat, Université Paris 7, 2000.

ROBERT DE P., *Gens de l'amont. Usages et représentations de l'environnement dans les Hautes Andes du Venezuela*, thèse de doctorat, Paris, EHESS, 1996.

ROBERT DE P. , « Comment peut-on être de l'amont ? Rapport aux lieux et recompositions identitaires (Andes vénézuéliennes) », *in* « Les montagnes tropicales, identités, mutations, développement », BART F., MORIN S., SALOMON J.N. (dir.), *Espaces tropicaux*, n° 16, DYMSET-CRET, Pessac, 2001, p. 423-434.

ROBERT S., SALAÜN P., « Uppugala ou la difficulté d'être pionnier. Étude d'un hameau enclavé en forêt dans les Ghâts occidentaux (Inde) », *L'espace géographique*, n° 2, 1996, p. 159-172.

ROSSI G., *L'ingérence écologique, Environnement et développement rural du Nord au Sud*, collection Espaces et Milieux, Paris, Éd. du CNRS, 2000, 248 pages.

ROUGERIE Gabriel, *Les montagnes dans la biosphère*, coll. U géographie, Armand Colin, 1990, 221 pages.

SACAREAU I., *Porteurs de l'Himalaya, le trekking au Népal*, coll. Mappemonde, Belin, 1997, 271 pages.

SACAREAU I., « Les transformations d'une haute montagne par le tourisme : le massif des Annapurna dans l'Himalaya du Népal », *Annales de géographie*, n° 106, 1999, p. 20-44.

SACAREAU I., « Mise en tourisme et dynamique spatiale au Népal », *Mappemonde*, n° 58, juin 2000, p. 12-16.

SAHLINS P., *Frontières et identités nationales. La France et l'Espagne dans les Pyrénées depuis le XVIIe siècle*, 1re édition en anglais, 1989, Belin, 1996.

SAIGNES T., « Parcours forains : l'enjeu des migrations internes dans les Andes Coloniales », *Cahiers des Amériques latines*, n° 6, 1987, p. 33-58.

SMADJA J. (dir.), *Histoire et devenir des paysages en Himalaya népalais*, coll. Espaces et Milieux, Paris, Éd. du CNRS, 2002.

SMADJA J., « Au rythme des séismes, des saisons et des hommes, les temps de l'environnement au Népal », *Les temps de l'Environnement*, Toulouse, 5-6-7 novembre 1997, Toulouse, Presses Universitaires du Mirail, 2000, 535 pages.

SMETHURST D., « Mountain geography », *The Geographical Review*, vol. 90, n° 1, 2000, p. 1-154.

THOMPSON M., « The new world disorder : is environmental security the cure ? », *Mountain Research and Development*, vol. 18, n° 2, 1998, p. 117-122.

THOURET J.C., « Pour une perspective géographique de l'étagement dans les grands systèmes montagneux », *Revue de géographie Alpine*, n° 2, 1984, p. 171-197.

TOFFIN G., « La montagne cosmique dans les mondes indiens et tibétains : Mont Méru et Mont Kailash », *in* « La haute montagne, visions et représentations », *Le Monde Alpin et Rhodanien*, 1988.

TORRICELLI G.P., « Changement structurel et organisation des territoires montagnards : le cas de la Suisse », *L'Espace géographique*, n° 4, 2001, p. 333-347.

TROLL K., *Geoecology of the mountainous regions of the tropical americas*, Bonn, 1968.

VELASCO Hélène, *Relations transfrontalières dans les Pyrénées*, Thèse de doctorat, Géographie, Université de Pau, 1998.

VEYRET G., « Les hommes et la montagne », *n° spécial de la Revue de Géographie Alpine*, 1975, 339 pages.

VEYRET P. et G., « Essai de définition de la montagne », *Revue de Géographie Alpine*, 1962, p. 5-35.

VEYRET P. et G., *Au cœur de l'Europe, les Alpes*, Flammarion, 1967, 546 pages.

ZAINABI A.T., « Pays de Taznakht et Dra : de la complémentarité à la rupture », *Revue de Géographie Alpine*, n° 1, 1991, p. 131-138.

Glossaire

Ablation : action érosive d'un glacier par enlèvement de matériaux solides, dont l'accumulation constitue la moraine du glacier.

Adret/soulane : endroit. Versant montagnard exposé au soleil, une grande partie de la journée. Le mot adret est employé dans les Alpes, le mot soulane dans les Pyrénées.

Agro-sylvo-pastoral : système agraire le plus répandu en montagne combinant, selon des poids variables, les cultures et l'élevage, avec utilisation d'espaces de pâture (pelouses et prairies d'altitude, forêt, prés de fauche). La forêt fournit un terrain de parcours aux troupeaux, le bois et parfois l'énergie, le fourrage foliaire et les produits de la cueillette.

Alpage, alpe : dans le cadre des systèmes agro-sylvo-pastoraux, espace d'altitude correspondant à l'étage de la pelouse alpine, du pàramo ou de la puna, qui est consacré au pâturage en l'absence d'une couverture neigeuse. La montée en alpage se pratique en été dans les montagnes européennes, d'où le terme synonyme d'estive, surtout employé dans les Pyrénées et le Massif central. Estiver s'oppose à hiverner.

Alpin : qui se réfère aux Alpes (massif alpin, montagne alpine). L'analyse du milieu alpin a souvent servi de modèle à l'étude des autres montagnes du monde, d'où des abus de langage liés à une vision très géocentrée. C'est le cas en particulier dans les modèles classique de l'étagement, où il désigne les milieux supra-forestiers. L'étage subalpin désigne l'étage qui fait la transition entre la forêt et la pelouse, tandis que l'étage alpin correspond à l'étage de la pelouse elle-même.

Altiplano : hauts plateaux à plus de 3 000 m d'altitude de la cordillère des Andes regroupant traditionnellement de fortes densités de population, à majorité indienne ou métisse. La végétation naturelle qui s'y développe est celle du pàramo ou de la puna.

Andenes : terrasses de cultures irriguées, édifiées dans les Andes par les sociétés précolombiennes.

Archipel vertical : forme d'organisation de l'espace en montagne qui repose sur l'exploitation discontinue par une même communauté des ressources complémentaires des différents étages écologiques.

Ayllu : dans les sociétés précolombiennes, ensemble de familles unies par des liens de parenté et d'alliance, ainsi que par un système d'échanges et d'obligations réciproques. Le mot kuraka désigne les chefferies regroupant et dominant plusieurs ayllus.

Aymara : population indienne des bords du lac Titicaca de langue aymara.

Azonal, azonalité : fait référence à des milieux bioclimatiques, dont les aires, non jointives, s'affranchissent de la position latitudinale. Les montagnes sont des milieux azonaux au même titre que les littoraux.

Bowal, bowé (pl.) : cuirasse latéritique, typique des milieux tropicaux, caractérisée par sa dureté, son imperméabilité et son infertilité.

Cabbal : notion peule qui désigne de façon globale, un milieu d'altitude défini par un relief peu accidenté, une végétation herbeuse, un climat froid et venteux.

Chaîne de montagne : alignement de montagnes de forme allongée. Les chaînes articulent parfois plusieurs massifs selon une disposition linéaire. En Amérique du Sud on leur donne le nom de cordillères lorsque elles s'étirent sur de grandes distances (plusieurs milliers de kilomètres).

Climax, climacique : état d'équilibre stable d'une formation végétale par rapport aux conditions naturelles (climat, sol) et anthropiques. Terme d'une succession végétale qui n'évolue plus (ex. lande à bruyère d'altitude, maquis ou garrigue). Une formation végétale est dite climacique lorsqu'elle se développe hors de toute intervention humaine.

Chörten : édifice religieux bouddhiste des régions de culture tibétaine qui protège et balise le territoire habité par les hommes.

Collines : ensemble de reliefs de dimension modérée, de forme arrondie et d'altitude en général faible (de l'ordre de quelques centaines de mètre).

Collinéen : terme topographique qui se rapporte au relief de collines, mais qui appartient également à la terminologie de l'étagement bioclimatique. Dans les Alpes, l'étage collinéen correspond à la forêt de feuillus qui tapisse le bas des versants en dessous de 1 000 m environ. Il fait la transition entre les conditions écologiques de la plaine et celles de l'étage dit « montagnard », plus froid et plus humide. Dans l'Himalaya, l'étage collinéen se trouve perché autour de 2000 m au-dessus des étages dit « tropicaux » et « subtropicaux ».

Cryoclastie, gélifraction : alternance du gel et du dégel provoquant l'éclatement de la roche. Processus de l'érosion périglaciaire.

Décolletage : façonnage au tour de petites pièces métalliques (vis, axes, roues, pignons) destiné au vaste marché des industries mécaniques. Industrie particulièrement développée dans la vallée de l'Arve en Haute-Savoie.

Dénivellation, dénivelée : différence d'altitude entre deux points. S'applique surtout à l'échelle de versant dont elle permet de mesurer l'amplitude.

Discontinuité : rupture apparaissant dans l'espace ou dans le temps. Les montagnes sont marquées à toutes les échelles par des discontinuités spatiales de toute nature. Certaines peuvent être brutales (ruptures de pente, glissements de terrain, frontières, limites de parcs et réserves naturelles, limites de propriétés), d'autres plus progressives (lignes de contact ou interface plaine/montagne, limites entre les formations végétales qui se succèdent en altitude). Aux discontinuités spatiales s'ajoutent des discontinuités saisonnières qui se marquent dans les activités humaines et l'occupation inégale dans le temps des différents types d'espaces (transhumance ou remue en été dans les alpages et tourisme estival, migrations temporaires de travail en hiver dans les basses vallées et sports d'hiver).

Enclavement : situation d'un lieu résultant de mauvaises relations avec l'extérieur (à l'écart des grands axes de communication et de centres polarisants). Un espace enclavé est souvent considéré comme marginalisé. Se dit aussi en géopolitique de la situation des États qui n'ont pas d'accès à la mer, sans que cela préjuge d'ailleurs de leur niveau de développement (exemple : Suisse ou Bolivie).

Encomienda : ancêtre de l'hacienda ou grande propriété agricole dans les Andes employant des ouvriers agricoles ou de petits métayers indiens.

Étagement : disposition des milieux naturels et des activités humaines en étages superposés en fonction du gradient altitudinal et des différents gradients climatiques qui en découlent. Chaque étage est censé correspondre à des formations végétales homogènes, à un état stable des conditions écologiques, et à une discontinuité majeure sur le plan biologique comme sur le plan physionomique. Ce modèle de l'étagement est actuellement contesté par certains biogéographes. Ils opposent aux discontinuités qu'implique la notion d'étage, un modèle continuiste fondé une variation beaucoup plus progressive des formations végétales, prenant non plus la forme d'étages mais d'écailles. Sur le plan de l'occupation humaine des montagnes, la notion d'étagement est une clé de lecture utile mais non suffisante de l'organisation des espaces, des hommes et de leurs activités.

Foehn, shinook, zonda : désigne un vent descendant qui, après avoir franchi une barrière montagneuse, se réchauffe et s'assèche sous l'effet de la subsidence (shinook dans les Rocheuses, zonda dans la cordillère des Andes). Le foehn en réchauffant la neige favorise les situations avalancheuses.

Géosystème : d'après Georges Bertrand, ensemble systémique d'éléments du climat, des eaux, des sols, de la végétation et du relief (géosystème montagnard).

Glacier : masse de glace formée par l'accumulation de neige persistante ou névés. En montagne, on rencontre essentiellement : des glaciers de cirque occupant des dépressions perchées dans les hautes montagnes ; des calottes glaciaires recouvrant entièrement les sommets montagneux ; des glaciers de vallée ou langue glaciaires qui se détachent d'un glacier de cirque. Les glaciers avancent ou reculent selon les oscillations climatiques. Leurs crues peuvent provoquer des catastrophes. Les glaciers appartiennent au stéréotype du paysage montagnard. Ils ont été l'objet de la curiosité des scientifiques et des touristes dès la fin du XVIIIe siècle (visite des « glaciaires de Chamouni »). L'escalade glaciaire fait partie des pratiques de l'alpinisme.

Gradient : variation continue, différence d'intensité, d'un attribut dans un espace donné ou entre deux points. On distingue en montagne plusieurs types de gradients qui définissent le milieu montagnard par la variation des conditions écologiques en fonction de l'altitude (la pente, la baisse de la pression atmosphérique, la baisse des températures, l'augmentation des précipitations et de la radiation solaire, etc.).

Khet : terme népali désignant les rizières irriguées du bas des versants.

Ksar, ksour : grenier ou village fortifié des montagnes du Maghreb.

Lekh : terme népali désignant les terres du haut des versants cultivés portant l'orge et la pomme de terre.

Marginal (espace) : espace qui ne bénéficie pas de l'influence d'un centre. Souvent assimilé à un espace sous-développé, pauvre en infrastructures. Mais ce type d'espace peut aussi avoir simplement un fonctionnement autonome (marge des empires, espace mal contrôlé par le centre).

Massif : ensemble bien individualisé de sommets et de vallées, de forme ramassée par opposition aux chaînes, offrant une altitude et une surface au sol variables.

Mita : travail forcé que les Indiens de la Cordillère des Andes devaient d'abord à leur kuraka à l'époque préincaïque, puis à l'Inca à l'époque précolombienne, et enfin aux Espagnols à l'époque coloniale.

Montagnard : individu qui vit en montagne et de la montagne. Le mode de vie montagnard est souvent marqué par de fortes discontinuités dans le temps et dans l'espace, liées à l'organisation de l'économie montagnarde et des espaces qui la supportent, ainsi qu'à la fréquence de la pluriactivité. Étage montagnard : étage relativement froid et humide caractérisé par la présence de forêts de conifères.

Montagne : catégorie d'espace, porteuse de territorialités multiples, dont l'altitude et les systèmes de pentes qui la composent opèrent une discontinuité topographique et/ou climatique suffisamment franche avec les espaces voisins pour être perçue comme différente de ces derniers, à la fois par les populations qui y vivent et par celles qui n'y vivent pas. Englobant des ordres de grandeur très différents, la montagne est cependant de dimension suffisante pour être caractérisée par de nombreux gradients liés à son élévation en altitude et pour être appropriée, habitée et/ou mise en valeur, ou simplement fréquentée par les sociétés humaines. Elle se caractérise également par l'association sur de courtes distances de milieux variés, dont les sociétés peuvent exploiter les complémentarités, et par la multiplication des discontinuités spatiales et temporelles de toute nature.

Moraine : mot d'origine savoyarde. Produit de l'érosion glaciaire : accumulation de blocs éboulés sur le glacier ou arrachés et transportés par lui. On distingue les moraines latérales, les moraines frontales et les moraines de fond. Après le retrait total ou partiel d'un glacier, les moraines forment des reliefs sous la forme de collines allongées en bordure de la vallée (moraines latérales), ou sous la forme d'un amphithéâtre à son extrémité au débouché des vallées (moraine frontale). Elles sont parfois reconquises par la végétation, l'habitat ou les cultures.

Nebelwald (all.), selva nublada (esp.), forêt nuageuse (fr.) : forêt d'altitude de la zone tropicale, hyperhumide, caractérisée par une forte nébulosité, une faible hauteur des arbres, un sous-bois sombre et l'abondance des lianes et des épiphytes. Correspond à l'optimum pluviométrique. Marque une forte discontinuité dans le peuplement des grands versants montagneux des montagnes tropicales.

Ombilic : dans le profil longitudinal d'une vallée glaciaire, endroit où celle-ci s'élargit du fait d'une moindre résistance des roches à l'érosion glaciaire. Localisation privilégiée de l'habitat et des champs dans les grandes vallées.

Optimum pluviométrique : limite au-delà de laquelle le gradient pluviométrique s'inverse. Les précipitations augmentent avec l'altitude jusqu'à un point limite de pluviométrie maximale, au-delà de laquelle elles décroissent. Cette discontinuité majeure du gradient pluviométrique s'observe surtout dans les montagnes de la zone tropicale et subtropicale.

Pakho : terme népali désignant les terres sèches non irriguées portant des cultures de maïs, blé et millet.

Pàramo : prairie d'altitude correspondant à un climat constamment humide et froid (Andes colombienne et équatoriennes, Afrique orientale). Formée de plantes en coussinet, de petite taille ou buissonnantes avec des hampes florales élevées comme les Lobélias ou les Séneçons arborescents. Le pàramo est exploité par les indiens des Andes pour l'élevage mais il peut être mis en culture dans les zones de fortes densité de population (Équateur).

Pente : inclinaison d'un versant. Principale caractéristique topographique de la montagne dont le relief est défini par un système de pentes.

Piémont : pied d'une chaîne ou d'un massif, interface entre plaine et montagne. Souvent jalonné par des centres urbains qui commandent la montagne. Le piémont bénéficie des ressources en eau, en énergie, en bois et en pâturages et souvent aussi en main-d'œuvre des montagnes. En retour, la montagne bénéficie des services des villes de piémont et des terrains où venir faire hiverner les troupeaux.

Pluriactivité : association de plusieurs activités professionnelles par un même individu ou une même famille. Les montagnards sont fréquemment des pluriactifs, associant le travail industriel ou touristique au travail agricole, ou encore le travail touristique à d'autres activités de service. La pluriactivité est souvent une réponse à l'insuffisance des revenus agricoles. Elle permet d'exercer une activité durant la période de morte-saison agricole et de maintenir la pérennité d'une exploitation agricole, ou encore de jouer sur la saisonnalité de l'activité touristique. Elle est également dans les montagnes des pays industrialisés, un moyen pour les jeunes actifs de rester « vivre au pays ». La pluractivité va de pair avec la mobilité géographique. Elle favorise le brassage des populations et l'ouverture aux idées nouvelles.

Podzol : sol lessivé à humus acide et à horizon cendré qui se développe en milieu froid sous les forêts de conifères. En montagne, sol développé à l'étage montagnard.

Puna : formation végétale d'altitude rase et discontinue, parsemée de buissons épineux, correspondant à un climat froid et plus ou moins sec (Andes péruviennes et boliviennes).

Quechua : ethnie indienne d'origine précolombienne. Langue quechua. Désigne également chez les indiens du Pérou un étage bioclimatique correspondant à l'étage tempéré, humanisé, cultivé.

Ranker : sol très acide se développant en altitude sur roche cristalline.

Réductions : dans les Andes coloniales, regroupement forcé des indiens des ayllus dans les paroisses afin d'assurer leur évangélisation, mais aussi leur contrôle politique et économique.

Remue : mouvement des troupeaux et des hommes entre les différents étages d'un grand versant ou d'une même vallée pour monter les bêtes dans les pelouses d'altitude en été et les redescendre dans les villages et les fonds de vallée en hiver.

Rendzine : sol se développant sur un substrat rocheux calcaire, composé d'argile de dissolution rougeâtre.

Solifluxion : processus d'érosion des sols se traduisant généralement par des glissements de terrain consécutifs à de fortes pluies prolongées sur des versants en pente raide.

Sommet : point culminant se détachant nettement au sein d'une chaîne de montagne ou d'un massif. Les plus hauts sommets ont une forte charge symbolique, à tel point qu'on les identifie parfois à un massif entier (Mont-Blanc). Les sommets qui constituent les points culminants des continents font figure de limite ultime de l'espace terrestre vers le haut (l'Everest comme troisième pôle). Pour certaines sociétés, ils permettent la communication entre la terre et le ciel. Le tourisme en montagne est né de la contemplation du plus haut sommet des Alpes, le Mont-Blanc, bien visible depuis Genève. La conquête des sommets est une des principales motivations de l'alpinisme, tandis que leur contemplation à partir de sommets plus modestes et plus accessibles, en étant le fait de la majorité des touristes, a souvent nécessité d'importants aménagements (routes en lacets ou téléphériques, tables d'orientation, auberges et refuges).

Station touristique : « type de lieu créé et conçu par le tourisme. Elle se définit par la primauté de l'activité touristique dans le lieu : elle est créatrice du lieu et est toujours dominante. La station se caractérise par la présence d'une population permanente, ce qui en fait également un lieu de vie » (Knafou et *al.*, 1997, équipe MIT 2002). Les premières stations touristiques ont vu le jour sur la route du Tour menant vers l'Italie et ses lieux de villégiature (lacs italiens). Elles sont liées à la pratique du thermalisme, du climatisme, de l'alpinisme, puis du ski. Certaines se sont greffées à des villages préexistants, dont elles ont modifié la structure et bouleversé l'économie (Saint-Gervais, Val d'Isère). D'autres ont été crées *ex-nihilo* dans les alpages (stations dites de la 3e génération). Les stations de ski d'altitude sont le plus souvent des comptoirs, c'est-à-dire des lieux maîtrisés par un acteur, promoteur, en général. Elles ne constituent que rarement des lieux de vie (pas ou peu d'habitants permanents. Les stations de ski d'altitude ferment d'ailleurs, une fois la saison des sports d'hiver achevée). Certaines stations touristiques des Alpes sont devenues de véritables villes (Davos).

Suni : ethnie indienne d'origine précolombienne. Chez les indiens du Pérou, étage bioclimatique faisant la transition entre l'étage tempere quechua et la puna (correspondrait grossièrement à l'étage subalpin).

Synapse : lieu permettant la communication, le transfert ou l'échange. A ce titre, les cols de montagne, les débouchés des vallées sur la plaine, certaines villes de piémont jouent le rôle de synapse.

Territorialité : rapport individuel et/ou collectif à territoire, c'est-à-dire à un espace approprié avec conscience de son appropriation.

Timberline : terme anglais désignant la limite supérieure de la forêt.

Transhumance : déplacement des troupeaux et des hommes entre les pâturages de plaine en hiver et les pâturages d'altitude en été.

Treeline : terme anglais désignantla limite supérieure de l'arbre.

Ubac/ombrée : versant montagnard exposé à l'ombre une grande partie de la journée, froid et humide. La végétation y monte moins haut. Espace souvent réservé aux forêts et aux pistes de ski.

Vacuum : dans la géographie structurale, lieu de l'interdit spatial, qui structure autour de son vide les implantations humaines.

Vallée : dépression creusée par un cours d'eau, séparant deux versants. Lorsqu'elles sont creusées en U par les glaciers, elles offrent un fond plat et des épaulements à mi-versant favorisant l'implantation humaine. Les voies de communication les remontent aisément une fois franchis les verrous glaciaires. Lorsqu'elles sont creusées en V par un torrent, leur étroitesse rend les implantations humaines et la circulation plus difficiles. Certaines vallées de petite dimension ont constitué des unités de vie plus ou moins autonomes (vallées pyrénéennes). Elles fonctionnent alors selon un système d'interdépendances entre l'amont et l'aval et entre le haut et le bas des versants, et communiquent peu d'une vallée à l'autre. Mais il est d'autres vallées, où la discontinuité majeure est marquée, non pas par les lignes de crêtes qui délimitent le haut des versants, mais par le cours d'eau qui sépare les deux versants. Les villages qui se font face ont moins de relations que ceux qui se situent de part et d'autre d'un des versants. La communication se fait alors par les cols et les crêtes.

Verrou : rétrécissement d'une vallée glaciaire liée à la présence d'une roche résistante que le glacier n'a pas pu démanteler. Les cours d'eau les franchissent par des cascades et des gorges de raccordement. Ils sont souvent utilisés comme site défensif. Des centrales hydroélectriques s'implantent parfois à leur pied afin de profiter de l'énergie des chutes d'eau naturelles.

Versant : à moyenne et grande échelle, système de pentes qui relie une ligne de crête à un thalweg (ligne qui rejoint les points les plus bas d'une vallée). Le profil d'un versant peut aller du convexe au concave en passant par le rectiligne. Selon la taille de la montagne et la dénivellation du versant, une ou plusieurs communautés humaines peuvent exploiter tout ou partie d'un versant. A petite échelle, désigne le flanc d'un massif ou d'une chaîne et son orientation par rapport aux vents dominants (versants au vent/versants sous le vent, versant de mousson).

Yungas : basses vallées périphériques de l'étage tropical dans les Andes. Les Indiens distinguent les yungas humides (versant oriental amazonien) et les yungas sèches (versant pacifique des Andes).

Table des matières

Imprimé en France par Barnéoud – 53960 Bonchamp-les-Laval
N° d'imprimeur : 14302 - N° d'édition : 003201-02
Dépôt légal : septembre 2003